高等学校应用型本科系列教材

建筑工程概预算

樊利平　屈钧利　张波　编著

西安电子科技大学出版社

内 容 简 介

本书全面且系统地阐述了土木工程预算的基本原理和方法，主要内容包括基础理论和施工图预算的编制。基础理论部分介绍了建设工程定额的原理和编制方法，施工图预算的编制部分着重阐述了施工图预算的编制方法和依据。

本书围绕《建设工程工程量清单计价规范》(GB/T 50500—2008)(以下简称 08 规范)，以某阅览室施工图为依据，结合大量具有代表性的案例，详细地讲解了工程量清单的编制和 08 规范的应用，并以 2004《陕西省建筑装饰工程消耗量定额》、2009《陕西省建筑装饰市政园林绿化工程价目表》建筑装饰册为根据，详细地分析了工程量清单综合单价的组成和确定方法以及工程量清单计价的程序。

本书通俗易懂，实用性强，可作为高等院校土木工程、工程管理、工程造价等专业的教材或教学参考书，也可作为工程造价初学者的自学用书。

图书在版编目(CIP)数据

建筑工程概预算/樊利平，屈钧利，张波编著. —西安：西安电子科技大学出版社，2012.8(2024.8 重印)
ISBN 978-7-5606-2902-5

Ⅰ. ① 建…　Ⅱ. ① 樊…　② 屈…　③ 张…　Ⅲ. ① 建筑概算定额—高等学校—教材　② 建筑预算定额—高等学校—教材　Ⅳ. ① TU723.3

中国版本图书馆 CIP 数据核字(2012)第 183752 号

策　　划　戚文艳
责任编辑　张　玮　戚文艳
出版发行　西安电子科技大学出版社(西安市太白南路 2 号)
电　　话　(029)88202421　88201467　　邮　　编　710071
网　　址　www.xduph.com　　电子邮箱　xdupfxb001@163.com
经　　销　新华书店
印刷单位　西安日报社印务中心
版　　次　2012 年 8 月第 1 版　2024 年 8 月第 4 次印刷
开　　本　787 毫米×1092 毫米　1/16　印 张 22
字　　数　520 千字
定　　价　38.00 元
ISBN 978 - 7 - 5606 - 2902 - 5
XDUP 3194001-4

出 版 说 明

本书为西安科技大学高新学院课程建设的最新成果之一。西安科技大学高新学院是经教育部批准，由西安科技大学主办的全日制普通本科独立学院。学院秉承西安科技大学50余年厚重的历史文化传统，充分利用西安科技大学优质教育教学资源，开创了一条以“产学研”相结合为特色的办学路子，成为一所特色鲜明、管理规范的本科独立学院。

学院开设本、专科专业32个，涵盖工、管、文、艺等多个学科门类，在校学生1.5万余人，是陕西省在校学生人数最多的独立学院。学院是“中国教育改革创新示范院校”，2010、2011连续两年被评为“陕西最佳独立学院”。2013年被评为“最具就业竞争力”院校，部分专业已被纳入二本招生。2014年学院又获“中国教育创新改革示范”殊荣。

学院注重教学研究与教学改革，实现了陕西独立学院国家级教改项目零的突破。学院围绕“应用型创新人才”这一培养目标，充分利用合作各方在能源、建筑、机电、文化创意等方面的产业优势，突出以科技引领、产学研相结合的办学特色，加强实践教学，以科研、产业带动就业，为学生提供了实习、就业和创业的广阔平台。学院注重国际交流合作和国际化人才培养模式，与美国、加拿大、英国、德国、澳大利亚以及东南亚各国进行深度合作，开展本科双学位、本硕连读、本升硕、专升硕等多个人才培养交流合作项目。

在学院全面、协调发展的同时，学院以人才培养为根本，高度重视以课程设计为基本内容的各项专业建设，以扎扎实实的专业建设，构建学院社会办学的核心竞争力。学院大力推进教学内容和教学方法的变革与创新，努力建设与时俱进、先进实用的课程教学体系，在师资队伍、教学条件、社会实践及教材建设等各个方面，不断增加投入、提高质量，为广大学子打造能够适应时代挑战、实现自我发展的人才培养模式。为此，学院与西安电子科技大学出版社合作，发挥学院办学条件及优势，不断推出反映学院教学改革与创新成果的新教材，以逐步建设学校特色系列教材为又一举措，推动学院人才培养质量不断迈向新的台阶，同时为在全国建设独立本科教学示范体系，服务全国独立本科人才培养，做出有益探索。

西安科技大学高新学院

西安电子科技大学出版社

2014年6月

高等学校应用型本科系列教材
编审专家委员会名单

前　言

本书是按照原国家教委审定的《高等工科院校建筑工程概预算课程教学的基本要求》、《建设工程工程量清单计价规范》(GB/T50500—2008)，并结合编者多年来为工科相关专业讲授概预算课程的教学经验和工程实践编写而成的。

本书具有以下特点：

(1) 在内容的编写上比较系统地介绍了建筑工程概预算的基本原理和方法。其中“基础理论”篇介绍了建设工程定额的原理和编制方法，“施工图预算的编制”篇着重阐述了施工图预算的编制方法和依据。本书结合工程实例帮助学生理解这些基本原理、掌握基本方法，同时获得本课程基本技能的训练。

(2) 本书采用了最新的计价文件资料，涉及的规范、定额有《建设工程工程量清单计价规范》(GB/T50500—2008)、2004《陕西省建筑装饰工程消耗量定额》、2009《陕西省建筑装饰市政园林绿化工程价目表》及09参考费率等。

(3) 本书按照50~70学时的教学要求编写，适用于工程管理、工程造价、土木工程、建筑工程管理等土建类专业。根据各专业的不同要求，可选择本书全部或部分内容进行讲授。

本书由樊利平执笔，在编写的过程中得到了屈钧利教授的指导，并且参阅了一些国内出版的同类教材、资料。此外，张波参与了部分章节的编写和制图工作。西安科技大学高新学院、西安电子科技大学高新出版社等单位对本书的出版给予了支持和帮助，编者在此对他们及对本书所引用文献的著作者表示由衷的感谢。

由于水平有限，书中难免有疏漏和不当之处，恳请专家和读者给予批评指正。

编　者

2012年5月

目　录

上篇　基础理论

下篇 施工图预算的编制

上篇

基础理论

第 1 章　工程造价概述

☞工程造价的字面意思就是工程的建造价格。这里所指的工程，泛指一切建设工程。建设工程是指人类有组织、有目地进行的大规模的生产活动，是固定资产在生产过程中形成综合生产能力或发挥工程效益的工程项目。其结果是为人类生活、生产提供物质技术基础和生产设施。建设工程的整个实施过程被称为基本建设。

1.1　基本概念

1.1.1　基本建设

基本建设就是形成固定资产的生产过程，可以理解为以固定资产的扩大再生产为目的的新建、扩建、改建、恢复工程以及与之有关的工作的总称。基本建设的实质就是形成新的固定资产的经济活动。

那何为固定资产呢？

我国会计制度中规定，具备固定资产须符合以下条件：

(1) 使用期超过一年，单位价值在规定限额(按企业规模大小分别规定)以上的劳动资料。

(2) 使用期限在两年以上，单位价值在 2000 元以上，但不属于劳动资料范围的非生产经营用房设备。

由此可见，固定资产是可供长期使用的，并在其使用过程之中保持其原有物质形态的劳动手段，主要包括劳动过程中劳动者使用的各种设备、生产工具以及为保证生产正常进行所必需的建筑物、构筑物、运输工具等。

基本建设是一种宏观的经济活动，它是通过项目的立项、勘察设计、施工、安装等活

动以及其他部门有关的经济活动来实现的。基本建设横跨国民经济各部门，包括生产、分配、流通各个环节，既有物质生产活动，又有非物质生产活动。

1.1.2　基本建设程序

基本建设程序是指建设项目在整个建设过程中各项工作遵循的先后顺序。它是对工程建设过程客观规律的反映，也是建设项目科学决策的重要保障。

按照工程项目建设发展的内在规律，投资建设每一个项目都要经过投资决策和建设实施这两个阶段，在这两个阶段中，又都包括了若干个环节，各阶段和各个环节都有严格的先后次序。按照我国现行的规定，政府投资的建设项目可分为以下几个阶段。

1. 项目建议书阶段

根据国民经济和社会发展的长远规划，结合行业和地区发展规划的要求，第一阶段的任务是提出项目建议书。项目建议书是确定建设项目和建设方案的重要文件，也是编制设计文件的依据。项目建议书里应包括以下主要内容：

(1) 提出该项目建设的必要性和依据。

(2) 描述建设项目的规模，提出产品方案生产方法和建设地点的初步设想。

(3) 阐明资源条件、建设条件和协作关系。

(4) 对于引进技术和设备的项目，还要对引进国家及厂商的情况做详细的分析，以说明国内外技术存在的差距。

(5) 估算建设所需资金，筹措这些资金的设想和方法。

(6) 利用外资或国内外有偿贷款建设的项目，不仅要说明利用这笔资金的可能性，还要有还贷能力的测算。

(7) 项目建设所需时间。

(8) 项目建成后所能达到的技术水平和生产能力，预计取得的经济效益和社会效益。

项目建议书批准以后，才可进行下一步的工作。

2. 可行性研究阶段

项目建议书批准后，即可进行可行性研究。

可行性研究就是根据国民经济发展的长远规划及项目建议书，对建设项目在技术上是否可行、经济上是否合理进行科学的分析和论证。其目的就是在项目决策前，运用多种研究成果对建设项目投资进行技术经济论证，决定项目是不是能够成立，从而减少项目决策的盲目性，使项目的决策具有切实的可行性、现实性和科学性。通过对项目的多方案比较，选出最佳方案，编制可行性研究报告。可行性研究报告是项目最终决策立项并据此进行初步设计的重要文件。

项目可行性研究报告主要是通过对项目的主要内容和配套条件(如市场需求、资源供应、建设规模、工艺路线、设备选型、环境影响、资金筹措及盈利能力等)进行分析，从而对技术、经济、工程等方面进行调查研究和分析比较，并对项目建成以后可能取得的财务、经济效益及社会影响进行预测，据此提出该项目是否值得投资和如何进行建设的咨询意见，为项目决策提供依据的一种综合性的分析方法。可行性研究报告具有预见性、公正性、可靠性、科学性的特点。

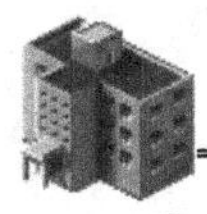

1) 可行性研究报告的内容

以工业项目为例，其可行性研究报告的主要内容包括：

(1) 项目提出的背景，投资的必要性和经济意义。

(2) 建设项目规模、市场需求情况的预测，产品发展方向。

(3) 资源、原材料、燃料及公用设施情况。

(4) 项目建设方案设计，包括：

① 深入研究项目的建设规模与产品方案，根据数据和市场调查，通过定量和定性分析，利用技术手段对建设规模和产品方案进行比选，研究制定主产品和副产品的组合方案，优先推荐最佳方案。

② 深入研究厂址具体位置，并绘制厂址地理位置图。

③ 论证工艺技术来源的可靠性及可用性，并绘制工艺流程图、物料平衡图等。与此同时，进一步研究工艺技术方案和主要设备方案，并对生产方法、主体和辅助工艺流程进行比选，选出最佳工艺流程和设备，提出主要设备清单、采购方式、报价，其深度应该达到预订货的要求。

④ 编制原材料、辅助材料表，在表里应体现出原材料、辅助材料，以及燃料的品种、质量要求、年需求量、来源和运输方式以及价格现状与走势的判断。

⑤ 绘制总平面布置图，并编制总平面布置主要指标表，分析并提出给排水、供电、供热、通信、维修、仓储、空分、空压、制冷等公用辅助工程方案，确定场内外运输量及运输方式。

⑥ 研究节能、节水措施并分析能耗、水耗等指标。

⑦ 调查项目所在地的自然、生态、社会等环境条件及环境保护区现状；分析污染环境的因素及危害程度和破坏环境的因素及危害程度；提出环境保护措施；估算环境保护措施所需费用；对环境治理方案进行优化和评价。

(5) 通过研究项目建成投产及生产运营的组织机构与人力资源配置，编制生产组织、劳动定员和人员培训计划，研究劳动安全卫生与消防问题，分析危害因素及危害程度，制定安全卫生措施方案及消防措施方案。

(6) 根据建设规模，确定建设工期，编制项目进度计划表，对大型项目还要编制项目主要单项工程的时序表。

(7) 详细估算项目所需投资金额，深化融资分析，构造并优化融资方案，研究确定资本金和债务资金来源，并形成意向性协议。

(8) 深化财务分析，按规定科目详细估算销售收入和成本费用，编制财务报表，计算相关指标，进行盈利能力和偿债能力分析。

(9) 进行国民经济评价和社会评价，识别国民经济效益与费用，编制国民经济评价报表，计算相关指标。

(10) 对环境影响作出综合评价，包括环境对项目的综合影响以及项目建设投产后对环境的污染和破坏的评价。

以上为可行性研究报告的主要内容，所有项目都要进行可行性研究，在可行性研究通过以后，选择经济效益最好的方案，在此基础上编制可行性研究报告。

2) 可行性研究报告应有的深度

(1) 应能充分反映项目可行性研究工作的成果，内容要齐全，结论要明确，数据要准确，论据要充分，要满足决策单位和业主的要求。

(2) 选用主要设备的规格、参数能满足预订货的要求，引进技术设备的资料应满足合同谈判的要求。

(3) 重大技术、经济方案应有两个以上方案的比选。

(4) 确定的主要工程技术数据应满足初步设计依据的要求。

(5) 投资估算的深度应能满足投资控制准确度的要求。

(6) 构造融资的方案应能满足银行等金融机构信贷决策的需要。

(7) 应反映在可行性研究中出现的某些方案的重大分歧及未被采纳的理由，以供决策单位或业主权衡利弊，进行决策。

(8) 应附有评估、决策审批所必需的合同、协议、意向书、政府批件等。

项目建议书和可行性研究报告经过批准以后，应办理工程项目计划、勘察设计、报建等相应手续，下一步即可进入设计文件的编制及审查阶段。

3．编制设计文件阶段

一般建设项目按初步设计和施工图设计两个阶段进行。对于复杂而又缺乏经验的项目，须经主管部门指定，增加技术设计阶段，即按初步设计、技术设计和施工图设计三个阶段进行。

根据建设部2000年颁布的《建筑工程施工图设计文件审查暂行办法》规定，建设单位应将施工图报送建设行政主管部门，由建设行政主管部门委托有关审查机构，进行结构安全性和强制性标准、规范执行情况等内容的审查。

1) 审查的主要内容

(1) 建筑物的稳定性和安全性，包括地基基础和主体结构体系是否安全、可靠。

(2) 是否符合消防、节能、环保、抗震、卫生、人防等有关强制性标准、规范。

(3) 施工图是否达到设计深度的要求。

(4) 是否损害公众利益。

2) 审查的资料

建设单位将施工图报建设行政主管部门审查时，还应提供下列资料：

(1) 批准的立项文件或初步设计批准文件。

(2) 主要的初步设计文件。

(3) 工程勘察成果报告。

(4) 结构计算书及计算软件名称。

施工图一经审查批准，不得擅自进行修改，当遇特殊情况需要进行涉及审查主要内容的修改时，必须重新报请原审批部门，由原审批部门委托审查机构审查后再批准实施。

编写项目建议书、撰写可行性研究报告和编制设计文件是在技术上和经济上对拟建工程的实施做出的详尽而全面的安排的体现，这三个阶段构成了建设项目前期阶段。

4．施工准备阶段

施工准备阶段的工作由项目法人担负，具体包括以下内容。

1) 施工准备工作的内容

(1) 完成征地拆迁、通信及三通一平工作。

(2) 准备施工图纸，组织招标，选择总承包单位、监理单位及设备和材料供应商，做好开工前的工作。

(3) 具备开工条件后，建设单位应及时办理质量监督手续和施工许可证。

2) 开工前需要到有关部门办理的手续

(1) 建设单位在办理施工许可证之前，应到规定的工程质量监督机构办理工程质量监督注册手续。办理工程质量监督注册手续时，应当携带下列资料：

① 施工图设计文件审查报告和批准书。

② 中标通知书和施工、监理合同。

③ 建设单位、施工单位和监理单位工程项目的负责人和机构组成。

④ 施工组织审计和监理规划(监理实施细则)。

⑤ 其他需要的文件资料。

(2) 根据建设部颁布的《建筑工程施工许可管理办法》规定，从事各类房屋建筑及其附属设施的建造、装修装饰和与其配套的线路、管道、设备的安装，以及城镇市政基础设施工程的施工，业主在开工前应当向工程所在地的县级以上人民政府建设行政主管部门申请领取施工许可证。必须申请领取施工许可证的建筑工程，如果未领取施工许可证，一律不得开工。

5. 建设实施阶段

建设施工承包单位必须认真做好图纸会审工作，要参与设计交底、了解设计意图、明确质量要求、选择材料供应商；要对工人进行质量意识和安全意识的教育，并做进场前的培训工作；要按照施工组织设计合理安排施工，地下工程和隐蔽工程一定要经过检验合格，做好原始记录才能进行下一工序施工；要建立全面质量管理体系，使质量处于受控状态，符合设计要求和施工验收规范，严格把好中间质量和竣工验收环节，不留质量隐患，不合格的工程不能交工。

6. 竣工验收阶段

按照批准的设计文件所规定的内容和要求，项目全部建成后，经过验收，具备了投产和使用条件，不论新建、改建、扩建和迁建性质都要办理固定资产交付使用的转账手续。

1.1.3 建设项目的分类

建设项目种类繁多，为了适应科学管理的需要，正确反映建设项目的性质、内容和规模，从不同的角度可将建设项目进行分类。

1. 按照建设项目的不同性质分类

(1) 新建项目。新建项目一是指原来没有，现在开始建设的项目；二是指对原有的规模较小的项目，扩大建设规模，其新增固定资产价值超过原有固定资产价值 3 倍以上的建设项目。

(2) 扩建项目。扩建项目是指企事业单位，为了扩大原有主要产品的生产能力、效益或增加新产品的生产能力，在原有固定资产的基础上新建一些主要车间或工程的项目。

(3) 改建项目。改建项目是指原有企事业单位为了改进产品质量或改进产品方向，对

原有固定资产进行整体性技术改造的项目。此外，为提高综合生产能力，有时会增加一些附属辅助车间或非生产性工程，这些也属于改建项目。

(4) 恢复项目。恢复项目是指对因重大自然灾害或战争而遭受破坏的固定资产，按原来的规模重新建设或在重建的同时扩建的项目。

(5) 迁建项目。迁建项目是指为了改变生产力布局或由于其他原因，将原有单位迁至异地重新建设的项目，不论其是不是维持原来的规模，均称为迁建项目。

2．按照建设项目的不同用途分类

(1) 生产性建设项目。生产性建设项目是指直接用于物质生产或满足物质生产需要的建设项目，它包括工业、农业、林业、水利、气象、交通运输、邮电通信、商业、地质资源勘探及物资供应等设施建设。

(2) 非生产性建设项目。非生产性建设项目是指用于人们物质和文化生活需要的建设项目，它包括住宅及文化卫生建设、科学实验研究及公共事业设施建设等。

3．按建设项目建设过程的不同分类

(1) 筹建项目。筹建项目是指在计划年度内只做准备还未开工的建设项目。

(2) 在建项目。在建项目是指正在建设中的建设项目。

(3) 投产项目。投产项目是指全部竣工并已投产或交付使用的项目。

4．按建设项目的投资规模不同分类

按建设项目总投资规模不同分，建设项目可分为大型项目、中型项目和小型项目。一般情况下，生产单一产品的企业，按产品的设计生产能力来分；生产多种产品的企业，按主要产品设计生产能力来分；不能或难以按生产能力划分的，按其全部投资额来分。

5．按建设项目投资来源渠道分类

(1) 国家或国有资金投资的项目。国家或国有资金投资的项目是指国家预算直接投资的项目。

(2) 银行信用筹资的建设项目。银行信用筹资的建设项目是指通过银行信用方式进行贷款建设的项目。

(3) 自筹资金的建设项目。自筹资金的建设项目是指各地区、各部门、各企事业单位按照财政制度提留、管理和自行分配用于固定资产再生产的资金进行建设的项目。

(4) 引进外资的建设项目。引进外资的建设项目是指利用外资进行建设的项目。外资的来源有两种方法：一种是借用外资，另一种是外国资本直接投资。

(5) 资金市场筹资的建设项目。资金市场筹资的建设项目是指利用国家债券筹资和社会集资而建设的项目。

1.2　工程造价发展的过程

1.2.1　工程造价的概念

工程造价是工程从开始建设到竣工验收整个建造过程所花的费用,也就是工程项目的

建造价格。

从投资者的角度来看,工程造价就是建设一项工程的预期开支或实际开支的全部固定资产投资的费用。

从市场上来看，工程造价是指为建设一项工程，预计或实际在承发包市场等交易活动中所形成的建筑安装工程价格和建设工程总价格，它是由市场需求主体和供给主体共同认定形成的价格，也就是我们通常说的工程承发包价格。

本教材所阐述的工程造价主要是指建设项目的工程承发包价格。

1.2.2 工程造价的发展

1. 古代工程造价

据《辑古墓经》等书记载，我国唐代就已有夯筑承台的定额——功。公元1103年，宋代李诫所著《营造法式》一书共36卷3555条，包括释名、工作制度、功限、料例、图样共五部分。其中“功限”就相当于现在的劳动定额，“料例”就是所需材料的限额。该书实际上就是当时官府颁布的建筑规范和定额，它汇集了北宋以前的精华，吸取和总结了历代工匠的经验，对控制工料消耗、加强设计监督和施工管理起了很大的作用，并一直沿用到明清。

2. 现代工程造价

随着生产力的发展，共同劳动的规模日益扩大，这就要求对工程建设的消耗进行科学的管理和规范化。在生产实践中，工程造价逐渐形成自己的一套体系。

建国以后，我国的工程造价发展经历了以下几个阶段：

(1) 1950～1957年，国家通过颁布文件、政策，建立了与当时计划经济相适应的管理制度，确立了工程造价在基本建设中的地位和作用，应用概预算的方法来控制工程造价，同时对概预算的编制原则、内容、方法、审批及修正办法、程序等做了详细的规定。这些举措在建国初期对工程造价发展起到了举足轻重的作用。

(2) 1958～1966年，工程造价制度逐渐被削弱，在中央放权的背景下，工程造价的管理权限也全部下放，造成了管理混乱、各级基建管理机构的造价部门被精简，只讲政治账，不算经济账，使建国初期建立的制度被逐渐削弱。

(3) 1966～1976年，工程造价管理遭到了严重的破坏，相关部门被撤销，从事工程造价的人员大部分被迫改行，大量的基础资料被销毁，出现了设计无概算、施工无预算、竣工无决算、投资大敞口、吃大锅饭的现象，严重影响了经济的发展，工程造价的管理也无从谈起。

(4) 1976年以后，国家相继出台了一系列经济体制改革方针、政策和措施，特别强调了工程造价管理在工程项目中的必要性和重要性以及它对整个国民经济的影响力度，并在工程造价管理方面投入了大量的资金，汇集各界资深的专家学者来研究造价体系。

现阶段我国工程造价管理体系不断改进、不断趋于完善、不断适应社会发展，对促进我国国民经济的发展发挥着巨大的作用。

1.2.3　工程造价的内容

在建设项目实施的不同时期，工程造价的内容也有所不同，在项目建议书和可行性研究阶段，工程造价内容对应的是投资估算。在初步设计阶段，工程造价内容对应的是设计概算；在建设项目扩大初步设计阶段，工程造价内容对应的是修正的设计概算；在建设项目施工阶段，工程造价内容对应的是施工图预算；在工程竣工阶段，工程造价内容对应的是工程结算；在建设项目竣工验收、投入使用并转化为固定资产阶段，工程造价内容对应的是竣工决算。在建设项目实施的不同时期，对工程造价精度的要求也是不同的。

1.2.4　工程造价的组成

建设项目是一个庞杂而又具有完整配套的综合性产品。在进行工程造价的编制时，必须对建设项目进行科学的分析与分解，找到便于准确计算各种资源消耗量的基本构成要素，每个建设产品都要通过逐一分离、层层汇总才能最后确定组成的内容。

下面介绍建设工程是如何划分的。

1．建设项目

建设项目是指具有一个设计任务书，按一个总体设计进行施工的各个单项工程的总和。组建建设项目的单位称为建设单位，它在经济上实行独立核算，行政上有独立的组织形式。例如，一所学校、一个工厂、一座独立大桥、一条铁路等。

2．单项工程

单项工程又称工程项目，单项工程是构成建设项目的元素。一个建设项目可以是一个单项工程，也可以是若干个单项工程。单项工程一般是指具有独立的设计文件和独立的工程造价，建成以后，可以独立地发挥生产能力和经济效益的工程，例如学校里的图书馆、各个教学楼；一座工厂里的各个车间、锅炉房等。所以说，单项工程是具有独立存在意义的一个完整的建设工程，也是一个功能齐全的较为复杂的综合体。

3．单位工程

单位工程是组成单项工程的元素，若干个单位工程构成了一个单项工程。它是指具有独立的设计图纸，可以独立地组织施工、编制工程造价，但是建成以后一般不能独立发挥生产能力或效益的工程。例如学校图书馆的建筑工程、安装工程等。

4．分部工程

分部工程构成了单位工程，它是按单位工程的各个部位、使用材料、主要工种或设备种类等不同而划分的工程。例如前面提到的图书馆建筑工程中的土建工程，通常可以划分为以下分部工程：土石方工程、桩基工程、砌筑工程、脚手架工程、混凝土与钢筋混凝土工程、门窗及木结构工程、楼地面工程等。

5．分项工程

分项工程是分部工程的组成部分，也是建设项目最基本的组成单元。它是按照分部工程所选用的施工方法和使用的材料、结构构件的规格等因素划分的，用一个较为简单的施工过程就能完成，以适当的计量单位就可以计算工程量及其单价的建筑或设备安装工程的产品。例如，在土建工程的砌筑分部工程中，划分的砖基础、多孔砖墙、空心砖墙、砖柱以及各种材料的砌块墙等均属于分项工程。预算定额中的每一个子目都对应一个分项工程。分项工程没有独立存在的意义，只是为了准确计算工程造价而划分的。

1.2.5　工程造价的确定

建设项目的工程造价由直接费、间接费、利润及税金组成。

确定一个项目的工程造价，首先要把所计算的工程项目按照单项工程、单位工程、分部工程直至分项工程进行划分，根据工程量计算规则，计算出每个分项工程的工程量，然后依据有关定额，计算出为完成这个分项工程应该消耗掉资源的数量，再根据资源的市场价格，计算出所需资源的货币价格，并计取合理的利润以及国家规定的税金，这样就形成了该工程的市场价格，以货币的形式表现出来，这就是该项目的工程造价。

1.2.6　工程造价的作用

工程造价的作用主要体现在以下几个方面。

1．项目实施前期

项目实施前期也就是在项目建议书和可行性研究阶段，这一时期的工程造价主要是指投资估算。投资估算是国家或主管部门审批项目建议书、编制投资计划的重要依据，因此它是决策性质的经济文件。已批准的投资估算作为设计任务书下达，对设计概算起控制作用；投资估算也可作为项目资金筹措及制订贷款计划的依据，同时也是国家编制中长远规划、保持合理投资比例和投资结构的重要依据。

2．初步设计阶段

初步设计阶段的工程造价是指设计概算。首先设计概算是国家确定和制定基本建设投资额、编制基本建设计划的依据。每个建设项目只有在初步设计和概算被批准以后，才能被真正地列入基本建设计划，才能进行下一步的设计。由于市场和技术的原因，建设费用超过原概算时，必须重新审查批准。其次设计概算是评价设计方案是否合理的依据，是选择最优设计的依据。最后设计概算还是控制施工图预算并进行三算对比，以考核工程造价控制成果的基础。

3．工程施工阶段

施工阶段的工程造价也就是指施工图预算，能够最具体、最真实、最全面地反映建安工程造价，是建设单位和施工单位签订施工合同的依据，也是双方进行工程结算的依据。施工单位可以根据施工图预算编制施工组织设计，进行施工准备；施工企业必须在施工图预算的基础上，加强经济核算，控制成本，降低消耗，才能达到盈利的目的。施工图预算也是工程招标投标的依据。

4．工程竣工阶段

工程竣工阶段的工程造价主要是指工程结算。工程竣工结算是施工单位和建设单位就某一具体工程计算的最终完成价格，是施工企业取得的最终收入。工程结算是施工企业核算成本及各项资源使用消耗的依据，也是建设单位编制竣工决算的主要依据之一，还是供

核定新增固定资产和流动资产价值的重要财务依据。

1.3 工程造价的发展与未来

1.3.1 工程造价的发展

2003年2月17日，建设部发布了第119号公告并颁布了国家标准《建设工程工程量清单计价规范》(GB50500—2003)，以下简称“03规范”，自2003年7月1日起实施，这是我国工程造价领域具有划时代意义的一件大事，标志着我国工程造价管理已进入了全面深化改革阶段，建筑市场由传统的计划经济时代进入市场经济时代。工程量清单计价方法是工程计价方法改革的一项具体措施，是我国建设市场与国际惯例接轨的重要体现。该规范要求，全部使用国有资金投资或国有资金投资为主的大中型建设项目应执行此规范，实行工程量清单报价。03规范实施以来，在各地和有关部门的工程建设中得到了有效推行，积累了宝贵的经验，取得了丰硕的成果，但在执行的过程中，也反映出了一些不足之处。因此，为了完善工程量清单计价，原建设部标准定额司从2006年开始，组织有关单位和专家对03规范的正文部分进行了修订。经过两年多的起草、论证和多次修改，住房和城乡建设部于2008年7月9日以63号公告，发布了《建设工程工程量清单计价规范》(GB50500—2008)，以下简称08规范，从2008年12月1日起实施。这标志着我国在工程造价领域内的改革又迈上了一个新的台阶，对巩固工程量清单计价改革的成果、进一步规范工程量清单计价行为具有十分重要的意义。

08规范的发布和实施，必将提高工程量清单计价改革的整体效力，更加有利于工程量清单计价的全面实行，更加有利于规范工程建设参与各方的计价行为，有助建立公开、公平、公正的市场竞争秩序，推进和完善了市场形成工程造价机制的建设。

1.3.2 工程造价的管理

1. 建设工程投资费用的管理

为了实现投资的预期目标，在拟定的规划、设计方案的条件下，根据工程造价组成内容及计价方式，达到预测、计算、确定和最终控制工程造价及其变动的系统活动。这一系统活动我们称之为建设工程投资费用管理。

在这个管理过程中，既涵盖了微观的项目投资费用的管理，也涵盖了宏观层次的投资费用的管理。

2. 工程价格的管理

工程价格是工程造价的货币表现形式，能够直观地反映出投资费用的大小。与建设工程投资费用管理相对应，价格管理也分两个层次，即微观层次管理和宏观层次管理。

(1) 微观层次管理。微观层次管理主要是指承包商在掌握市场价格信息的基础上，通过一系列的管理措施，为实现承包合同的目标而进行的成本控制、计价、订价和竞价的系统活动。这一层次管理的内容和采取的方法非常具体，从施工过程的每一个环节开始，都有具体的做法和控制目标。这一层次管理的好坏，会直接影响到承包商的利润。

(2) 宏观层次管理。宏观层次管理主要是由政府来完成的。根据市场经济发展的需求，政府利用法律手段、经济手段和行政手段对价格进行管理和调控，通过对市场管理来实现规范市场主体价格行为的系统活动。在宏观管理的这个过程中，政府不仅要发挥一般商品价格的调控职能，而且在政府投资项目上也承担着微观主体的管理职能。

1.3.3　工程造价的发展趋势

1. 工程造价的国际化趋势

随着我国改革开放的进一步加快，在我国的跨国公司和跨国项目越来越多，我国的许多项目要通过国际招标、咨询或 BOT 方式来完成，同时，我国企业走出国门在海外投资和经营的项目也在增加。所以，工程造价管理的国际化正在形成趋势和潮流。面对日益激烈的市场竞争，我国的工程建设承包企业必须以市场为导向，转换经营模式，增强应变能力，自强不息，勇于进取，在竞争中学会生存，在拼搏中寻求发展。随着经济全球化的到来，工程造价管理国际化已成必然趋势。

2. 工程造价的信息化趋势

伴随着 Internet 走进千家万户，工程造价管理的信息化已是大势所趋。各种计价软件的开发和利用，极大地提高了工程计价的效率和准确度。这给工程造价管理带来很多新的特点。在信息高速膨胀的今天，工程造价管理越来越依赖于电脑手段，其竞争从某种意义上讲已成为信息战。目前我国部分省市已经在工程造价管理中运用了计算机网络技术，通过网上招投标，开始实现了工程造价管理网络化、虚拟化。未来的工程造价管理必将成为信息化管理。

第2章 建设工程费用的构成

2.1 建设工程

2.1.1 建设工程的概念

建设工程是指为人类生活、生产提供物质技术基础的各类建筑物和工程设施的统称。建设工程是指人类有组织、有目的、大规模的经济活动，是固定资产再生产过程中形成综合生产能力或发挥工程效益的工程项目。建设工程还包括建造新的或改造原有的固定资产。

2.1.2 建设工程的内容

建设工程包括的主要内容有工程建设项目的勘察、设计、施工、监理以及与工程建设有关的重要设备、材料等的采购。

对于上述内容应当由建设单位依法进行招标，选取合法、资质对应、造价合理、技术力量可行的单位来完成。

2.1.3 建设工程的组成

建设工程按照自然属性可由建筑工程、土木工程和机电工程三大类组成。它涵盖了房屋建筑工程、铁路工程、公路工程、水利工程、市政工程、煤炭矿山工程、水运工程、海洋工程、民航工程、商业与物质工程、农业工程、林业工程、粮食工程、石油天然气工程、海洋石油工程、火电工程、水电工程、核工业工程、建材工程、冶金工程、有色金属工程、石化工程、化工工程、医药工程、机械工程、航天与航空工程、兵器与船舶工程、轻工工程、纺织工程、电子与通信工程和广播电影电视工程等。

2.2 建设工程的费用

建设工程的费用是指用于项目的建筑物、构筑物建设，设备及工器具的购置，以及设备安装而发生的全部建造和购置费用。

2.2.1 建筑安装工程费用

根据建标[2003]2006 号关于印发《建筑安装工程费用项目组成》的通知，建筑安装工程费用应包括直接费、间接费、利润及税金四大部分内容。

1. 直接费

直接费由直接工程费和措施费组成。

1) 直接工程费

直接工程费是指施工过程中耗费的构成工程实体的各项费用，它包括人工费、材料费、施工机械使用费。

(1) 人工费。人工费是指直接从事建筑安装工程施工的生产工人开支的各项费用。计算如下：

$$人工费 = \Sigma(工日消耗量 \times 日工资单价)$$

工日：一个工人一天工作 8 小时计为一个工日。

日工资单价：一个工人一天工作 8 小时应该得到的酬金，它由以下五部分内容组成。

① 基本工资：发放给生产工人的基本工资。生产工人的每工日基本工资用 G1 表示：

$$G1 = \frac{生产工人平均月工资}{年平均每月法定工作日}$$

② 工资性补贴：按规定标准发放的物价补贴，煤、燃气补贴，住房补贴，流动施工津贴等。生产工人的每日工资性补贴用 G2 表示：

$$G2 = \frac{\Sigma 年发放标准}{全年日历日 - 法定假日} + \frac{\Sigma 月发放标准}{年平均每月法定工作日} + 每工作日发放标准$$

③ 生产工人辅助工资：生产工人年有效施工天数以外非作业天数的工资，包括职工学习、培训期间的工资，调动工作、探亲、休假期间的工资，因气候影响的停工工资，女工哺乳期间的工资，病假在 6 个月以内的工资及产、婚丧假期间的工资。生产工人每工日的辅助工资用 G3 表示：

$$G3 = \frac{全年无效工作日 \times (G1 + G2)}{全年日历日 - 法定节假日}$$

④ 职工福利费：按规定标准计提的职工福利费。生产工人每工日的职工福利费用 G4 表示：

$$G4 = (G1 + G2 + G3) \times 福利费计提比例(\%)$$

⑤ 生产工人劳动保护费：按规定标准发放的劳动保护用品的购置费及修理费，徒工服装补贴，防暑降温费，在有碍身体健康环境中施工的保健费用等。生产工人每工日的劳动保护费用 G5 表示：

$$G5 = \frac{生产工人年平均支出劳动保护费}{全年日历日 - 法定节假日}$$

$$人工费 = G1 + G2 + G3 + G4 + G5$$

(2) 材料费。材料费指施工过程中耗费的构成工程实体的原材料、辅助材料、构配件、零件、半成品的费用。

$$材料费 = \Sigma(材料消耗量 \times 材料基价) + 检验试验费$$

① 材料基价：材料(包括构件、成品、半成品)从其来源地(或交货点)到达施工工地仓库(或施工组织设计确定的存放材料的地点)后的出库价格。

$$材料基价 = [(供应价格 + 材料运杂费) \times (1 + 运输损耗率(\%))] \times (1 + 采购保管费率(\%))$$

- 材料原价(或供应价格)：材料的出厂价格、进口材料抵岸价或销售部门的批发牌价和零售价。
- 材料运杂费：材料自来源地运至工地仓库或指定堆放地点所发生的全部费用。
- 运输损耗费：材料在运输装卸过程中不可避免的损耗形成的费用。
- 采购及保管费：为组织采购、供应和保管材料过程中所需要的各项费用，包括采购费、仓储费、工地保管费和仓储损耗。

② 检验试验费：对建筑材料、构件和建筑安装物进行一般鉴定、检查所发生的费用，包括自设试验室进行试验所耗用的材料和化学药品等费用；不包括新结构、新材料的试验费和建设单位对具有出厂合格证明的材料进行检验、对构件做破坏性试验及其他特殊要求检验试验的费用。

$$检验试验费 = \Sigma(单位材料量检验试验费 \times 材料消耗量)$$

(3) 施工机械使用费。施工机械使用费指施工机械作业所发生的机械使用费以及机械安拆费和场外运费。

$$施工机械使用费 = \Sigma(施工机械台班消耗量 \times 机械台班单价$$

机械台班价格由下列内容构成：

① 折旧费：施工机械在规定的使用年限内陆续回收其原值及购置资金的时间价值的费用。

$$台班折旧费 = \frac{机械预算价格 \times (1 - 残值率) \times 贷款利息系数}{耐用总台班数}$$

- 机械预算价格：对于国产机械来讲，就是机械的出厂价格再加上机械从交货地点运至使用单位验收入库的全部费用；对于进口机械来讲，就是指进口机械的到岸完税价格再加上机械从交货地点运至使用单位验收入库的全部费用。
- 残值率：机械报废时回收的净残值占机械预算价格的比率。这个比率是按照有关文件规定执行的，一般运输机械是 2%，特大型机械是 3%，中小型机械是 3%，掘进机械是 5%。
- 贷款利息系数：为补偿企业贷款购置机械设备所支付的利息，以大于 1 的贷款利息系数将贷款利息分摊到台班折旧费中。

$$贷款利息系数 = \frac{1 + (n + 1)}{2i}$$

式中，n 指该类机械的折旧年限；i 指当年银行贷款利率。

- 耐用总台班：机械在正常施工条件下，从投入使用起到报废为止，按规定应达到的使用台班数。

$$耐用总台班数 = 折旧年限 \times 年工作台班$$

② 大修理费：施工机械按规定的大修理间隔台班，进行必要的大修理，以恢复其正常功能所需的费用。

$$台班大修理费 = \frac{一次大修理费 \times 大修次数}{耐用总台班数}$$

③ 经常修理费：施工机械除大修理以外的各级保养和临时故障排除所需的费用，包括为保障机械的正常运转所需替换设备与随机配备工具辅具的摊销和维护费用，机械运转中日常保养所需润滑与擦拭的材料费用及机械停滞期间的维护和保养费用等。

$$台班经常修理费=\frac{\Sigma(各级保养一次费用\times寿命期各级保养总次数)+临时故障排除费}{耐用总台班+替换设备台班摊销费+工具辅具台班摊销费+辅料费}$$

$$台班经常修理费=台班大修费\times K$$

式中，K 为经常修理系数。

④ 安拆及场外运费。

• 安拆费：施工机械在现场安装与拆卸所需人工、材料、机械和试运转费用以及机械辅助设施的折旧、搭设、拆除等费用。

$$台班安拆费=\frac{机械一次安拆费\times年平均安拆次数}{年工作台班}+台班辅助设施摊销费$$

$$台班辅助设施摊销费=\frac{辅助设施一次费用\times(1-残值率)}{辅助设施耐用台班}$$

• 场外运输：施工机械整体或分体自停放地点运至施工现场或由一工地地点运至另一施工地点的运输、装卸、辅助材料及架线等费用。

$$台班场外运输费=\frac{(一次运输及装卸费用+辅助材料一次摊销费+一次架线费)\times年平均场外运输次数}{年工作台班}$$

⑤ 人工费：机上司机(司炉)和其他操作人员的工作日人工费及上述人员在施工机械规定的年工作台班以外的人工费。

$$台班人工费=定额机上人工工日\times日工资单价$$

$$定额机上人工工日=机上定员工日\times(1+增加工日系数)$$

$$增加工日系数=\frac{年日历天数-规定节假公休日-辅助工资中非工作日-年工作台班}{年工作台班}$$

⑥ 燃料动力费：施工机械在运转作业中所消耗的固体燃料(煤、木材)、液体燃料(汽油、柴油)及水电等的费用。

$$台班燃料动力费=台班燃料动力消耗量\times相应的单价$$

$$台班燃料动力消耗量=\frac{实测数\times4+定额平均值+调查平均值}{6}$$

⑦ 养路费及车船使用税：施工机械按照国家规定和有关部门规定应缴纳的养路费、车船使用税、保险费及年检费等。

$$养路费及车船使用税=\frac{载重量(或核定自重吨位)\times(月养路费标准\times12+年车船使用税标准}{年工作台班}$$

2) 措施费

措施费是指为完成工程项目施工，发生于该工程施工前和施工过程中非工程实体项目的费用。它包括：

(1) 环境保护费。环境保护费指施工现场为达到环保部门的要求所需要的各项费用。

$$环境保护费=直接工程费\times环境保护费费率(\%)$$

$$环境保护费费率=\frac{本项费用年度支出}{全年建安产值\times 直接工程费占总造价比例(\%)}$$

(2) 文明施工费。文明施工费指施工现场文明施工所需要的各项费用。

$$文明施工费=直接工程费\times 文明施工费费率(\%)$$

$$文明施工费费率=\frac{本项费用年度平均支出}{全年建安产值\times 直接工程费占总造价比例(\%)}$$

(3) 安全施工费。安全施工费指施工现场安全施工所需的各项费用。

$$安全施工费=直接工程费\times 安全施工费费率(\%)$$

$$安全施工费费率=\frac{本项费用年度平均支出}{全年建安产值\times 直接工程费占总造价比例(\%)}$$

(4) 临时设施费。临时设施费指施工企业为进行建筑安装工程施工所必须搭设的生活和生产用的临时建筑物、构筑物和其他临时设施费用等。临时设施包括：临时宿舍、文化福利及共用事业房屋与构筑物、仓库、办公室、加工厂以及规定范围内的道路、水、电、管线等临时设施和小型临时设施；临时设施费包括临时设施的搭设、维修、拆除费或摊销费：

$$临时设施费=(周转使用临建费+一次性使用临建费)\times(1+其他临时设施所占比例(\%))$$

$$周转使用临建费=\Sigma\left[\frac{临建面积\times 每平方米造价}{使用年限}\times 365\times 利用率(\%)\times 工期(天)\right]+一次性拆除费$$

一次性使用临建(如活动房屋)费可按下式测算：

$$一次性使用临建费=\Sigma 临建面积\times 每平方米造价\times(1-残值率(\%))+一次性拆除费$$

其他临时设施费(如临时管线)在临时设施费中所占比例，施工企业可以根据自己施工成本的资料经统计分析后，综合测定。

(5) 夜间施工增加费。夜间施工增加费指夜间施工所发生的夜班补助费、夜间施工降效、夜间施工照明设备摊销及照明用电等费用。

$$夜间施工增加费=\left(1-\frac{合同工期}{定额工期}\right)\times\frac{直接工程费中的人工费合计}{平均日工资单价}$$

$$\times 每工日夜间施工费开支$$

(6) 二次搬运费。二次搬运费指因施工场地狭小等特殊情况在现场发生的材料、构配件二次搬运费用。

$$二次搬运费=直接工程费\times 二次搬运费费率$$

$$二次搬运费费率(\%)=\frac{年平均二次搬运费开支额}{全年建安产值\times 直接工程费占总造价的比例}$$

(7) 大型机械进出场及安拆费。大型机械进出场及安拆费指机械整体或分体自停放场地运至施工现场或由一个施工地点运至另一个施工地点所发生的机械进出场运输及转移费用，以及机械在施工现场进行安装和拆卸所需的人工费、材料费、机械费、试运转费及安装所需的辅助设施的费用。

$$大型机械进出场及安拆费=\frac{一次进出场及安拆费\times 年平均安拆次数}{年工作}$$

(8) 混凝土、钢筋混凝土模板及支架费。混凝土、钢筋混凝土模板及支架费指混凝土施工过程中需要的各种钢模板、木模板、支架等的支模、拆模、运输费用及模板、支架的摊销(或租赁)费用。

$$模板及支架费 = 模板摊销量 \times 模板价格 + 支、拆运输费$$

$$模板摊销量 = 一次使用量 \times (1 + 施工损耗) \times \left[1+\frac{(周转次数-1)\times 补损率}{周转次数}-\frac{(1-补损率)\times 50\%}{周转次数}\right]$$

$$租赁费 = 模板使用量 \times 使用日期 \times 租赁价格 + 支、拆运输费$$

(9) 脚手架搭拆费。脚手架搭拆费指施工需要的各种脚手架的搭、拆、运输费用及脚手架的摊销(或租赁)费用。

$$脚手架搭拆费 = 脚手架摊销量 \times 脚手架价格 + 搭、拆运输费$$

$$脚手架摊销量 = \frac{单位一次使用量 \times (1-残值率)}{耐用期} \times 一次使用期$$

$$脚手架租赁费 = 脚手架每日租金 \times 搭设周期 + 搭、拆运输费$$

(10) 已完工程及设备保护费。已完工程及设备保护费指竣工验收前，对已完工程及设备进行保护所需费用。

$$已完工程及设备保护费 = 成品保护所需机械费 + 材料费 + 人工费$$

(11) 施工排水、降水费。施工排水、降水费指为确保工程能在正常条件下施工，采取各种排水、降水措施所发生的各种费用。

根据具体排水、降水方案，计算排水、降水费。

2. 间接费

虽不是由施工的工艺过程所引起，但却与工程的总体条件有关的建筑安装企业为组织施工和进行经营管理以及间接为建筑安装生产服务的各项费用称为间接费。间接费包括规费和企业管理费。

1) 规费

规费指政府和有关权力部门规定的必须缴纳的费用。它包括：

(1) 工程排污费：施工现场按规定缴纳的工程排污费。

(2) 工程定额测定费：按规定支付给工程造价(定额)管理部门的定额测定费。

(3) 社会保障费：包括养老保险费、失业保险费、医疗保险费。

① 养老保险费是指企业按规定标准为职工缴纳的基本养老保险费。

② 失业保险费是指企业按照规定标准为职工缴纳的失业保险费。

③ 医疗保险费是指企业按照规定标准为职工缴纳的基本医疗保险费。

(4) 住房公积金：企业按规定标准为职工缴纳的住房公积金。

(5) 危险作业意外伤害保险：按照建筑法规定，企业为从事危险作业的建筑安装施工人员支付的意外伤害保险。

2) 企业管理费

企业管理费指建筑安装企业组织施工生产和经营管理所需费用。它包括：

(1) 管理人员工资：管理人员的基本工资、工资性补贴、职工福利费、劳动保护费等。

(2) 办公费：企业管理办公用的文具、纸张、账表、印刷、邮电、书报、会议、水电、烧水和集体取暖(包括现场临时宿舍取暖)用煤等费用。

(3) 差旅交通费：职工因公出差、调动工作的差旅费、住勤补助费，市内交通费和误餐补助费，职工探亲路费，劳动力招募费，职工离退休、退职一次性路费，工伤人员就医路费，工地转移费及管理部门使用的交通工具油料、燃料、养路费及牌照费。

(4) 固定资产使用费：管理和试验部门及附属生产单位使用的属于固定资产的房屋、设备仪器等的折旧、大修、维修或租赁费。

(5) 工具用具使用费：管理使用的不属于固定资产的生产工具、器具、家具、交通工具和检验、试验、测绘、消防用具等的购置、维修和摊销费。

(6) 劳动保险费：由企业支付离退休职工的易地安家补助费、职工退职金、六个月以上的病假人员工资、职工死亡丧葬补助费、抚恤费、按规定支付给离退休干部的各项经费。

(7) 工会经费：企业按职工工资总额计提的工会经费。

(8) 职工教育经费：企业为职工学习先进技术和提高文化水平，按职工工资总额计提的费用。

(9) 财产保险费：企业管理用财产、车辆保险费。

(10) 财务费：企业为筹集资金而发生的各种费用。

(11) 税金：企业按规定缴纳的房产税、车船使用税、土地使用税、印花税等。

(12) 其他：包括技术转让费、技术开发费、业务招待费、绿化费、广告费、公证费、法律顾问费、审计费、咨询费等。

3) 间接费的计算

间接费的计算根据国家有关规定，分为下面几种情况：

(1) 以直接费为计算基础，一般指建筑工程。

$$\text{间接费}=\text{直接费合计}\times\text{间接费费率}(\%)$$

$$\text{间接费费率}(\%)=\text{规费费率}(\%)+\text{企业管理费费率}(\%)$$

$$\text{规费费率}=\left(\frac{\Sigma\text{规费缴纳标准}\times\text{每万元发承包价计算基数}}{\text{每万元发承包价中的人工费含量}}\right)\times\text{人工费占直接费的比例}$$

$$\text{企业管理费费率}(\%)=\left(\frac{\text{生产工人年平均管理费}}{\text{年有效施工天数}\times\text{人工单价}}\right)\times\text{人工费占直接费比例}$$

(2) 以人工费和机械费合计为计算基数，一般指市政工程。

$$\text{间接费}=\text{人工费和机械费合计}\times\text{间接费费率}$$

$$\text{间接费费率}=\text{规费费率}(\%)+\text{企业管理费费率}(\%)$$

$$\text{规费费率}(\%)=\left(\frac{\Sigma\text{规费缴纳标准}\times\text{每万元发承包价计算基数}}{\text{每万元发承包价中的人工费含量和机械费含量}}\right)\times 100\%$$

$$\text{企业管理费费率}(\%)=\left(\frac{\text{生产工人年平均管理费}}{\text{年有效施工天数}}\right)\times(\text{人工单价}+\text{每一工日机械使用})\times 100\%$$

(3) 以人工费为计算基础，一般指安装工程。

$$间接费 = 人工费合计 \times 间接费费率(\%)$$

$$间接费费率 = 规费费率(\%) + 企业管理费费率(\%)$$

$$规费费率 = \left(\frac{\Sigma 规费缴纳标准 \times 每万元发承包价计算基数}{每万元发承包价中的人工费含量}\right) \times 100\%$$

$$企业管理费费率(\%) = \left[\frac{生产工人年平均管理费}{年有效施工天数} \times 人工单价\right] \times 100\%$$

3．利润

利润是指施工企业完成所承包工程获得的盈利。

按照不同的计价程序，利润的形成也有所不同。在编制概预算时，依据不同投资来源、工程类别实行差别利润率。随着市场经济的进一步发展，在投标报价时，企业可以根据工程的难易程度、市场竞争情况和自身的经营管理水平自行确定合理的利润率。

4．税金

税金是指国家税法规定的应计入建筑安装工程造价内的营业税、城乡维护建设税及教育附加。

(1) 营业税的税额为营业额的 3%。

营业额指从事建筑、安装、修缮、装修及其他工程作业收取的全部收入，包括工程所用原材料及其他物资和动力的价款。当安装的设备价值作为安装工程的产值时，也包括所安装设备的价款，但不包括建筑安装工程总承包方支付给分包或转包方的价款。

(2) 城乡维护建设税。按应纳营业税额乘以适用的税率确定城乡维护建设税。

① 纳税人所在地在市区的，其适用税率为营业税的 7%。

② 纳税人所在地在县镇的，其适用税率为营业税的 5%。

③ 纳税人所在地在农村的，其适用税率为营业税的 1%。

(3) 教育附加：按应纳营业税额乘以 3%确定。

(4) 税金的计算。

$$税金 = (直接费 + 间接费 + 利润) \times 税率(\%)$$

① 纳税人所在地在市区的：

$$税率(\%) = \frac{1}{1 - 3\% - 3\% \times 7\% - 3\% \times 3\%} - 1 = 3.41\%$$

② 纳税人所在地在县镇的：

$$税率(\%) = \frac{1}{1 - 3\% - 3\% \times 5\% - 3\% \times 3\%} - 1 = 3.35\%$$

③ 纳税人所在地在农村的：

$$税率(\%) = \frac{1}{1 - 3\% - 3\% \times 1\% - 3\% \times 3\%} - 1 = 3.22\%$$

2.2.2 设备及工器具购置费

设备及工器具购置费是指为工程项目购置或自制达到固定资产标准的设备，配置的首批工器具以及生产家具所需的费用。设备及工器具购置费由设备购置费和工器具及生产家具购置费组成。

1. 设备购置费

1) 国产设备

国产设备购置费 = 设备原价 + 设备运杂费

(1) 国产设备原价分标准设备原价和非标准设备原价。

① 标准设备原价：设备制造厂的交货价，即出厂价。

② 非标准设备原价：非标准设备是指国家尚无定型标准，各设备生产厂家不可能在工艺过程中采用批量生产，只能根据具体的设备图纸制造的设备。非标准设备有多种不同的计价方法，常用的有成本计算估价法、系列设备插入估价法、分部组合估价法、定额估价法等。无论采用哪种方法计算，都应使非标准设备计价的准确度接近实际出厂价。

采用成本计算估价法时，国产非标准设备原价由材料费、加工费、辅助材料费、专用工具费、废品损失费、外购配套件费、包装费、利润、税金、非标准设计费构成。

(2) 设备运杂费。国产设备运杂费是指由设备制造厂仓库或交货地点至施工工地仓库或设备存放地点，所发生的运输及杂项费用。设备运杂费由以下内容组成：

① 运费：包括从交货地点到施工工地仓库所发生的运费及装卸费。

② 包装费：对需要进行包装的设备在包装过程中所发生的人工费和材料费，这项费用如果已计入设备原价的，不再计；未计入设备原价又确实需要包装的，应在运杂费内计算。

③ 建设单位或工程承包公司的采购保管和保养费：在组织和采购、供应和保管设备过程中所需的各种费用，包括设备采购保管和保养人员的工资、职工福利费、办公费、差旅交通费、固定资产使用费、检验试验费等。

④ 供销部门手续费：设备供销部门为组织设备供应工作而支出的各项费用。这项费用不是所有的设备都发生，而只是从供销部门获取的设备才发生。

国产设备运杂费 = 国产设备原价 × 设备运杂费费率(%)

设备运杂费费率一般由各主管部门根据历年设备购置费构成统计资料，分不同地区，按占设备总原价的百分比确定。

2) 进口设备

进口设备购置费 = 进口设备抵岸价 + 设备国内运杂费

(1) 进口设备抵岸价是指设备抵达买方边境港口或边境车站，且交完关税后的价格。

进口设备抵岸价 = 货价 + 国外运费 + 国外运输保险费 + 银行财务费
+ 外贸手续费 + 进口关税 + 增值税 + 消费税
+ 海关监管手续费

① 进口设备的货价：装运港船上交货价，用 FOB 表示，习惯上称为离岸价，可按有关生产厂商询价、报价、订货合同价确定。

② 国外运费：从装运港到达我国抵达港的运费。我国进口设备大部分采用海洋运输方

式，小部分采用铁路运输方式，个别采用航空运输方式。国外运费计算如下：

国外运费 = 离岸价 × 运费率

国外运费 = 运量 × 单位运价

运费率或单位运价参照有关部门或进口公司的规定计算。

③ 国外运输保险费：对外贸易货物运输保险是由保险人即保险公司与被保险人即出口人或进口人订立保险契约，在被保险人交付议定的保险费后，保险人根据保险契约的规定对货物在运输过程中发生的承保责任范围内的损失给予经济上的补偿。

国外运输保险费 = (离岸价 + 国外运输费) × 国外保险费率

国外保险费率按保险公司规定的进口货物保险费率确定。

④ 银行财务费：一般是指中国银行手续费。

银行手续费 = 离岸价 × 银行财务费率

银行财务费率一般为 0.4%～0.5%。

⑤ 外贸手续费：按规定的外贸手续费率计取的费用。

外贸手续费 = 进口设备到岸价 × 外贸手续费率

进口设备到岸价 = 离岸价 + 国外运费 + 国外运输保险费

进口设备到岸价一般用 CIF 表示，外贸手续费率一般取 15%。

⑥ 进口关说：由海关对进出国境的货物和物品征收的一种税。

进口关税 = 到岸价 × 进口关税率

进口关税税率按我国海关总署有关规定计算。

⑦ 消费税：仅对部分进口产品(如汽车、摩托车等)征收。

$$消费税 = \frac{到岸价 + 关税}{1 - 消费税税率} \times 消费税税率$$

⑧ 增值税：我国政府对从事进口贸易的单位和个人,在进口商品报关进口后征收的税种。

我国增值税条例规定，进口应税产品均按组成计税价格，依增值税税率直接计算应纳税额。

进口产品增值税税额 = 组成计税价格 × 增值税税率

组成计税价格 = 到岸价 × 人民币外汇牌价 + 进口关税 + 消费税

增值税基本税率为 17%。

⑨ 海关监管手续费：海关对进口减税、免税、保税的货物监督、管理提供服务的手续费。

海关监管手续费 = 到岸价 × 海关监管手续费率

(2) 进口设备国内运杂费：计算同国产设备。

2．工器具及生产家具购置费

工器具及生产家具购置费是指按照有关规定，为保证建设项目初期正常生产而需要购置的没有达到固定资产标准的设备、仪器、工卡模具、器具、生产家具和备品备件的购置费用。该项费用一般以设备购置费为计算基数，按照部门或行业规定的费率计算。

工器具及生产家具购置费 = 设备购置费 × 定额费率

2.2.3 工程建设其他费用

工程建设其他费用是指从工程筹建到工程竣工验收交付使用的整个建设期间，除建筑安装工程费用和设备工器具购置费外，为保证工程建设顺利完成和交付使用后能够正常发挥效用而发生的各项费用总和。

按照工程建设其他费用的基本内容，该费用可以大体上分为三大类：第一类是土地使用费；第二类是与项目建设有关的费用；第三类是与项目投入使用或生产以后有关的费用。

1．土地使用费

在现阶段，取得土地使用权的途径主要有行政划拨方式、国家出让方式和房地产转让方式。

通过行政划拨方式取得土地使用权需要支付土地征用及迁移补偿费，通过出让和转让方式取得土地使用权需要支付土地使用权出让金或转让金。

1) 土地征用及迁移补偿费

土地征用及迁移补偿费是指建设项目通过划拨方式取得无限期的土地使用权，依照土地使用管理法等规定所支付的费用。其总和一般不会超过被征土地年产值的20倍，土地年产值则按该地被征用前3年的平均产量和国家规定的价格计算，包括：

(1) 土地补偿费。

(2) 青苗补偿费和被征用土地上的房屋、水井、树木附着物补偿费。

(3) 安置补助费。

(4) 缴纳的耕地占用税或城镇土地使用税、土地登记费及征地管理费等。

(5) 征地动迁费。

(6) 水利水电工程、水库淹没处理补偿费。

具体补偿标准由地方人民政府根据国家相关规定和政策确定。

2) 土地使用权出让金与转让金

城市土地的出让和转让可采用招标、公开拍卖等方式。

(1) 土地使用权出让金：建设项目通过土地使用权出让方式，获得有限的土地使用权，依照规定支付的土地使用权出让金。

(2) 土地使用权转让金：拥有国有土地使用权的用地者，通过合法方式将土地使用权转让给受让者，由受让者向转让者支付的土地转让金。

在有偿出让和转让土地时，政府对地价不做统一规定。

政府有偿出让土地使用权的年限，各地可根据时间、区位等各种条件做不同的规定，一般可在30～99年之间。按照地面附属物的折旧年限来看，一般以50年为宜。

土地有偿出让和转让，土地使用者和所有者要签约，明确使用者对土地享有的权利和土地所有者应承担的义务：① 有偿出让和转让使用权，要向土地受让者征收契税；② 转让土地如有增值，要向转让者征收土地增值税；③ 在土地转让期间，国家要区别不同地段、不同用途向土地使用者收取土地使用费。

2．与建设项目有关的费用

1) 建设单位管理费

建设单位管理费是指建设项目从立项、建设、联合试运转、竣工验收交付使用及后评估等全过程所发生的管理费用。

(1) 前期费用：为保证筹建和建设工作正常进行所需办公设备、生产家具、用具、交通工具等购置费用。

(2) 单位经费：包括建设单位人员的基本工资、工资性补贴、职工现场津贴、职工福利费、劳动保护费、住房基金、基本养老保险费、基本医疗保险费、办公费、差旅交通费、工会经费、职工教育经费、固定资产使用费、工具用具用费、技术图书使用费、生产人员招募费、设计审查费、工程招标费、合同契约公证费、工程质量监督检测费、工程咨询费、法律顾问费、审计费、业务招待费、排污费、竣工交付使用清理及竣工验收费、后评估和其他管理性质开支等费用，不包括应计入设备、材料预算价格的建设单位采购及保管设备料所需的费用。

$$建设单位管理费 = 工程费用 \times 建设单位管理费率$$

2) 可行性研究费

可行性研究费是指在项目前期工作中，编制和评估项目建议书(或预可行性研究)、可行性研究报告所需的费用。

可行性研究费按照《国家计委关于印发<建设项目前期工作咨询收费暂行规定>的通知》(计投资[1999]1283 号)的规定计算。编制预可行性研究报告参照编制项目建议书收费标准并可适当调增，或依据可行性研究委托合同计算。

3) 勘察设计费

勘察设计费是指委托勘察设计单位进行工程水文地质勘察、工程设计所发生的费用，包括：

(1) 工程勘察费。

(2) 初步设计费、施工图设计费。

(3) 设计模型制作费等。

勘察设计费按照国家计划委员会、建设部《关于发布<工程勘察设计收费管理规定>的通知》(计价格[2002]10 号)的规定计算或依据勘察设计委托合同计列。

4) 研究试验费

研究试验费是指为本建设项目提供和验证设计数据、资料等进行必要的研究试验及按照设计规定在建设过程中必须进行试验、验证所需的费用，包括自行或委托其他部门研究实验所需的人工费、材料费、试验设备及仪器使用费等，但不包括以下内容：

(1) 应由科技三项费用，即新产品试制费、中间试验费和重要科学研究补助费开支的项目。

(2) 应在建筑工程安装费用中列支的施工企业对建筑材料、构建和建筑物进行一般鉴定、检查所发生的费用及技术革新的研究试验费。

(3) 应由勘察设计费和工程建设投资中开支的项目。

研究试验费应按照研究试验内容要求计算。

5) 工程监理费

工程监理费是指建设单位委托工程监理企业对工程实施监理工作所需的费用。工程监理费应根据委托的监理工作的范围和工作深度及国家有关规定计算。

6) 环境影响评价费

环境影响评价费指按照《中华人民共和国环境保护法》、《中华人民共和国环境影响评价法》等规定，为全面、详细评价建设项目对环境可能产生的污染或造成的重大影响所需的费用，包括编制环境影响报告书(含大纲)、环境影响报告表和评估环境影响报告书(含大纲)、评估环境影响报告表等所需的费用。该项费用应按照国家计划委员会、国家环境保护总局《关于规范环境影响咨询收费有关问题的通知》(计价格[2002]25 号)规定或依据委托编制环境影响评价合同计算、计列。

7) 劳动安全卫生评价费

劳动安全卫生评价费指按照劳动部《建设项目(工程)劳动安全卫生监察规定》和《建设项目(工程)劳动安全卫生评价管理方法》规定，为预测和分析建设项目存在的职业危险、危害因素的种类和危险危害程度，并提出先进、科学合理可行的劳动安全卫生技术和管理对策所需的费用，包括编制建设项目劳动安全卫生与评价大纲和劳动安全安全卫生预评价报告书以及为编制上述文件所进行的工程分析和环境状况调查等所需的费用。该费用可依据建设项目所在地劳动行政部门规定的标准计取或依据劳动安全卫生预评价委托合同计列。

8) 引进技术及进口设备其他费

引进技术及进口设备其他费指引进技术和设备时发生的，未计入设备费的费用，包括：

(1) 引进材料设备国内检验费：根据《中华人民共和国进出口商品检验法》规定，对引进设备材料实施检验和办理检验鉴定业务的费用。

引进材料设备国内检验费 = 硬件货价(CIF) × 费率

(2) 海关监管手续费: 根据《海关对进口减税、免税货物征收海关监管手续费的办法》规定，对减免关税的引进设备材料收取的实施监督、管理所提供服务的手续费。

海关监管手续费 = 减免关税的硬件货价(CIF) × 费率

(3) 引进项目图纸资料翻译复制费、备品备件测绘费。

① 根据引进项目的具体情况计算估列。

② 根据引进设备的货价(FOB)的比列计算估列。

③ 引进项目设备发生备品备件测绘费时，按具体情况计算估列。

(4) 出国人员费用：买方人员出国设计联络、考察、联合设计、监造培训等发生的差旅费、生活费、制装费等。

出国人员费用计算如下：

① 按照合同规定的出国人次、期限和费用标准计算。

② 生活费用及制装费按照财政部、外交部规定的现行标准计算。

③ 差旅费按照中国民航公布的国际航线票价计算。

(5) 来华人员费用：卖方来华工程技术工作人员的现场办公费、往返现场交通费用、工资、食宿费用、接待费用等。

(6) 银行担保和承诺费：引进项目由国内外金融机构出面承担风险和责任担保所发生的费用，以及支付给贷款机构的承诺费。该费用应按担保承诺或协议计取。

9) 工程保险费

工程保险费是指在建设期间根据需要对建筑工程、安装工程及机械设备进行投保而发生的费用，包括建筑工程一切险、安装工程一切险、人身意外伤害险及引进设备国内安装保险等。根据不同的工程类别，分别以其建筑安装工程费乘以建筑安装工程保险费率计算工程保险费。

10) 场地准备和临时设施费

(1) 场地准备：建设项目为达到工程开工条件所发生的场地平整和建设场地余留设施拆除清理费用。

(2) 临时设施费：建设期间建设单位所需临时设施的搭设、维修摊销费用或建设期间租赁费用，以及施工期间专用公路养护、维修费用。临时设施包括临时宿舍、文化福利及公用事业房屋与构筑物、仓库、办公室、加工厂以及规定范围内的道路、水、电、管线等临时设施和小型临时设施。

此处的临时设施费用不包括已列入建筑安装工程费用中的施工单位的临时设施费。

11) 特殊设备安全监督检验费

特殊设备安全监督检验费是指在施工现场组装的锅炉及压力容器、消防设备、燃气设备、电梯等特殊设备和设施，由安全监察部门按照有关安全监察条例和实施细则以及设计要求进行安全检验应由建设项目支付的、向安全监察部门支付的费用。该费用按照监察部门的有关规定和计算办法计取。

12) 市政公用设施及绿化费

市政公用设施及绿化费是指不实行有偿出让土地使用权的、不属于免征范围的建设项目，建设单位按照项目所在地人民政府有关规定缴纳的市政公用设施建设费，以及绿化补偿费等。该项费用按项目所在地人民政府规定的办法计取。

13) 工程总承包费

工程总承包费是指具有总包条件的工程公司，对工程建设项目从开始建设至竣工投产全过程的总承包所需的管理费。

3. 与项目投入使用或生产以后有关的费用

1) 联合试运转费

联合试运转费是指新建企业或新增生产能力的企业在竣工验收前，按照设计规定的工程质量标准和技术要求，进行整个车间的负荷或无负荷联合试运转发生的净支出费用以及必要的工业烘炉费用。

$$试运转净支出 = 试运转支出费用 - 试运转收入$$

试运转支出费用包括试运转所需原材料、燃料及动力消耗、低值易耗品、其他物料消耗、工具用具使用费、机械使用费，保险费、施工单位参加试运转人员的工资以及专家指导费等。

试运转收入包括试运转期间的产品销售收入和其他收入。联合试运转费用中不包括：

(1) 应由设备安装工程费中开支的设备调试及运转费用。

(2) 试运转中暴露出来的因施工原因或设备缺陷等发生的处理费用。

(3) 联合试运转费一般以“单项费用总和为基础”，按照工程项目的不同规模分别规定的试运转费率计算或者以试运转费的总金额包干使用。

2) 生产准备费

生产准备费是指新建企业或新增生产能力的企业，为保障工程项目交付使用进行必要的生产准备所发生的费用。该费用包括：

(1) 生产工人培训费。

(2) 生产单位提前进场参加施工、设备安装、调试等，以及熟悉工艺流程及设备性能等人员的工资、工资性补贴、职工福利费、差旅交通费、劳动保护费、学习资料费等。

(3) 办公和生产家具购置费。办公和生产家具购置费是指为保障新建、扩建、改建项目初期正常生产，使用和管理必需购置的办公和生产家具、用具的费用。

$$办公和生产家具购置费 = 设计定员人数 \times 综合指标$$

2.2.4　预备费

按照我国现行规定，预备费包括基本预备费和涨价预备费。

1．基本预备费

基本预备费又称不可预见费，它是是指在初步设计及概算内难以预料的工程费用，它包括以下几个方面：

(1) 在批准的初步设计范围内，技术设计、施工图设计及施工过程中所增加的工程费用，一般体现在设计变更、局部地基处理等方面。

(2) 一般自然灾害造成的损失和预防自然灾害所采取的措施费用。

(3) 竣工验收时为鉴定工程质量对隐蔽工程进行必要的挖掘和修复费用。

$$\begin{aligned}基本预备费 = &(设备及工器具购置费 + 建筑安装工程费 + 工程建设其他费)\\ &\times 基本预备费率\end{aligned}$$

2．涨价预备费

涨价预备费是指建设项目在建设期间内由于价格等变化引起工程造价变化的预测预留费用。该费用包括：人工、设备、材料施工机械的价差费，建筑安装工程费及工程建设其他费用调整，利率、汇率调整等增加的费用。

涨价预备费计算公式如下：

$$PC = \Sigma I[(1 + f)-1]$$

式中，I 表示第 t 年的建筑安装工程费、设备及工器具购置费之和；N 表示建设期；f 表示建设期价格上涨指数。

【例 2-1】 某项目投资 58 000 万元，项目建设期为 3 年，计划第一年按总投资的 20%、第二年按总投资的 50%、第三年按总投资的 30%的比例使用，建设期内年平均价格上涨率预测为 8%，计算该项目建设期内的涨价预备费。

解　根据题意，第一年计划投资额为

$$I_1 = 58\,000 \times 20\% = 11\,600 \text{ 万元}$$

第一年涨价预备费为

$$PC_1 = 11\,600 \times [(1+8\%)-1] = 928 \text{ 万元}$$

第二年计划投资额为

$$I_2 = 58\,000 \times 50\% = 29\,000 \text{ 万元}$$

第二年涨价预备费为

$$PC_2 = 29\,000 \times [(1+8\%)^2-1] = 4826 \text{ 万元}$$

第三年计划投资额为

$$I_3 = 58\,000 \times 30\% = 17\,400 \text{ 万元}$$

第三年涨价预备费为

$$PC_3 = 17\,400 \times [(1+8\%)^3-1] = 4519 \text{ 万元}$$

该项目建设期涨价预备费为

$$PC = PC_1 + PC_2 + PC_3 = 928 + 4826 + 4519 = 10\,273 \text{ 万元}$$

2.2.5 专项费用

建设项目专项费用包括以下几项内容。

1. 建设期利息

建设期利息是指建设项目在建设期内发生并计入固定资产内的利息，包括向国内银行和其他非金融机构贷款、出口信贷、外国政府贷款、国际商业银行贷款以及在境内外发行的债券等在建设期间内应偿还的借款利息。

建设期利息实行复利计算，为了简化计算，通常假定贷款是在每年的年中支用，借款第一年按半年计息，其余各年份按全年计息。

$$\text{各年应计利息} = \left(\text{年初借款本息累计} + \frac{\text{本年借款额}}{2}\right) \times \text{年利率}$$

【例 2-2】 通过估算，某项目的静态投资额为 67 980 万元，其中 30%是向银行贷款筹集的。这 30%的贷款分三年发放，各年的贷款比例分别是 30%、50%、20%，预计这三年的贷款利率分别是 6%、6%和 7%。试计算该项目建设期内的贷款利息。

解 该项目三年的贷款总额为

$$67\,980 \times 30\% = 20\,394 \text{ 万元}$$

第一年发放的贷款额为

$$20\,394 \times 30\% = 6118.2 \text{ 万元}$$

第一年利息为

$$\left(0 + \frac{1}{2} \times 6118.2\right) \times 6\% = 183.55 \text{ 万元}$$

第二年发放的贷款额为

$$20\,394 \times 50\% = 10\,197 \text{ 万元}$$

第二年利息为

$$\left(6118.2 + 183.55 + \frac{1}{2} \times 10197\right) \times 6\% = 684.02 \text{ 万元}$$

第三年发放的贷款额为

$$20\,394 \times 20\% = 4078.80 \text{ 万元}$$

第三年利息为

$$\left(6118.2 + 183.55 + 10\,197 + 684.02 + \frac{1}{2} \times 4078.8\right) \times 7\% = 1345.55 \text{ 万元}$$

三年贷款利息总计为

$$183.55 + 684.02 + 1345.55 = 2213.12 \text{ 万元}$$

在国外贷款利息的计算中，还应包括国外贷款银行根据协议向贷款方以年利率的方式收取的手续费、管理费、承诺费以及国内代理机构经国家主管部门批准的以年利率的方式向贷款单位收取的转贷费、担保费、管理费等。

2．铺底流动资金

铺底流动资金是指为保障项目投产后，能正常生产经营所需要的最基本的周转资金数额。铺底流动资金的特点如下：

(1) 属于项目总投资中的一个组成部分，需在项目决策阶段落实。

(2) 其数额取决于流动资金的大小，一般为定额流动资金的 30%。定额流动资金是指项目建成投产后，为维持正常生产经营用于购置原材料、半成品、燃料和支付工资及其他生产经营费用等所必需的周转资金，也就是财务中的营运资金。

3．固定资产投资方向调节税

固定资产投资方向调节税是对在我国境内进行固定资产投资的单位和个人征收的税种，上述单位不含中外合资经营企业、中外合作经营企业和外商独资企业。

征收固定资产投资方向调节税的目的是为了贯彻国家的产业政策，控制投资规模，引导投资方向，促进国民经济持续、稳定、协调发展。

固定资产投资方向调节税以固定资产投资项目实际完成投资额为计税依据，根据国家产业政策和项目经济规模实行差别税率。目前，此税暂停征收，但该税种并未取消。

第 3 章　建设工程定额

3.1　定额的概念及其作用

3.1.1　定额的起源

19 世纪美国工业发展速度非常快，而在当时，生产率还比较低，严重阻碍了生产力的发展。在这种背景下，美国工程师泰勒(Talor)在对工人的生产操作进行研究的基础上制定出了标准的操作方法，同时又制定出了标准操作方法下的劳动力、材料和机械台班消耗数量的标准，这就是最原始的定额。通过推行标准操作方法，可以有效控制生产消耗，大大提高了工业化生产的效率，也调动了工人的生产积极性。因此定额是一定时期社会生产力发展的产物，是对生产过程进行科学管理的工具。

3.1.2　定额的概念

定额是指在合理的劳动组织和正常的生产条件下，完成单位合格产品所需要消耗资源的标准。

在不同的生产领域里，有不同的定额，具体到建设工程上，就是建设工程定额。建设工程定额就是在工程建设中完成单位合格产品所需要消耗的人工、材料和机械台班数量的标准。

建设工程是一个很大的概念，它涵盖了整个建设工程领域，工程建设的产品构造极其复杂，表现为种类繁多、规模庞大、生产周期较长、生产地点不固定、对应的产品各式各样，这就形成了建设产品有别于其他领域产品独有的特点。这些特点构成了建设定额的多种类、多层次，使建设定额形成了一个完整的定额体系。该体系包括了企业定额、施工定额、预算定额、概算定额及概算指标、估算指标等。本书着重讲解的是建筑工程预算定额。

以建筑工程预算定额为例，例如砌 10 m^3 的砖基础，通过查定额，我们知道：需要人工 11.79 工日、红砖 5.236 千块、M10 水泥砂浆 2.36 m^3、200L 灰浆搅拌机 0.393 台班。

从这个例子中我们不难看出，建筑工程预算定额就是给完成建筑工程单位合格产品所需要的人工、材料、机械制定了一个标准。这个标准是在一定条件下制定出来的，这个条件是指正常的施工条件。

3.1.3 定额的水平

定额的水平是指为完成单位合格产品由定额规定的各种资源消耗应达到的数量标准，它是衡量定额消耗量高低的标准，也是一定时期社会生产力水平的反映。一定时期社会生产力与这一时期生产的机械化程度，操作人员的技术水平，生产管理水平，新材料、新工艺和新技术应用程度以及全体人员劳动的积极性有关，它不是一成不变的，而是随着社会生产力水平的变化而变化的。但是，在一定时期内，定额的水平又必须是相对稳定的，这是经济发展宏观调控的需要。

对于不同的项目参与方而言，他们的工程计价依据是不同的：投资方主要依据国家或行业的指导定额，反映的是社会平均生产力水平；工程承包方则依据的是本企业定额，反映的是本企业技术与管理水平。

在不同的建设时期，编制项目的概预算文件所依据的定额也是不同的，定额数据的粗细程度、精确程度、步距的大小程度与建设工作的深度相适应。

(1) 在初步设计阶段，编制设计概算依据的是概算定额或概算指标。

(2) 在施工图设计阶段，编制施工图预算依据的是预算定额。

(3) 在招投标阶段，承包单位在投标报价时，依据的是本企业的企业定额。

(4) 在工程施工阶段，编制施工预算时，依据的是施工定额或施工企业自己的企业定额。

3.1.4 定额的性质

作为定额来讲，它体现的是一定时期社会生产力发展水平和建设工程资源消耗量水平数量的标准，所以它具有以下性质。

1. 真实性和科学性

(1) 定额的真实性表现在定额必须和生产力发展水平相适应，真实地反映一定时期的资源消耗水平。

(2) 定额的科学性表现在制定定额的技术方法上：它是在对施工生产过程和资源消耗水平进行科学的观测、记录、分析的基础上，用科学的方法对统计数据进行计算分析并整理后形成的，定额的水平反映了工程建设的客观实际；利用现代科学管理的手段，使定额的制定和贯彻形成了一体化，表现在定额的制定为定额的贯彻提供了依据，科学地贯彻执行定额，又实现了对定额的信息反馈，为科学制定定额提供了基础数据资料。

2. 系统性和统一性

(1) 定额的系统性体现在工程定额是由各种不同用途的定额组合而成的，各种定额相互联系、互为补充，形成了一个具有鲜明层次和明确目标的体系。

(2) 定额的统一性是由国家宏观调控职能决定的。为了实现国家经济能够按照正确的方向发展和达到既定的目标，需要借助于定额对基建投资进行协调和控制，这就需要有一个统一的标准对决策和经济活动做出分析和评价。例如，在现行的《建设工程工程量清单计价规范》(GB 50500—2008)中就规定了项目名称、项目编码、计量单位和工程量计算规则，并规定了统一的计价格式。

3. 群众性和先进性

(1) 定额的群众性是指定额的制定和执行都是在广大的生产者和消费者基础上进行的，它来源于群众，又在群众中得到应用。

群众是生产消费的直接参与者，他们最了解生产消耗的实际水平，通过对他们当中先进的生产经验和熟练的操作方法进行系统的分析和测定、整理，充分听取群众的意见，并邀请专家和熟练的技术工人代表直接参加到定额制定过程中来，这样制定出来的定额具有广泛的群众基础。定额在贯彻执行过程中，需要依靠广大的生产者和管理者在生产消费活动中来检验定额的水平，分析定额的执行情况，为定额的修订、调整提供真实可靠的基础资料。

(2) 定额的先进性是指在确定定额水平时，既要反映先进的操作方法和生产经验，又要从实际出发，区别对待发展不平衡地区，认真分析各种有利和不利因素，真正做到先进合理；在确定定额项目上，要体现出已广泛推广的新材料、新工艺和新技术。

4. 权威性和指导性

定额的权威性体现在法令性上，定额一经国家授权机关制定和颁布，在其使用范围内必须严格遵守和执行，不得随意更改定额的水平和内容，以保证全国或某一个地区有一个统一的核算基础，以便比较和考核投资效果和经济成本，考核经济效果，为政府和有关部门的监督管理提供了统一的依据。但是，随着我国工程造价管理制度的不断改革，在市场经济条件下，对定额的法令性不应该绝对化，对待具体的情况和问题，定额更多地体现出它的指导性。

5. 相对稳定性和实效性

定额是一定时期社会生产力发展水平的体现，社会生产力的发展是随着科学的进步、先进技术的产生、生产工艺方法的改进以及管理水平的不断提高而发展的。所以，定额的水平不可能是一成不变的，这就说明定额的稳定性是相对的。当定额的水平不能反映一定时期生产力的水平时，它就会阻碍生产力的发展，它的作用就会逐渐消失。这时就迫切地需要对定额进行相应的调整和修订，甚至是从新编制以适应新的生产力发展水平，这就体现出了定额的时效性。

3.1.5 定额的作用

通过我们对定额概念的理解及对定额性质的分析，不难看出定额具有以下作用：

(1) 定额是节约社会劳动、提高劳动生产力的重要手段。

(2) 定额是国家经济宏观调控的依据。

(3) 定额是组织和协调社会化大生产的工具。

(4) 定额是衡量工人的劳动成果及其所创造的经济效益的尺度。

(5) 定额是编制计划的基础和可行性研究的依据。

(6) 定额是确定工程造价和选择最优设计方案的依据。

(7) 定额是竣工结算的依据。

(8) 定额是加强企业科学管理，进行经济核算的依据。

3.2　建设工程定额的分类及其管理

3.2.1　建设工程定额的分类

1. 按生产要素分类

1) 劳动定额

劳动定额指完成一定合格产品所消耗的人工的数量标准。

2) 材料消耗定额

材料消耗定额指完成一定合格产品所消耗的材料的数量标准。

3) 机械台班消耗定额

机械台班消耗定额指完成一定合格产品所消耗的施工机械台班数量的标准。

从以上的分类中可以看出，它们直接反映了生产某种单位合格产品所必须具备的基本生产要素。

2. 按编制程序和用途分类

1) 施工定额

施工定额是指施工企业直接用于建筑工程施工管理的一种定额。它由劳动定额、材料消耗定额及机械台班消耗定额组成，是编制预算定额的基础。

2) 预算定额

预算定额属于计价性定额，是编制施工图预算的定额，同时也可作为编制施工组织设计、财务计划的参考，它是编制概算定额的基础。

3) 概算定额

概算定额是一种计价定额，它是初步设计时计算和确定工程概算造价的依据。

4) 概算指标

概算指标也是一种计价定额，它是以整个建筑物或构筑物为对象，以更为扩大的计量单位来计算初步设计时的工程概算，同时也是编制投资估算指标的基础。

5) 投资估算指标

投资估算指标也是一种计价定额，它是在项目建议书和可行性研究阶段用来编制投资估算、计算投资使用量时采用的一种定额。

3. 按定额管理层次和执行范围分类

1) 全国统一定额

全国统一定额是由国家主管部门或授权单位综合全国工程建设在施工技术、组织管理等方面的一般情况而编制的，并在全国范围内执行的定额，如全国统一安装工程定额、全国统一市政定额等。

2) 行业统一定额

行业统一定额是考虑到各行业部门的专业工程技术特点及其施工生产和管理水平而编

制的，一般只在本行业和相同专业性质的范围内使用的专业定额，如水利工程定额、矿井建设工程定额等。

3) 地区统一定额

地区统一定额包括在各省、自治区、直辖市范围内使用的定额，如《陕西省建筑装饰工程综合预算定额》。

4) 企业定额

企业定额是由企业根据本身的技术和经济条件，按照国家和地方办法的标准、规范编制的仅在企业内部使用的定额。

4. 按投资费用性质分类

1) 建筑安装工程定额

建筑安装工程定额是在正常施工条件下，完成单位合格产品所必须消耗的劳动力、材料、机械台班的数量标准。这种量的规定，反映出完成建设工程中的某项合格产品与各种生产消耗之间特定的数量关系。建筑安装工程定额是根据国家一定时期的管理体系和管理制度，根据定额的不同用途和适用范围，由国家指定的机构按照一定程序编制的，并按照规定的程序审批和颁发执行。在建筑工程中实行定额管理的目的，是为了在施工中力求以最少的人力、物力和资金消耗量，生产出更多、更好的建筑产品，取得最好的经济效益。

2) 设备及工器具购置费用定额

设备及工器具购置费用定额是指完成某一建设项目所需购置设备及工器具费用规定的标准。

3) 建设工程其他费用定额

建设工程其他费用定额是指从工程筹建起到工程竣工验收交付使用的整个建设期间，除了建筑安装工程费用和设备、工器具购置费以外，保证工程建设顺利完成和交付使用后能够正常发挥效用而发生的各项费用开支的标准。工程建设其他费用定额经批准后对建设项目实施全过程费用控制。

5. 按适用专业分类

1) 建筑安装工程定额

建筑安装工程定额在上面已作介绍。

2) 设备安装定额

设备安装定额是指在正常施工条件下，完成一台或一组设备安装所需消耗的人工、材料、机械台班数量的标准。

3) 公路工程定额

公路工程定额是指在修建公路时，在正常的施工条件下，完成单位合格产品所需消耗的人工、材料、机械台班数量的标准。

4) 铁路工程定额

铁路工程定额是指在修建铁路时，在正常的施工条件下，完成单位合格产品所需消耗的人工、材料、机械台班数量的标准。铁路工程定额是铁路工程专用的定额。

5) 井巷工程定额

井巷工程定额是指在井巷工程中，在正常的施工条件下，完成单位合格产品所需消耗的人工、材料、机械台班数量的标准。井巷工程定额是井巷工程专用的定额。

6. 按自然属性分类

1) 生产性定额

生产性定额通常称为施工定额，是衡量和反映施工单位在施工过程中实际消耗量的定额，包括工、料、机消耗定额，劳动定额等。

2) 计价性定额

计价性定额是用来实行概预算报价的定额，包括建筑安装概、预算定额、费用定额等。

3.2.2 建设工程定额的管理

为了有效地贯彻和执行定额，充分发挥建设工程定额在工程建设中的作用，对建设工程定额的管理应实行集中领导，以保证国家在基本建设方面的方针、政策得到贯彻和落实。由于建设定额具有多种类、多层次的特性，因此需要分级管理，也就是按建设工程定额管理的权限，按照定额的执行范围，分部门、分地区进行管理。

第 4 章　施 工 定 额

4.1　施工定额的概念、组成及确定

4.1.1　施工定额的概念

施工定额是施工企业直接用于施工管理过程中的定额。它是以同一性质的施工过程或工序为测定对象，以工序定额为基础综合而成的确定建筑工人在正常的施工条件下，为完成规定计量单位的某一施工过程所需人工材料和机械台班消耗的数量标准。这个标准，一方面是反映国家对建筑安装企业在增收节约和提高劳动生产率的条件下，为完成一定的合格产品必须遵守和达到的最高限额；另一方面是衡量建筑安装企业工人或班组完成施工任务好坏和取得个人劳动报酬多少的重要尺度。

4.1.2　施工定额的组成及确定

施工定额由劳动定额、材料消耗定额和机械台班定额组成，是最基本的定额。

1．劳动定额

劳动定额通常也称人工定额，它是建筑安装工人在正常的施工技术组织条件下，在平均先进水平上制定的，完成单位合格产品所必须消耗的活劳动的数量标准。

劳动定额按其表现形式和用途，可分为时间定额和产量定额。

(1) 时间定额：某种专业、某种技术等级的工人班组或个人，在合理的劳动组织、使用材料和施工机械配合条件下，完成某种单位合格产品所必需的工作时间。这个时间包括准备与结束时间、基本生产时间、辅助生产时间、不可避免的中断时间以及工人必要的休息时间。

$$\text{单位产品时间定额(工日)} = \frac{\text{需消耗的工日数}}{\text{生产的产品数量}}$$

【例 4-1】　瓦工班组有 6 个人，一共工作了 18 天，共砌砖基础(标准砖)91.603 m^3，计算其砖基础的时间定额。

解　根据已知条件，通过计算砌砖基础的时间定额为

$$\frac{6\times18}{91.603} = 1.179 \text{ 工日/m}^3$$

(2) 产量定额：在合理的使用材料和合理的施工机械配合下，某一工种、某一等级的工人在单位工日内完成的合格产品数量。

$$\text{单位时间产量定额}=\frac{\text{生产的产品数量}}{\text{消耗的工日数}}$$

【例 4-2】　以例 4-1 题为例，砌砖基础的产量定额为

$$\frac{91.603}{6\times 18}=0.848\ \text{m}^2/\text{工日}$$

从例 4-1 和例 4-2 不难看出，时间定额和产量定额是同一个劳动定额的不同表现形式。时间定额便于综合，以及计算劳动量、编制施工计划和计算工期；产量定额便于分配施工任务、考核工人的劳动生产年率和签发施工任务单。

2．材料消耗定额

材料消耗定额是指在节约和合理使用材料的前题下，生产单位合格产品所必须消耗一定品种、规格的原材料、成品、半成品配件等的数量标准。

材料的消耗定额包括材料的净用量和材料必要的工艺损耗量。

$$\text{材料总耗量}=\text{材料的净用量}\times(1+\text{损耗率})$$

$$\text{损耗率}=\frac{\text{损耗量}}{\text{总耗量}}\times 100\%$$

材料的净用量是指直接用于产品上的，构成产品实体的材料消耗量。

材料必要的工艺损耗量一般是指材料从工地仓库、现场加工堆放地点至操作或安放地点的运输损耗、施工操作损耗和临时堆放损耗等。

主要材料消耗定额是通过在施工过程中对材料消耗进行观测、试验以及根据技术资料的统计与计算等方法制定的，这些方法归纳起来有观测法、实验法、统计法和计算法。

【例 4-3】　以砖砌体为例，计算砌 1 m^3 的砖墙所需要标准砖及水泥砂浆的数量。

砌砖墙需要的材料有标准砖、水泥砂浆。

我们设定：Q 代表 1 m^3 一砖墙体体积；Z 代表 1 m^3 一砖墙体内砖的体积；S 代表 1 m^3 一砖墙体内水泥砂浆的体积；X 代表 1 m^3 一砖墙体内需用标准砖的数量。K 代表墙厚的砖数，那么

$$Q=Z+S$$

又知：

$$\begin{aligned}&\text{一块标准砖}+\text{水泥砂浆在砌体中所占的体积}\\&=(\text{砖宽}+\text{灰缝})\times(\text{砖厚}+\text{灰缝})\times(\text{砖长}+\text{灰缝})\end{aligned}$$

所以

$$X=\frac{1}{(\text{砖宽}+\text{灰缝})\times(\text{砖厚}+\text{灰缝})\times(\text{砖长}+\text{灰缝})}$$

又因：砖墙厚 = $2K$(砖宽+灰缝)，所以：砖宽 + 灰缝 = 砖墙厚 / ($2K$)。

因此

$$\begin{aligned}X&=\frac{2K}{\text{砖墙厚}\times(\text{砖厚}+\text{灰缝})\times(\text{砖长}+\text{灰缝})}\\&=\frac{2\times\text{墙厚的砖数}}{\text{砖墙厚}\times(\text{砖厚}+\text{灰缝})\times(\text{砖长}+\text{灰缝})}\\&=\frac{2\times 1}{0.24\times(0.053+0.01)\times(0.24+0.01)}=529.1\ \text{块}\end{aligned}$$

$$S = 1 - X \times 0.24 \times 0.115 \times 0.053 = 1 - 529.1 \times 0.24 \times 0.115 \times 0.053 = 0.226 \text{ m}^3$$

$$\text{砖的消耗量} = X \times (1 + \text{砖的损耗率})$$

$$\text{砂浆的消耗量} = S \times (1 + \text{砂浆的损耗率})$$

若砖的损耗率为3%，砂浆的损耗率为1%，则

$$1 \text{ m}^3\text{一砖墙标准砖消耗量} = 529.1 \times (1 + 3\%) = 545 \text{ 块}$$

$$1 \text{ m}^3\text{一砖墙砂浆消耗量} = 0.226 \times (1 + 1\%) = 0.228 \text{ m}^3$$

3. 机械台班定额

机械台班定额又称机械使用定额，它是指生产单位合格产品所必须消耗一定品种、规格施工机械的作业时间标准，包括准备与结束时间、基本作业时间、辅助作业时间以及工人必需的休息时间。机械台班定额以台班为单位，每一台班按 8 h 计算。机械台班定额有机械时间定额和机械台班产量定额两种表现形式。

(1) 机械时间定额：在正常的施工条件下，某种机械完成单位合格产品所必须消耗的工作时间。

$$\text{机械时间定额} = \frac{1}{\text{机械台班产量定额}}$$

工人使用一台机械工作一个班(8 h)，称为一个台班，它既包括机械本身的工作时间，又包括使用该机械工人的工作时间。

配合机械的工人小组人工时间定额为

$$\text{人工时间定额} = \frac{\text{台班内小组成员工日数}}{\text{机械台班产量定额}}$$

【例4-4】 一台6 t塔式起重机吊装某种混凝土构件，配合机械作业的小组成员为：司机1人，起重和安装工7人，电焊工2人。已知机械台班产量为40块，即40块/台班，试求吊装每一块构件的机械时间定额和人工时间定额。

解

$$\text{机械时间定额} = \frac{1}{\text{机械台班产量定额}} = \frac{1}{40} = 0.025 \text{ 台班/块}$$

$$\text{人工时间定额} = \frac{\text{小组成员工日数总和}}{\text{机械台班产量定额}} = \frac{1+7+2}{40} = 0.25 \text{ 工日/块}$$

或 $$(1+7+2) \times 0.025 = 0.25 \text{ 工日/块}$$

由上例可看出，机械时间定额与配合机械作业的人工时间定额之间的关系为

$$\text{人工时间定额} = \text{配合机械作业的人数} \times \text{机械时间定额}$$

(2) 机械台班产量定额：在合理的施工组织和正常的施工生产条件下，某种机械在每台班内完成合格产品的数量。

$$\text{机械台班产量定额} = \frac{1}{\text{机械时间定额}}$$

$$\text{机械台班产量定额} = \frac{\text{台班内小组成员工日数}}{\text{人工时间定额}}$$

4.2 施工定额的作用

施工定额是针对施工过程用来考核和控制施工过程中各项资源的消耗，属于建筑安装企业内部管理的定额。它的影响范围涉及企业内部管理的方方面面，它的作用通常表现在以下几个方面。

(1) 施工定额是企业编制施工组织设计和施工作业计划的依据。我们可以按照施工图纸计算出工程量，再依据施工定额计算出各项资源的需求量，然后根据需求量来安排施工进度和资金计划。

(2) 施工定额是施工队向施工班组签发施工任务单和限额领料单的基本依据。我们可以根据施工定额的消耗量标准来核准材料的使用量、人工的需求量，向班组签发任务并提出合理要求。

(3) 施工定额是计算工人劳动报酬的根据。施工定额是按照社会平均先进水平编制的。根据施工定额的标准，我们可以考核出工人的实际水平和劳动生产率，据此来决定工人的劳动报酬。

(4) 施工定额是企业激励工人提高劳动生产率的手段。根据施工定额规定的资源消耗量标准，工人超出定额标准完成的工作量应以超额劳动报酬的形式得到认可和激励，使他们自觉、不断地后进赶先进，先进更先进，提高生产率，鼓励他们不断地学习新技术、新工艺，从而使新技术、新工艺得到极速的推广，最终达到整体效率的提高。

(5) 施工定额是编制预算定额和编制单位估价表的基础。预算定额是在现行的施工定额的基础上编制的。预算定额中的劳动、材料及机械消耗量水平都是根据施工定额消耗量确定的。预算定额中的计量单位也以施工定额的计量单位为准，从而保证了预算定额和施工定额的可比性。

4.3 施工定额的编制

4.3.1 施工定额编制的原则

1. 平均先进水平原则

平均先进水平原则是指在正常的施工条件下，大多数生产者经过努力能够达到和超过的水平。施工定额的编制应能够反映比较成熟的先进技术和先进经验，有利于降低工料消耗，提高企业管理水平，达到鼓励先进、勉励中间、鞭策落后的目的。

一般来讲，平均先进水平就是指略低于先进水平，略高于平均水平。具体地讲，这种水平应该使先进者感到一定压力，鼓励他们更上一层楼；使大多数处于中间水平的工人感到这个水平是可望可及的，增加达到和超过这个水平的信心；对于技术上落后的工人不迁就，使他们有危机感，认识到必须花大力气去勤学苦练技术，提高技术操作水平，珍惜劳动时间，节约劳动消耗，只有这样，才能缩短差距，尽快达到这个水平。

所以说，平均先进的原则是编制施工定额的理想水平。

2. 简明适用性原则

施工定额设置应简单明了，便于查阅，计算要满足劳动组织分工、经济责任与核算个人生产成本的劳动报酬的需要，同时又要满足容易为工人所掌握，便于查阅、计算、携带。当定额的简明性和适用性发生矛盾时，简明性应服从适用性的要求。

3. 以专家为主编制定额原则

施工定额的编制要求要有一支经验丰富、技术与管理知识全面、有一定政策水平的专家队伍，可以保证编制施工定额的延续性、专业性和实践性。

4. 实事求是、动态管理原则

施工定额应本着实事求是的原则，结合实际的客观存在，确定工料及各项消耗的数量标准，对影响造价较大的主要常用项目，要多考虑施工组织设计，采用先进的工艺，从而使定额在运用上更贴近实际、技术上更先进、经济上更合理。

4.3.2 施工定额编制的依据

(1) 现行的全国建筑安装工程统一劳动定额、材料消耗定额和机械台班消耗定额。

(2) 现行的建筑安装工程施工验收规范，工程质量检查评定标准，技术安全操作规程等。

(3) 有关建筑安装工程的历史资料及定额测定资料等。

(4) 有关建筑安装工程的标准图集等。

4.3.3 施工定额编制的程序

施工定额的编制实际上是政策性非常强的一项工作，专业技术要求高，内容庞大复杂，为了保证编制的质量和计算的方便，在编制之前，应该制定一个行之有效的编制程序，步骤如下：

(1) 编写编制方案。

(2) 确定定额的适用范围。

(3) 确定定额的结构形式。

(4) 确定各项资源的消耗标准。

根据以上编制程序方案大纲，认真细致地做好每一项工作，特别是对每一项资料的收集、统计、整理及修正，要做到客观、真实、公正、涉及面到位等，能够代表目前建筑安装企业的平均先进水平。

第5章 预算定额

5.1 预算定额的概念

预算定额是指在正常的施工条件下，完成一定计量单位的分项工程或一定计量单位结构构件所必需的人工、材料和施工机械台班消耗数量的标准。预算定额是由国家主管部门或授权机关组织编制、审批并颁布执行的。

【例5-1】 2004《陕西省建筑装饰工程消耗量定额》规定，砌10 m^3的砖基础所必需的人工、材料和施工机械台班消耗数量标准如下：

人工：11.97工日。

材料：① M10水泥砂浆2.36 m^3，其中，425#硅酸盐水泥472 kg，净砂2.41 m^3；水3.14 m^3；② 机制红砖5236块。

在理解预算定额的概念时，还必须注意预算定额的一些性质：

(1) 预算定额是一种计价性定额，是工程建设中一项重要的技术经济指标。在现阶段，预算定额是对工程建设进行有效监管的重要工具之一。

(2) 预算定额反映的是社会平均水平，在采用“工程量清单”计算个别成本并最终确定工程造价时，它是施工企业自行编制工程造价的参考依据，也是投资企业计算社会平均成本的依据。

(3) 预算定额是建立在施工定额基础之上的，它的各项指标反映了完成单位分项工程所消耗的活劳动和物化劳动的数量标准。预算定额是计价性定额。

5.2 预算定额的组成

预算定额一般按照工程种类的不同，以分部工程分章编制，例如土石方工程、桩基工程、砖石工程、钢筋及钢筋砼混凝土工程等；每一章又按产品技术规格不同、施工方法不同等分列为很多定额项目，我们把这些项目称为子目。预算定额一般就是由目录、总说明、分章说明、工程内容、工程量计算规则、分项工程定额表和有关附录等组成的。

5.2.1 预算定额总说明

预算定额总说明包括以下内容：

(1) 预算定额的适用范围、指导思想及目的作用。

(2) 预算定额的编制原则、主要依据及上级下达的有关定额修编文件。

(3) 使用本定额必须遵守的规则及适用范围。

(4) 定额所采用的材料规格、材质标准，允许换算的原则。

(5) 定额在编制过程中已经包括及未包括的内容。

(6) 各分部工程定额的共性问题的有关统一规定及使用方法。

5.2.2 预算定额分章说明

预算定额分章说明包括以下内容：

(1) 分部工程所包括的定额项目内容。

(2) 分部工程各定额项目工程量的计算方法。

(3) 分部工程定额内综合的内容及允许换算和不能换算的界限及其他规定。

(4) 使用本分部工程允许增减系数范围的界定。

(5) 工程内容及工作内容说明。

(6) 工程量计算规则。工程量是核算工程造价的基础，是分析建筑工程技术经济指标的重要数据，是编制计划和统计工作的指标依据。必须根据国家有关规定，对工程量的计算做出统一的规定。

5.2.3 分项工程定额表说明

1. 分项工程定额表头说明

在分项工程定额项目表表头上方说明分项工程工作内容及本分项工程包括的主要工序及操作方法。

2. 定额项目表

定额项目表包括以下内容：

(1) 分项工程定额编号(子目号)。

(2) 分项工程定额名称。

(3) 人工表现形式，即工日数量。

(4) 材料(含构配件)表现形式，即材料栏内一系列材料和周转使用材料的名称及消耗数量。

(5) 施工机械表现形式，即主要机械名称规格和台班消耗数量。

(6) 说明和附注。在定额表下或在附录里说明应调整、换算的内容和方法。

5.3 预算定额中消耗量的确定

5.3.1 预算定额中人工消耗量的确定

预算定额中的人工消耗量标准，以工日为单位，包括基本用工、超运距用工、辅助用工和人工幅度差等内容。预算定额中的人工工日不分工种、不分技术等级，一律以综合工日表示。

1. 基本用工

基本用工是指完成定额计量单位分项工程的各工序所需的主要用工量，它是按综合取定的工程量和现行的全国建筑安装工程统一劳动定额中的时间定额为基础进行计算的。缺项部分可参考地区现行定额及实际调查资料计算。

$$基本用工工日数 = \Sigma(工序工程量 \times 时间定额)$$

2. 超运距用工

超运距用工是指编制预算定额时规定的场内运距超过劳动定额时规定的相应运距所需要增加的用工量。

$$超运距 = 预算定额规定的运距 - 劳动定额规定的运距$$

$$超运距用工 = \Sigma(超运距材料数量 \times 时间定额)$$

3. 辅助用工

辅助用工是指在施工过程中对材料进行加工整理所需的用工量。

$$辅助用工 = \Sigma(加工材料数量 \times 时间定额)$$

4. 人工幅度差

人工幅度差是指在编制预算定额时加算的、劳动定额中没有包括的、在实际施工过程中必然发生的零星用工量，它包括：

(1) 在正常施工条件下，土建各工种工程之间的工序搭接以及土建工程与水电安装工种之间的交叉配合所需的停歇时间。

(2) 施工过程中，移动临时水电线路而造成的影响工人操作的时间。

(3) 同一现场内，单位工程之间因操作地点转移而影响工人操作的时间。

(4) 工程质量及隐蔽工程验收而影响工人的操作时间。

(5) 施工中不可避免的少量零星用工等。

$$人工幅度差 = (基本用工 + 超运距用工 + 辅助用工) \times 人工幅度差系数$$

国家规定人工幅度差系数为10%～15%。

5.3.2 预算定额中材料消耗量的确定

预算定额中规定的材料消耗量标准，是以不同的物理计量单位或自然计量单位为单位表示的，也就是指在正常施工生产条件下，为完成单位合格产品的施工任务所必须消耗的材料、成品、半成品、构配件及周转性材料的数量标准。它包括净用量和损耗量。净用量是指实际构成某定额计量单位分项工程所需要的材料用量，按不同分项工程的工程特征和相应的计算公式计算确定。损耗量是指在施工现场发生的材料运输和施工操作的损耗，损耗量在净用量的基础上按一定的损耗率计算确定。

预算定额中的材料消耗量从消耗内容看，包括完成该分项工程或结构构件的施工任务所必需的各种实体性材料(如标准砖、混凝土、钢筋等)的消耗和各种措施性材料(如模板、脚手架等)的消耗；从引起消耗的因素看，包括直接构成工程实体的材料净耗量、发生在施工现场该施工过程中材料的合理损耗量及周转性材料的摊销量。

预算定额中材料消耗量的确定方法与施工定额中材料消耗量的确定方法一样，但有一点必须注意，预算定额中材料的损耗率与施工定额中材料的损耗率不同，预算定额中材料损耗率的损耗范围比施工定额中材料损耗率的损耗范围更广，它必须考虑整个施工现场范围内材料堆放、运输、准备、制作及施工操作过程中的损耗。

1．实体性材料消耗量的计算

$$材料消耗量=材料净用量+材料的损耗量$$

【例 5-2】 试计算贴 10 m^{2}地砖的材料消耗量。已知地砖的尺寸为 300 mm × 300 mm，厚 8 mm，损耗率为 1.5%，水泥砂浆结合层厚 20 mm，损耗率为 6%。地砖按疏缝铺贴，缝宽 10 mm。

解 (1) 每块地砖的铺贴面积为

$$S_1=(0.3+0.01)\times(0.3+0.01)=0.0961\ \text{m}^2$$

那么，10 m^{2}的地砖地面实际用砖量为

$$Q=\frac{10}{S_1}=\frac{10}{0.0961}=104.06\ 块$$

地砖的损耗量为

$$q=104.6\times1.5\%=1.569\ 块$$

所以，贴 10 m^{2}的地砖地面，300 mm × 300 mm 地砖的消耗量为

$$M=Q+q=104.6+1.569=106.169=107\ 块$$

(2) 10 m^{2}地砖地面结合层的水泥砂浆实际用量为

$$V_1=10\times0.02=0.2\ \text{m}^3$$

10 m^{2}地砖地面灰缝的面积为

$$S_{灰}=10-0.3\times0.3\times104.06=0.586\ \text{m}^2$$

填满灰缝用水泥砂浆的净用量为

$$V_2=0.586\times0.008=0.005\ \text{m}^3$$

贴 10 m^{2}的 300 mm × 300 mm 地砖地面，水泥砂浆的净用量为

$$V_J=V_1+V_2=0.2+0.005=0.205\ \text{m}^3$$

水泥砂浆的损耗量为

$$V_S=0.205\times6\%=0.0123\ \text{m}^3$$

贴 10 m^{2}的 300 mm × 300 mm 地砖地面，水泥砂浆的消耗量为

$$V=V_J+V_S=0.205+0.0123=0.217\ \text{m}^3$$

2．周转性材料消耗量的计算

在预算定额中，对周转性材料消耗量有两个规定：一次使用量和摊销量。

以模板工程为例，其材料消耗量的确定方法如下。

1) 组合式钢模板的摊销量

$$组合式钢模板的摊销量=\frac{一次使用量\times(1+施工损耗率)}{周转次数}$$

一次使用量是指每 100 m^{2}模板接触面积(现浇)或 10 m^{3}构件混凝土模板接触面积(预制)按选用的钢筋混凝土构件图纸，应配备的模板材料需用量。

2) 木模板摊销量

$$木模板摊销量=一次使用量\times(1+施工损耗率)\times摊销系数$$

一次使用量是指每 100 m^2 模板接触面积一次模板净用量。

$$摊销系数=\frac{1+(周转次数-1)\times补损率-(1-补损率)\times50\%}{周转次数}$$

5.3.3 预算定额中机械消耗量的确定

预算定额中规定的机械消耗量，以台班为单位，包括基本台班数和机械幅度差。基本台班数是指完成定额计量单位分项工程所需的机械台班用量，基本台班数以劳动定额中不同机械的台班产量为基础计算确定。机械幅度差是指在编制预算定额时加算的零星机械台班用量，这部分机械台班用量按基本台班数的一定百分比计算确定。

机械幅度差包括以下具体内容：

(1) 施工中机械转移工作面及配套机械互相影响损失的时间。

(2) 在正常施工条件下，机械在施工中不可避免的工序间歇。

(3) 工程开工或结尾时工程量不饱满所损失的时间。

(4) 检查工程量质量影响机械的操作时间。

(5) 临时停机、停电影响机械操作的时间。

(6) 机械维修引起的停歇时间等。

机械幅度差以系数表示：土方机械为 1.25，打桩机械为 1.33，吊装机械为 1.3，其他分部工程专用机械，如蛙式打夯机、水磨机等均为 1.1。

5.4 预算定额的作用

由于预算定额是一种计价性的定额，所以在工程委托承包的情况下，它是确定工程造价的依据；在招标承包的情况下，它是计算标底和确定报价的主要依据。所以，预算定额在工程建设定额中占有很重要的地位，其主要作用和用途如下：

(1) 预算定额是编制施工图预算，确定和控制项目投资、计算建筑安装工程造价的基础。

(2) 预算定额是对设计方案进行技术经济比较、分析的依据。

(3) 预算定额是编制施工组织设计的依据。

(4) 预算定额是工程结算的依据。

(5) 预算定额是施工企业进行经济活动分析的依据。

(6) 预算定额是编制概算定额和估算指标的基础。

(7) 预算定额是合理编制标底、投标报价的基础。

5.5 预算定额的编制

5.5.1 预算定额的编制原则

1. 社会平均水平原则

预算定额应遵循价值规律的要求，按生产该产品的社会平均必要劳动时间来确定其价

值。也就是说，在正常的施工条件下，以平均的劳动强度、平均的技术熟练程度，在平均的技术装备条件下，完成单位合格产品所需的劳动消耗量就是预算定额的消耗水平。

预算定额是以施工定额为基础编制的，比施工定额综合性大，包含了更多的可变因素，需要和施工定额保持一个合理的水平幅度差，一般预算定额比施工定额水平低10%～15%，基本真实地反映了社会的平均水平，这样才符合大多数企业的实际情况。

2．适用、简明、准确原则

1) 适用原则

适用原则是指预算定额内容应严密明确，各项指标在保证统一的前题下具有一定的灵活性，以适应不同地区、不同工程的使用。

2) 简明原则

简明原则是指定额在项目的划分、选定计量单位、制定工程量计算规则上应在保证定额各项指标相对准确的前题下，在施工定额的基础上进行综合扩大，达到项目少、内容全、简明扼要的效果。为了达到这个效果，通常采用的方法是细算粗变，以常用的主要项目和价值大的项目为主，综合次要和价值不大的项目，合并近似项目。

3) 准确原则

准确原则是指预算定额的项目指标应准确无误，减少定额附注和换算系数，尽量少留活口。

3．统一性和因地制宜原则

1) 统一性原则

统一性原则就是从培育全国统一市场规范计价行为出发，定额的制定、实施由国家归口管理部门统一负责。国家统一定额的制定或修订，有利于通过定额管理和工程造价的管理实现建筑安装工程价格的宏观调控,使工程造价具有统一的计价依据，也使考核设计和施工的经济效果具备同一尺度。

2) 因地制宜原则

因地制宜原则就是在统一基础上的差别。各部门和省市(自治区)、直辖市主管部门可以在自己管辖的范围内，依据部门(地区)的实际情况，制定部门和地区性定额、补充性制度和管理办法，以适应我国幅员辽阔、地区间发展不平衡和差异大的实际情况。

4．专家编审责任制原则

编制定额应以专家为主，这是实践经验的总结。编制要有一支经验丰富、技术与管理知识全面、有一定政策水平的、稳定的专家队伍。通过他们的辛勤工作才能积累经验，保证编制定额的准确性。同时要在专家编制的基础上，注意走群众路线，因为广大建筑安装工人是施工生产的实践者，也是定额的执行者，最了解生产实际和定额的执行情况及存在问题，有利于以后在定额管理中对其进行必要的修订和调整。

5.5.2　预算定额的编制步骤

预算定额的编制一般分为以下三个阶段进行。

1．准备工作阶段

准备工作阶段的工作内容如下：

(1) 根据国家或授权机关关于编制预算定额的指示，由工程建设定额管理部门出面主持，组织编制预算定额的领导机构和各专业小组。

(2) 拟定编制预算定额的工作方案，提出编制预算定额的基本要求，确定预算定额的编制原则、适用范围，确定项目划分以及预算定额表格形式等。

(3) 调查研究、收集各种编制依据和资料。

2．编制初稿阶段

编制初稿阶段的工作内容如下：

(1) 对调查和收集的资料进行深入细致的分析研究。

(2) 按编制方案中规定的项目划分和所选定的典型施工图纸为依据，计算出项目的工程量，并根据取定的各项消耗指标和有关编制依据，计算分项定额中的人工、材料和机械台班消耗量，编制出预算定额项目表。

(3) 测算预算定额水平。《预算定额征求意见稿》编出后，应将新编预算定额与原预算定额进行比较，测算新预算定额水平是提高还是降低，并分析预算定额水平提高或降低的原因。

3．修改和审查计价定额阶段

在这个阶段，主要是组织基本建设有关部门讨论《预算定额征求意见稿》，将征求的意见交编制小组重新修改定稿，并写出预算定额编制说明和送审报告，连同预算定额送审稿报送主管机关审批。

5.5.3　预算定额的编制依据

预算定额的编制依据如下：

(1) 现行施工定额。

(2) 现行设计规范、施工及验收规范、质量评定标准和安全操作规程。

(3) 具有代表性的工程施工图及有关标准图。

(4) 新技术、新结构、新材料和先进的施工方法等。

(5) 有关科学实验、技术测定的统计、经验资料。

(6) 现行预算定额及基础资料、地区材料预算价格、工资标准及机械台班单价。

(7) 施工现场测定资料、实验资料和统计资料。

第 6 章　设计概算定额及概算指标

6.1　概算定额的概念及作用

6.1.1　概算定额的概念

概算定额又称扩大结构定额，规定了完成单位扩大分项工程或单位扩大结构构件所必须消耗的人工、材料和机械台班的数量标准。

概算定额是在预算定额基础上根据有代表性的通用设计图和标准图等资料，以主要工序为主，综合相关工序，进行综合、扩大合并而成的定额。

概算定额是编制初步设计和扩大初步设计概算时，计算和确定扩大分项工程的人工、材料、机械台班耗用量的数量标准。它是预算定额的综合扩大。例如，在预算定额中的挖沟槽、基础垫层、砌筑砖基础、铺设防潮层、回填土及余土外运这六项，在概算定额中，把这六项合并综合为一项，就是砖基础。由此可见，概算定额表达的主要内容、主要方式和基本使用方法都来自于预算定额。概算定额和预算定额相比，在项目划分和综合扩大程度上存在差别，而且概算工程量的计算和概算表的编制都比编制施工图预算简单些，所以概算的精度不及预算。

6.1.2　概算定额的主要作用

概算定额的主要作用表现在以下几个方面：

(1) 概算定额是扩大初步设计阶段编制设计概算和技术设计阶段编制修正概算的依据。

(2) 概算定额是对项目进行技术经济分析和比较的基础资料之一，其目的是选择出技术先进可靠、经济合理的方案，在满足使用功能的前题下，降低造价和资源的消耗。

(3) 概算定额是编制建设项目主要材料计划的参考依据。

(4) 概算定额是编制概算指标的依据。

6.2　概算定额的组成和编制

6.2.1　概算定额的组成

概算定额是由总说明、分章说明、概算项目表、附表、附录组成的。

1. 总说明

在总说明中，主要说明的是编制的背景条件、编制的目的、适用的范围和编制的依据等。

2. 分章说明

在分章说明中，主要描述的是本章包括的内容，哪些项目能换算；哪些项目不能换算，能换算的项目如何换算，不能换算的项目给出理由；本章的工程内容及工作内容；本章内容的工程量计算规则等。

3. 概算项目表

概算项目表中包括：项目编码、项目名称、计量单位、人工、主要材料和机械台班的单位消耗量。

4. 附录、附表

附录、附表主要说明的是定额项目的调整和换算等有关事项。

6.2.2 概算定额的编制

1. 概算定额的编制依据

(1) 现行的预算定额。

(2) 选择的典型工程施工图和其他有关资料。

(3) 人工工资标准、材料预算价格和机械台班预算价格。

2. 概算定额编制的方法

根据确定的编制方案，依据预算定额，搜集统计和整理各种相关的资料，在此基础上编制出概算定额初稿，把初稿发放下去，征集相关专家、基层及相关部门的意见，再进行修改，反复多次直至定稿为止，然后报送国家授权机关审批。

6.3 概算指标

6.3.1 概算指标的概念及其作用

1. 概算指标的概念

概算指标是在概算定额的基础上进一步综合扩大，以整个建筑物或构筑为研究对象，以建筑面积、体积或成套设备装置的“台”或“组”为单位，构筑物以“座”为单位，规定所需人工、材料及机械台班消耗数量及资金的定额指标。概算指标比概算定额更加综合扩大，其构成数据来自于预算定额和有关预算资料。

2. 概算指标的作用

(1) 概算指标是基本建设管理部门编制投资估算和基本建设计划、估算主要材料用量计划的依据。

(2) 概算指标是设计单位编制初步设计概算、选择设计方案的依据。

(3) 概算指标是考核基本建设投资效果的依据。

6.3.2 概算指标的编制原则和程序

1．概算指标编制的原则

(1) 按平均水平确定概算指标的原则。

(2) 概算指标的内容和表现形式要贯彻简明、适用的原则。

(3) 概算指标的编制依据必须具有代表性。

2．概算指标编制的程序

编制概算指标时，首先要准备资料，其次计算工程量，然后编制预算书，最后形成概算指标。

(1) 填写设计资料名称、设计单位、设计日期、建筑面积及结构构造情况，并对设计资料进行审查，提出审查和修改意见。

(2) 根据审定的图纸和预算定额等，计算出建筑面积及分部分项工程量，然后按照规定的项目进行合并，再以每 100 m^2 建筑面积为计量单位(或其他计量单位)计算出所需要的工程量指标。确定每 100 m^2 建筑面积的结构构造情况，以及人工、材料、机械消耗指标和单位造价指标，形成概算指标。

注意，在用概算指标编制工程概算时，如果遇到实际工程和概算指标的内容有一定差异，就需要对概算指标进行调整，调整后的指标应符合实际工程情况。

6.3.3 概算指标的内容

概算指标比概算定额更加综合扩大，其主要内容包括五部分。

(1) 总说明：说明概算指标的编制依据、适用范围、使用方法等。

(2) 示意图：说明工程的结构形式，在工业项目中还应标示出吊车规格等技术参数。

(3) 结构特征：详细说明主要工程的结构形式、层高、层数和建筑面积等。

(4) 经济指标：说明该项目每 100 m^2 或每座构筑物的造价指标，以及其中土建、水暖、电器照明等单位工程的相应造价。

(5) 分部分项工程构造内容及工程量指标：说明该工程项目各分部分项工程的构造内容，相应计量单位的工程量指标，以及人工、材料消耗指标。

第7章 企业定额

7.1 企业定额的概念

企业定额是施工企业根据本企业的施工技术和管理水平，以及有关工程造价资料制定的，并供本企业使用的完成单位合格产品所必需的人工、材料和机械台班消耗量标准。

企业定额是企业自己编制的，只在企业内部使用，反映了企业自身的施工水平、装备水平和管理水平，是企业实力的体现。企业定额水平一般应高于国家现行定额，才能满足生产技术发展、企业管理和市场竞争的需要。

企业定额是建筑安装企业考核企业劳动生产率水平的依据，它影响的范围涉及到企业内部管理的方方面面，包括企业生产经营活动的计划、组织、协调控制以及指挥等各个环节。尤其是在工程量清单计价方式下，企业在投标时，企业定额发挥着不可替代的作用。因此，企业定额体系的建立，是全面开展和执行工程量清单计价工作中的一个重要环节。

综上所述，企业在编制企业定额时，除了根据本企业自身的具体条件以外，还应该根据本企业可能挖掘的潜力、市场的需求和竞争环境、国家有关的政策、法律和规范制度等来制定自己的水平和资源消耗量标准。国家允许同类企业和同一地区的企业之间存在定额水平的差异。

7.2 企业定额的组成及其作用

企业定额包括工程实体消耗量定额、措施项目消耗定额及费用定额。

1. 工程实体消耗量定额

企业的工程实体消耗量定额包括企业的劳动定额、材料消耗量定额、机械台班使用定额及租赁机械台班价格。

1) 企业的劳动定额

企业的劳动定额主要是用来计算劳动量和控制工日消耗，准备和计划劳动报酬的。计算完成项目所需人工费的数额，在整个施工过程中，起着安排、协调人力资源及控制人工成本的作用。

2) 企业的材料消耗定额

企业的材料消耗定额主要是用来核算项目的材料成本，控制材料用量，为投标报价的材料费提供依据。

3) 企业的机械台班使用定额

在企业自有机械的情况下，用来核算项目的机械使用成本，为投标报价的机械费计算提供参考和依据。

4) 企业的租赁机械台班价格

企业的租赁机械台班价格是在企业没有某种机械的情况下，为了完成施工任务，在市场上租赁机械的价格。这个价格是动态的，用来预计施工成本，为项目投标报价的机械使用费提供参考依据。

2．措施项目消耗定额

企业的措施项目消耗主要是指模板和脚手架的消耗。

在企业自有钢模板和脚手架的情况下，措施项目消耗定额用来计算项目的摊销量及措施费用。

在企业需要部分租赁或全部租赁的情况下，通过周转材料的租赁价格来计算完成施工项目的措施费用和项目的措施成本。在投标报价时，周转材料的租赁价格为措施费的计算和报价提供依据。

3．企业的费用定额

企业的费用定额应视项目的情况来制定具体的费率，一般费率是一个区间，而不是一个固定不变的数值。

7.3　企业定额的编制

企业定额不是简单地把传统定额或行业定额的编制手段用于编制施工企业的内部定额，它的形成和发展同样要经历从实践到理论、由不成熟到成熟的多次反复检验、滚动、积累。在这个过程中，企业的技术水平在不断发展，管理水平和管理手段、管理体制也在不断更新、提高和完善。可以这样说，企业定额产生的过程就是一个快速互动的内部自我完善的进程。

7.3.1　企业定额编制的原则

(1) 制定企业定额的水平应该体现出企业本身所具有的先进水平，体现出企业定额的先进合理性，至少要和社会平均水平基本持平，否则，就失去了企业定额的实际意义。

(2) 企业定额要体现本企业在某方面的技术优势，以及本企业的局部管理或全面管理方面的优势。

(3) 企业定额估价表的所有单价都应实行动态管理，定期调查市场，定期总结本企业各方面业绩与资料，不断完善，及时调整，与建设市场紧密联系，不断提高竞争力。

(4) 企业定额要紧密联系现有的、先进的、成熟的施工方案、施工工艺，并与其能全面接轨。

总之，企业定额应形式灵活，简明适用，并具有很强的操作性，以满足企业内部的管理及投标报价的需求。

7.3.2 企业定额编制的方法

企业定额的编制具体有以下几种方法。

1．在现行的定额基础上进行修正

在现行的定额基础上进行修正就是根据以已有的国家基础定额、地方定额、行业定额为蓝本，依据国家现行施工验收、质量标准、计价等规范，结合企业实际情况，划分定额结构和项目范围，在自行测算的基础上，修正、制定定额消耗量标准。这种方法的优点是继承了原有定额的精华，可直接参与套用原有定额模板，节省了大量的时间。

2．经验统计法

经验统计法就是企业对在建工程和已完工程的资料数据，运用抽样统计的方法，对有关项目的消耗数据进行统计测算，并结合当前的技术组织条件，进行分析和研究，最终形成自己的定额消耗数据。这种方法简便易行，有统计资料作为确定消耗量的依据，比较能够反映企业的实际水平。

3．现场观察测定法

这个方法主要是对工时消耗的测定，就是把现场工时消耗情况和施工组织技术条件联系起来，进行观察、测时、计量和分析，以获取在这个技术组织条件下，这个过程的工时消耗的基础资料。这个方法更加接近于实际，比较准确地反映了在一定技术组织条件下所需要消耗的人工数量。

4．理论计算法

这个方法主要是针对材料的计算。具体做法是根据施工图纸、施工规范及材料规格，用理论计算的方法求出定额中的理论消耗量，将理论消耗量加上材料的合理损耗，得出定额实际消耗水平。

以上方法各有优劣，并不相互割裂，可以互为补充，互为验证。企业应根据实际需要来确定适合自己企业情况的方法体系。

7.3.3 企业定额编制的步骤和依据

1．明确编制的目的

明确编制的目的就是明确编制的范围以及定额的用途。

企业定额可以分为两个层面，一个层面是企业的施工定额，它属于管理型定额，主要用于整个施工过程的管理和资源消耗量的控制；另一个层面是企业预算定额，它属于计价性定额，主要用于企业投标报价。企业的施工定额是企业预算定额的基础。

2．制定编制计划

企业定额的编制过程是一个非常繁琐、细致、系统的工作，在编制前，应编制一个周密、可行的计划，这个计划应由专门机构专人负责来完成。这个计划的实施应该在专门机构的负责下，由定额管理人员、现场一线施工人员、现场管理人员及技术工人组成一个公关小组，共同来完成。这个计划的主要工作内容包括：

(1) 定额水平的确定。定额水平的确定是整个定额编制过程中的首要问题，关系着定额是否真实地反映了企业的实际水平，定额水平的确定准确与否，是企业定额能否实现编制目的的关键。定额水平制定得过高或过低，都会影响企业的成本核算和投标报价以及企业在市场上的竞争力。所以定额水平的确定一定要和企业的实际情况相适应。

(2) 明确搜集的数据和资料。数据的真实性直接会影响的定额的客观性，所以在数据资料搜集前，应该列一份按照类别划分的数据资料明细表。

(3) 定额项目的划分，步距的确定。定额项目划分要合理，步距要适当，使定额具有较强的操作性，简明适用，以满足企业内部管理和投标报价的需求。

(4) 确定编制进度计划和完成的时间。进度计划和完成时间的确定，有利于编制工作的开展，能够保证编制工作的效率，使定额能够按时投入使用，并为企业的管理及时地提供了客观依据。

3. 确定编制依据

企业定额编制的依据和政府定额编制的依据大致相同，除此之外，它还具有一些特殊的依据，具体内容包括：

(1) 有关的建筑安装工程设计规范、建筑安装工程施工及验收规范、工程质量评定标准、安全操作规程、常用的国家和地方标准图集等。

(2) 企业现有的组织机构、管理方式、技术装备、管理人员构成比例、技术人员占总人数的比例、工人的技术水平、财务实力等。

(3) 企业成熟的施工方案及施工组织、企业特有的技术强项等。

(4) 本企业近年所做工程的资料、已完工程的结算资料、机械台班及周转性材料租赁的市场行情等。

(5) 现行的政府和地方颁布的定额、计价规则和相关文件等。

在以上工作的基础上，进行分析、整理和综合测算，汇集各种技术数据，按章节和划分的定额项目，分门别类地制定资源的消耗量标准，最终形成定额手册。

7.4 企业定额的意义

目前，我国在建设领域实行的是工程量清单计价，工程量清单计价真正做到了量价分离，由建设单位提供工程量清单，总承包单位根据工程量清单进行报价。这就要求施工企业能够最大限度地发挥自己的价格和技术优势，不断提高企业自身的管理水平，推动竞争，从而在竞争中形成市场，在市场的竞争中取胜，同时进一步推进整个建设领域的纵深发展。在这种形势下，施工企业要生存壮大，具有一套切合企业本身实际情况的企业定额是十分重要的。

工程量清单计价的关键和核心就在于企业采用自己的定额进行自主报价。《建筑工程施工发包与承包计价管理办法》第七条第二款规定：“投标报价应当依据企业定额和市场价格信息。”所以说企业定额是实现企业自主报价的基础，是建筑企业进行工程投标报价的重要依据。企业定额是形成企业个别成本的基础，可提高企业投标报价的竞争力。

企业定额的建立和应用可提升管理水平和提高经济效益。在激烈的市场竞争中，企业只有通过不断改进技术、提升管理水平，使企业的个别成本低于社会成本，才能立于不败之地。企业定额代表企业先进技术、施工工艺。只有促使企业不断地去学习和研究新技术、新工艺、新方法，才能提高企业的技术水平和实力。

7.5　企业定额的发展

在工程量清单计价模式下，相对于国家和地方颁布的定额，企业定额更具有实用价值。企业定额可以及时对新工艺、新材料的人、材、机消耗进行实测和计算，积累和沉淀为企业定额库。国家和地方颁布的定额一般若干年颁布一次，跟不上变化的节凑，不可能及时地把新工艺新材料编制到定额中。当今时代，新技术、新工艺、新材料层出不穷，这就导致定额滞后于生产力发展，国家和地方定额不能全面、准确、客观地反映市场状况，而按照国家和地方定额编制的工程造价也就不能客观地反映现实。所以以企定额为依据编制的工程造价能比较真实地反映客观实际。企业定额使企业成为施工过程的见证人，掌握了施工过程的第一手资料和数据，根据生产实际制定的消耗量标准能够准确地反映出实际资源的消耗量，为工程成本的核算以及企业在市场上的竞争、投标报价提供了详实的数据，成为有力、可靠、能够反映客观实际的计价依据。

企业定额源于生产实践又指导生产实践，并在实践中不断完善。企业定额消耗量应尽可能符合本企业的生产力水平和工程实际。企业定额应是动态的，不断调整，因为劳动生产率并非一成不变。随着技术进步和管理创新，企业生产力不断提高，材料消耗不断降低，同时新工艺、新材料不断出现，企业定额应与时俱进，应时而变。企业定额在工程量清单计价模式下发挥着其他定额不可代替的作用。

下篇

施工图预算的编制

第 8 章　工程量清单计价

8.1　工程量清单的概念及实施

8.1.1　工程量清单的概念

工程量清单(Bill Of Quantity，BOQ)是在 19 世纪 30 年代产生的。西方国家把计算工程量、提供工程量清单专业化作为业主估价师的职责，所有的投标都要以业主提供的工程量清单为基础，从而使得最后的投标结果具有可比性。

依据中华人民共和国国家标准《建设工程工程量清单计价规范》GB 50500—2008(以下简称 08 规范)，工程量清单是指：“建设工程的分部分项工程项目、措施项目、其他项目、规费项目和税金项目的名称和相应数量等的明细清单。”

工程量清单是一个工程计价中反映工程量的特定内容的概念，与建设阶段无关，在不同阶段又可分别称为招标工程量清单、结算工程量清单等。

8.1.2　工程量清单的实施

工程量清单的实施主要体现在工程量清单的计价活动上。工程量清单的计价活动包括工程量清单的编制、工程量清单招标控制价编制、工程量清单投标报价编制、工程合同价款的约定、竣工结算的办理以及工程施工过程中工程计量与工程价款的支付、索赔与现场签证、工程价款的调整和工程计价争议处理等。

1．工程量清单的实施范围

依据 08 规范 1.0.3 条，“全部使用国有资金投资或国有资金投资为主(以下二者简称‘国有资金投资’)的工程建设项目，必须采用工程量清单计价”。对于国有资金投资的工

程项目，不分工程建设项目规模，均必须采用工程量清单计价。

根据《工程建设项目招标范围和规模标准规定》(国家计委第 3 号令)的规定，国有资金投资的工程建设项目包括使用国有资金投资和国家融资投资的工程建设项目，具体内容如下：

1) 使用国有资金投资项目的范围

(1) 使用各级财政预算资金的项目。

(2) 使用纳入财政管理的各种政府性专项建设基金的项目。

(3) 使用国有企事业单位自有资金，并且国有资产投资者实际拥有控制权的项目。

2) 国家融资项目的范围

(1) 使用国家发行债券所筹资金的项目。

(2) 使用国家对外借款或者担保所筹资金的项目。

(3) 使用国家政策性贷款的项目。

(4) 国家授权投资主体融资的项目。

(5) 国家特许的融资项目。

国有资金(含国家融资资金)为主的工程建设项目是指国有资金占投资总额 50%以上，或不足 50%，但国有投资者实质上拥有控股权的工程建设项目。

2. 可不实施工程量清单的项目

与必须实施工程量清单计价的项目相比，依据 08 规范 1.0.4 条，“非国有资金投资的工程建设项目，可采用工程量清单计价”这条规定包括了三层含义：

(1) 对于非国有资金投资的工程建设项目，是否采用工程量清单方式计价由项目业主自主确定。

(2) 当确定采用工程量清单计价时，应执行 08 规范。

(3) 对于确定不采用工程量清单方式计价的非国有投资工程建设项目，除不执行工程量清单计价的专门性规定外，由于本规范还规定了工程价款调整、工程计量和价款的支付、索赔与现场签证、竣工结算以及工程造价争议处理等内容，这类条文仍应执行。

在工程造价计价活动中，工程量清单、招标控制价、投标报价、工程价款结算等所有的工程造价文件的编制与核对，以及施工过程中有关工程造价的工作，均应由具有相应资格的工程造价专业人员承担。

工程量清单作为清单项目和工程数量的载体，要求它反映的内容一定全面、详实、客观、正确。合理地设置清单项目，准确地计算工程量，是工程量清单计价的前提和基础。对于招标人来讲，工程量清单是进行投资控制的前题和基础，工程量清单的质量直接关系和影响到工程建设的最终结果。

8.2　工程量清单的组成

工程量清单由分部分项工程量清单、措施项目清单、其他项目清单、规费项目清单、税金项目清单组成。

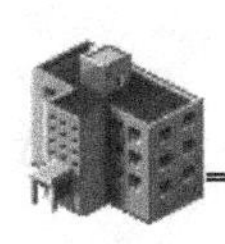

8.2.1　分部分项工程量清单

分部分项工程量清单包括项目编码、项目名称、项目特征、计量单位和工程量。这五个要件在分部分项工程量清单的组成中是缺一不可的。

1．项目编码

项目编码是分部分项工程量清单项目名称的数字标识。

分部分项工程量清单的项目编码应采用12位阿拉伯数字表示。1～9位应按附录的规定设置，10～12位应根据拟建工程的工程量清单项目名称设置，同一招标工程的项目编码不得有重码。

用12位阿拉伯数字表示项目的编码是以五级编码设置的，一、二、三、四级编码按照附录的规定设置，是统一的，第五级是根据拟建工程的工程量清单项目名称设置的。

(1) 第一级表示分类码，由两位数字表示，也就是12位阿拉伯数字的前两位，建筑工程为01、装饰装修工程为02、安装工程为03、市政工程为04、园林绿化工程为05。

(2) 第二级表示专业工程(章)顺序码，由两位数字表示，也就是12位阿拉伯数字的第3位和第4位。

(3) 第三级表示节顺序码，由两位数字表示，也就是12位阿拉伯数字的第5位和第6位。

(4) 第四级表示清单项目码，由三位数字表示，也就是12位阿拉伯数字的第7位、第8位和第9位。

(5) 第五级是拟建工程的工程量清单项目名称码，由三位数字表示，也就是12位阿拉伯数字的第10位、第11位和第12位。

【例8-1】　拟建工程：一砖厚实心砖墙，其编码为010302001001，这12位数字编码的含义如下：

第一级，1、2位，即01为分类码，01表示建筑工程。

第二级，3、4位，即03为专业工程章顺序码，表示第3章砌筑工程。

第三级，5、6位，即02为节顺序码，02表示第2节砖砌体。

第四级，7、8、9位为清单项目码，即001表示实心砖墙。

第五级，10、11、12位为拟建工程的工程量清单项目名称码，即001表示一砖厚实心砖墙。

当同一标段(或合同段)的一份工程量清单中含有多个单项或单位(以下简称单位)工程且工程量清单是以单位工程为编制对象时，在编制工程量清单时应特别注意对项目编码10～12位的设置不得有重码的规定。例如一个标段(或合同段)的工程量清单中含有3个单位工程，每一单位工程中都有项目特征相同的实心砖墙砌体，在工程量清单中又需反映3个不同单位工程的实心砖墙砌体工程量时，此时工程量清单应以单位工程为编制对象，则第一个单位工程的实心砖墙的项目编码应为010302001001，第二个单位工程的实心砖墙的项目编码应为010302001002，第三个单位工程的实心砖墙的项目编码应是010302001003，并分别列出各单位工程实心砖墙的工程量。

2. 项目名称

分部分项工程量清单的项目名称应按附录的项目名称结合拟建工程的实际情况来确定。项目名称包含的内容，是由项目特征和工程内容的描述来解释、细化完成的。

3. 项目特征

项目特征是构成分部分项工程量清单项目、措施项目自身价值的本质特征。

分部分项工程量清单项目特征应按附录中规定的项目特征，结合拟建工程项目的实际予以描述。

1) 项目特征的描述

分部分项工程量清单的项目特征是确定一个清单项目综合单价的重要依据，在编制的工程量清单中必须对其项目特征进行准确和全面的描述。工程量清单项目特征描述的重要意义在于：

(1) 项目特征是区分清单项目的依据。工程量清单项目特征是用来表述分部分项清单项目的实质内容，用于区分计价规范中同一清单条目下各个具体的清单项目。没有项目特征的准确描述，对于相同或相似的清单项目名称就无从区分。

(2) 项目特征是确定综合单价的前提。由于工程量清单项目的特征决定了工程实体的实质内容，必然直接决定了工程实体的自身价值。因此，工程量清单项目特征描述得准确与否，直接关系着工程量清单项目综合单价能否准确确定。

(3) 项目特征是履行合同义务的基础。实行工程量清单计价，工程量清单及其综合单价是施工合同的组成部分，因此，如果工程量清单项目特征的描述不清甚至漏项、错误，从而引起在施工过程中的更改，就会引起歧义，导致纠纷。由此可见，清单项目特征的描述，应根据计价规范附录中有关项目特征的要求，结合技术规范、标准图集、施工图纸，按照工程结构、使用材质及规格或安装位置等，予以详细而准确的表述和说明。可以说离开了清单项目特征的准确描述，清单项目就将没有生命力。比如我们要购买某一商品，如汽车，首先要了解汽车的品牌、型号、结构、动力、内配等方面，因为这些决定了汽车的价格。当然，从购买汽车这一商品来讲，商品的特征在购买时已经形成，买卖双方对此均已了解。但相对于建筑产品来说，比较特殊，因此在合同的分类中，工程发、承包施工合同属于加工承揽合同中的一个特例，实行工程量清单计价，就需要对分部分项工程量清单项目的实质内容、项目特征进行准确描述，就如同购买某一商品时了解品牌、性能等是一样的。因此，准确地描述清单项目的特征对于准确地确定清单项目的综合单价具有决定性的作用。当然，由于种种原因，对同一个清单项目，由不同的人进行编制，会有不同的描述，尽管如此，体现项目本质区别的特征和对报价有实质影响的内容都必须描述，这一点是无可质疑的。

(4) 项目特征必须描述，因为其说明的是工程项目的实质，直接决定工程的价值。例如砖砌体的实心砖墙，因为砖的品种、规格、强度等级直接会关系到砖的价格，所以必须描述砖的品种：是页岩砖还是煤灰砖；砖的规格：是标砖还是非标砖(是非标砖就应注明规格尺寸)；砖的强度等级：是 MU10、MU15 还是 MU20。因为墙体的厚度、类型直接影响砌砖的工效以及砖、砂浆的消耗量，所以还必须描述墙体的厚度：是 1 砖(240 mm)还是 1 砖半(370 mm)等；墙体类型：是混水墙还是清水墙，清水墙是双面还是单面，或者是一斗一卧、围墙等。必须描述：是否勾缝；是原浆还是加浆勾缝。如是加浆勾缝，还需注明砂浆配合比。必须描述砌筑砂浆的种类：是混合砂浆还是水泥砂浆。因为不同种类、不同强度等级、不同配合比的砂浆，其价格是不同的，所以必须描述砂浆的强度等级：是 M5、M7.5 还是 M10 等。由此可见，这些描述均不可缺少，因为其中任何一项都影响了实心砖墙项目综合单价的确定。

2) 工程内容

(1) 工程内容无需描述，因为其主要是操作程序。例如，计价规范关于实心砖墙的“工程内容”中的“砂浆制作、运输，砌砖，勾缝，砖压顶砌筑，材料运输”就不必描述。因为，发包人没必要指出承包人要完成实心砖墙的砌筑还需要制作、运输砂浆，砌砖、勾缝，材料运输。不描述这些工程内容，承包人也必然要操作这些工序，才能完成最终验收的砖砌体。这就和我们购买汽车没必要了解制造商是否需要购买、运输材料，以及进行切割、车铣、焊接、加工零部件，进行组装等工序是一样的。由于在计价规范中，工程量清单项目与工程量计算规则、工程内容有一一对应的关系，当采用计价 08 规范这一标准时，工程内容均有规定，无需描述。需要指出的是，计价规范中关于“工程内容”的规定来源于原工程预算定额，实行工程量清单计价后，由于两种计价方式的差异，清单计价对项目特征的要求才是必需的。

(2) 08 计价规范在“实心砖墙”的“项目特征”及“工程内容”栏内均包含有勾缝，但两者的性质完全不同。“项目特征”栏的勾缝体现的是实心砖墙的实体特征，是名词，体现的是用什么材料勾缝；而“工程内容”栏内的勾缝表述的是操作工序或称操作行为，在此处是动词，体现的是怎么做。因此，如果需要勾缝，就必须在项目特征中描述，而不能以工程内容中有而不描述，否则，将视为清单项目漏项，而可能在施工中引起索赔，类似的情况在计价规范中还有，必须引起注意。

由此可见，招标人应高度重视分部分项工程量清单项目特征的描述，任何不描述或描述不清，均会在施工合同履约过程中产生分歧，导致纠纷、索赔。但有的项目特征用文字往往又难以准确和全面地描述清楚，因此为达到规范、简捷、准确、全面描述项目特征的要求，在描述工程量清单项目特征时应按以下原则进行：项目特征描述的内容按 08 规范附录规定的内容，项目特征的描述应按拟建工程的实际要求，以能满足确定综合单价的需要为前提。对采用标准图集或施工图纸能够全部或部分满足项目特征描述要求的，项目特征描述可直接采用详见××图集或××图号的方式。但是，对不能满足项目特征描述要求的部分，仍应用文字描述进行补充。

4．计量单位

分部分项工程量清单的计量单位应按附录中规定的计量单位确定。当计量单位有两个或两个以上时，应根据所编工程量清单项目的特征要求，选择最适宜表现该项目特征并方便计量的单位。例如 08 规范对门窗工程的计量单位已修订为“樘/m^2”两个计量单位，实际工作中，就应选择最适宜、最方便计量的单位来表示。

5．工程量

分部分项工程量清单中所列工程量应按附录中规定的工程量计算规则计算。

(1) 以“吨(t)”为计量单位的应保留小数点后三位，第四位小数四舍五入。

(2) 以“立方米(m^3)”、“平方米(m^2)”、“米(m)”、“千克(kg)”为计量单位的应保留小数点后两位，第三位小数四舍五入。

(3) 以“项”、“个”等为计量单位的应取整数。

6. 补充工程量清单

在编制工程量清单时，出现附录中未包括的项目，编制人应作补充，并报省级或行业工程造价管理机构备案，省级或行业工程造价管理机构应汇总报住房和城乡建设部标准定额研究所。补充项目的编码由附录的顺序码与 B 和三位阿拉伯数字组成，并应从×B001 起顺序编制，同一招标工程的项目不得重码。工程量清单中需附有补充项目的名称、项目特征、计量单位、工程量计算规则、工程内容。

随着科学技术日新月异的发展，工程建设中新材料、新技术、新工艺的不断涌现，本规范附录所列的工程量清单项目不可能包罗万象，更不可能包含随科技发展而出现的新项目。在实际编制工程量清单时，当出现本规范附录中未包括的清单项目时，编制人应作补充。编制人在编制补充项目时应注意以下三个方面：

(1) 补充项目的编码必须按本规范的规定进行，即由附录的顺序码(A、B、C、D、E、F)与 B 和三位阿拉伯数字组成。

(2) 在工程量清单中应附补充项目的项目名称、项目特征、计量单位、工程量计算规则和工程内容。

(3) 将编制的补充项目报省级或行业工程造价管理机构备案。

【例 8-2】 表 8-1 为补充工程量清单。

表 8-1 补充工程量清单

项目编码	项目名称	项目特征	计量单位	工程量计算规则	工程内容
AB001	钢管桩	1. 地层描述 2. 送桩长度/单桩长度 3. 钢管材质、管径、壁厚 4. 管桩填充材料种类 5. 桩倾斜度 6. 防护材料种类	m/根	按设计图示尺寸以桩长(包括尖)或根数计算	1. 桩制作、运输 2. 打桩、试桩、斜桩 3. 送桩 4. 管桩填充材料、刷防护材料

8.2.2 措施项目清单

措施项目是为了完成工程项目施工，发生于该工程施工准备和施工过程中的技术、生活、安全、环境保护等方面的非工程实体项目。

1. 措施项目清单的列项

措施项目清单应根据拟建工程的实际情况列项。通用措施项目可按“通用措施项目一览表”选择列项，专业工程的措施项目可按附录中规定的项目选择列项。若出现 08 规范未列的项目，可由招标人根据工程实际情况补充。投标人补充项目，应按招标文件规定来补充，招标文件无规定时，补充的项目应单列并在投标书中说明。

【例 8-3】 表 8-2 为 08 规范中通用措施项目一览表。

表 8-2 通用措施项目一览表

序号	项 目 名 称
1	安全文明施工(含环境保护、文明施工、安全施工、临时设施)
2	夜间施工
3	二次搬运
4	冬雨季施工
5	大型机械设备进出场及安拆
6	施工排水
7	施工降水
8	地上、地下设施，建筑物的临时保护设施
9	已完工程及设备保护

“通用措施项目”是指各专业工程的“措施项目清单”中均可列的措施项目。各专业工程的专用措施项目应按 08 规范附录中各专业工程中的措施项目并根据工程实际进行选择列项。例如：将混凝土、钢筋混凝土模板及支架与脚手架分别列于《建设工程工程量清单计价规范》GB 50500—2008 的附录 A 建筑工程专业工程中。

2. 措施项目清单的编制

措施项目中可以计算工程量的项目清单宜采用分部分项工程量清单的方式编制，列出项目编码、项目名称、项目特征、计量单位和工程量计算规则；不能计算工程量的项目清单，以“项”为计量单位编制。

在 08 规范中，将工程实体项目划分为分部分项工程量清单项目，非实体项目划分为措施项目。所谓非实体性项目，一般来说，其费用的发生和金额的大小与使用时间、施工方法或者两个以上工序相关，与实际完成的实体工程量的多少关系不大，典型的是大中型施工机械进、出场及安、拆费，文明施工和安全防护、临时设施等。但有的非实体性项目，典型的是混凝土浇注的模板工程，与完成的工程实体具有直接关系，并且是可以精确计量的项目，用分部分项工程量清单的方式，采用综合单价更有利于合同管理。

凡能计算出工程量的措施项目宜采用分部分项工程量清单的方式进行编制，并要求列出项目编码、项目名称、项目特征、计量单位和工程量计算规则。对不能计算出工程量的措施项目，则以“项”为计量单位进行编制。

8.2.3 其他项目清单

其他项目清单宜按照下列内容列项：

(1) 暂列金额。

(2) 暂估价：包括材料暂估单价、专业工程暂估价。

(3) 计日工。

(4) 总承包服务费。

如果出现以上四项未列的项目，可以根据工程实际情况补充。

工程建设标准的高低、工程的复杂程度、工程的工期长短、工程的组成内容、发包人对工程的管理要求等都直接影响其他项目清单的具体内容。08 规范仅提供 4 项内容作为列项参考，其不足部分，编制人可根据工程的具体情况进行补充。

1) 暂列金额

在 08 规范第 2.0.6 条明确定义暂列金额是："招标人在工程量清单中暂定并包括在合同价款中的一笔款项。用于施工合同签订时尚未确定或者不可预见的所需材料、设备、服务的采购，施工中可能发生的变更、合同约定调整因素出现时的工程价款调整以及发生的索赔、现场签证确认等的费用。"不管采用何种合同形式，暂列金额理想的标准是，一份建设工程施工合同的价格就是其最终的竣工结算价格，或者至少两者应尽可能接近，按有关部门的规定，经项目审批部门批复的设计概算是工程投资控制的刚性指标，即使是商业性开发项目也有成本的预先控制问题，否则，无法相对准确预测投资的收益和科学合理地进行投资控制。而工程建设自身的规律决定，设计需要根据工程进展不断地进行优化和调整，发包人的需求可能会随工程建设进展出现变化，工程建设过程还存在其他诸多不确定性因素。消化这些因素必然会影响合同价格的调整，暂列金额正是针对这类不可避免的价格调整而设立的，其目的是合理地确定工程造价的控制目标。有一种错误的观念认为，暂列金额列入合同价格就属于承包人(中标人)所有了。事实上，即便是总价包干合同，也不是列入合同价格的任何金额都属于中标人的。是否属于中标人应得金额取决于具体的合同约定，暂列金额的定义是非常明确的，只有按照合同约定程序实际发生后，才能成为中标人的应得金额，纳入合同结算价款中。扣除实际发生金额后的暂列金额余额仍属于招标人所有。设立暂列金额并不能一定保证合同结算价格就不会再出现超过合同价格的情况，是否超出合同价格完全取决于工程量清单编制人对暂列金额预测的准确性，以及工程建设过程是否出现了其他事先未预测到的事件。

2) 暂估价

暂估价是指招标阶段直至签订合同协议时，招标人在招标文件中提供的用于支付必然要发生但暂时不能确定价格的材料以及需另行发包的专业工程金额。其类似于 FIDIC 合同条款中的 Prime Cost Items，在招标阶段预见肯定要发生，只是因为标准不明确或者需要由专业承包人完成，暂时无法确定其价格或金额。

一般而言，为方便合同管理和计价，需要纳入分部分项工程量清单项目综合单价中的暂估价最好只是材料费，以方便投标人组价。以"项"为计量单位给出的专业工程暂估价一般应是综合暂估价，应当包括除规费、税金以外的管理费、利润等。

3) 计日工

计日工是为了解决现场发生的零星工作的计价而设立的。国际上常见的标准合同条款中，大多数都设立了计日工(Daywork)计价机制。计日工以完成零星工作所消耗的人工工时、材料数量、机械台班进行计量，并按照计日工表中填报的适用项目的单价进行计价支付。计日工适用的所谓零星工作一般是指合同约定之外的或者因变更而产生的、工程量清单中没有相应项目的额外工作，尤其是那些时间不允许事先商定价格的额外工作。计日工为额外工作和变更的计价提供了一个方便快捷的途径。但是，在以往的实践中，计日工经常被忽略。其中一个主要原因是计日工项目的单价水平一般要高于工程量清单项目单价的水平。理论上讲，合理的计日工单价水平一定是高于工程量清单的价格水平，其原因在于计日工往往是用于一些突发性的额外工作，缺少计划性，承包人在调动施工生产资源方面难免不影响已经计划好的工作，生产资源的使用效率也有一定的降低，客观上造成超出常规的额

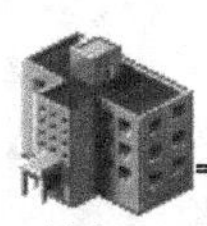

外投入。另一方面，计日工清单往往忽略给出一个暂定的工程量，无法纳入有效的竞争，也是造成计日工单价水平偏高的原因之一。因此，为了获得合理的计日工单价，计日工表中一定要给出暂定数量，并且需要根据经验，尽可能估算一个比较贴近实际的数量。当然，尽可能把项目列全，防患于未然，也是值得充分重视的工作。

4) 总承包服务费

总承包服务费是为了解决招标人在法律、法规允许的条件下进行专业工程发包以及自行采购供应材料、设备时，要求总承包人对发包的专业工程提供协调和配合服务，须向总承包人支付的费用。它包括以下具体内容：

(1) 对招标人供应的材料、设备提供收、发和保管服务以及对施工现场进行统一管理。

(2) 分包人使用总包人的脚手架、水电接剥等。

(3) 对竣工资料进行统一汇总整理等工作。

招标人应当预计该项费用并按投标人的投标报价向投标人支付该项费用。

8.2.4 规费项目清单

规费项目清单应按照下列内容列项：

(1) 工程排污费。

(2) 工程定额测定费。

(3) 社会保障费：包括养老保险费、失业保险费、医疗保险费。

(4) 住房公积金。

(5) 危险作业意外伤害保险。

规费是作为政府和有关权力部门规定必须缴纳的费用，政府和有关权力部门可根据形势发展的需要，对规费项目进行调整。因此，对《建筑安装工程费用项目组成》未包括的规费项目，在计算规费时应根据省级政府和省级有关权力部门的规定进行补充。

8.2.5 税金项目清单

税金项目清单应包括下列内容：

(1) 营业税。

(2) 城市维护建设税。

(3) 教育费附加。

目前国家税法规定应计入建筑安装工程造价内的税种包括营业税、城市建设维护税及教育费附加。如国家税法发生变化或地方政府及税务部门依据职权对税种进行了调整，则应对税金项目清单进行相应调整。

8.3 工程量清单的编制

1. 工程量清单的编制主体

工程量清单应由具有编制能力的招标人或受其委托、具有相应资质的工程造价咨询人编制。

招标人是进行工程建设的主要责任主体，负责编制工程量清单。若招标人不具备编制工程量清单的能力，可委托工程造价咨询人编制。根据《工程造价咨询企业管理办法》(建设部第 149 号令)，受委托编制工程量清单的工程造价咨询人应依法取得工程造价咨询资质，并在其资质许可的范围内从事工程造价咨询活动。

2．工程量清单编制主体的责任

采用工程量清单方式招标，工程量清单必须作为招标文件的组成部分，其准确性和完整性由招标人负责。

采用工程量清单方式招标发包工程，工程量清单必须作为招标文件的组成部分，招标人应将工程量清单连同招标文件的其他内容一并发(或发售)给投标人。招标人对编制的工程量清单的准确性和完整性负责。投标人依据工程量清单进行投标报价，对工程量清单不负有核实的义务，更不具有修改和调整的权力。工程量清单作为投标人报价的共同平台，其准确性(数量不算错)和完整性(不缺项漏项)均应由招标人负责，如招标人委托工程造价咨询人编制，责任仍应由招标人承担。至于工程造价咨询人应承担的具体责任，则应由招标人与工程造价咨询人通过合同约定处理或协商解决。

3．工程量清单的作用

工程量清单是工程量清单计价的基础，应作为编制招标控制价、投标报价、计算工程量、支付工程款、调整合同价款、办理竣工结算以及工程索赔等的依据之一。

工程量清单在工程量清单计价中起到基础性作用，是整个工程量清单计价活动的重要依据之一，贯穿于整个施工过程中。

4．编制工程量清单的依据

(1) 《建设工程工程量清单计价规范》GB 50500—2008。

(2) 国家或省级、行业建设主管部门颁发的计价依据和办法。

(3) 建设工程设计文件。

(4) 与建设工程项目有关的标准、规范、技术资料。

(5) 招标文件及其补充通知、答疑纪要。

(6) 施工现场情况、工程特点及常规施工方案。

(7) 其他相关资料。

5．工程量清单编制的方法

在编制工程量清单前，首先要看懂施工图，对施工图进行研读。因为施工图是工程语言，是确定计算项目和构件各部位尺寸、合理计算工程量的依据和基础资料。

其次，按工程量清单编制规定及施工图的内容，列清单目录，对照清单，根据施工图内容，描述项目特征，按照清单工程量计算规则一一计算清单工程量。

最后汇总，装订成册形成工程量清单文件。

第 9 章　建筑工程工程量清单的编制

9.1　土石方工程

根据 08 规范，土石方工程包括土方工程(编码 010101)、石方工程(编码 010102)、土石方回填(编码 010103)三部分内容。

9.1.1　土方工程(010101)

土方工程的工程量清单项目设置及工程量计算规则，应按 08 规范附录表 A.1.1 的规定执行。

在 08 规范附录表 A.1.1 中，将土方工程划分为六项，包括平整场地、挖土方、挖基础土方、冻土开挖、挖淤泥及流砂、管沟土方。下面介绍常用的清单项目。

1．平整场地

(1) 适用范围：建筑物场地厚度在 ± 30 cm 以内的挖、填、运、找平应按平整场地项目编码列项。

(2) 清单项目编码：010101001。

(3) 工程量计算规则：按照设计图示尺寸，以建筑物首层面积计算，计量单位为“m^2”。

(4) 项目特征：① 土壤的类别；② 弃土运距；③ 取土运距。

(5) 工程内容：① 土方挖填；② 场地找平；③ 运输。

【例 9-1】　根据附图，计算某阅览室平整场地的清单工程量。

根据平整场地清单项目的工程量计算规则：

门房的首层尺寸：长(A−C 轴方向)　$L = 9.9 + 0.12 + 0.12 = 10.14$ m

宽(1−2 轴方向)　$B = 5.4 + 0.12 + 0.12 = 5.64$ m

首层的建筑面积：$S = L \times B = 10.14 \times 5.64 = 57.19$ m^2

根据附图和计算结果，我们不难编制出该阅览室平整场地的工程量清单，详见附录一：“2. 分部分项工程量清单”中序号 1。

2．挖土方

(1) 适用范围：建筑物场地在 ± 30 cm 以外的竖向布置挖土或山坡切土，应按挖土方项目编码列项。

(2) 清单项目编码：010101002。

(3) 工程量计算规则：按照设计图示尺寸以体积计算，计量单位为“m^3”。

(4) 项目特征：① 土壤的类别；② 挖土平均厚度；③ 弃土运距。

(5) 工程内容：① 排地表水；② 土方开挖；③ 挡土板支拆；④ 截桩头；⑤ 基底钎探；⑥ 运输。

注：挖土方的平均厚度应按自然地面的测量标高至设计地坪标高间的平均厚度确定。

3. 挖基础土方

(1) 适用范围：挖带型基础、独立基础、满堂基础(包括地下室基础)及设备基础、人工挖孔桩等的挖方。

(2) 清单项目编码：010101003。

(3) 工程量计算规则：按照设计图示尺寸以基础垫层底面积乘以挖土深度计算，计量单位为“m^3”。

(4) 项目特征：① 土壤的类别；② 基础类型；③ 垫层底宽、底面积；④ 挖土深度；⑤ 弃土运距。

(5) 工程内容：① 排地表水；② 土方开挖；③ 挡土板支拆；④ 截桩头；⑤ 基底钎探；⑥ 运输。

注：带型基础应按不同的底宽和深度，独立基础和满堂基础应按不同的面积和深度分别编码列项。

【例 9-2】 根据附图，计算某阅览室挖基础土方的清单工程量。

根据挖基础土方清单项目的工程量计算规则：

外墙的基础垫层中心线长度：

$$L_{外} = 9.9 \times 2(\text{A–C 轴方向}) + 5.4 \times 2(\text{1–2 轴方向}) = 30.6\ \text{m}$$

内墙基础垫层的净距离：

$$L_{内} = 5.4 - 0.45 - 0.45 = 4.5\ \text{m}$$

垫层的宽度：

$$B_{垫} = 0.45 + 0.45 = 0.9\ \text{m}$$

垫层的底面积：

$$S_{底} = (L_{外} + L_{内}) \times B_{垫} = (30.6 + 4.5) \times 0.9 = 31.59\ \text{m}^2$$

挖土深度：

$$H = \text{室外地坪标高} - \text{垫层底面标高} = -0.3 - (-1.8) = 1.65\ \text{m}$$

挖基础土方的工程量 $= S_{底} \times H = 31.59 \times 1.65 = 52.12\ \text{m}^3$

根据附图和计算结果，我们不难编制出该阅览室挖基础土方的工程量清单，详见附录一：“2. 分部分项工程量清单”中序号 2。

4. 管沟土方

(1) 适用范围：一般指室外管道沟的土方开挖。

(2) 清单项目编码：010101006。

(3) 工程量计算规则：按照设计图示尺寸以管道中心线长度计算。

(4) 项目特征：① 土壤的类别；② 管外径；③ 挖沟平均深度；④ 弃土运距；⑤ 回填要求。

(5) 工程内容：① 排地表水；② 土方开挖；③ 挡土板支拆；④ 运输；⑤ 回填。

注：有管沟设计时，平均深度以沟垫层底表面标高至交付施工场地标高计算；无管沟

设计时，直埋管深度应按管底外表面标高至交付施工场地标高的平均高度计算。

9.1.2　石方工程(010102)

石方工程的工程量清单项目设置及工程量计算规则，应按 08 规范附录表 A.1.2 的规定执行。

在 A.1.2 中，将石方工程划分为三项，包括预裂爆破、石方开挖、管沟石方。石方工程在一般的城市建筑中很少遇到，偶尔会遇到石方的开挖。

(1) 预裂爆破清单项，其工程量计算规则是：按设计图示以钻孔总长度计算，计量单位为“m”。其清单项目编码为 010102001。

(2) 石方开挖清单项，其工程量计算规则是：挖按设计图示尺寸以体积计算，计量单位为“m^3”。其清单项目编码为 010102002。

(3) 管沟石方清单项，其工程量计算规则是：按设计图示以管道中心线长度计算，计量单位为“m”。其清单项目编码为 010102003。

注：设计要求采用减震孔方式减弱爆破震动波时，应按预裂爆破项目编码列项。

9.1.3　土石方回填(010103)

土石方运输与回填工程的工程量清单项目设置及工程量计算规则，应按 08 规范附录表 A.1.3 的规定执行。

在 08 规范附录表 A.1.3 中，仅包括土(石)方回填一项。

(1) 适用范围：城市建设中，所有工业与民用建筑基础及场地土方工程的回填。

(2) 清单项目编码：010103001。

(3) 工程量计算规则：按照设计图示尺寸以体积计算，计量单位为“m^3”。具体计算方法：

① 场地回填：回填面积乘以平均回填厚度。

② 室内回填：主墙间净面积乘以回填厚度。

③ 基础回填：挖方体积减去设计室外地平以下埋设的基础体积(包括基础垫层及其他构筑物)。

(4) 项目特征：① 土质要求；② 密实度要求；③ 粒径要求；④ 夯填(碾压)；⑤ 松填；⑥ 运输距离。

(5) 工程内容：① 挖土(石)方；② 装卸、运输；③ 回填；④ 分层碾压、夯实。

【例 9-3】　根据附图，计算某阅览室土方回填的清单工程量。

阅览室的土方回填量包括两部分内容，一部分是阅览室室内房心回填土，另一部分是阅览室基础回填土。

根据回填土方清单项目的工程量计算规则：

(1) 室内回填量。阅览室主墙间的净面积由两部分组成，即阅览用房和管理用房。

阅览用房主墙间的净面积为

$$S_1 = (6.6 - 0.24) \times (5.4 - 0.24) = 6.36 \times 5.16 = 32.82\ m^2$$

管理用房主墙间的净面积为

$$S_2 = (3.3 - 0.24) \times (5.4 - 0.24) = 3.06 \times 5.16 = 15.79\ m^2$$

阅览室主墙间的净面积 = $S_1 + S_2 = 32.82 + 15.79 = 48.61\ m^2$

阅览室地面为 10 mm 厚、600 mm × 600 mm 的防滑地砖地面。地面处理方法如下：

① 素土夯实。

② 150 mm 厚、3∶7 灰土垫层。

③ 60 mm 厚、C10 砾石混凝土垫层。

④ 素水泥浆一道(内掺建筑胶)。

⑤ 20 mm 厚、1∶3 水泥砂浆(掺建筑胶)面贴 10 mm 厚、600 mm × 600 mm 的防滑地砖。

图纸显示，室内外高度差为 0.3 m，那么室内需要回填土的厚度应为

$$h = 0.3 - 0.15 - 0.06 - 0.02 - 0.01 = 0.06\ m$$

所以，室内回填土的工程量为

$$V_1 = 48.61 \times 0.06 = 2.92\ m^3$$

(2) 阅览室基础回填量。根据基础回填土方量计算规则：

$$V_{填} = V_{挖} - V_{埋}$$

① 计算挖方体积 $V_{挖}$。

根据图纸计算，基础的挖土深度 $H = -0.3 - (-1.8) = 1.5\ m \geqslant 1.5\ m$，所以在阅览室挖基础土方时需计算放坡，放坡系数应是 $K = 0.33$，那么挖阅览室基础土方的截面尺寸如附图，基础开挖断面图所示。

计算梯形面积：

下底宽：$B_1 = 0.45 + 0.45 = 0.9\ m$

上底宽：$B_2 = B_1 + 2 \times 1.65 \times 0.33 = 0.9 + 1.09 = 1.99\ m$

基槽断面面积：$S = (B_1 + B_2) \times H/2 = (0.9 + 1.99) \times 1.5/2 = 2.17\ m^2$

计算基槽的长度：

外墙的中心线长度：$L_{外} = 9.9 \times 2$(1−3 轴方向) + 5.4×2(A−B 轴方向) = 30.6 m

内墙基础垫层的净距离：$L_{内} = 5.4 - 0.45 - 0.45 = 4.5\ m$

基槽长度：$L = L_{外} + L_{内} = 30.6 + 4.5 = 35.1\ m$

基槽挖土方：$V_{挖} = S \times L = 2.17 \times 35.1 = 76.17\ m^3$

② 计算设计室外地平以下埋没的基础体积 $V_{埋}$(包括基础垫层)。

C10 混凝土基础垫层的体积为

$$V_{垫} = S_{垫} \times H_{垫}$$

依据【例 9-2】中的计算结果，C10 混凝土垫层的底面积 $S_{垫} = 31.59\ m^2$，由图纸知，C10 混凝土垫层的厚度 $H_{垫} = 0.45\ m$，则

$$V_{垫} = 31.59 \times 0.45 = 14.22\ m^3$$

阅览室基础为砖基础，基础墙厚是 240 mm，基础大放脚为三层不等高式，查表 9-1 知基础大放脚的折加高度是 $H_{折} = 0.328\ m$。

依据例题 9-2 中的计算结果，外墙的中心线长度 $L_{外} = 30.6\ m$。

根据图纸计算：内墙长度(按内墙净距离计算)为

$$L_{内} = 5.4 - 0.24 = 5.16\ m$$

基础的总长度为

$$L_{基} = L_{外} + L_{内} = 30.6 + 5.16 = 35.76\ m$$

室外地坪以下，基础的埋设深度为

$$H_{基} = 1.8 - 0.3 - 0.45 = 1.05\ \text{m}$$

基础墙厚为

$$B_{基} = 0.24\ \text{m}$$

基础的截面积为

$$S_{基} = B_{基} \times (H_{基} + H_{折}) = 0.24 \times (1.05 + 0.328) = 0.33\ \text{m}^2$$

室外地坪以下，基础的埋设体积为

$$V_{基} = S_{基} \times L_{基} = 0.33 \times 35.76 = 11.80\ \text{m}^3$$

③ 设计室外地平以下埋没的基础体积为

$$V_{埋} = V_{垫} + V_{基} = 14.22 + 11.8 = 26.02\ \text{m}^3$$

阅览室基础回填土方量为

$$V_{填} = V_{挖} - V_{埋} = 76.17 - 26.02 = 50.15\ \text{m}^3$$

根据附图和计算结果，我们不难编制出该阅览室回填土方的工程量清单，详见附录一："2. 分部分项工程量清单"中序号 3、4。

表 9-1　不等高式普通砖基础大放脚折加高度计算表

墙　厚	大放脚错台层数											
	一	二	三	四	五	六	七	八	九	十	十一	十二
	折加高度/m											
$\frac{1}{2}$砖	0.137	0.342	0.685	1.096	1.643	2.260	3.013	3.835	4.794			
1 砖	0.066	0.164	0.328	0.525	0.788	1.083	1.444	1.838	2.297	2.789	3.347	3.938
$1\frac{1}{2}$砖	0.043	0.108	0.216	0.345	0.518	0.712	0.949	1.208	1.510	1.834	2.201	2.589
2 砖	0.032	0.080	0.161	0.257	0.386	0.530	0.707	0.900	1.125	1.366	1.639	1.929
$2\frac{1}{2}$砖	0.026	0.064	0.128	0.205	0.307	0.419	0.563	0.717	0.896	1.088	1.306	1.537
3 砖	0.021	0.053	0.106	0.170	0.255	0.351	0.468	0.596	0.745	0.905	1.086	1.277
增加断面面积/m²	0.0158	0.0394	0.0788	0.1260	0.1890	0.2599	0.3464	0.4410	0.5513	0.6694	0.8033	0.9450

注：大放脚断面面积为

当错台层数为偶数时，$S_{双} = a \times b \times \left[\frac{a}{2}(h_1 + h_2) + h_1\right] = 0.0625 \times a \times [0.0945 \times a + 0.126]$

当错台层数为奇数时，$S_{单} = (a+1) \times b \times \left[\frac{1}{2}(a-1) \times (h_1 + h_2) + h_2\right] = 0.0625 \times (a+1) \times [0.0945 \times (a-1) + 0.126]$

式中，a 为皮数；h_1、h_2 为不等高皮数的两个高度；b 为每皮外放宽度。

折加高度(m)=大放脚断面面积(m²)÷墙基厚度(m)

9.1.4　相关问题

在土石方工程中遇到其他一些相关问题时，可按以下规定处理：

(1) 土壤及岩石的分类应按08规范表A.1.4-1确定。

(2) 土石方的体积应按挖掘前的天然密实体积计算。当需按天然密实体积折算时，应按08规范表A.1.4-2系数计算。

(3) 湿土的划分应按地质资料提供的地下常水位为界，地下常水位以下为湿土。

(4) 挖方出现流砂、淤泥时，可根据实际情况由发包人与承包人双方认证。

9.2 桩与地基基础工程

根据08规范，桩与地基基础工程包括混凝土桩(编码010201)、其他桩(编码010202)、地基与边坡处理(编码010203)三部分内容。

9.2.1 混凝土桩(010201)

混凝土桩的工程量清单项目设置及工程量计算规则，应按08规范附录表A.2.1的规定执行。

在08规范附录表A.2.1中，将混凝土桩工程划分为三项，包括预制钢筋混凝土桩、接桩、混凝土灌注桩。

1．预制钢筋混凝土桩

(1) 适用范围：预制钢筋混凝土方桩、管桩和板桩。

(2) 清单项目编码：010201001。

(3) 工程量计算规则：按照设计图示尺寸以桩长(包括桩尖)或根数计算，计量单位为“m”或“根”。

(4) 项目特征：① 土壤级别；② 单桩长度、根数；③ 桩截面；④ 板桩面积；⑤ 管桩填充材料种类；⑥ 桩倾斜度；⑦ 混凝土强度等级；⑧ 防护材料种类。

(5) 工程内容：① 桩制作、运输；② 打桩、试验桩、斜桩；③ 送桩；④ 管桩填充材料、刷防护材；⑤ 清理、运输。

【例9-4】 某框架楼采用C30混凝土预制方桩基础，设计桩截面面积400 mm × 400 mm，桩长8 m(含桩尖长度)，共计102根桩。施工场地土壤级别为一级土，混凝土构件厂离施工现场20 km。请根据已知条件计算该预制混凝土桩的清单工程量及编制该预制混凝土桩的清单。

解 根据预制钢筋混凝土桩清单的工程量计算规则，该预制混凝土桩的清单工程量为

按长度计算：$102 \times 8 = 816$ m

按根数计算：102根

该预制混凝土方桩的工程量清单详见附录二的分部分项工程量清单中序号1。

2．接桩

(1) 适用范围：预制钢筋混凝土方桩、管桩和板桩。

(2) 清单项目编码：010201002。

(3) 工程量计算规则：按照设计图示规定以接头数量(板桩按接头长度)计算，计量单位

为“个”或“m”。

(4) 项目特征：① 桩截面；② 接头长度。

(5) 工程内容：① 桩制作、运输；② 接桩、材料运输。

【例 9-5】 某教学楼采用预制钢筋混凝土方桩基础，混凝土强度等级为 C30，设计桩截面 400 mm × 400 mm，桩长 18 m(含桩尖长度)，共计 60 根桩。每根桩分二段在现场预制，场内运距平均为 300m，采用角钢焊接接桩，请根据现行清单计价规范计算工程量并编制工程量清单。

解 根据预制钢筋混凝土接桩清单的工程量计算规则，该预制混凝土方桩接桩的清单工程量为

计算接头数量：60 × 1 = 60 个

该预制混凝土方桩接桩的工程量清单详见附录二的分部分项工程量清单中序号 2。

3．混凝土灌注桩

(1) 适用范围：各种尺寸混凝土灌注桩。

(2) 清单项目编码：010201003。

(3) 工程量计算规则：按照设计图示尺寸以桩长(包括桩尖)或根数计算，计量单位为“m”或“根”。

(4) 项目特征：① 土壤级别；② 单桩长度、根；③ 桩截面；④ 成孔方法；⑤ 混凝土强度等级。

(5) 工程内容：① 成孔、固壁；② 混凝土制作、运输、灌注、振捣、养护；③ 泥浆池及沟槽砌筑、拆除；④ 泥浆制作、运输；⑤ 清理、运输。

【例 9-6】 某工程现场搅拌钢筋混凝土灌注桩，混凝土强度等级为 C30，土壤类别为三类土，单桩设计长度为 13 m，桩径为 500 mm，锅锥成孔，设计桩顶距自然地面高度 1.2 m，泥浆外运 10 km，共计 120 根桩，请计算该混凝土灌注桩的清单工程量，并编制该混凝土灌注桩的工程量清单。

解 根据混凝土灌注桩清单的工程量计算规则，该混凝土灌注桩的清单工程量为

按长度计算：120 × 13 = 1560 m

按根数计算：120 根

该混凝土灌注桩的工程量清单详见附录二的分部分项工程量清单中序号 3。

9.2.2 其他桩(010202)

其他桩的工程量清单项目设置及工程量计算规则，应按 08 规范表 A.2.2 的规定执行。

在 08 规范表 A.2.2 中，将其他桩工程划分为四项，包括砂石灌注桩、灰土挤密桩、旋喷桩、喷粉桩。下面介绍在施工中常遇到的桩。

1．砂石灌注桩

(1) 适用范围：各种尺寸砂石灌注桩。

(2) 清单项目编码：010202001。

(3) 工程量计算规则：按照设计图示尺寸以桩长(包括桩尖)计算，计量单位为“m”。

(4) 项目特征：① 土壤级别；② 桩长；③ 桩截面；④ 成孔方法；⑤ 砂石级配。

(5) 工程内容：① 成孔；② 砂石运输；③ 填充；④ 振实。

【例 9-7】　某工程采用砂石灌注桩基础，人工配置砂石，其比例为净砂∶(3～7)砾石＝4∶6，共计 300 根，桩径 300 mm，桩长 15 m，该工程的施工场地为二类土。请计算此灌注桩清单工程量并编制工程量清单。

解　根据砂石灌注桩清单的工程量计算规则，该砂石灌注桩的清单工程量为

按长度计算：$300 \times 15 = 4500$ m

该混凝土灌注桩的工程量清单详见附录二的分部分项工程量清单中序号 4。

2．灰土挤密桩

(1) 适用范围：各种尺寸灰土挤密桩。

(2) 清单项目编码：010202002。

(3) 工程量计算规则：按照设计图示尺寸以桩长(包括桩尖)计算，计量单位为“m”。

(4) 项目特征：① 土壤级别；② 桩长；③ 桩截面；④ 成孔方法；⑤ 灰土级配。

(5) 工程内容：① 成孔；② 灰土拌和、运输；③ 填充；④ 夯实。

【例 9-8】　现有 3∶7 灰土挤密桩施工，施工场地土壤级别为二级土，人工成孔，设桩长 9.5 m，直径为 0.5 m，共计 500 根。试编制此项目工程量清单并计算清单工程量。

解　根据灰土挤密桩清单的工程量计算规则，该灰土挤密桩的清单工程量为

按长度计算：$500 \times 9.5 = 4750$ m

该灰土挤密桩的工程量清单见详见附录二的分部分项工程量清单中序号 5。

3．旋喷桩

(1) 清单项目编码：010202003。

(2) 工程量计算规则：按设计图示尺寸以桩长(包括桩尖)计算，计量单位为“m”。

4．喷粉桩

(1) 清单项目编码：010202004。

(2) 工程量计算规则：按设计图示尺寸以桩长(包括桩尖)计算，计量单位为“m”。

9.2.3　地基与边坡处理(010203)

地基与边坡处理的工程量清单项目设置及工程量计算规则，应按 08 规范表 A.2.3 的规定执行。

在 08 规范表 A.2.3 中，将地基与边坡处理工程划分为地下连续墙、振冲灌注碎石、地基强夯、锚杆支护、土钉支护。这五项分部分项工程适用于工程实体。例如：地下连续墙适用于构成建筑物、构筑物地下结构部分的永久性的复合型地下连续墙。作为深基础的支护结构，这五项内容的费用应列入清单措施项目费，在分部分项工程量清单中不反映该项目。

1．地下连续墙

(1) 适用范围：各种深基础地下挡土墙。

(2) 清单项目编码：010203001。

(3) 工程量计算规则：按照设计图示墙中心线长乘以厚度乘以槽深，以体积计算，计

量单位为“m³”。

(4) 项目特征：① 墙体厚度；② 成槽深度；③ 混凝土强度等级。

(5) 工程内容：① 挖土成槽、余土运输；② 导墙制作、安装；③ 锁口管吊拔；④ 浇筑混凝土连续墙；⑤ 材料运输。

【例 9-9】 某工程采用地下连续墙作基坑挡土，纵向两边各一道，其中心线长度分别为 90 m 和 110 m；横向两边各一道，其中心线长度分别为 95 m 和 120 m。墙底标高 −10 m，墙顶标高−2.1 m，自然地坪标高−0.3 m，墙厚 900 mm，C35 混凝土浇捣：设计要求导墙采用 C30 混凝土浇筑，已知现场土质为三类土，没有堆放地点，余土及泥浆必须外运 8 km 处处置。试计算该连续墙清单工程量及编列清单。

解 根据地下连续墙清单的工程量计算规则，该地下连续墙的清单工程量为

连续墙的长度：$L = 90 + 110 + 95 + 120 = 415$ m

连续墙的成槽深度：$H = 10 - 0.3 = 9.7$ m

连续墙的厚度：$B = 0.9$ m

连续墙的清单工程量：$V = L \times H \times B = 415 \times 9.7 \times 0.9 = 3622.95\ \text{m}^3$

该地下连续墙的工程量清单详见附录二的分部分项工程量清单中序号 6。

2. 振冲灌注碎石

(1) 适用范围：各种深基础地下挡土墙。

(2) 清单项目编码：010203002。

(3) 工程量计算规则：按照设计图示孔深乘以孔截面积，以体积计算，计量单位为“m³”。

(4) 项目特征：① 振冲深度；② 成孔直径；③ 碎石级配。

(5) 工程内容：① 成孔；② 碎石运输；③ 灌注、振实。

3. 地基强夯

(1) 适用范围：各种强夯基础。

(2) 清单项目编码：010203003。

(3) 工程量计算规则：按设计图示尺寸以面积计算，计量单位为“m²”。

(4) 项目特征：① 夯击能量；② 夯击遍数；③ 地耐力要求；④ 夯填材料种类。

(5) 工程内容：① 铺夯填材料；② 强夯；③ 运输夯填材料。

【例 9-10】 某场地地基加固工程，采用地基强夯的方式，夯击点布置有效区域长和宽分别是 22.6 m 和 22.6 m，夯击能为 400 t·m，每坑击数为 6 击，要求第一遍、第二遍按设计的分隔点夯击，第三遍为低锤满夯，计算其清单工程量并列出清单。

解 根据地基强夯清单的工程量计算规则，该地基强夯的清单工程量为

$$S = 22.6 \times 22.6 = 510.76\ \text{m}^2$$

该地基强夯的工程量清单详见附录二的分部分项工程量清单中序号 7。

4. 锚杆支护

(1) 适用范围：深基础的基坑土壁支护。

(2) 清单项目编码：010203004。

(3) 工程量计算规则：按设计图示尺寸以支护面积计算，计量单位为“m²”。

(4) 项目特征：① 锚孔直径；② 毛孔平均深度；③ 锚固方法、浆液种类；④ 支护

厚度、材料种类；⑤ 混凝土强度等级；⑥ 砂浆强度等级。

(5) 工程内容：① 钻孔；② 浆液制作、运输、压浆；③ 张拉锚固；④ 混凝土制作、运输、喷射、养护；⑤ 砂浆制作、运输、喷射、养护。

5．土钉支护

(1) 适用范围：深基础的土壁支护。

(2) 清单项目编码：010203005。

(3) 工程量计算规则：按设计图示尺寸以支护面积计算，计量单位为“m^2”。

(4) 项目特征：① 支护厚度、材料种类；② 混凝土强度等级；③ 砂浆强度等级。

(5) 工程内容：① 钉土钉；② 挂网；③ 混凝土制作、运输、喷射、养护；④ 砂浆制作、运输、喷射、养护。

9.2.4　相关问题

桩与地基基础工程的一些相关问题可按以下规定处理：

(1) 土壤级别按 08 规范表 A.2.4 确定。

(2) 混凝土灌注桩的钢筋笼、地下连续墙的钢筋网制作、安装，应按 08 规范 A.4 中相关项目编码列项。

9.3　砌筑工程

根据 08 规范，砌筑工程包括砖基础(编码 010301)、砖砌体(编码 010302)、砖构筑物(编码 010303)、砌块砌体(编码 010304)、石砌体(编码 010305)、砖散水、地坪、地沟六部分内容。

9.3.1　砖基础(010301)

砖基础的工程量清单项目设置及工程量计算规则，应按 08 规范附录表 A.3.1 的规定执行。

在 08 规范附录表 A.2.1 中，仅包括砖基础这一项内容。

1．砖基础

(1) 适用范围：用砖砌筑的基础。

(2) 清单项目编码：010301001。

(3) 工程量计算规则：按设计图示尺寸以体积计算，计量单位为“m^3”。

① 包括和不扣除的内容：

- 包括附墙垛基础宽出部分体积。
- 不扣除基础大放脚 T 形接头处的重叠部分。
- 不扣除嵌入基础内的钢筋、铁件、管道、基础砂浆防潮层。
- 不扣除单个面积 0.3 m^2 以内的空洞所占的体积。

② 应扣除的内容：

- 地梁(圈梁)所占的体积。
- 构造柱所占的体积。
- 0.3 m^2 以外的孔洞所占的体积。

③ 不增加的内容：靠墙暖气沟的挑檐。

④ 基础长度的计算：

- 外墙按中心线计算。
- 内墙按净长线计算。

⑤ 砖基础的断面。

砖基础的基础墙与墙身同厚，大放脚是墙基下面的扩大部分。大放脚有两种形式，即等高式和不等高式，如图 9-1 和图 9-2 所示。

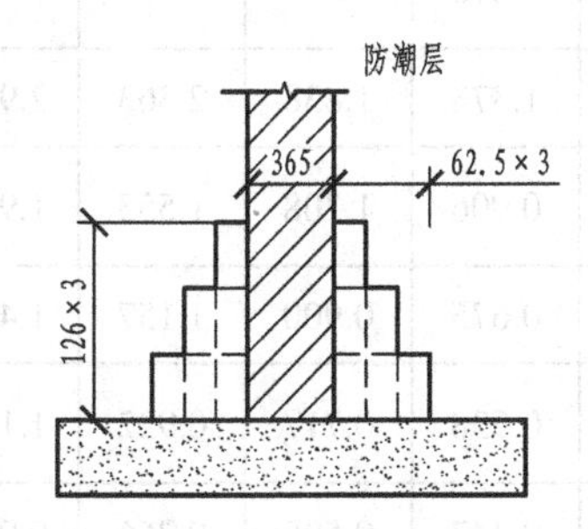

图 9-1　等高式大放脚基础

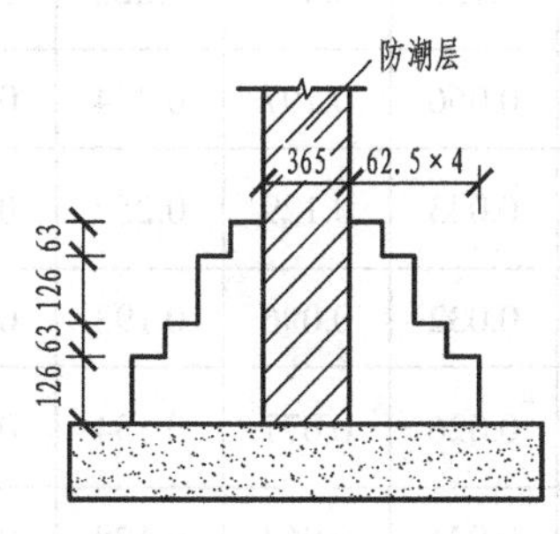

图 9-2　不等高式大放脚基础

从图 9-1 中可以看到，对于等高式的大放脚，每层放脚的高度相等，即高度为 126 mm，每层放脚的宽度两边对应相等，各边即 62.5 mm。

在图 9-2 中，对于不等高式的大放脚，每层大放脚的高度隔层相等，即 126 mm 和 63 mm；每层放脚的宽度相等，即 62.5 mm。

根据砖基础大放脚图，设 n 为大放脚的层数，可以计算出砖基础的断面面积：

砖基础的断面面积＝基础墙的厚度×基础的高度＋大放脚增加断面面积

大放脚增加的断面面积在基础墙的两侧，而且全等，我们可以根据图纸计算得到：

设等高式大放脚增加断面面积 S_1，则

$$S_1 = n \times (n + 1) \times 0.0625 \times 0.126\ \text{m}^2$$

不等高式大放脚增加断面面积，分为下面两种形式：

- 当错台层数为偶数时，不等高式大放脚增加断面面积：

$$S_{偶} = 0.0625 \times n \times (0.0945 \times n + 0.126)\ \text{m}^2$$

- 当错台层数为奇数时，不等高式大放脚增加断面面积：

$$S_{奇} = 0.0625 \times (n + 1) \times [0.0945 \times (n - 1) + 0.126]\ \text{m}^2$$

我们根据大放脚的层数，不难算出对应的大放脚增加断面的面积，再根据大放脚增加断面的面积，除以对应基础墙的厚度，就得到一个数值，这个数值称为折加高度。对应每一个 n，会有一个折加高度，这样根据 n 的不同，我们就可以计算得到对应于不同 n 的一个表，这个表就是折加高度表，见表 9-1 和表 9-2。

根据折加高度，基础断面面积为

基础断面面积＝基础墙厚度×(基础高度＋大放脚折加高度)

通过查表，可以简化基础断面面积的计算过程。

基础墙的厚度为基础主墙身的厚度，按图示尺寸，应符合标准砖墙厚度的规定。

(4) 项目特征：① 砖的品种、规格、强度等级；② 基础的类型；③ 基础深度；④ 砂浆强度等级。

(5) 工程内容：① 砂浆制作运输；② 砌砖；③ 防潮层铺设；④ 材料运输。

表 9-2　等高式普通砖基础大放脚折加高度计算表

墙　厚	大放脚错台层数									
	一	二	三	四	五	六	七	八	九	十
	折加高度/m									
$\frac{1}{2}$砖	0.137	0.411	0.822	1.369	2.054	2.876				
1 砖	0.066	0.197	0.394	0.656	0.984	1.378	1.838	2.363	2.953	3.610
$1\frac{1}{2}$砖	0.043	0.129	0.259	0.432	0.647	0.906	1.208	1.553	1.942	2.373
2 砖	0.032	0.096	0.193	0.321	0.482	0.675	0.900	1.157	1.447	1.768
$2\frac{1}{2}$砖	0.026	0.077	0.154	0.256	0.384	0.538	0.717	0.922	1.153	1.409
3 砖	0.021	0.064	0.128	0.213	0.319	0.447	0.596	0.766	0.958	1.171
增加断面面积/m^2	0.01575	0.04725	0.0945	0.1575	0.2363	0.3308	0.4410	0.5670	0.7088	0.8663

注：大放脚断面面积 $S=(a+1)b\times ah=0.0625(a+1)\times 0.126\times a$

式中，a 为皮数；h 为每皮高度；b 为每皮外放宽度。

折加高度(m) = 大放脚断面面积(m^2)÷墙基厚度(m)

【例 9-11】　参照附图，计算阅览室砖基础的清单工程量，并编制砖基础的工程量清单。

解　根据砖基础的清单工程量计算规则：

外墙长：$L_{中}=9.9\times 2$(A–C 轴方向) $+ 5.4\times 2$(1–2 轴方向) $= 30.6$ m

内墙长：$L_{内}=5.4$(B 轴上)$-0.24=5.16$ m

基础的总长度：$L_{基}=L_{外}+L_{内}=30.6+5.16=35.76$ m

基础墙厚度：$B_{基}=0.24$ m

查表 9-1 可知，大放脚的折加高度：$H_{加}=0.328$ m

基础高度：$H=1.8-0.45$(混凝土垫层的厚度) -0.24(基础圈梁的高度) $=1.11$ m

砖基础的清单工程量为

$$V_{基}=B_{基}\times(H+H_{加})\times L_{基}=0.24\times(1.11+0.328)\times 35.76=12.4\ \text{m}^3$$

根据附图和计算结果，我们不难编制出该阅览室砖基础的工程量清单，详见附表一的分部分项工程量清单中序号 5。

2．应注意的问题

(1) 基础垫层包括在基础项目内。

(2) 标准砖的尺寸应为 240 mm × 115 mm × 53 mm。标准砖墙厚应按 08 规范表 A.3.7 计算。

(3) 砖基础与砖墙(身)划分应以设计室内地坪为界(有地下室的按地下室室内设计地坪为界)，以下为基础，以上为墙(柱)身。基础与墙身使用不同的材料，位于设计室内地坪 ± 300 mm 以内时以不同材料为界，超过 ±300 mm 的，应以设计室内地坪为界。砖围墙应以设计室外地坪为界，以下为基础，以上为墙身。

9.3.2 砖砌体(010302)

砖砌体的工程量清单项目设置及工程量计算规则，应按附表 1 中 A.3.2 的规定执行。

在 A.3.2 中，将砖砌体划分为实心砖墙、空斗墙、空花墙、填充墙、实心砖柱、零星砌砖六项。下面介绍常用的砖砌体。

1．实心砖墙

(1) 适用范围：各种类型实心砖墙，包括外墙、内墙、围墙、双面混水墙、单面清水墙、直形墙、弧形墙等。

(2) 清单项目编码：010302001。

(3) 工程量计算规则：按设计图示尺寸以体积计算，计量单位为“m^3”。

① 墙长度的计算。

- 外墙按中心线计算。
- 内墙按净长计算。

② 墙高度的确定。

- 外墙：斜(坡)屋面，无檐口、天棚者算至屋面板底(见图 9-3)；有屋架且室内外均有天棚者算至屋架下弦底另加 200 mm(见图 9-4)；无天棚者算至屋架下弦底另加 300 mm(见图 9-5)；出檐宽度超过 600 mm 时按实砌高度计算(见图 9-6)。平屋面者算至钢筋混凝土板底(见图 9-7)。

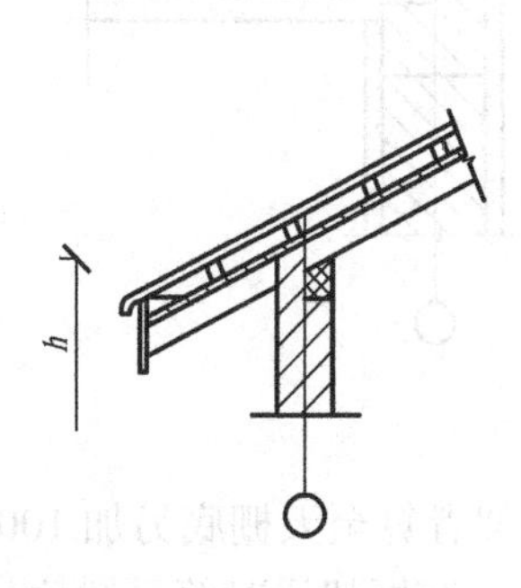

图 9-3 斜(坡)屋面无檐口示意图

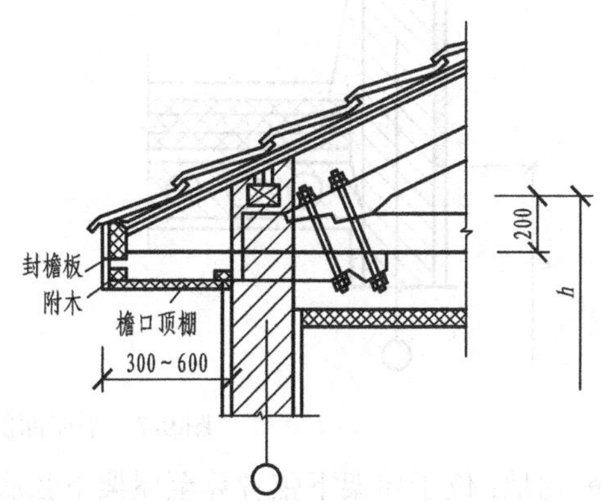

图 9-4 有屋架且室内外均有天棚的外墙高度示意图

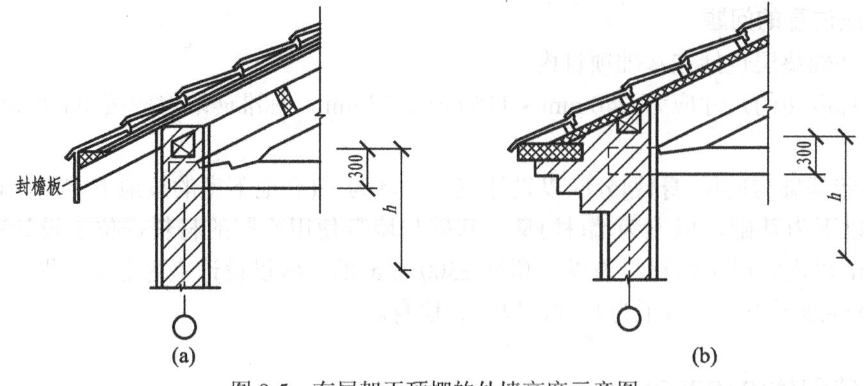

图 9-5　有屋架无顶棚的外墙高度示意图

(a) 椽木挑檐；(b) 砖挑檐

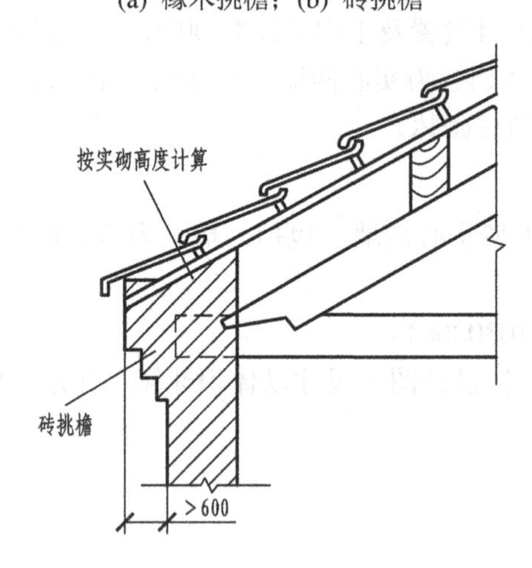

图 9-6　坡屋面砖挑檐示意图

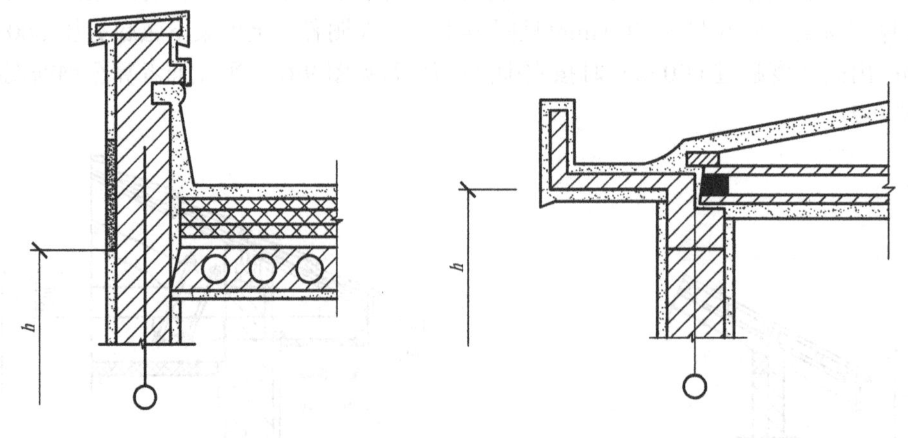

图 9-7　平屋面的外墙高度示意图

• 内墙：位于屋架下弦者算至屋架下弦底(见图 9-8)；无屋架者算至天棚底另加 100 mm (见图 9-9)；有钢筋混凝土楼板隔层者算至楼板顶(见图 9-10)；有框架梁时算至梁底(见图 9-11)。

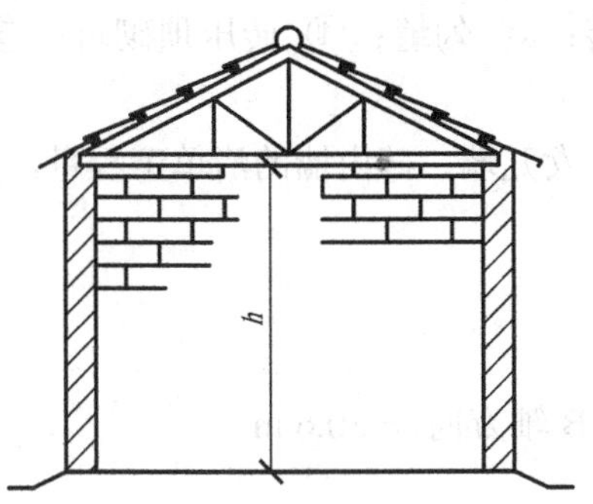

图 9-8　位于屋架下弦内墙高示意图

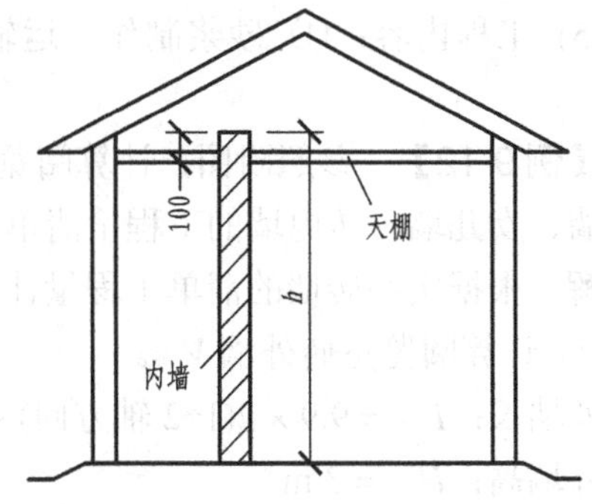

图 9-9　无屋架内墙高示意图

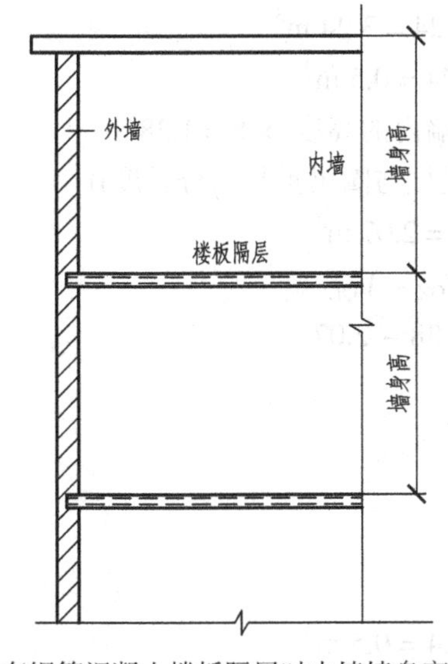

图 9-10　有钢筋混凝土楼板隔层时内墙墙身高示意图

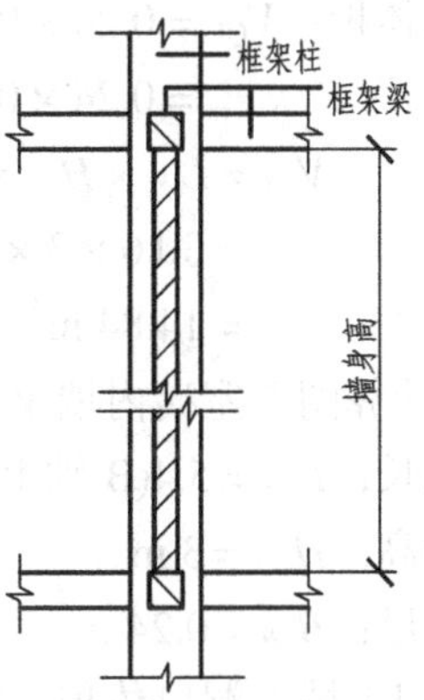

图 9-11　有框架梁时的内墙高示意图

• 女儿墙：从屋面板上表面算至女儿墙顶面(见图 9-7，如有混凝土压顶则算至压顶下表面)。

• 内、外山墙：按其平均高度计算。

• 围墙：高度算至压顶上表面(如有混凝土压顶则算至压顶下表面)，围墙柱并入围墙体积内。

③ 应扣除和不扣除的体积。

• 应扣除以下构件所占体积：门窗洞口；过人洞、空圈；嵌入墙内的钢筋混凝土柱、梁、圈梁、挑梁、过梁；凹进墙内的壁龛、管槽、消火栓箱；面积超过 0.3 m^2 以上的孔洞。

• 不扣除构件的体积：梁头、板头、檩头、门窗走头；垫木、木楞、沿椽木、木砖；砖墙内加固钢筋、木筋、铁件、钢管；单个面积在 0.3 m^2 以内的孔洞。

④ 其他。

• 突出墙面的腰线、挑檐、压顶、窗台线、虎头砖、门窗套的体积亦不增加。

• 突出墙面的砖垛并入墙体体积内计算。

(4) 项目特征：① 砖的品种、规格、强度等级；② 墙体类型；③ 墙体厚度；④ 墙体高度；⑤ 勾缝要求；⑥ 砂浆强度等级、配合比。

(5) 工程内容：① 砂浆制作、运输；② 砌砖；③ 勾缝；④ 砖压顶砌筑；⑤ 材料运输。

【例 9-12】 参照附图，计算阅览室砖外墙、女儿墙、砖内墙的清单工程量，并编制砖外墙、女儿墙、砖内墙的工程量清单。

解　根据实心砖墙的清单工程量计算规则：

(1) 计算阅览室砖外墙 $V_{外}$。

外墙长：$L_{外} = 9.9 \times 2$(1-2 轴方向) $+ 5.4 \times 2$(A-B 轴方向) $= 30.6$ m

外墙高：$H_{外} = 3$ m

外墙厚：$B_{外} = 0.24$ m

C1 窗 5 樘，洞口体积：$V_{C1} = 1.5 \times 1.8 \times 5 \times 0.24 = 3.24\ m^3$

M1 门 1 樘，洞口体积：$V_{M1} = 1 \times 2.1 \times 1 \times 0.24 = 0.5\ m^3$

构造柱(8 个)体积：$V_{GZ} = 0.24 \times 0.24 \times 3$(嵌在墙内的高度) $\times 8 = 1.38\ m^3$

圈梁体积：$V_{QL} = 0.24 \times 0.3 \times$ (L外 $- L_{GZ}$(构造柱与圈梁重复部分长度))

$$= 0.24 \times 0.3 \times (30.6 - 0.24 \times 8) = 2.07\ m^3$$

$$V_{外} = L_{外} \times H_{外} \times B_{外} - V_{C1} - V_{M1} - V_{GZ} - V_{QL}$$

$$= 30.6 \times 3 \times 0.24 - 3.24 - 0.5 - 1.38 - 2.07$$

$$= 14.84\ m^3$$

(2) 计算阅览室砖内墙 $V_{内}$。

内墙长：$L_{内} = 5.4$(B 轴上) $- 0.24 = 5.16$ m

内墙高：$H_{内} = 3$ m

内墙厚：$B_{内} = 0.24$ m

M2 门 1 樘，洞口体积：$V_{M2} = 1 \times 2.1 \times 1 \times 0.24 = 0.5\ m^3$

圈梁体积：$V_{QL内} = 0.24 \times 0.3 \times L_{内} = 0.24 \times 0.3 \times 5.16 = 0.37\ m^3$

$$V_{内} = L_{内} \times H_{内} \times B_{内} - V_{M2} - V_{QL内} = 5.16 \times 3 \times 0.24 - 0.5 - 0.37 = 2.85\ m^3$$

(3) 计算阅览室实心砖女儿墙 $V_{女}$。

女儿墙长：$L_{女} = 9.9 \times 2$(A-C 轴方向) $+ 5.4 \times 2$(1-2 轴方向) $= 30.6$ m

女儿墙高：$H_{女} = 0.5 - 0.06$(砼压顶高度) $= 0.44$ m

女儿墙厚：$B_{女} = 0.24$ m

构造柱(8 个)体积：$V_{GZ女} = 0.24 \times 0.24 \times 0.44$(嵌在女儿墙内的高度) $\times 8 = 0.20\ m^3$

$$V_{女} = L_{女} \times H_{女} \times B_{女} - V_{GZ女} = 30.6 \times 0.44 \times 0.24 - 0.20 = 3.03\ m^3$$

根据附图和计算结果，我们不难编制出该阅览室女儿墙、砖外墙、砖内墙的工程量清单，详见附录一：“2. 分部分项工程量清单”中序号 6、7、8。

2. 空斗墙

空斗墙是用标准砖平砌和侧砌结合的方法来砌筑的墙体。平砌层称为“眠砖”。侧砌层包括沿墙面顺砖的“顺斗砖”和侧砖露头的“丁头砖”。顺斗砖和丁头砖所形成的孔洞称为“空斗”。空斗墙根据其立面砌筑形式不同分为一眠一斗、一眠两斗、一眠三斗、无眠空斗(见图 9-12)。

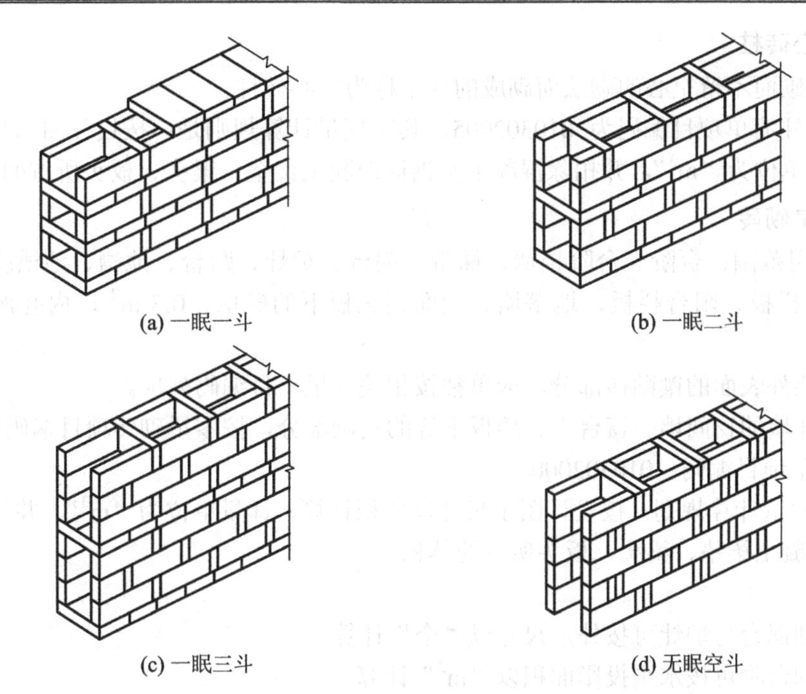

图 9-12　空斗墙示意图

空斗墙的清单项目编码为 010302002，其工程量计算规则是：按设计图示尺寸以空斗墙外形体积计算，计量单位为“m^3”。墙角、内外墙交接处、门窗洞口立边、窗台砖、屋檐处的实砌部分体积并入空斗墙体积内。

3．空花墙

空花墙是指某些不粉饰的清水墙上方砌成有规则花案的墙，一般为梅花图案，多用于围墙(见图 9-13)。

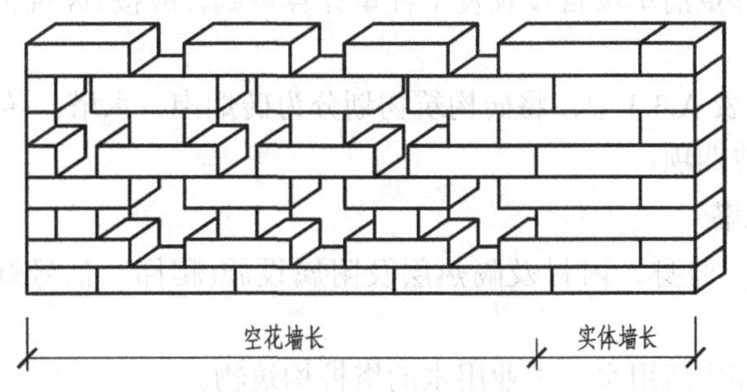

图 9-13　空花墙示意图

空花墙的清单项目编码为 010302003，其工程量计算规则是：按设计图示尺寸以空花部分外形体积计算，计量单位为“m^3”，不扣除空洞部分体积。

4．填充墙

填充墙是在所砌的墙体中间加填保温隔热材料而构成的墙体，常用于冷库外墙或寒冷地区的外墙。

填充墙的清单项目编码为 010302004，其工程量计算规则是：按设计图示尺寸以填充墙外形体积计算，计量单位为“m^3”。

5．实心砖柱

用砖实砌而不留空心的砌法而砌成的柱子称为实心砖柱。

实心砖柱清单项目编码为 010302005，其工程量计算规则是：按设计图示尺寸以体积计算，计量单位为“m^3”，并扣除混凝土及钢筋混凝土梁垫、梁头、板头所占的体积。

6．零星砌砖

(1) 适用范围：台阶、台阶挡墙、梯带、锅台、炉灶、蹲台、池槽、池槽腿、花台、花池、楼梯栏板、阳台栏板、地垄墙、屋面隔热板下的砖墩、0.3 m^2 以内孔洞填塞等。

注意：

① 框架外表面的镶贴砖部分，应单独按相关零星项目编码列项。

② 空斗墙的窗间墙、窗台下、楼板下等的实砌部分，按零星砌砖项目编码列项。

(2) 清单项目编码：010302006。

(3) 工程量计算规则：按设计图示尺寸以体积计算，计量单位为“m^3”，并且扣除混凝土及钢筋混凝土梁垫、梁头、板头所占的体积。

注意：

① 砖砌锅台与炉灶可按外形尺寸以“个”计算。

② 砖砌台阶可按水平投影面积以“m^2”计算。

③ 地垄墙、小便槽可按长度计算。

④ 其他工程量按“m^3”计算。

(4) 项目特征：① 零星砌砖名称、部位；② 勾缝要求；③ 砂浆强度等级、配合比。

(5) 工程内容：① 砂浆制作、运输；② 砌砖；③ 勾缝；④ 材料运输。

9.3.3　砖构筑物(010303)

砖构筑物的工程量清单项目设置及工程量计算规则，应按 08 规范附录表 A.3.3 的规定执行。

在 08 规范附录表 A.3.3 中，将砖构筑物划分为砖烟囱、水塔，砖烟道，砖窨井、检查井，砖水池、化粪池四项。

1．砖烟囱、水塔

砖烟囱由基础、筒身、内衬及隔热层及附属设施(爬梯、信号灯平台、避雷设施)等组成。

水塔是用来储存生活用水、工业用水的塔桩构筑物。

烟囱、水塔的清单项目编码是 010303001，其工程量计算规则是：按设计图示筒壁平均中心线周长乘以厚度再乘以高度以体积计算，计量单位为“m^3”，并应扣除各种孔洞、钢筋混凝土圈梁、过梁等的体积。

注意：

(1) 砖烟囱应按设计室外地坪为界，地坪以下为基础，以上为筒身。

(2) 砖烟囱体积可按下式分段计算：$V=\sum H\times C\times \pi D$。

式中：V 表示筒身体积；H 表示每段筒身垂直高度；C 表示每段筒壁厚度；D 表示每段筒壁平均直径。

(3) 水塔基础与塔身划分应以砖砌体的扩大部分顶面为界，以上为塔身，以下为基础。

2．砖烟道

砖烟道是连接炉体与烟囱的过烟道。

砖烟道的清单项目编码是 010303002，其工程量计算规则是：按图示尺寸以体积计算，计量单位为“m^3”。

砖烟道与炉体的划分应以第一道闸门为界，闸门前的部分列入炉体工程量内，从第一道闸门后到烟囱外皮为烟道长度。烟道顶多为弧形，弧形顶搁置在两边里墙上。

3．砖窨井、检查井

砖窨井、检查井的清单项目编码是 010303003，其工程量计算规则是：按设计图示数量计算，计量单位为“座”。

砖窨井由井底座、井壁、井圈和井道构成，有方形和圆形两种形状。一般多用圆形窨井，在管径大、支管多时则用方形窨井。

检查井是上下水道或其他地下管线工程中，为便于检查和疏通而设置的井状构筑物。

4．砖水池、化粪池

砖水池、化粪池的清单项目编码是 010303004，其工程量计算规则是：按设计图示数量计算，计量单位为“座”。

砖水池主要由池底、池壁和池盖三部分组成。

化粪池是化粪的专用池，其侧壁砌砖一般采用一砖墙，底板采用钢筋混凝土板，中间设一道隔墙，下开孔洞，分两个部分，一部分化粪，一部分排渣。

9.3.4　砌块砌体(010304)

砌块砌体的工程量清单项目设置及工程量计算规则，应按 08 规范附录表 A.3.4 的规定执行。

在 08 规范附录表 A.3.4 中，将砌块砌体划分为空心砖墙、砌块墙，空心砖柱、砌块柱两项。

1．空心砖墙、砌块墙

空心砖以黏土、岩页、煤矸石等为主要原料，经焙烧而成。黏土空心砖分为承重黏土空心砖和非承重黏土空心砖。

砌块墙按其材料分为小型空心砌块、硅酸盐砌块、加气混凝土砌块墙。

(1) 适用范围：一般用于隔墙或框架结构的填充墙等。因空心砖强度不高，所以在空心砖墙上不开门、窗洞口。

(2) 清单项目编码：010304001。

(3) 工程量计算规则：按设计图示尺寸以体积计算，计量单位为“m^3”。

① 墙长度。

- 外墙按中心线计算。
- 内墙按净长计算。

② 墙高度。

- 外墙：斜(坡)屋面，无檐口天棚者算至屋面板底(见图 9-3)；有屋架且室内外均有天

棚者算至屋架下弦底另加 200 mm(见图 9-4)；无天棚者算至屋架下弦底另加 300 mm(见图 9-5)；出檐宽度超过 600 mm 时按实砌高度计算(见图 9-6)。平屋面者算至钢筋混凝土板底(见图 9-7)。

• 内墙：位于屋架下弦者，算至屋架下弦底(见图 9-8)；无屋架者算至天棚底另加 100 mm(见图 9-9)；有钢筋混凝土楼板隔层者算至楼板顶(见图 9-10)；有框架梁者算至梁底(见图 9-11)。

• 女儿墙：从屋面板上表面算至女儿墙顶面(见图 9-7，如有混凝土压顶则算至压顶下表面)。

• 内、外山墙：按其平均高度计算。

• 围墙：高度算至压顶上表面(如有混凝土压顶则算至压顶下表面)，围墙柱并入围墙体积内。

③ 应扣除和不扣除的体积。

• 应扣除以下构件所占体积：门窗洞口；过人洞、空圈；嵌入墙内的钢筋混凝土柱、梁、圈梁、挑梁、过梁；凹进墙内的壁龛、管槽、消火栓箱；面积超过 0.3 m^2 以上的孔洞。

• 不扣除构件的体积：梁头、板头、檩头、门窗走头；垫木、木楞、沿椽木、木砖；砖墙内加固钢筋、木筋、铁件、钢管；单个面积在 0.3 m^2 以内的孔洞。

④ 其他。

• 突出墙面的腰线、挑檐、压顶、窗台线、虎头砖、门窗套的体积亦不增加。

• 突出墙面的砖垛并入墙体体积内计算。

(4) 项目特征：① 墙体类型；② 墙体厚度；③ 空心砖、砌块品种规格、强度等级；④ 勾缝要求；⑤ 砂浆强度等级、配合比。

(5) 工程内容：① 砂浆制作、运输；② 砌砖、砌块；③ 勾缝；④ 材料运输。

2．空心砖柱、砌块柱

空心砖柱、砌块柱的清单编码为 010304002，按设计图示尺寸以体积计算，计量单位为“m^3”，并扣除混凝土及钢筋混凝土梁垫、梁头、板头所占体积。

9.3.5 石砌体(010305)

石砌体的工程量清单项目设置及工程量计算规则，应按 08 规范附录表 A.3.5 的规定执行。

在 08 规范附录表 A.3.5 中，将石砌体划分为石基础、石勒脚、石墙、石挡土墙、石柱、石栏杆、石护坡、石台阶、石坡道、石地沟与石明沟十项。

1．石基础

石基础包括毛石基础和料石基础。

毛石基础是乱毛石或平毛石与水泥混合砂浆或水泥砂浆砌成的基础，毛石基础可做墙下条形刚性基础，也可做柱下独立基础。

料石基础是用毛料石或粗料石与水泥混合砂浆或水泥砂浆组砌成的刚性基础。

石基础的清单编码是 010305001，其工程量计算规则是：按设计图示尺寸以体积计算，计量单位为 m^3。石基础包括附墙垛基础宽出部分体积，不扣除基础砂浆防潮层及单个面积在 0.3 m^2 以内的孔洞所占体积，靠墙暖气沟的挑檐不增加体积。对于基础长度，外墙按中心线计算，内墙按净长计算。

2．石勒脚

石勒脚是墙身接近室外地面的部分。其高度一般指室内地坪与室外地面的高差部分，也有将底层窗台至室外地坪的高度视为勒脚。石勒脚起着保护墙身和增加建筑物立面美观的作用。

石勒脚的清单项编码是 010305002，其工程量计算规则是：按设计图示尺寸以体积计算，计量单位为“m^3”，并扣除单个面积在 0.3 m^2 以外的孔洞所占的体积。

3．石墙

砌筑用的石料按其形状和加工的程度分为毛石和料石两类。

石墙分为毛石墙和料石墙。

毛石墙是用平毛石或乱毛石与水泥混合砂浆或水泥砂浆砌成的灰缝不规则的墙体，当墙面外观要求整齐时其外皮石材可适当加工，毛石墙的转角可用料石或平毛石砌筑，毛石墙的厚度不应小于 350 mm。

料石墙是由料石与水泥混合砂浆或水泥砂浆组砌而成的墙体。

(1) 适用范围：用毛石和料石作为材料而砌筑的墙体。

(2) 清单项目编码：010305003。

(3) 工程量计算规则：按设计图示尺寸以体积计算，计量单位为“m^3”。

① 墙长度。

- 外墙按中心线计算。
- 内墙按净长计算。

② 墙高度。

- 外墙：斜(坡)屋面，无檐口、天棚者算至屋面板底(见图 9-3)；有屋架且室内外均有天棚者算至屋架下弦底另加 200 mm(见图 9-4)；无天棚者算至屋架下弦底另加 300 mm(见图 9-5)；出檐宽度超过 600 mm 时按实砌高度计算(见图 9-6)。平屋面者算至钢筋混凝土板底(见图 9-7)。
- 内墙：位于屋架下弦者，算至屋架下弦底(见图 9-8)；无屋架者算至天棚底另加在 100 mm(见图 9-9)；有钢筋混凝土楼板隔层者算至楼板顶(见图 9-10)；有框架梁者算至梁底(见图 9-11)。
- 女儿墙：从屋面板上表面算至女儿墙顶面(如有混凝土压顶则算至压顶下表面)。
- 内、外山墙：按其平均高度计算。
- 围墙：高度算至压顶上表面(如有混凝土压顶则算至压顶下表面)，围墙柱并入围墙体积内。

③ 应扣除和不扣除的体积。

- 应扣除以下构件所占体积：门窗洞口；过人洞、空圈；嵌入墙内的钢筋混凝土柱、梁、圈梁、挑梁、过梁；凹进墙内的壁龛、管槽、消火栓箱；面积超过 0.3 m^2 以上的孔洞。
- 不扣除构件的体积：梁头、板头、檩头、门窗走头；垫木、木楞、沿椽木、木砖；砖墙内加固钢筋、木筋、铁件、钢管；单个面积在 0.3 m^2 以内的孔洞。

④ 其他。

- 突出墙面的腰线、挑檐、压顶、窗台线、虎头砖、门窗套的体积亦不增加。
- 突出墙面的砖垛并入墙体体积内计算。

4. 石挡土墙

石挡土墙是防止土体坍塌和失稳的特殊构筑物，属于重力式挡土墙，依靠挡土墙自身的重力抵抗倾浮和滑移。墙身截面尺寸比较大，结构简单，施工方便，就地取材，应用广泛。

(1) 适用范围：用于房屋建筑、水利工程、铁路工程及桥梁工程中。

(2) 清单项目编码：010305004。

(3) 工程量计算规则：按设计图示尺寸以体积计算，计量单位为“m^3”。

(4) 项目特征：① 石料种类、规格；② 墙厚；③ 石表面加工要求；④ 勾缝要求；⑤ 砂浆强度等级、配合。

(5) 工程内容：① 砂浆制作、运输；② 砌石；③ 压顶抹灰；④ 勾缝；⑤ 材料运输。

5. 石柱

石柱是用半细料石或细料石与砂浆砌筑的柱子。

石柱的清单编码是 010305005，其工程量计算规则是：按设计图示尺寸以体积计算，计量单位为“m^3”。

6. 石栏杆

用石材加工制作的栏杆称为石栏杆。

石栏杆的清单编码为 010305006，其清单工程量计算规则是：按设计图示长度计算，计量单位为“m”。

7. 石护坡

护坡是河堤或路旁用石块、水泥等筑成的斜坡，用来防止河流或雨水的冲刷。

一般的毛石护坡有干砌和浆砌两种，干砌是将毛石干垒而成的，浆砌则是用水泥砂浆砌筑的。

(1) 适用范围：一般适用于河堤、防洪大堤等。

(2) 清单项编码：010305007。

(3) 工程量计算规则：按设计图示尺寸以体积计算，计量单位为“m^3”。

(4) 项目特征：① 垫层材料种类、厚度；② 石料种类、规格；③ 护坡厚度、高度；④ 石表面加工要求；⑤ 勾缝要求；⑥ 砂浆强度等级、配合比。

(5) 工程内容：① 砂浆制作、运输；② 砌石；③ 石表面加工；④ 勾缝；⑤ 材料运输。

8. 石台阶

一般地，室内地坪要高于室外地坪。台阶是指连通室内和室外的交接处。在公共建筑物的大厅入口处，都是从室外砌筑台阶与室内相连。

石台阶具有美观、时尚、环保、抗老化、不变形的性能和优点，可广泛用于市政、水利、公园、交通桥梁等处。

石台阶的清单项目编码是 010305008，其工程量计算规则是：按设计图示尺寸以体积计算，计量单位为“m^3”。

9．石坡道

用石料铺设而成的具有一定坡度的路段，称为石坡道。石坡道能提高路面的抗滑能力。

(1) 适用范围：由于石料的粗糙度较好，石坡道一般用于山区急弯、陡坡路段上。

(2) 清单项目编码：010305009。

(3) 工程量计算规则：按设计图示尺寸以水平投影面积计算。

(4) 项目特征：① 垫层材料种类、厚度；② 石料种类、规格；③ 护坡厚度、高度；④ 石表面加工要求；⑤ 勾缝要求；⑥ 砂浆强度等级、配合比。

(5) 工程内容：① 铺设垫层；② 石料加工；③ 砂浆制作运输；④ 砌石；⑤ 石表面加工；⑥ 勾缝；⑦ 材料运输。

10．石地沟、石明沟

石地沟是指室内敷设水管、电线和送气管道等的沟道。石地沟一般用于山区。石明沟是指设置在外墙四周的排水沟，将屋面落水和地面积水有组织地导向地下排水管道和排水井，保护外墙基础。

(1) 适用范围：建筑物的室内、室外。

(2) 清单项目编码：010305010。

(3) 工程量计算规则：按设计图示尺寸以中心线长度计算，计量单位为"m^3"。

(4) 项目特征：① 沟截面尺寸；② 垫层种类、厚度；③ 石料种类、规格；④ 石表面加工要求；⑤ 勾缝要求；⑥ 砂浆强度等级、配合比。

(5) 工程内容：① 土石挖运；② 砂浆制作、运输；③ 铺设垫层；④ 砌石；⑤ 石表面加工；⑥ 勾缝；⑦ 回填；⑧ 材料运输。

11．石砌体工程中应注意的问题

(1) 石基础、石勒脚、石墙身的划分：基础与勒脚应以设计室外地坪为界，勒脚与墙身应以设计室内地坪为界。石围墙内外地坪标高不同时，应以较低地坪标高为界，其以下为基础；内外标高之差为挡土墙时，挡土墙以上为墙身。

(2) 石梯带工程量应计算在石台阶工程量内。

(3) 石梯膀应按 08 规范 A.3.5 石挡土墙项目编码列项。

9.3.6　砖散水、地坪、地沟(010306)

砖散水、地坪、地沟的工程量清单项目设置及工程量计算规则，应按 08 规范附录表 A.3.6 的规定执行。

在 08 规范附录表 A.3.6 中，将砖散水、地坪、地沟划分为砖散水、地坪，砖地沟、明沟两项。

1．砖散水、地坪

砖散水是与外墙垂直交接倾斜的室外地面部分，用以排除雨水，保护墙基免受雨水侵蚀。散水的宽度应根据土壤性质、气候条件、建筑物的高度和屋面排水形式确定，一般为 600 mm～1000 mm。当屋面采用无组织排水时，散水宽度应大于檐口挑出长度 200 mm～300 mm。为保证排水顺畅，一般散水的坡度为 3%～5%左右，散水外缘高出室外地坪 30 mm～50 mm。

(1) 适用范围：建筑物室外用砖铺成的散水。

(2) 清单项目编码：010306001。

(3) 工程量计算规则：按设计图示尺寸以面积计算，计量单位为“m^2”。

(4) 项目特征：① 垫层材料种类、厚度；② 散水地坪厚度；③ 面层种类、厚度；④ 砂浆强度等级、配合比。

(5) 工程内容：① 地基找平夯实；② 铺设垫层；③ 砌砖散水、地坪；④ 抹砂浆面层。

2．砖地沟、明沟

明沟是将雨水导入城市地下排水管网的排水设施。一般在年降雨量为 900 mm 以上的地区采用明沟排除建筑物周边的雨水。明沟宽度一般为 200 mm 左右，材料为混凝土、砖等。在年降雨量较大的地区可采用明沟排水。

(1) 适用范围：建筑物的室外砖砌地沟。

(2) 清单项的编码：010306002。

(3) 工程量计算规则：按设计图示尺寸以中心线长度计算。

(4) 项目特征为：① 沟截面尺寸；② 垫层材料种类、厚度；③ 混凝土强度等级；④ 砂浆强度等级、配合比。

(5) 工程内容：① 挖运土石；② 铺设垫层；③ 底板混凝土制作、运输、浇筑、振捣、养护；④ 砌砖；⑤ 勾缝、抹灰；⑥ 材料运输。

9.3.7　相关问题

砌体内加固筋的制作、安装，应按 08 规范 A.4 相关项目编码列项。

9.4　混凝土及钢筋混凝土工程

根据 08 规范，混凝土及钢筋混凝土工程包括：现浇混凝土基础(编码 010401)；现浇混凝土柱(编码 010402)；现浇混凝土梁(编码 010403)；现浇混凝土墙(编码 010404)；现浇混凝土板(编码 010405)；现浇混凝土楼梯(编码 010406)；现浇混凝土其他构件(编码 010407)；后浇带(编码 010408)；预制混凝土柱(编码 010409)；预制混凝土梁(编码 010410)；预制混凝土屋架(编码 010411)；预制混凝土板(编码 010412)；预制混凝土楼梯(编码 010413)；其他预制混凝土构件(编码 010414)；混凝土构筑物(编码 010415)；钢筋工程(编码 010416)；螺栓、铁件(编码 010417)，共计 17 部分内容。

这一节是建筑工程清单计价规范中内容最多的一个章节，也是我们在实际中应用频率最高的内容，几乎每个工程都会涉及到这一章节的内容。

9.4.1　现浇混凝土基础(010401)

现浇混凝土基础的工程量清单项目设置及工程量计算规则，应按 08 规范附录表 A.4.1 的规定执行。

在 08 规范附录表 A.4.1 中，将现浇混凝土基础划分为带形基础、独立基础、满堂基础、设备基础、桩承台基础、垫层六项。

1．带形基础

带形基础的清单项目编码是 010401001。带形基础又称为条形基础。凡墙下的长条形基础，或柱和柱间距离较近而连接起来的条形基础，都称为带形基础。带形基础的平面布置呈长条形状，且封闭。断面形式一般有矩形、梯形、阶梯形等(见图 9-14)。

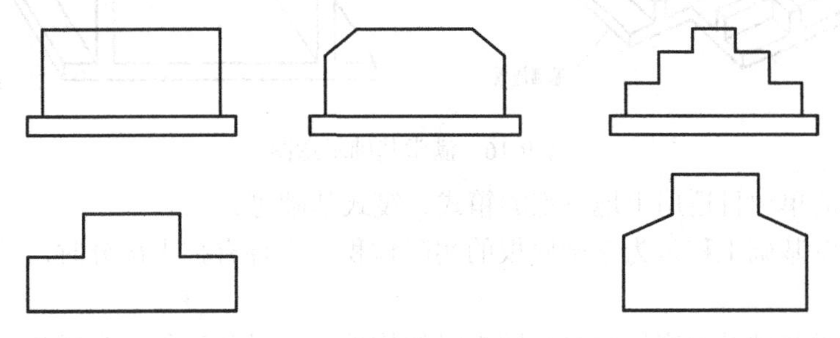

图 9-14　常见带形基础断面形式示意图

带形基础可分为有肋带形基础、无肋带形基础。有肋带形基础、无肋带形基础应分别编码(第五级编码)列项，并注明肋高。

2．独立基础

独立基础的清单项目编码是 010401002。当建筑物上部结构采用框架结构或单层排架结构承重时，基础常采用方形、圆柱形和多边形等形式的独立式基础，这类基础称为独立基础，也称单独基础(见图 9-15)。

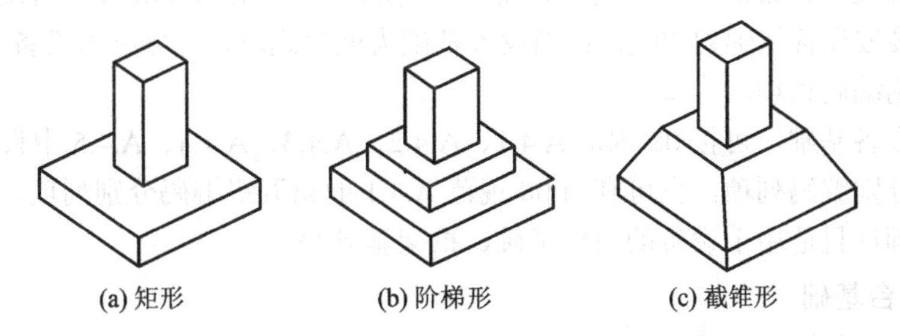

(a) 矩形　(b) 阶梯形　(c) 截锥形

图 9-15　常见独立基础示意图

独立基础清单项目适用于块体柱基础、杯基、柱下的板式基础、无筋倒圆台基础、壳体基础、电梯井基础等。

独立基础的清单工程量为基础扩大面以下部分的体积。

3．满堂基础

满堂基础的清单项目编码是 010401003。简单地讲，满堂基础即筏形基础，又叫筏板形基础，是把柱下独立基础或条形基础全部用联系梁联系起来，下面再整体浇筑底板，由底板、梁等整体组成。

满堂基础的形式有板式满堂基础(也叫无梁式满堂基础)、梁板式(也叫片筏式)满堂基础和箱形基础三种形式(见图 9-16)。

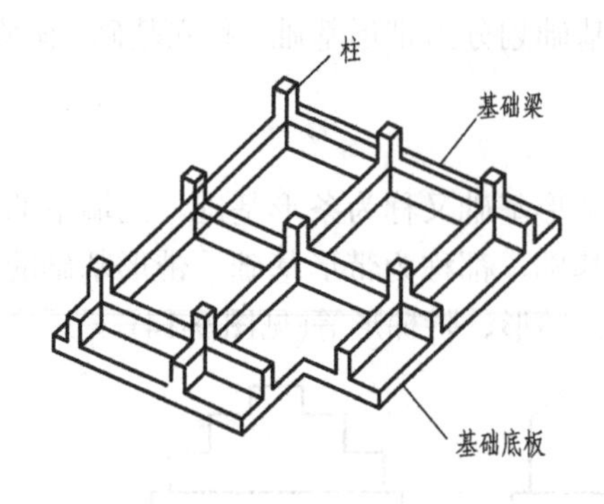

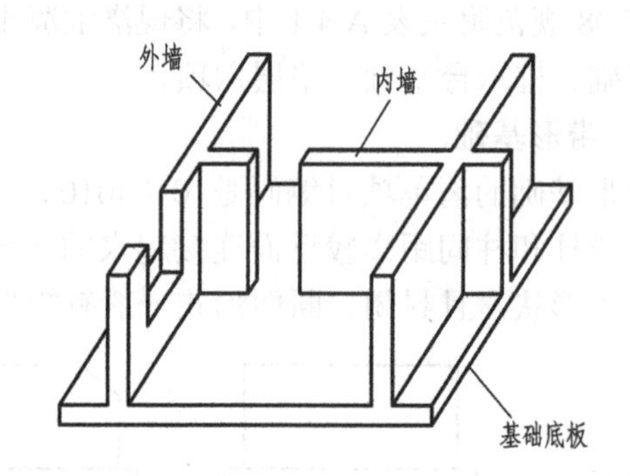

图 9-16　满堂基础示意图

满堂基础清单项目适用于地下室的箱式、筏式基础等。

无梁式满堂基础工程量为基础底板的实际体积，当柱有扩大部分时，扩大部分并入基础工程量中。

有梁式满堂基础是由底板和梁共同组成的构件，所以其工程量为梁和底板两部分体积之和。

箱式满堂基础，可按 08 规范 A.4.1、A.4.2、A.4.3、A.4.4、A.4.5 中满堂基础、柱、梁、墙、板分别编码列项，也可利用 08 规范 A.4.1 的第五级编码分别列项。

4．设备基础

设备基础的清单项目编码是 010401004。为了安装锅炉、水泵、机械等设备等所做的基础称为设备基础。

根据所安装的设备的要求不同，设备基础有块体和框架两种形式。当设备基础为块体式时，可直接按设备基础列项编码；当设备基础为框架式时，可分解为设备基础、柱、梁、板、墙并分别编码列项。

框架式设备基础，可按 08 规范 A.4.1、A.4.2、A.4.3、A.4.4、A.4.5 中设备基础、柱、梁、墙、板分别编码列项，也可利用 08 规范 A.4.1 的第五级编码分别列项。

设备基础项目适用于设备的块体基础、框架基础等。

5．桩承台基础

桩承台基础的清单项目编码是 010401005。当建筑物采用桩基础时，在群桩基础上将桩顶用钢筋混凝土平台或者平板连成整体基础，以承受其上荷载的结构，此结构名称为桩承台。桩承台基础是基础结构物的一种形式(见图 9-17)。

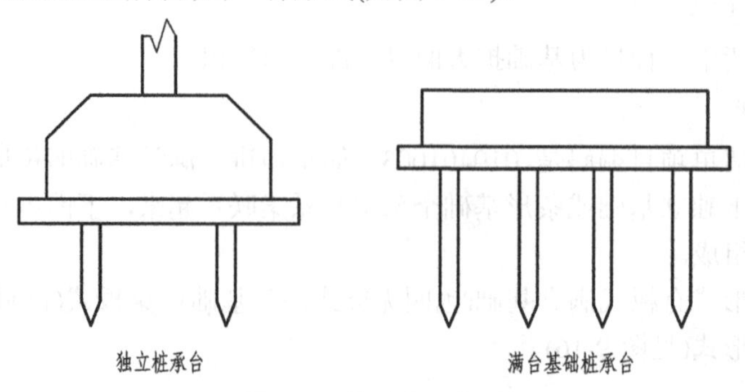

图 9-17　桩承台示意图

根据桩承台基础不同的结构形式，可将桩承台基础划分为独立式桩承台、带式桩承台、和满堂式桩承台，不同类型的桩承台应分别编码列项。

6．垫层

垫层的清单项目编码是 010401006。这里所说的垫层指的是基础垫层。基础垫层是指钢筋混凝土基础与地基土的中间层，作用是使其表面平整便于在上面绑扎钢筋、支模板，承受并均匀地传递建筑物上部荷载，也起到保护基础的作用。垫层一般均由素混凝土制成，从设计、施工的角度看，基础垫层就是垫在基础底板下的较低等级的砼层，一般厚度为 100 mm，它的宽要比基础底大，条形基础两边各宽 100 mm，独立基础每边各宽 100 mm，以图纸标注为准。

混凝土垫层包括在基础项目内。

上述 1～6 项的清单项目特征、工程内容及工程量计算规则相同，具体内容如下：

(1) 项目特征：① 混凝土强度等级；② 混凝土拌和料要求；③ 砂浆强度等级。

(2) 工程内容：① 混凝土制作、运输、浇筑、振捣、养护；② 地脚螺栓二次灌浆。

(3) 工程量计算规则：按设计图示尺寸以体积计算，计量单位为“m^3”，且不扣除构件内钢筋、预埋铁件和伸入桩承台基础的桩头所占体积。

【例 9-13】 根据附图，计算某阅览室混凝土垫层的清单工程量并编制清单。

解 C10 混凝土基础垫层的体积为

$$V_{垫}=B_{垫}\times H_{垫}\times L_{垫}$$

依据例 9-2 的计算结果：$B_{垫}=0.9$ m，$L_{外}=15.3$ m，$L_{内}=4.5$ m，所以

$$L_{垫}=L_{外}+L_{内}=15.3+4.5=19.8\ \text{m}$$

由图知，C10 混凝土垫层的厚度 $H_{垫}=0.45$ m，则

$$V_{垫}=B_{垫}\times H_{垫}\times L_{垫}=0.9\times 0.45\times 19.8=8.02\ \text{m}^3$$

根据附图和计算结果，我们不难编制出该阅览室基础垫层的工程量清单，详见附录一的分部分项工程量清单序号 9。

【例 9-14】 根据图 9-18 所示某基础，计算独立基础、条形基础的清单工程量并编制其工程量清单。

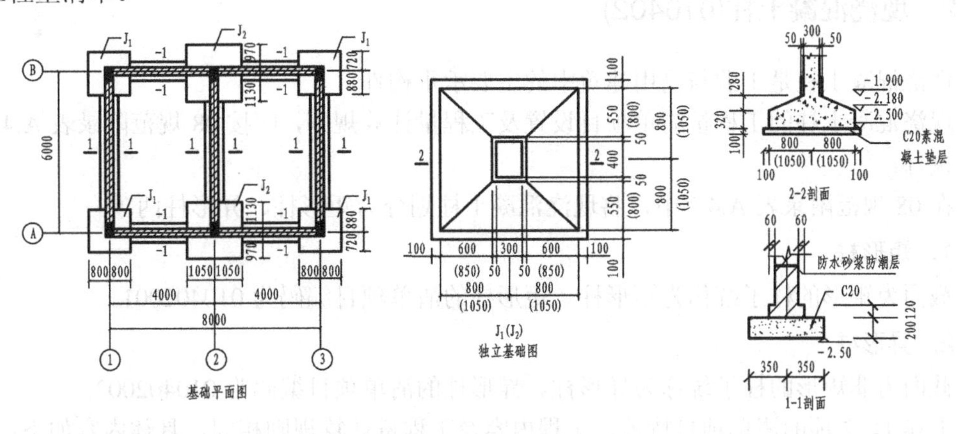

图 9-18　例 9-14 图

解 在图 9-18 中，独立基础有两种类型：J_1 和 J_2。J_1 和 J_2 的体积由两部分构成，即长

方体和四棱台。

(1) 独立基础 J_1 有 4 个，则独立基础 J_1 的体积为

$$V_{J1} = (V_{J1(长方体)} + V_{J1(四棱台)}) \times 4$$

$$V_{J1(长方体)} = (0.8 + 0.8) \times (0.8 + 0.8) \times 0.32 = 0.82\ m^3$$

$$V_{J1(四棱台)} = \{(1.6 \times 1.6 + 0.4 \times 0.4 + (1.6 + 0.4) \times (1.6 + 0.4)\} \times 0.28/6$$

$$= \{2.56 + 0.16 + 4\} \times 0.28/6 = 0.31\ m^3$$

$$V_{J1} = (0.82 + 0.31) \times 4 = 4.52\ m^3$$

(2) 独立基础 J_2 有 2 个，则独立基础 J_2 的体积为

$$V_{J2} = (V_{J2(长方体)} + V_{J2(四棱台)}) \times 2$$

$$V_{J2(长方体)} = (1.05 + 1.05) \times (1.05 + 1.05) \times 0.32 = 1.41\ m^3$$

$$V_{J2(四棱台)} = \{(2.1 \times 2.1 + 0.4 \times 0.4 + (2.1 + 0.4) \times (2.1 + 0.4)\} \times 0.28/6$$

$$= \{4.41 + 0.16 + 6.25\} \times 0.28/6 = 0.50\ m^3$$

$$V_{J2} = (1.41 + 0.5) \times 2 = 3.82\ m^3$$

(3) 条形基础：

$$V_{条} = B_{(条形基础截面宽)} \times H_{(条形基础截面高)} \times L_{(条形基础长)}$$

由图知，$B = 0.7$，$H = 0.2$

Ⓐ 轴基础长 $L_Ⓐ = 8 - 0.8 - 0.8 - 1.05 - 1.05 = 4.3\ m$

Ⓑ 轴基础长 $L_Ⓑ = 8 - 0.8 - 0.8 - 1.05 - 1.05 = 4.3\ m$

① 轴基础长 $L_① = 6 - 0.88 - 0.88 = 4.24\ m$

② 轴基础长 $L_② = 6 - 1.13 - 1.13 = 3.74\ m$

③ 轴基础长 $L_③ = 6 - 0.88 - 0.88 = 4.24\ m$

$$L = L_Ⓐ + L_Ⓑ + L_① + L_② + L_③ = 4.3 + 4.3 + 4.24 + 3.74 + 4.24 = 20.82\ m$$

$$V_{条} = 0.7 \times 0.2 \times 20.82 = 2.91\ m^3$$

根据图 9-18 和计算结果，我们不难编制出图中独立基础、条形基础的工程量清单，详见附录二的分部分项工程量清单中序号 8、9、10。

9.4.2 现浇混凝土柱(010402)

现浇混凝土柱是工业与民用建筑中的主要承重构件。

现浇混凝土柱的工程量清单项目设置及工程量计算规则，应按 08 规范附录表 A.4.2 的规定执行。

在 08 规范附录表 A.4.2 中，将现浇混凝土柱划分为矩形柱、异形柱两项。

1. 矩形柱

截面为矩形的柱子统称为矩形柱。矩形柱的清单项目编码为 010402001。

2. 异形柱

截面为非矩形的柱子统称为异形柱。异形柱的清单项目编码为 010402002。

上述 1、2 项的清单项目特征、工程内容及工程量计算规则相同，具体内容如下：

(1) 项目特征：① 柱高度；② 柱截面尺寸；③ 混凝土强度等级；④ 混凝土拌和料要求。

(2) 工程内容：混凝土制作、运输、浇筑、振捣、养护。

(3) 工程量计算规则：按设计图示尺寸以体积计算，计量单位为“m^3”，且不扣除构件内钢筋、预埋铁件所占体积。

柱高的确定(见图 9-19)：

① 有梁板的柱高：自柱基上表面(或楼板上表面)至上一层楼板上表面之间的高度计算。

② 无梁板的柱高：自柱基上表面(或楼板上表面)至柱帽下表面之间的高度计算。

③ 框架柱的柱高：自柱基上表面至柱顶的高度计算。

④ 构造柱的柱高：按全高计算，嵌接墙体部分并入柱身体积。

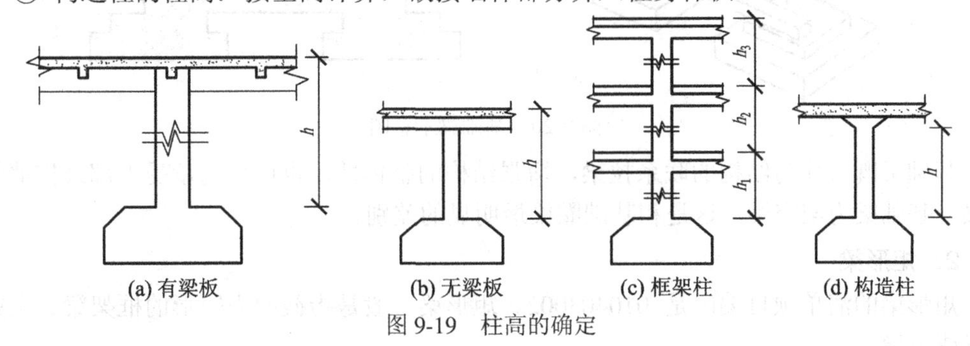

图 9-19　柱高的确定

3. 相关问题

(1) 依附柱上的牛腿和升板的柱帽，并入柱身体积计算。

(2) 截面为矩形的框架柱按“矩形柱”编码列项。

(3) “矩形柱”和“异形柱”项目适用于各种形状的柱。

(4) 单独的薄壁柱(在框剪结构中，隐藏在墙体中的钢筋混凝土柱，抹灰后不再有柱的痕迹)根据其截面形状，确定以异形柱或矩形柱编码列项。

(5) 构造柱应按 08 规范附录表 A.4.2 中矩形柱项目编码列项。构造柱的马牙槎并入到构造柱的工程量内计算。

【例 9-15】　根据附图，计算阅览室构造柱的清单工程量并编制构造柱的工程量清单。

解　由构造柱截面知：长 $L = 0.24$ m，宽 $B = 0.24$ m，构造柱高为

$$H = 0.24 + 0.06 + 3 + (0.5 - 0.06) = 3.74 \text{ m}$$

构造柱个数为 8，故构造柱体积为

$$V_{GZ} = L \times B \times H \times 8 = 0.24 \times 0.24 \times 3.74 \times 8 = 1.723 \text{ m}^3$$

根据附图和计算结果，我们不难编制出图中构造柱的工程量清单，详见附录一的分部分项工程量清单序号 10。

9.4.3　现浇混凝土梁(010403)

现浇混凝土梁是工业与民用建筑中的主要受力构件。

现浇混凝土梁的工程量清单项目设置及工程量计算规则，应按 08 规范附录表 A.4.3 的规定执行。

在 08 规范附录表 A.4.3 中，将现浇混凝土梁划分为基础梁、矩形梁、异形梁、圈梁、过梁、弧形梁与拱形梁共六项。

1．基础梁

基础梁的清单项目编码是 010403001。建筑物采用独立基础时，独立基础之间常采用基础梁连接(见图 9-20)。

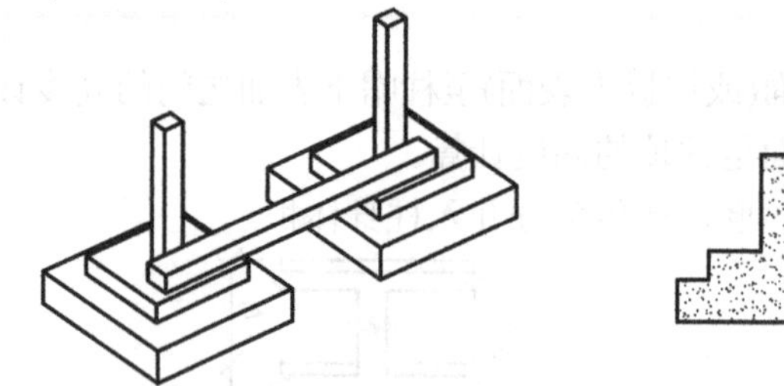

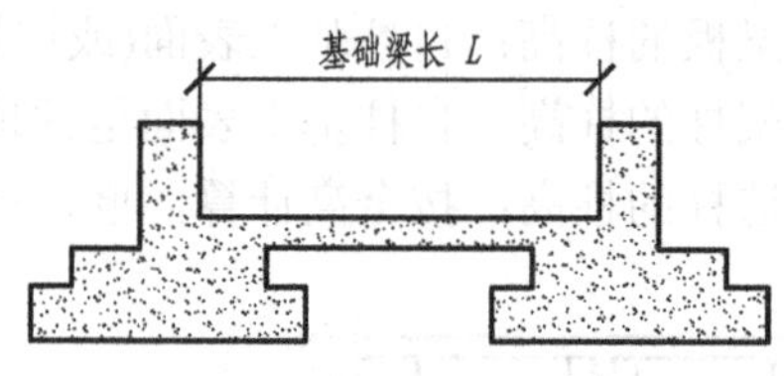

图 9-20 基础梁示意图

基础梁既可作为结构的联系拉梁，增强结构的整体性，也可作为承受上部维护墙的承重梁。基础梁为架空梁，这是和基础圈梁最明显的差别。

2．矩形梁

矩形梁的清单项目编码是 010403002。矩形梁一般是指截面为矩形的框架梁、主梁、次梁或单梁。

单梁一般是指两头搁在墙上，上面承担预制板荷载的梁。

3．异形梁

异形梁的清单项目编码是 010403003。异形梁指的是梁截面为非矩形的梁，异形梁的截面形式通常有四种(见图 9-21)。

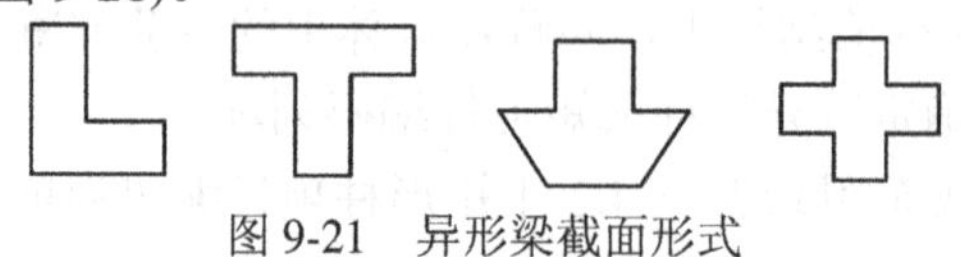

图 9-21 异形梁截面形式

4．圈梁

圈梁的清单项目编码是 010403004。为了提高建筑物的空间刚度和整体稳定性，减少因地基不均匀沉降而引起的墙身开裂，设置的沿砖墙布置的连续封闭的梁，称为圈梁。按照圈梁的位置不同，圈梁有墙上圈梁和基础圈梁(见图 9-22)。

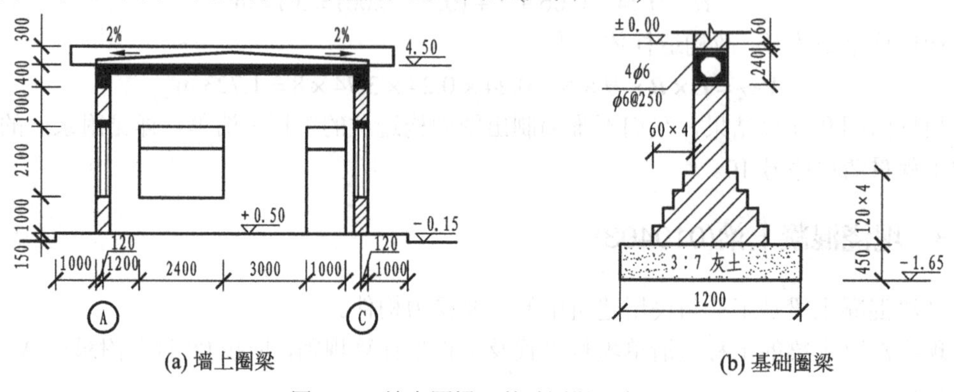

(a) 墙上圈梁 (b) 基础圈梁

图 9-22 墙上圈梁、基础圈梁示意图

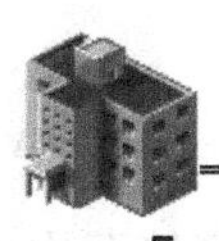

5. 过梁

过梁的清单项目编码是 010304005。为了承受门窗洞口上砌体传来的各种荷载而设置的横梁称为过梁(见图 9-23)。

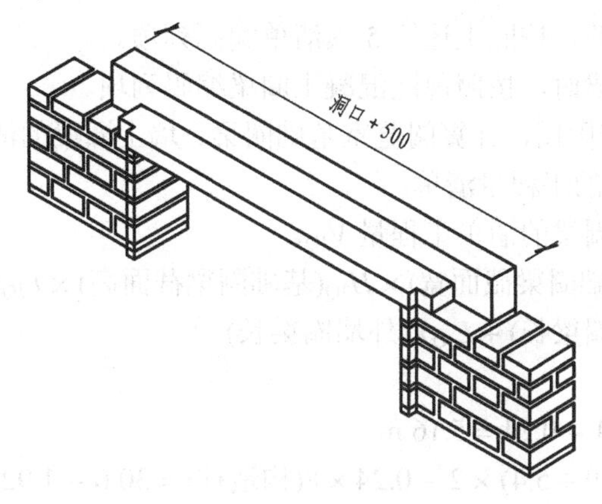

图 9-23　过梁示意图

6. 弧形梁与拱形梁

弧形梁与拱形梁的清单项目编码是 010403006。弧形梁指梁支座之间在水平面内呈曲线形的梁。拱形梁指梁支座之间在垂直面内呈曲线形的梁(见图 9-24)。

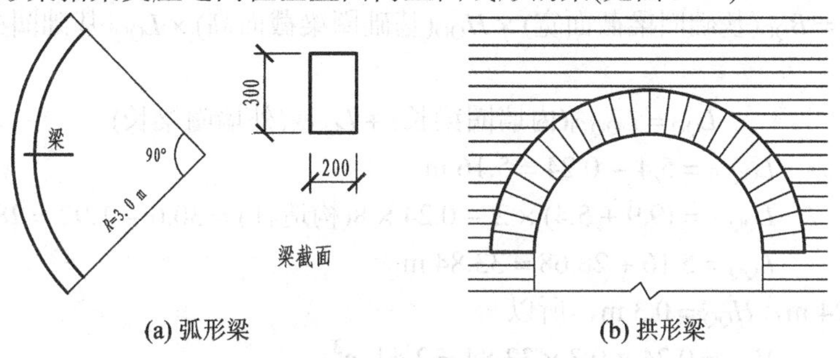

(a) 弧形梁　(b) 拱形梁

图 9-24　弧形梁、拱形梁

上述 1～6 项的清单项目特征、工程内容及工程量计算规则相同，具体内容如下：

(1) 项目特征：① 梁底标高；② 梁截面；③ 混凝土强度等级；④ 混凝土拌和料要求。

(2) 工程内容：混凝土制作、运输、浇筑、振捣、养护。

(3) 工程量计算规则：按设计图示尺寸以体积计算，计量单位为“m^3”。

① 不扣除内容：构件内钢筋、预埋铁件所占体积。

② 应该计算的内容：伸入墙内的梁头、梁垫并入梁体积内。这里所说的墙是指砖墙。梁头是指支撑和搁置于墙上的梁的端头部分。梁垫是指为了增大梁头与墙体的接触面积，减小梁对墙体单位面积压力而在梁头下部设置的钢筋混凝土块体。

③ 梁长的确定：

- 梁与柱连接时，梁长算至柱侧面。
- 主梁与次梁连接时，次梁长算至主梁侧面。
- 圈梁的长度计算：外墙按中心线长度计算；内墙按内墙净长计算；当圈梁与主次梁

或柱交接时，圈梁长度算至主次梁或柱的侧面；当圈梁与构造柱相交时，圈深长度算至构造柱的侧面。

7. 相关问题

(1) 当过梁为现浇的，按照上述第5项清单编码列项。

(2) 当圈梁兼作过梁时，按照现浇混凝土圈梁编码列项。

【例9-16】 根据附图，计算阅览室基础圈梁、墙上圈梁的清单工程量并编制基础圈梁、墙上圈梁及屋面梁的工程量清单。

解 (1) 计算基础圈梁的清单工程量 V_{JQ}。

$$V_{JQ} = B_{JQ}(\text{基础圈梁截面宽}) \times H_{JQ}(\text{基础圈梁截面高}) \times L_{JQ}(\text{基础圈梁长})$$

式中：$L_{JQ} = L_{JQ\text{内}}(\text{内墙圈梁长}) + L_{JQ\text{外}}(\text{外墙圈梁长})$

因为

$$L_{JQ\text{内}} = 5.4 - 0.24 = 5.16\ \text{m}$$

$$L_{JQ\text{外}} = (9.9 + 5.4) \times 2 - 0.24 \times 8(\text{构造柱}) = 30.6 - 1.92 = 28.68\ \text{m}$$

所以

$$L_{JQ} = 5.16 + 28.68 = 33.84\ \text{m}$$

又因 $B_{JQ} = 0.24\ \text{m}$，$H_{JQ} = 0.24\ \text{m}$，所以

$$V_{JQ} = 0.24 \times 0.24 \times 33.84 = 1.95\ \text{m}^3$$

(2) 计算墙上圈梁的清单工程量 V_{QQ}。

$$V_{QQ} = B_{QQ}(\text{基础圈梁截面宽}) \times H_{QQ}(\text{基础圈梁截面高}) \times L_{QQ}(\text{基础圈梁长})$$

式中：

$$L_{QQ} = L_{QQ\text{内}}(\text{内墙圈梁长}) + L_{QQ\text{外}}(\text{外墙圈梁长})$$

因为

$$L_{QQ\text{内}} = 5.4 - 0.24 = 5.16\ \text{m}$$

$$L_{QQ\text{外}} = (9.9 + 5.4) \times 2 - 0.24 \times 8(\text{构造柱}) = 30.6 - 1.92 = 28.68\ \text{m}$$

所以

$$L_{QQ} = 5.16 + 28.68 = 33.84\ \text{m}$$

又因 $B_{QQ} = 0.24\ \text{m}$，$H_{QQ} = 0.3\ \text{m}$，所以

$$V_{QQ} = 0.24 \times 0.3 \times 33.84 = 2.44\ \text{m}^3$$

根据附图和计算结果，我们不难编制出基础圈梁、墙上圈梁的工程量清单，详见附录一的分部分项工程量清单中序号11、12。

9.4.4 现浇混凝土墙(010404)

现浇混凝土墙的工程量清单项目设置及工程量计算规则，应按08规范附录表A.4.4的规定执行。

在08规范附录表A.4.4中，将现浇混凝土墙划分为直形墙、弧形墙共两项。

1. 直形墙

混凝土直形墙是指用混凝土浇筑而成的墙，其截面形式为矩形，如剪力墙等。直形墙的清单项目编码是010404001。

2. 弧形墙

混凝土弧形墙是指用混凝土浇筑而成的截面为弧形的墙。弧形墙的清单项目编码是010404002。

上述 1、2 项的清单项目特征、工程内容及工程量计算规则相同，具体内容如下：

(1) 项目特征：① 墙类型；② 墙厚度；③ 混凝土强度等级；④ 混凝土拌和料要求。

(2) 工程内容：混凝土制作、运输、浇筑、振捣、养护。

(3) 工程量计算规则：按设计图示尺寸以体积计算，计量单位为“m^3”。

① 不扣除下列内容：

- 构件内钢筋、预埋铁件所占体积。
- 墙垛及突出墙面部分并入墙体体积计算内。

② 应扣除的内容：

- 门窗洞口所占的体积。
- 单个面积超过 0.3 m^2 的孔洞所占体积。

③ 在计算中应注意：

- 墙长：外墙按外墙中心线长度计算，内墙按内墙净长线长度计算，有柱子时，算至柱子的侧面。这里的柱子是指突出墙外的柱子。
- 墙高：从墙基上表面或基础梁上表面算至墙顶。有梁者算至梁底面。这里的梁是指突出墙外的梁。

3．相关问题

(1) 钢筋混凝土墙的类型一般有直形墙、弧形墙、电梯井壁、大钢模板墙等。

(2) 墙的工程量应区别不同类型分别编码列项。工程量计算应按墙长乘以墙高乘以图示墙厚计算。

(3) 与墙相连的薄壁柱按墙项目编码列项。

9.4.5　现浇混凝土板(010405)

现浇混凝土板的工程量清单项目设置及工程量计算规则，应按 08 规范附录表 A.4.5 的规定执行。

在 08 规范附录表 A.4.5 中，将现浇混凝土板划分为有梁板，无梁板，平板，拱板，薄壳板，栏板，天沟、挑檐板，雨棚、阳台板，其他板，共 9 项。

1．有梁板、无梁板、平板、拱板、薄壳板、栏板

1) 有梁板

有梁板的清单项目编码是 010405001。有梁板就是指与梁整浇的板，当板与框架梁、圈梁、混凝土墙整浇时，板算至其内侧。

2) 无梁板

无梁板的清单项目编码是 010405002。无梁板是指板无梁、直接用柱头支撑，包括板和柱帽。

3) 平板

平板的清单项目编码是 010405003。平板是指板的四周直接由框架梁、混凝土墙或圈梁支撑的板，板下无梁。板的范围算至框架梁、圈梁、混凝土墙内侧。

4) 拱板

拱板的清单项目编码是 010405004。拱板是指混凝土板的板面不在同一标高而形成拱

形的曲板，称为拱板。

5) 薄壳板

薄壳板的清单项目编码是 010405005。在计算工程量时，薄壳板的肋、基梁并入薄壳体积内计算。

6) 栏板

栏板的清单项目编码是 010405006。栏板是指楼梯、阳台、雨棚、看台通廊等侧边弯起的垂直部分，起防护和装饰作用。

上述 1)～6)项的清单项目特征、工程内容及工程量计算规则相同，具体内容如下：

(1) 项目特征：① 板底标高；② 板厚度；③ 混凝土强度等级；④ 混凝土拌和料要求。

(2) 工程内容：混凝土制作、运输、浇筑、振捣、养护。

(3) 工程量计算规则：按设计图示尺寸以体积计算，计量单位为“m^3”。

① 不扣除构件内钢筋、预埋铁件及单个面积在 0.3 m^2 以内的孔洞所占体积。

② 有梁板(包括主、次梁与板)按梁、板体积之和计算。

③ 无梁板按板和柱帽体积之和计算，各类板伸入墙内的板头并入板体积内计算，薄壳板的肋、基梁并入薄壳体积内计算。

【例 9-17】 根据附图，计算阅览室混凝土板的清单工程量并编制混凝土的工程量清单。

解 阅览室只有一层板，即屋面板。根据板的划分规则，分为有梁板和平板两种。1-2-A-B 轴的板为有梁板，梁为 W_{L1}；2-3-A-B 轴的板为平板。

有梁板的工程量 $V = V_L$(梁的体积) + V_B(板的体积)

(1) 图中显示，屋面梁只有一个梁 W_{L1}。

$$V_L = B(\text{屋面梁宽}) \times H(\text{屋面梁截面高}) \times L(\text{屋面梁长})$$

因为 $B = 0.25$ m，$H = 0.6$ m，L=5.4 − 0.24=5.16 m，所以

$$V_L = 0.25 \times 0.6 \times 5.16 = 0.77\ m^3$$

$$V_B = B_L(1\text{-}2)\text{轴方向} \times B_B(A\text{-}B)\text{轴方向} \times H_B(\text{板厚})$$

$$B_L = 6.6 - 0.12 \times 2(\text{墙厚}) - 0.25(\text{屋面梁宽}) = 6.11\ m$$

$$B_B = 5.4 - 0.24 = 5.16\ m，H_B = 0.12\ m$$

$$V_B = 6.11 \times 5.16 \times 0.12 = 3.78\ m^3$$

$$V = 0.77 + 3.78 = 4.55\ m^3$$

(2) 平板的清单工程量为

$$V_P = P_L(2\text{-}3)\text{轴方向} \times P_B(A\text{-}B)\text{轴方向} \times H_P(\text{板厚})$$

$$P_L = 3.3 - 0.24 = 3.06\ m$$

$$P_B = 5.4 - 0.24 = 5.16\ m$$

$$H_P = 0.12m$$

$$V_P = 3.06 \times 5.16 \times 0.12 = 1.96\ m^3$$

根据附图和计算结果，我们不难编制出有梁板、平板的工程量清单，详见附录一：“2. 分部分项工程量清单”中序号 14、15、16。

2. 天沟、挑檐板，雨棚、阳台板，其他板

1) 天沟、挑檐板

天沟指建筑物屋面两跨间的下凹部分，它的作用是下雨时把雨水集聚到天沟内再由雨水管排下。

挑檐板是指屋面上从梁或混凝土墙上挑出的水平板及弯起部分，主要是为了方便屋面排水，对外墙也起到保护作用。

天沟、挑檐板的清单项目编码是 010405007。工程量计算规则是按照设计图示尺寸以体积计算，计量单位是“m^3”。

2) 雨棚、阳台板

建筑物入口处和顶层阳台上部用来遮挡雨水和保护外门免受雨水浸蚀的水平构件称为雨棚。

阳台板指的是阳台的底板。

雨棚、阳台板的清单项目编码是 010405008。工程量计算规则是按设计图示尺寸以墙外部分体积计算，包括伸出墙外的牛腿和雨棚反挑檐的体积，计量单位为“m^3”。

雨棚的形式有悬挑式雨棚和有柱支撑的雨棚，列项时应注意项目特征的描述或分解列项。

当阳台为现浇的整体阳台、凹阳台或采用多孔板的挑阳台时，应分解后列项编码。

3) 其他板

除上述板以外的其他的现浇板统称之为其他板，例如室外的空调板等。

其他板的清单项目编码是 010405009。工程量计算规则是按设计图示尺寸以体积计算，计量单位为“m^3”。

上述 1)～3)项所包含的清单，其项目特征、工程内容相同，具体内容如下：

(1) 项目特征：① 混凝土强度等级；② 混凝土拌和料要求。

(2) 工程内容：混凝土制作、运输、浇筑、振捣、养护。

3. 相关问题

现浇挑檐、天沟板、雨棚、阳台与板(包括屋面板、楼板)连接时，以外墙外边线为分界线；与圈梁(包括其他梁)连接时，以梁外边线为分界线。外边线以外为挑檐、天沟、雨棚或阳台。

9.4.6　现浇混凝土楼梯(010406)

现浇混凝土楼梯的工程量清单项目设置及工程量计算规则，应按 08 规范附录表 A.4.6 的规定执行。

在 08 规范附录表 A.4.6 中，将现浇混凝土楼梯划分为直形楼梯、弧形楼梯两项。

1. 直形楼梯

直行楼梯一般分为三种形式：双向楼梯、单坡直形楼梯和三折楼梯。

(1) 双向楼梯是指有一个休息平台的楼梯(见图 9-25)。

(2) 单坡直形楼梯是指无休息平台的楼梯(见图 9-25)。

(3) 三折楼梯是指有两个休息平台的楼梯(见图 9-25)。

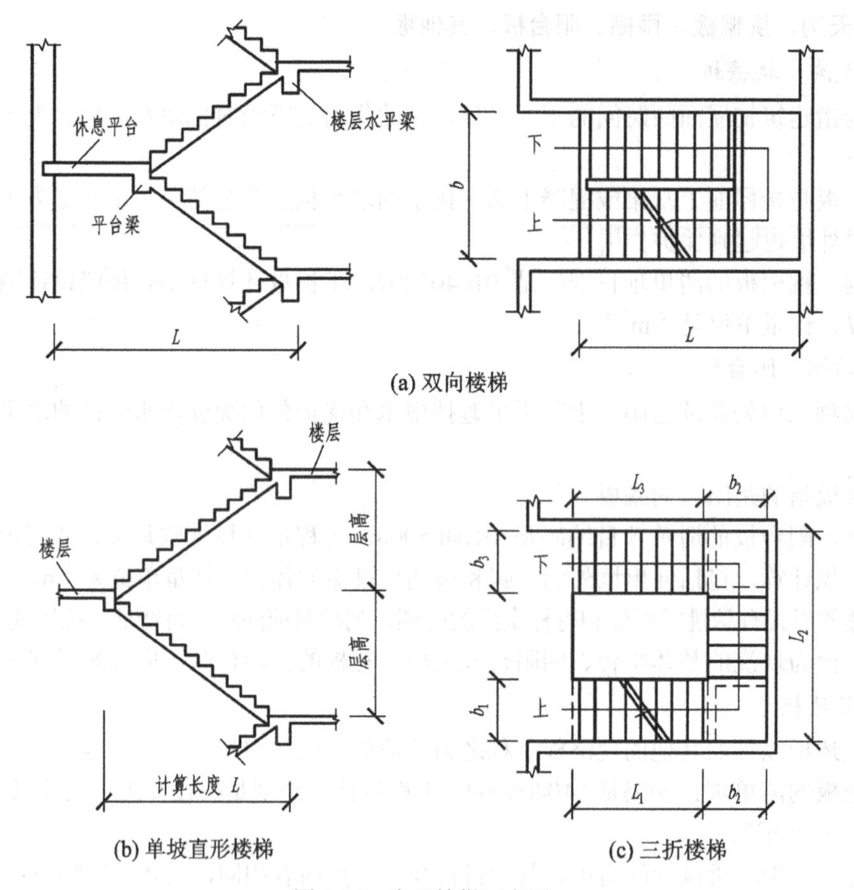

图 9-25　直形楼梯示意图

在编制清单时，分别列项编码并注明其特征。最常见的楼梯是双向楼梯。直形楼梯的清单项目编码是010406001。

2．弧形楼梯

弧形楼梯一般分为两种形式：圆弧形楼梯和螺旋楼梯。

圆弧形楼梯是指非同心圆楼梯，螺旋楼梯是指同心圆楼梯(见图 9-26)。

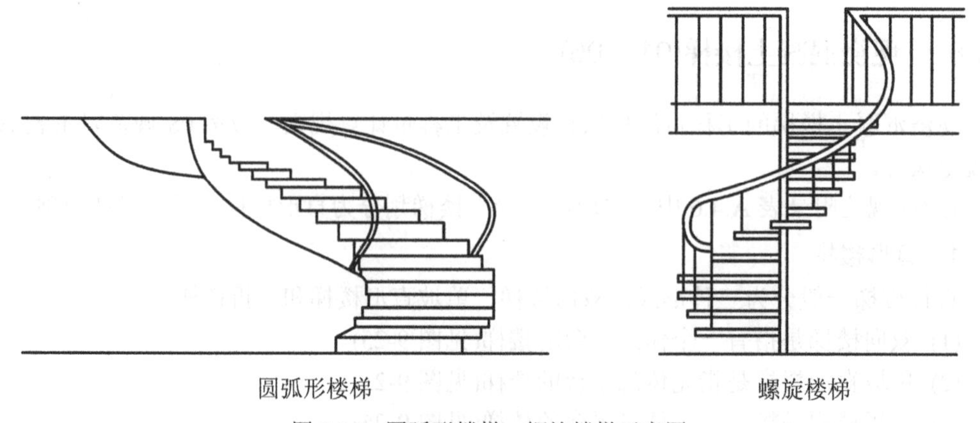

图 9-26　圆弧形楼梯、螺旋楼梯示意图

在编制工程量清单时，可分别列项编码并注明其特征。螺旋楼梯中间的柱子应按柱的清单编码列项计算。

弧形楼梯的清单项目编码是 010406002。

上述 1、2 项的清单项目特征、工程内容及工程量计算规则相同，具体内容如下：

(1) 项目特征：① 混凝土强度等级；② 混凝上拌和料要求。

(2) 工程内容：凝土制作、运输、浇筑、振捣、养护。

(3) 工程量计算规则：按设计图示尺寸以水平投影面积计算，不扣除宽度小于 500 mm 的楼梯井，伸入墙内的部分不计算，计量单位为“m^2”。

这里所指的水平投影面积是按各层投影面积之和计算的。

整体楼梯(包括直形楼梯、弧形楼梯)水平投影面积包括休息平台、平台梁、斜梁和楼梯的连接梁。当整体楼梯与现浇楼板无梯梁连接时，以楼梯的最后一个踏步边缘加 300 mm 为界。

9.4.7　现浇混凝土其他构件(010407)

现浇混凝土其他构件的工程量清单项目设置及工程量计算规则，应按 08 规范附录表 A.4.7 的规定执行。

在 08 规范附录表 A.4.7 中，将现浇混凝土其他构件划分为其他构件，散水、坡道，电缆沟、地沟三项。

1．其他构件

(1) 适用范围：现浇混凝土小型池槽、压顶、扶手、垫块、台阶、门框等，应按 08 规范 A.4.7 中其他构件项目编码列项。其中扶手、压顶(包括伸入墙内的长度)应按延长米计算，台阶应按水平投影面积计算。

(2) 项目编码：010407001。

(3) 工程量计算规则：按设计图示尺寸以体积计算，不扣除构件内钢筋、预埋铁件所占体积，计量单位为“m^3”。

(4) 项目特征：① 构件的类型；② 构件规格；③ 混凝土强度等级；④ 混凝土拌和料要求。

(5) 工程内容：混凝土制作、运输、浇筑、振捣、养护。

【例 9-18】　根据附图，计算阅览室女儿墙压顶和室外混凝土台阶的清单工程量，并编制压顶和台阶的工程量清单。

解　根据清单计算规则，女儿墙混凝土压顶、室外台阶的工程量计算如下：

(1) 计算压顶的混凝土体积。

$$V = B(\text{压顶截面宽}) \times H(\text{压顶截面高}) \times L(\text{压顶长度})$$

因为　$B = 0.24 + 0.03 = 0.27\ \text{m}$

$H = 0.06\ \text{m}$

$L = L_{中}(\text{外墙中心线}) = (9.9 + 5.4) \times 2 = 30.6\ \text{m}$

所以　$V = 0.27 \times 0.06 \times 30.6 = 0.5\ \text{m}^3$

(2) 计算室外台阶的清单工程量即室外台阶的投影面积 S。

$$S = 1.6 \times (0.3 + 0.3) = 0.96\ \text{m}^2$$

根据附图和计算结果，我们不难编制出女儿墙压顶、室外台阶的工程量清单，详见附录一的分部分项工程量清单中序号 17、18。

2．散水、坡道

散水是建筑物底层外墙外用于排水的构造。散水的坡度约 5%，宽度一般为 600 mm～1000 mm。

坡道是室外门前便于车辆进出而做的带有坡度的路。坡道既要便于车辆行驶，又要便于行人行走。

(1) 适用范围：面层为混凝土材质的散水和坡道。

(2) 清单项目编码：010407002。

(3) 工程量计算规则：按设计图示尺寸以面积计算，不扣除 0.3 m^2 以内的孔洞所占面积，计量单位为“m^2”。

(4) 项目特征：① 垫层材料种类、厚度；② 面层厚度；③ 混凝土强度等级；④ 混凝土拌和料要求；⑤ 填塞材料种类。

(5) 工程内容：① 地基夯实；② 铺设垫层；③ 混凝土制作、运输、浇筑、振捣、养护；④ 变形缝填塞。

【例 9-19】 根据附图，计算阅览室室外散水的清单工程量，并编制室外散水的工程量清单。

解 计算室外散水的面积 S。

$$S = L_{外}(\text{外墙外边线}) \times B_{散}(\text{散水宽}) + 4 \times B_{散} \times B_{散} - S_{台}(\text{台阶面积})$$

因为 $L_{外} = \{(9.9 + 0.24) + (5.4 + 0.24)\} \times 2 = 31.56\ \text{m}$

$B_{散} = 1\ \text{m}$

$S_{台} = (1 + 0.3 + 0.3) \times 1 = 1.6\ \text{m}^2$

所以 $S = 31.56 \times 1 + 4 \times 1 \times 1 - 1.6 = 33.96\ \text{m}^2$

根据附图和计算结果，我们不难编制出散水的工程量清单，详见附录一：“2. 分部分项工程量清单”中序号 19。

3．电缆沟、地沟

(1) 适用范围：各种尺寸的混凝土电缆沟、地沟。

(2) 清单项目编码：010407003。

(3) 工程量计算规则：按设计图示以中心线长度计算，计量单位为“m”。

(4) 项目特征：① 沟截面；② 垫层材料种类、厚度；③ 混凝土强度等级；④ 混凝土拌和料要求；⑤ 防护材料种类。

(5) 工程内容：① 挖运土石；② 铺设垫层；③ 混凝土制作、运输、浇筑、振捣、养护；④ 刷防护材料。

(6) 在电缆沟、地沟清单项目内，是否包括电缆沟、地沟的土方工程应在项目特征里描述清楚。

9.4.8　后浇带(010408)

现浇混凝土后浇带的工程量清单项目设置及工程量计算规则，应按08规范附录表A.4.8的规定执行。

在08规范附录表A.4.8中，仅包括后浇带这一个清单项目。

后浇带是指在现浇整体钢筋混凝土结构中，在施工期间保留的临时性温度、收缩沉降的变形缝。该缝根据工程具体条件，保留一定时间(一般保留到结构封顶后，不小于30天)，在此期间早期温差及30%以上的收缩已完成，再用比原混凝土标号提高一级的混凝土填筑密实后成为连续整体、无伸缩缝的结构。

(1) 适用范围：所有混凝土后浇带项目。

(2) 清单项目编码：010408001。

(3) 工程量计算规则：按设计图示尺寸以体积计算，计量单位为“m^3”。

(4) 项目特征：① 部位；② 混凝土强度等级；③ 混凝土拌和料要求。

(5) 工程内容：混凝土制作、运输、浇筑、振捣、养护。

9.4.9　预制混凝土柱(010409)

预制混凝土柱的工程量清单项目设置及工程量计算规则，应按08规范附录表A.4.9的规定执行。

在附08规范录表A.4.9中，将预制混凝土柱划分为矩形柱、异形柱两个清单项目。

1．矩形柱

矩形柱的清单项目编码为010409001。

2．异形柱

异形柱的清单项目编码为010409002。

上述1、2项的清单项目特征、工程内容及工程量计算规则相同，具体内容如下：

(1) 项目特征：① 柱类型；② 单件体积；③ 安装高度；④ 混凝土强度等级级；⑤ 砂浆强度等级。

(2) 工程量计算规则：

① 按设计图示尺寸以体积计算，不扣除构件内钢筋、预埋铁件所占体积，计量单位为“m^3”。

② 按设计图示尺寸以“数量”计算，计量单位为“根”。

(3) 工程内容：① 混凝土制作、运输、浇筑、振捣、养护；② 构件制作、运输；③ 构件安装；④ 砂浆制作、运输；⑤ 接头灌缝、养护。

9.4.10　预制混凝土梁(010410)

预制混凝土梁的工程量清单项目设置及工程量计算规则，应按08规范附录表A.4.10的规定执行。

在 08 规范附录表 A.4.10 中，将预制混凝土梁划分为矩形梁、异形梁、过梁、拱形梁、鱼腹式吊车梁、风道梁六个清单项目。

1．矩形梁

矩形梁的清单项目编码是 010410001。

2．异形梁

异形梁的清单项目编码是 010410002。

3．过梁

过梁的清单项目编码是 010410003。

4．拱形梁

拱形梁的清单项目编码是 010410004。

5．鱼腹式吊车梁

鱼腹式吊车梁的清单项目编码是 010410005。

6．风道梁

风道梁的清单项目编码是 010410006。

上述 1～6 项的清单项目特征、工程内容及工程量计算规则相同，具体内容如下：

(1) 项目特征：① 单件体积；② 安装高度；③ 混凝土强度等级；④ 砂浆强度等级。

(2) 工程量计算规则：按设计图示尺寸以体积计算；不扣除构件内钢筋、预埋铁件所占体积，计量单位可以是“m^3”，也可以是“根”。

(3) 工程内容：① 混凝土制作、运输、浇筑、振捣、养护；② 构件制作、运输；③ 构件安装；④ 砂浆制作、运输；⑤ 接头灌缝、养护。

【例 9-20】 根据附图，计算阅览室门上预制过梁的清单工程量并编制预制过梁的工程量清单。

解 由图知，阅览室共有两个门 M-1(1000 × 2100)和 M-2(1000 × 2100)，过梁体积 $V = V_1$(M-1 上过梁) + V_2(M-2 上过梁)。

因为 $V_1 = 0.24 \times 0.12 \times 1.5 = 0.043\ \text{m}^3$

$V_2 = 0.24 \times 0.12 \times 1.5 = 0.043\ \text{m}^3$

所以 $V = 0.043 + 0.043 = 0.086\ \text{m}^3$

根据附图和计算结果，我们不难编制出预制过梁的工程量清单，详见附录一：“2. 分部分项工程量清单”中序号 13。

9.4.11　预制混凝土屋架(010411)

屋架是屋盖的主要承重构件，直接承受屋面荷载，有的还要承受吊车、天窗架、管道或生产设备等荷载。

预制混凝土屋架常用于装配式工业厂房。

预制混凝土屋架的工程量清单项目设置及工程量计算规则，应按 08 规范附录表 A.4.11 的规定执行。

在 08 规范附录表 A.4.11 中，将预制混凝土屋架划分为折线形屋架、组合屋架、薄腹

屋架、门式钢架屋架、天窗架屋架共五个清单项目。

1．折线形屋架

折线形屋架的清单项目编码是 010411001。

2．组合屋架

组合屋架的清单项目编码是 010411002。

3．薄腹屋架

薄腹屋架的清单项目编码是 010411003。

4．门式钢架屋架

门式钢架屋架的清单项目编码是 010411004。

5．天窗架屋架

天窗架屋架的清单项目编码是 010411005。

上述 1～5 项的清单项目特征、工程内容及工程量计算规则相同，具体内容如下：

(1) 项目特征：① 屋架的类型、跨度；② 单件体积；③ 安装高度；④ 混凝土强度等级；⑤ 砂浆强度等级。

(2) 工程量计算规则：按设计图示尺寸以体积计算，不扣除构件内钢筋、预埋铁件所占体积，计量单位是“m^3”，也可以是“榀”。

如果预制混凝土屋架是按照标准图选型，而且是标准尺寸，就可以直接借助标准图集上的信息计算出工程量；但如果是参考标准图集，尺寸有所变化，那就需要根据图纸进行计算了。

(3) 工程内容：① 混凝土制作、运输、浇筑、振捣、养护；② 构件制作、运输；③ 构件安装；④ 砂浆制作、运输；⑤ 接头灌缝、养护。

6．相关问题

三角形屋架应按 08 规范 A.4.11 中的折线形屋架项目编码列项。

9.4.12 预制混凝土板(010412)

预制混凝土板指在构件预制加工厂或施工现场外预先制作，然后运到工地现场进行安装的钢筋混凝土楼板。预制混凝土板有预应力和非预应力两种。预应力板的抗裂性与刚度好于非预应力板，且板型规整、节约材料、自重减轻、造价降低。预应力板和非预应力板相比，可节约钢材 30%～50%，节约混凝土 10%～30%。

预制混凝土板的工程量清单项目设置及工程量计算规则，应按 08 规范附录表 A.4.12 中的规定执行。

在 08 规范附录表 A.4.12 中，将预制混凝土板划分为：平板，空心板，槽形板，网架板，折线板，带肋板，大型板及沟盖板、井盖板、井圈八项。

1．平板

平板一般是指实心平板，其规格较小，跨度一般在 2.5 m 以内，板厚一般为跨度的 1/30，一般为 60 mm～80 mm。实心平板由于其跨度小，只能用于过道和小房间的楼板上，也可作为架空搁板或管道盖板等。平板的清单项目编码是 010412001。

2. 空心板

空心板是指一块板中留有一个或几个纵向孔道的预制板，也将其称为多孔板。多孔板有预应力多孔板和非预应力多孔板，常用于砖混结构中。空心板的清单项目编码是010412002。

3. 槽形板

槽形板是一种梁板相结合的预制构件，即在板的两侧设有边肋。由于作用在板上的荷载由边肋承担，所以板仍可以做得较薄，只有 25 mm～30 mm。槽形板的纵肋高通常为150 mm～300 mm，槽形板一般多用于民用或工业建筑中。槽形板的清单项目编码是010412003。

4. 网架板

网架板是以钢筋混凝土为材料，在施工现场或构件厂预先制作的用于网架结构的板。网架板的清单项目编码是 010412004。

5. 折线板

折线板是以混凝土为材料，在施工现场或构件厂预先制作的呈折线形式的板，如 V 形折板。目前我国生产的 V 形折板跨度为 6 m～24 m：跨度为 9 m～15 m 的，波宽一般为 2 m，板厚为 35 mm；跨度大于 15 m 的，波宽一般为 3 m，板厚为 45 mm。折线板的长度一般比跨度长 1500 mm。折线板的清单项目编码是 010412005。

6. 带肋板

带肋板是以钢筋混凝土为材料，在施工现场或构件厂预先制作的一种带肋的板。带肋板一般适用于中、轻型非保温厂房，不适用于对屋面刚度及防水要求较高的厂房。带肋板的清单项目编码是 010412006。

7. 大型板

大型板也称为大型屋面板，是由较薄的平板、边梁及垂直于边梁的小梁组成的呈槽形的板。大型板多用于仓库、锅炉房以及工业厂房建筑的屋面，直接铺设在厂房的屋面上，与屋架焊结构成屋面结构，其长度相当于柱距。大型板的清单项目编码是 010412007。

上述 1～7 项的清单项目特征、工程内容及工程量计算规则相同，具体内容如下：

(1) 项目特征：① 构件尺寸；② 安装高度；③ 混凝土强度等级；④ 砂浆强度等级。

(2) 工程量计算规则：按设计图示尺寸以体积计算，不扣除构件内钢筋、预埋铁件及单个尺寸在 300 mm × 300 mm 以内的孔洞所占体积，扣除空心板空洞体积，计量单位可以是“m^3”，也可以是“块”。

(3) 工程内容：① 混凝土制作、运输、浇筑、振捣、养护；② 构件制作、运输；③ 构件安装；④ 升板提升；⑤ 砂浆制作、运输；⑥ 接头灌缝、养护。

8. 沟盖板、井盖板、井圈

在地沟上一般设有盖板，盖板表面应与地面标高相平，一般多采用预制钢筋混凝土盖板。盖板有固定盖板和活动盖板两种。

井盖板是指室外检查井所用的预制钢筋混凝土盖板。

井圈是检查井的上面部分，是一种环形的预制构件，用以支撑井盖。

(1) 清单项目编码：010412008。

(2) 项目特征：① 构件尺寸；② 安装高度；③ 混凝土强度等级；④ 砂浆强度等级。

(3) 工程量计算规则：按设计图示尺寸以体积计算，不扣除构件内钢筋、预埋铁件所占体积，计量单位可以是“m^3”，也可以是“块”或“套”。

(4) 工程内容：① 混凝土制作、运输、浇筑、振捣、养护；② 构件制作、运输；③ 构件安装；④ 砂浆制作、运输；⑤ 接头灌缝、养护。

9．相关问题

(1) 不带肋的预制遮阳板、雨篷板、挑檐板、栏板等，应按 08 规范 A.4.12 中的平板项目编码列项。

(2) 预制 F 形板、双 T 形板、单肋板和带反挑檐的雨棚板、挑檐板、遮阳板等，应按 08 规范 A.4.12 中的带肋板项目编码列项。

(3) 预制大型墙板、大型楼板、大型屋面板等，应按 08 规范 A.4.12 中的大型板项目编码列项。

9.4.13　预制混凝土楼梯(010413)

预制混凝土楼梯的工程量清单项目设置及工程量计算规则，应按 08 规范附录表 A.4.13 的规定执行。在 08 规范附录表 A.4.14 中，将预制混凝楼梯件划分为楼梯一项。

预制混凝土楼梯是指以钢筋混凝土为材料，在施工现场或构件厂预先制作的用于多层或高层房屋楼层间带有台阶的通道或设施。楼梯可设置于房屋的室内或室外，多数设置于室内，楼梯的数量、宽度和间距应满足使用要求并满足防火规范的最低要求。

预制混凝土楼梯为适应不同施工机械装配程度，按梯段构件的组合情况，可分为插板式、斜梁式、梯段式楼梯。

预制混凝土楼梯的清单项目编码是 010413001。

注：预制钢筋混凝土楼梯，可按斜梁、踏步分别编码(第五级编码)列项。

9.4.14　其他预制构件(010414)

预制混凝土其他构件的工程量清单项目设置及工程量计算规则，应按 08 规范附录表 A.4.14 的规定执行。

在 08 规范附录表 A.4.14 中，将预制混凝土其他构件划分为烟道、垃圾道、通风道，其他构件，水磨石构件三项。

1．烟道、垃圾道、通风道

烟道是连接炉体与烟筒的过烟道，它是以第一道闸门与炉体分界，闸门前的部分列入炉体工程量内。从第一道闸门向后到烟囱外皮为烟道长度。

预制混凝土通风道是为了满足建筑物常年通风的需要，在建筑物某个位置设置的通风孔道。孔道壁由预制混凝土板或壳体构成。

预制混凝土垃圾道是指以混凝土为材料，在施工现场或构件厂预先制作的设置在建筑物里为方便人们丢放垃圾的孔道。

(1) 适用范围：所有以混凝土为材料，预先制作的烟道、通风道及垃圾道构件。

(2) 清单项目编码：010414001。

(3) 项目特征：① 构件类型；② 单件体积；③ 安装高度；④ 混凝土强度等级；⑤ 砂浆强度等级。

(4) 工程量计算规则：按设计图示尺寸以体积计算，不扣除构件内钢筋、预埋铁件及单个尺寸在 300 mm × 300 mm 以内的孔洞所占体积，扣除烟道、垃圾道、通风道的孔洞所占体积。

(5) 工程内容：① 混凝土制作、运输、浇筑、振捣、养护；② 预制构件制作、运输；③ 构件安装；④ 砂浆制作、运输；⑤ 接头灌缝、养护。

2．其他构件

其他构件是指除上述预制混凝土构件以外的构件，如预制混凝土檩条、雨棚等。

(1) 清单项目编码：010414002。

(2) 项目特征：① 构件的类型；② 单件体积；③ 水磨石面层厚度；④ 安装高度；⑤ 混凝土强度等级；⑥ 水泥石子浆配合比；⑦ 石子品种、规格、颜色。

3．水磨石构件

水磨石是指将带有色彩的水泥石子浆抹灰面层，在半凝固状态下，用磨石机或人工使用金刚石，将其表面洒水磨光，使其表面光滑平整，具有装饰效果的一种施工工艺。

水磨石构件是利用水磨石工艺，在施工现场内或施工现场外预先施工成型的构件。

(1) 清单项目编码：010414003。

(2) 项目特征：① 构件的类型；② 单件体积；③ 水磨石面层厚度；④ 安装高度；⑤ 混凝土强度等级；⑥ 水泥石子浆配合比；⑦ 石子品种、规格、颜色；⑧ 酸洗、打蜡要求。

上述 1～3 项清单项目的工程量计算规则和工程内容相同，具体内容如下：

(1) 工程量计算规则：按设计图示尺寸以体积计算，不扣除构件内钢筋、预埋铁件及单个尺寸在 300 mm × 300 mm 以内的孔洞所占体积，扣除烟道、垃圾道、通风道的孔洞所占体积，计量单位为“m^3”。

(2) 工程内容：① 混凝土制作、运输、浇筑、振捣、养护；② 预制构件制作、运输；③ 构件安装；④ 砂浆制作、运输；⑤ 接头灌缝、养护；⑥ 酸洗、打蜡。

4．相关问题

预制钢筋混凝土小型池槽、压顶、扶手、垫块、隔热板、花格等，应按 08 规范 A.4.14 中的其他构件项目编码列项。

9.4.15　混凝土构筑物(010415)

混凝土构筑物的工程量清单项目设置及工程量计算规则，应按 08 规范附录表 A.4.15 的规定执行。

在附录表 A.4.15 中，将混凝土构筑物划分为贮水(油)池、贮仓、水塔、烟囱四项。

1．贮水(油)池

(1) 适用范围：所有由混凝土、钢筋混凝土材料构成的贮水(油)池。

(2) 清单项目编码：010415001。

(3) 项目特征：① 池类型；② 池规格；③ 混凝土强度等级；④ 混凝土拌和料要求。

(4) 工程内容：混凝土制作、运输、浇筑、振捣、养护。

注：贮水(油)池的池底、池壁、池盖可分别编码(第五级编码)列项。有壁基梁的，应以壁基梁底为界，以上为池壁，以下为池底；无壁基梁的，锥形坡底应算至其上口，池壁下部的八字靴脚应并入池底体积内；无梁池盖的，柱高应从池底上表面算至池盖下表面，柱帽和柱座应并在柱体积内。肋形池盖应包括主、次梁体积；球形池盖应以池壁顶面为界，边侧梁应并入球形池盖体积内。

2. 贮仓

(1) 适用范围：所有由混凝土、钢筋混凝土材料构成的贮仓。

(2) 清单项目编码：010415002。

(3) 项目特征：① 类型、高度；② 混凝土强度等级；③ 混凝土拌合料要求。

(4) 工程内容：混凝土制作、运输、浇筑、振捣、养护。

注：贮仓立壁和贮仓漏斗可分别编码(第五级编码)列项，应以相互交点水平线为界，壁上圈梁应并入漏斗体积内。

滑模筒仓按 08 规范 A.4.15 中的贮仓项目编码列项。

3. 水塔

(1) 适用范围：所有由混凝土、钢筋混凝土材料构成的水塔。

(2) 清单项目编码：010415003。

(3) 项目特征：① 类型；② 支筒高度、水箱容积；③ 倒圆锥形罐壳厚度、直径；④ 混凝土强度等级；⑤ 混凝土拌和料要求；⑥ 砂浆强度等级。

(4) 工程内容：① 混凝土制作、运输、浇筑、振捣、养护；② 预制倒圆锥形罐壳、组装、提升、就位；③ 砂浆制作、运输；④ 接头灌缝、养护。

水塔基础、塔身、水箱可分别编码(第五级编码)列项。筒式塔身应以筒座上表面或基础底板上表面为界；柱式(框架式)塔身应以柱脚与基础底板或梁顶为界，与基础板连接的梁应并入基础体积内。塔身与水箱应以箱底相连接的圈梁下表面为界，以上为水箱，以下为塔身。依附于塔身的过梁、雨棚、挑檐等，应并入塔身体积内；柱式塔身应不分柱、梁合并计算。依附于水箱壁的柱、梁，应并入水箱壁体积内。

4. 烟囱

(1) 适用范围：所有由混凝土、钢筋混凝土材料构成的烟囱。

(2) 清单项目编码：010415004。

(3) 项目特征：① 高度；② 混凝土强度等级；③ 混凝土拌和料要求。

(4) 工程内容：混凝土制作、运输、浇筑、振捣、养护。

上述 1～4 项清单的工程量计算规则相同，具体内容：按设计图示尺寸以体积计算，不扣除构件内钢筋、预埋铁件及单个面积在 0.3 m^2 以内的孔洞所占体积。

9.4.16 钢筋工程(010416)

钢筋是组成钢筋混凝土受力构件中不可缺少的材料，下面介绍在主要承重构件中钢筋是如何布置的，以加深我们对钢筋工程的理解。

1．板

1) 板内钢筋的分类

(1) 受力筋：底筋、面筋。

(2) 负筋：边支座负筋、中间支座负筋。

(3) 负筋分布筋。

(4) 温度筋。

(5) 其他：马凳筋、洞口加筋、放射筋。

其标注方法如图 9-27 所示。

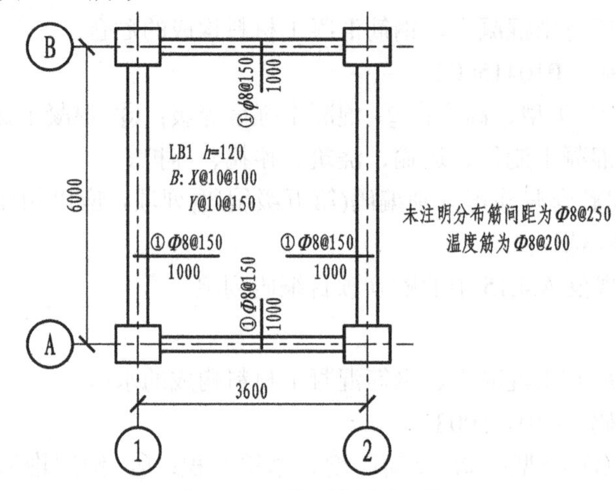

图 9-27　单跨板平法标注

图中：*B*—板底部钢筋(底筋)；*T*—板顶部钢筋(面筋)；*B*&*T*—双层钢筋；*X*—贯通横向钢筋；*Y*—贯通纵向钢筋；*X*&*Y*—双向钢筋；原位标注中负筋线长度尺寸为伸至支座中心线的尺寸。

2) 板钢筋的计算

(1) 板底钢筋的计算。

① 板底钢筋长度的计算(见图 9-28)：

$$长度 = 净跨 + 左伸进长度 + 右伸进长度 + 弯钩\ 2 \times 6.25 \times d$$

式中：d 为钢筋直径。

注：弯钩 $2 \times 6.25 \times d$ 只有在一级钢筋中才需要计算。

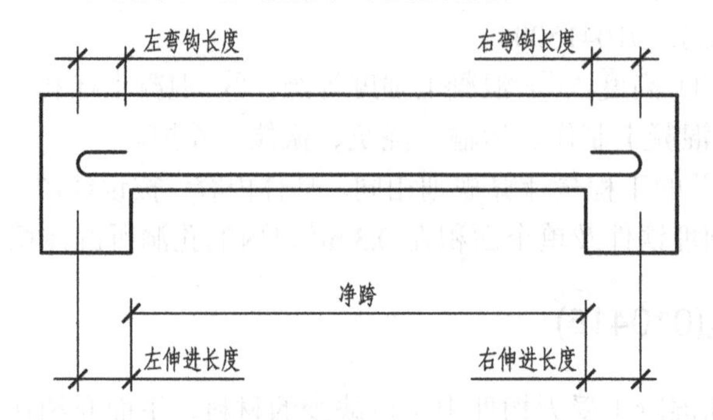

图 9-28　板底钢筋长度计算图

② 板底钢筋根数的计算(见图 9-29)：

根数 = (净跨 −2 × 起步距离) / 间距 + 1

起步距离 = 第一根钢筋距梁或墙边 50 mm

起步距离的三种算法：

- 第一根钢筋距梁或墙边 50 mm(通常算法)。
- 第一根钢筋距梁或墙边一个保护层。
- 第一根钢筋距梁角筋为 1/2 板筋间距(规范 04G101—4)。

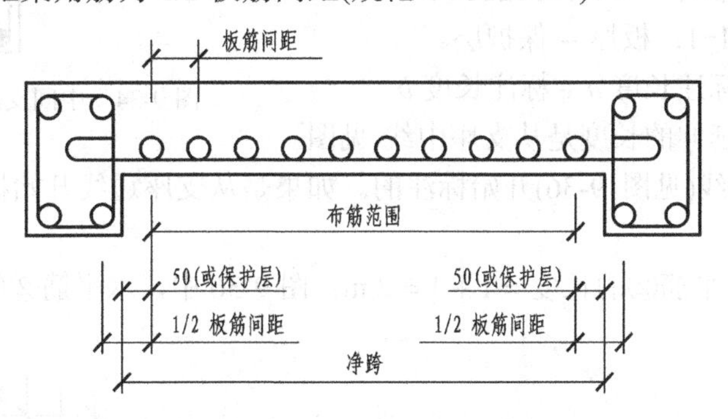

图 9-29　板底钢筋根数计算图

在规范 04G101-4 中规定，起步距离为“第一根钢筋距梁角筋为 1/2 板筋间距”，则可以推算第一根钢筋距梁边的长度应该为“S/2-梁保护层厚度”。工程中板受力筋的间距一般为 120 mm、150 mm、180 mm，取平均值约为 150 mm，再取一半为 75 mm，梁保护层一般为 25 mm，75 − 25 = 50 mm。所以目前一般按 50 mm 设置起步距离。

③ 板底钢筋支座的伸进长度计算(见图 9-30～图 9-33)。

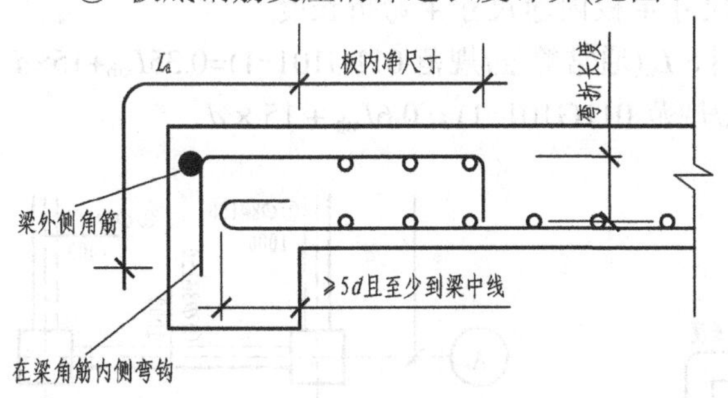

图 9-30　端部支座为梁

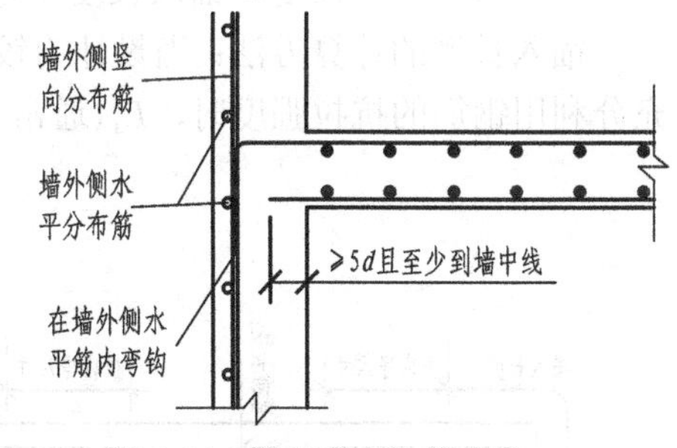

图 9-31　端部支座为剪力墙

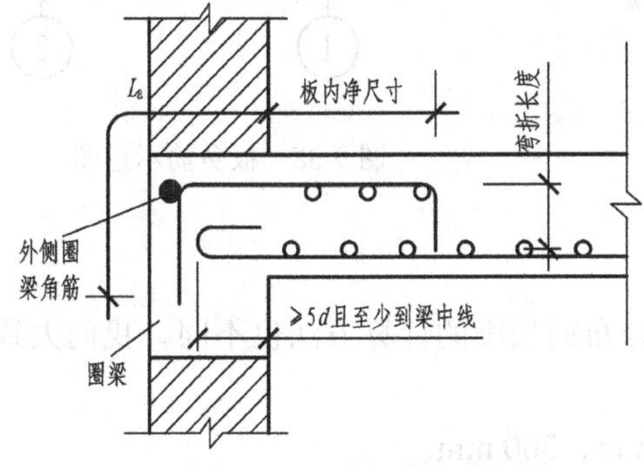

图 9-32　端部支座为圈梁

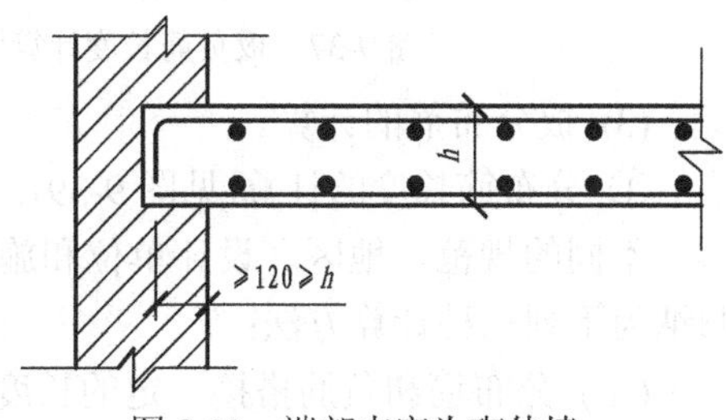

图 9-33　端部支座为砌体墙

规范 04G101-4 中规定，板受力筋伸入支座(梁、剪力墙、圈梁)的长度为 max(支座宽/2, 5d)，而如果支座为砌体墙，则伸入长度为 max(板厚，120)。

(2) 板负筋的计算。

① 中间支座负筋长度的计算(见图 9-34)：

中间支座负筋长度 = 水平长度 + 弯折长度 × 2

结合设计图纸，弯折长度的计算方法如下：

- 通常算法：板厚 − 2 × 保护层。
- 规范 11G101-1：板厚 − 保护层。

水平长度 = 标注长度 a + 标注长度 b

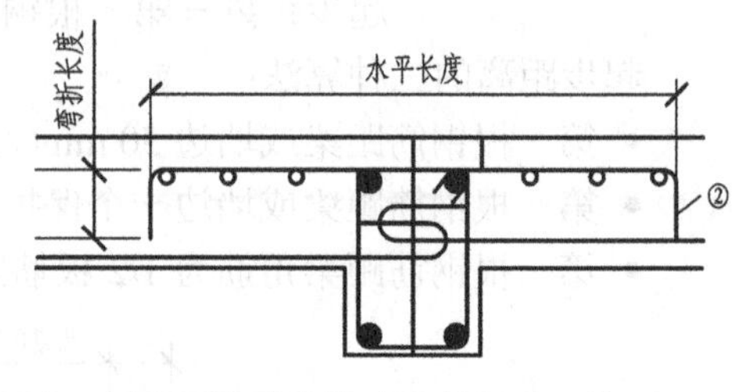

图 9-34　中间支座负筋长度计算图

注意：向板内延伸的长度是从支座中线(见图 9-35)还是从支座边线(见图 9-36)开始标注的。如果是从支座边线开始标注，则水平长度要加上支座宽度。

图 9-35 中，水平筋②的长度 = 1 + 1 = 2 m；图 9-36 中，水平筋②的长度为 = 0.85 + 支座宽度 + 0.85 m。

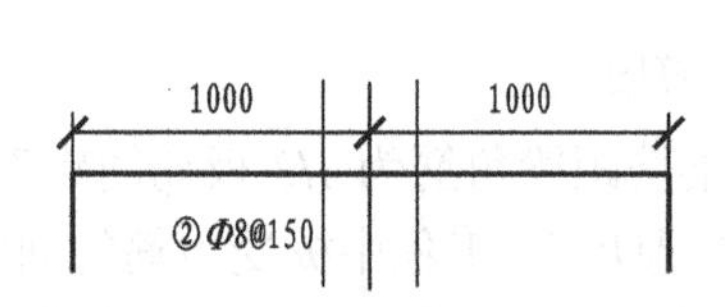

图 9-35　从支座中线开始标注

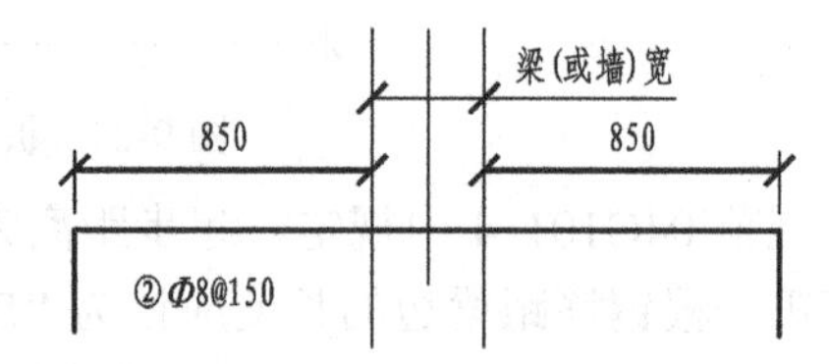

图 9-36　从支座边线开始标注

② 端支座板负筋长度的计算(见图 9-37、图 9-38)：

长度 = 锚入长度 + 弯钩尺寸 + 板内净尺寸 + 弯折长度

锚入长度的计算方法：当设计为铰接时，L_a(通常算法/规范 011G101-1)=$0.35L_{ab}+15×d$。充分利用钢筋的抗拉强度时，L_a (通常算法/规范 011G101-1) = $0.6L_{ab} + 15 × d$。

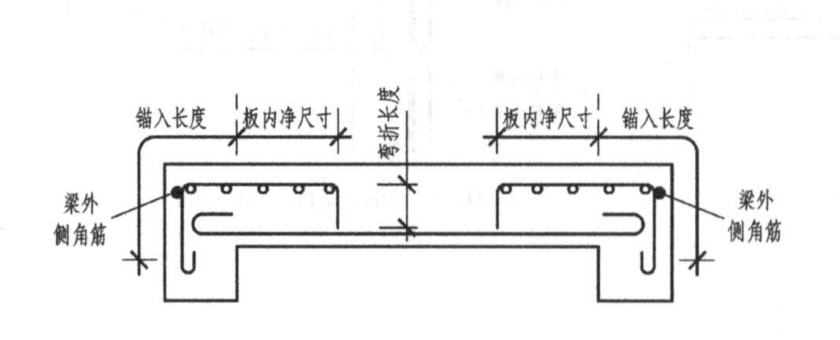

图 9-37　板负筋长度计算图

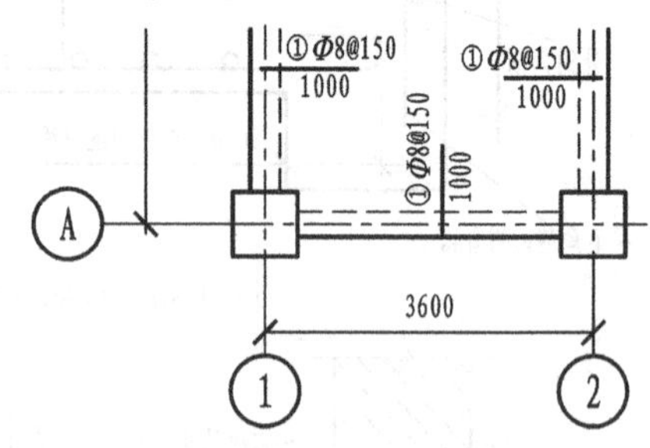

图 9-38　板负筋示意图

(3) 板分布筋的计算。

① 分布筋长度的计算(见图 9-39)：

不同的规范、地区、设计单位和施工单位，分布筋长度的计算方法也不同。我们大致归纳为下列三种计算方法：

(Ⅰ) 分布筋和负筋搭接一定的长度，如 150 mm、300 mm。

(Ⅱ) 分布筋长度 = 轴线长度。

(III) 分布筋长度 = 按照负筋布置范围计算。

后两种方法的钢筋计算公式分别为

方法(II)：分布筋带弯钩：分布筋长度 = 轴线长度 + 弯钩 × 2

分布筋不带弯钩：分布筋长度 = 轴线长度

方法(III)：分布筋带弯钩：分布筋长度 = (净跨 − 50 × 2) + 弯钩 × 2

不带弯钩：分布筋长度 = 净跨 − 50 × 2

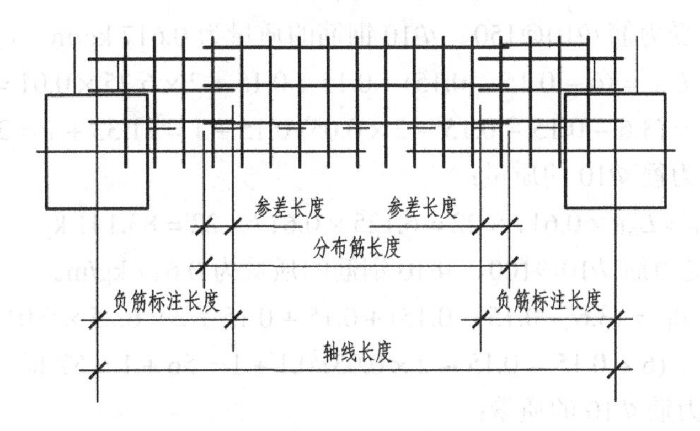

图 9-39　板分布筋示意图

② 分布筋根数的计算。

- 端支座负筋的分布筋根数计算(见图 9-40)：

$$根数 = \frac{负筋板内净长}{间距(向上取整)}$$

用“负筋板内净长”而不扣除起步距离的原因是分布筋是自外向内布置的。空心圆点顺序即负筋布置顺序。

对于根数，预算上习惯为向上取整加 1，实际施工时是不加 1 的。例如，图 9-40 中负筋板内净长 900 mm，分布筋间距为 250 mm，则按排列方式布置第 4 根钢筋时距离为 150 mm，此时实心圆点处钢筋是否布置？很显然施工时这是不会布置的。

所以板端支座负筋计算公式应为向上取整，不加 1。

- 中间支座负筋的分布筋根数计算(见图 9-41)：

$$根数 = \frac{分布筋范围}{间距} + 1$$

两侧应分别按端支座分布筋根数计算方式计算。

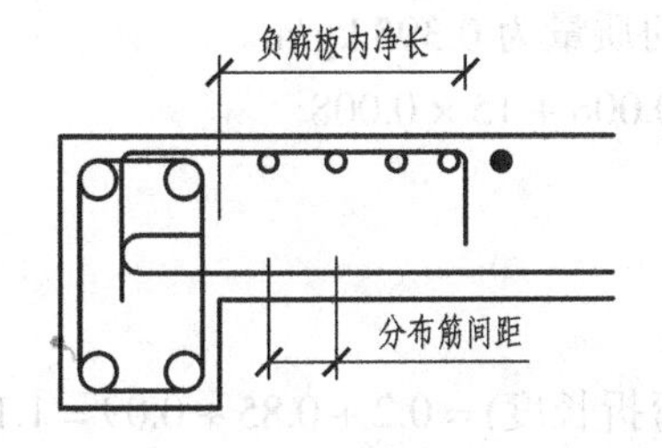

图 9-40　负筋分布筋根数计算图

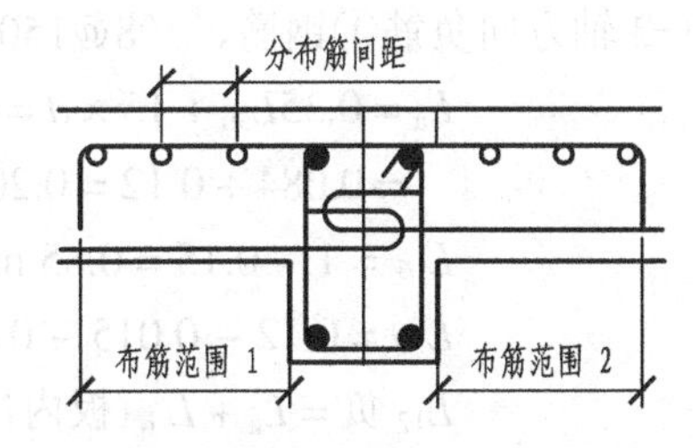

图 9-41　中间支座负筋分布筋根数计算图

【例 9-21】　计算图 9-42 中的受力筋、负筋、分布筋，注意统一计算方法，如分布筋根数计算、受力筋伸入长度计算、负筋锚入长度计算，并编制工程量清单。

板厚 120 mm，分布筋采用 Φ6@300。

解　① 受力钢筋的计算：

长度 = 净跨 + 左伸进长度 + 右伸进长度 + 弯钩 $2\times6.25\times d$

根数 = (净跨 − 2 × 起步距离) / 间距 +1

• *A–B* 轴方向受力筋 Φ10@150、Φ10 钢筋的质量为 0.617 kg/m。

$$长度\ L_{AB}=(6-0.15-0.15)+0.15+0.15+2\times6.25\times0.01=6.125\ \text{m}$$

$$根数=(3.6-0.15-0.15-2\times0.05)/0.15+1=21.33+1=22\ 根$$

A–B 轴方向受力筋 Φ10 的质量：

$$G_{AB10}=L_{AB}\times0.617\times22=6.125\times0.617\times22=83.141\ \text{kg}$$

• 1–2 轴方向受力筋 Φ10@100、Φ10 钢筋的质量为 0.617 kg/m。

$$长度\ L_{12}=(3.6-0.15-0.15)+0.15+0.15+2\times6.25\times0.01=3.425\ \text{m}$$

$$根数=(6-0.15-0.15-2\times0.05)/0.1+1=56+1=57\ 根$$

1–2 轴方向受力筋 Φ10 的质量：

$$G_{1210}=L_{12}\times0.617\times38=3.425\times0.617\times57=120.45\ \text{kg}$$

受力钢筋 Φ10 总质量：

$$G=G_{AB10}+G_{1210}=83.14+120.45=203.59\ \text{kg}$$

② 负筋的计算：

长度 = 锚入长度 + 弯钩 + 板内净尺寸 + 弯折长度

当设计为铰接时，L_a(通常算法/011G101-1) = $0.35L_{ab}+15\times d$

• *A–B* 轴方向负筋①钢筋、Φ8@150、Φ8 钢筋的质量为 0.395 kg/m。

$$L_a=0.35L_{ab}+15\times d=0.35\times30\times0.008+15\times0.008$$
$$=0.084+0.12=0.20\ \text{m}$$

$$L_{净}=0.85\ \text{m}$$

$$L_{弯}=0.12-0.015-0.015=0.09\ \text{m}$$

$$L_{AB负}=L_a+L_{净}(板内净长)+L_{弯}(弯折长度)=0.2+0.85+0.09=1.14\ \text{m}$$

$$根数=(6/0.15+1)\times2=41\times2=82\ 根$$

A–B 轴方向负筋 Φ8 的质量：

$$G_{AB负}=L_{AB负}\times0.395\times82=1.14\times0.395\times82=36.93\ \text{kg}$$

• 1–2 轴方向负筋①钢筋、Φ8@150、Φ8 钢筋的质量为 0.395 kg/m。

$$L_a=0.35L_{ab}+15\times d=0.35\times30\times0.008+15\times0.008$$
$$=0.084+0.12=0.20\ \text{m}$$

$$L_{净}=1-0.15=0.85\ \text{m}$$

$$L_{弯}=0.12-0.015-0.015=0.09\ \text{m}$$

$$L_{12}负=L_a+L_{净}(板内净长)+L_{弯}(弯折长度)=0.2+0.85+0.09=1.14\ \text{m}$$

$$根数=(3.6/0.15+1)\times2=25\times2=50\ 根$$

1–2 轴方向负筋 Φ8 的质量：

$$G_{12负} = L_{12负} \times 0.395 \times 50 = 1.14 \times 0.395 \times 50 = 22.52\ \text{kg}$$

负筋 $\Phi8$ 的质量：

$$G_{负} = G_{AB负} + G_{12负} = 36.93 + 22.52 = 59.45\ \text{kg}$$

③ 分布筋的计算(已知分布筋为 $\Phi8@200$)：

- A–B 轴向分布筋的长度为

$$L_{AB布} = 6 + 2 \times 6.25 \times 0.008 = 6.1\ \text{m}$$

A–B 轴向分布筋的根数 = 0.85/0.2 × 2 = 5 × 2 = 10 根

A–B 轴向分布筋的质量：

$$G_{AB布} = L_{AB布} \times 0.395 \times 10 = 6.1 \times 0.395 \times 10 = 24.1\ \text{kg}$$

- 1–2 轴向分布筋的长度为

$$L_{12布} = 3.6 + 2 \times 6.25 \times 0.008 = 3.7\ \text{m}$$

1–2 轴向分布筋的根数 = 0.85/0.2 × 2=5 × 2 = 10 根

1–2 轴向分布筋的质量：

$$G_{12布} = L_{12布} \times 0.395 \times 10 = 3.7 \times 0.395 \times 10 = 14.62\ \text{kg}$$

分布筋 $\Phi8$ 的质量：

$$G_{布} = G_{AB布} + G_{12布} = 24.1 + 14.62 = 38.72\ \text{kg}$$

根据图 9-42 和计算结果，我们不难编制出此钢筋的工程量清单，详见附录二的分部分项工程量清单中序号 11、13-2。

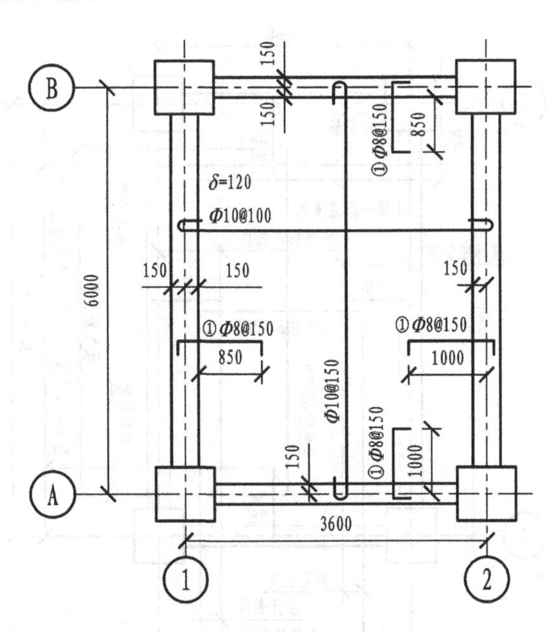

图 9-42　例 9-21 示意图

(4) 板温度筋的计算(见图 9-43)。

在温度、收缩应力较大的现浇板区域内，应在板的未配筋表面布置温度收缩钢筋。

① 温度筋长度的计算：按图 9-43 所示长度计算。

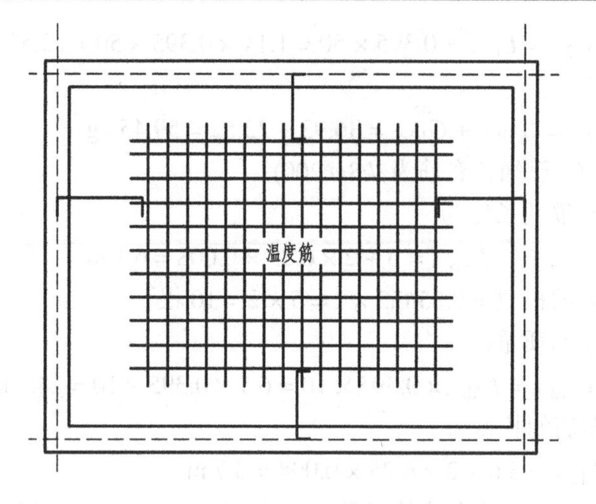

图 9-43　温度筋长度计算

② 温度筋根数的计算：

$$\text{温度筋根数}=\frac{\text{净跨长度}-\text{负筋伸入板内的净长}}{\text{温度筋间距}}-1$$

假如图 9-44 中左、右负筋间净距为 900 mm，分布筋间距为 250 mm，则根数为 900/250 − 1 = 2.6，即 3 根。

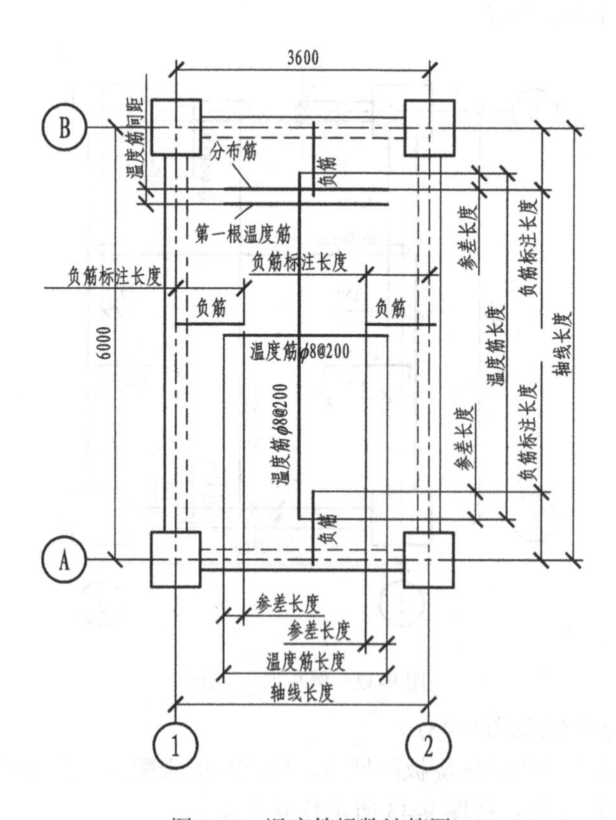

图 9-44　温度筋根数计算图

(5) 马凳筋(见图 9-45)。马凳筋也称撑筋，用做上下两层板钢筋，起固定上层板钢筋的作用。马凳筋一般在图纸上不注明，由技术员在施工组织设计中详细标明其规格、长度和间距。通常马凳筋的规格比板受力筋小一个级别，如板筋直径为 12 mm，可用直径为 10 mm 的钢筋做马凳筋，当然也可选用与板筋相同级别的马凳筋。一般马凳筋纵向和横向的间距为 1 m，但是，如果双层双向的板筋为 $\Phi 8$，钢筋刚度较低，就需要缩小马凳筋之间的距离。总之，马凳筋设置的原则是足以固定牢上层钢筋网，能承受各种施工荷载，确保上下层钢筋的保护层在规定的范围内使用。

图 9-45　马凳筋

① Π 型马凳筋：多用于板内。

- 马凳筋长度的计算(见图 9-46)：

$$长度 = L_1 + L_2 \times 2 + L_3 \times 2$$

如有规定，则按规定计算长度，否则可按 L_1、L_2、L_3 的长度为板厚 − 2 × 保护层厚度来计算。

- 马蹬筋数量的计算(见图 9-47)：分两种情况，第一种情况为双层双向板，马凳筋的根数计算同墙水平筋根数计算；第二种情况为负筋受力筋，为了支撑分布筋也需要马凳筋，根数是按排进行计算的。负筋长度较短时可设置 1 排，较长时可设置 2 排或 2 排以上。

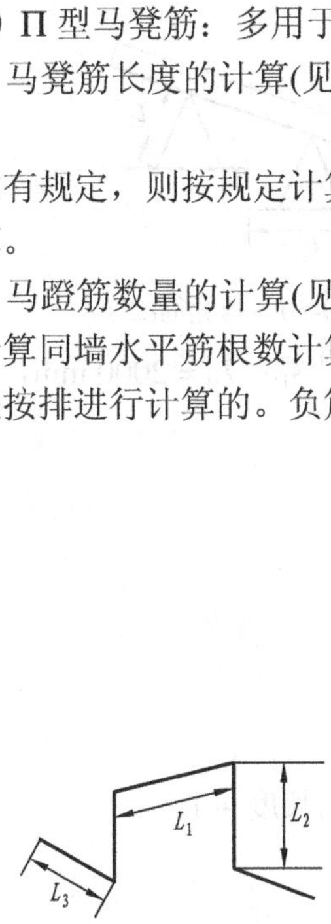

图 9-46　马凳筋长度计算

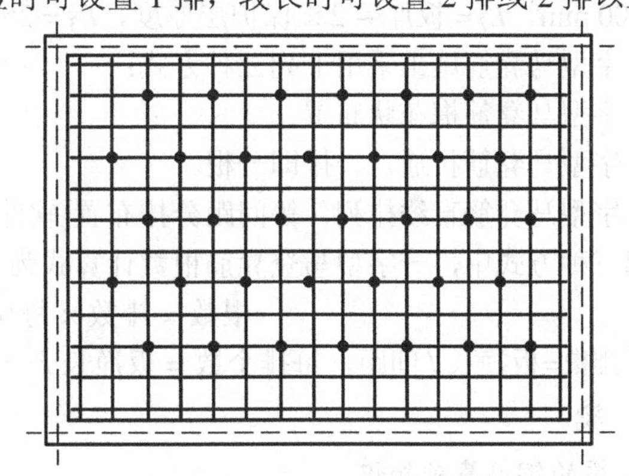
图 9-47　马凳筋根数计算

$$双层双向板：马凳筋根数 = \frac{板净面积}{间距 \times 间距} + 1$$

$$负筋受力筋：马凳筋根数 = \frac{排数 \times 负筋布筋长度}{间距} + 1$$

② 一字型马凳筋(见图 9-48)：多用于筏板内。

图 9-48 中，基础底板大于 800 mm 时应采用角铁做支架，支架立柱间距一般为 1500 mm。立柱上只需在一个方向设置通长角铁(应与上部钢筋最下一批钢筋垂直)，间距一般为 2000 m，除此之外还要用斜撑焊接。

图 9-48　一字型马凳筋

● 一字型马凳筋的计算(见图 9-49、图 9-50)。

图 9-49 中，马凳筋长度 = $L_1 + L_2 \times 2 + L_3 \times 2$。

图 9-50 中，马凳筋长度 = $L_1 + L_2 \times 2 + L_3 \times 4$。

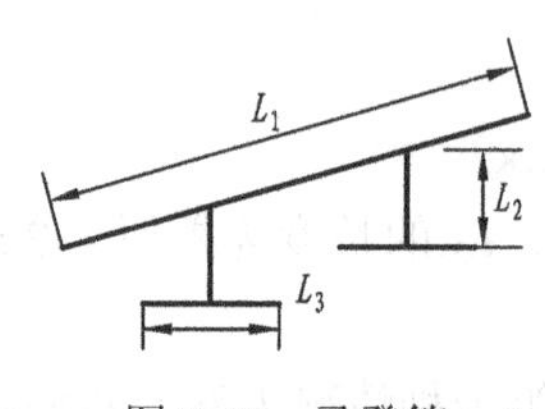

图 9-49　马凳筋(一)

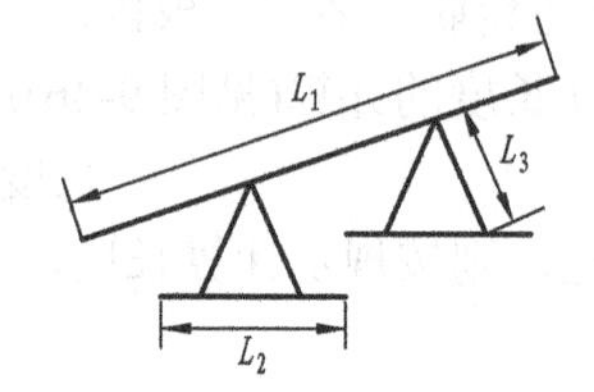

图 9-50　马凳筋(二)

如有规定，则按规定计算该长度，否则可按以下尺寸来计算：L_1 = 2000 mm，支架间距 =1500 mm，L_2 = 板厚 − 2 × 保护层厚度，L_3 = 250 mm。

一字型马凳筋施工采用下列三种方式：

一字型马凳筋梅花状布置。

一字型马凳筋拉通，一排即一根。

一字型马凳筋直线排列，等间距分排布置(软件处理)。

第三种方式中，一字型马登凳筋根数计算式为

$$根数 = 排数 \times 每排个数$$

式中：排数=板净长 / 间距，每排个数 = 板净长 / 一字型马凳筋长度 + 1。

2. 梁

1) 梁的钢筋基础知识

(1) 梁的分类。

① 主梁：包括框架梁和框支梁。

● 框架梁：直接由梁承重，再由梁将荷载传递到柱子上。

框架梁的建筑标高与现浇板的建筑标高在建筑图中一般是相同的，而结构标高要比建筑标高低几厘米(一般为 3 cm)。框架梁和现浇板的结构顶标高一般也是相同的，否则就叫做上翻梁。由于上翻梁和下翻梁的受力不同，所以在建筑工程中，只有在特殊情况下才有上翻梁，如卫生间为了防水才会用上翻梁。

框架梁分为楼层框架梁(用 KL 表示)和屋面框架梁(用 WKL 表示)。

● 框支梁：因为建筑功能的要求，下部大空间，上部部分竖向构件不能直接连续贯通落地，而通过水平转换结构与下部竖向构件连接，当布置的转换梁支撑上部的结构为剪力墙时，转换梁称为框支梁，用 KZL 表示。

② 次梁：由主梁承重的梁称为次梁，分为非框架梁(用 L 表示)和井字梁(用 JZL 表示)。

板和框架梁有两种关系：① 如果板是现浇的，就要同时施工，绑好钢筋，支好模板后再浇混凝土，这样板和梁的结构标高是相同的，整体性好；② 如果板是预制板，就要先浇筑好梁之后再放预制板，这样梁的标高一般比板的标高低一个板厚(或相同，则梁为异形，也就是花篮梁)。

井字梁不分主次梁，而一般的交叉梁是分主次梁的。井字梁及楼盖可以看做是由两个方向布置间距较小的肋而形成的“厚板”，从整体上看，受力状态与无梁楼盖相似，只是这块“板”很厚，其两个方向的钢筋集中布置在肋(梁)中，肋间受拉区的混凝土被挖掉。由于这种体系双向受力，梁肋间距小，所以高度比一般肋梁楼盖小，适用于跨度大、对建筑高度要求严的场所，且井字梁可以正交也可斜交，可达到很好的建筑艺术效果，但造价较高。

③ 悬挑梁：一端有支座，另一端悬空的梁称为悬挑梁，用于悬挑结构的承重，用 XL 表示。

(2) 梁的表达方法。

① 分为平面注写方式和截面注写方式。

② 构造及配筋信息：梁编号、截面尺寸、箍筋、上部贯通筋或架立钢筋、侧面纵向构造钢筋或受扭钢筋、梁支座上部筋、梁下部钢筋、附加钢筋及构造钢筋。

③ 梁编号及其说明见表 9-3。

表 9-3 梁编号及其说明

梁类型	代号	序号	跨数及是否带有悬挑
楼层框架梁	KL	XX	(XX)、(XXA)或(XXB)
屋面框架梁	WKL	XX	(XX)、(XXA)或(XXB)
框支梁	KZL	XX	(XX)、(XXA)或(XXB)
非框架梁	L	XX	(XX)、(XXA)或(XXB)
悬挑梁	XL	XX	
井字梁	JZL	XX	(XX)、(XXA)或(XXB)

注：(XXA)为一端有悬挑，(XXB)为两端有悬挑，悬挑不计入跨数。

例：KL7(5A)表示第 7 号框架梁，5 跨，一端有悬挑；L9(7B)表示第 9 号非框架梁，7 跨，两端有悬挑。

(3) 影响钢筋计算的因素。

① 抗震等级：影响梁的加密区长度。决定抗震等级的三个因素包括结构类型、设防烈度、檐高。

② 保护层的厚度。

③ 混凝土标号。

④ 搭接形式。

2) 梁钢筋的计算

(1) 框架梁的钢筋计算。常见的框架梁钢筋有十种，如图9-51所示。

(2) 梁的钢筋布置如图9-52所示。

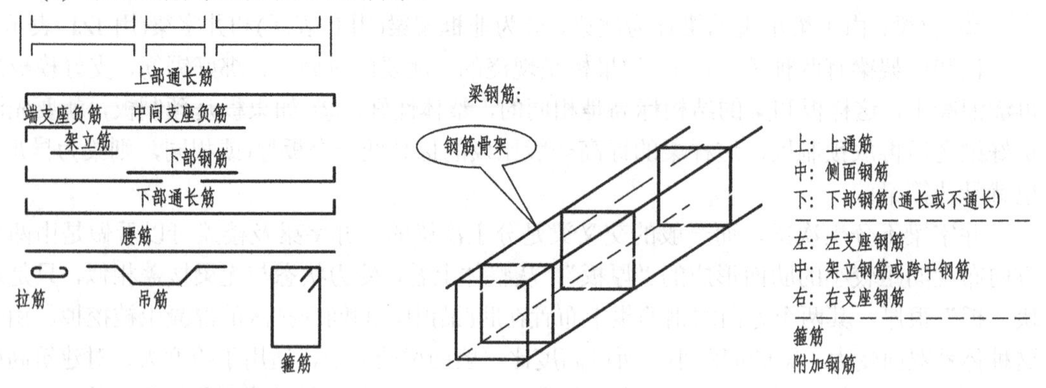

图9-51　框架梁钢筋　　　图9-52　梁的钢筋布置

(3) 梁的平面标注方式。

① 集中标注要有以下信息：梁编号、截面尺寸、箍筋、上部贯通筋或架立钢筋、侧面纵向构造钢筋或受扭钢筋。

② 原位标注要有以下信息：梁支座上部钢筋、梁下部钢筋、附加钢筋及构造钢筋。

如图9-53所示，集中标注表示梁的通用数值，原位标注表示梁的特殊数值。当集中标注中的某项数值不适用于梁的某部位时，应将该数值进行原位标注；施工时优先采用原位标注。

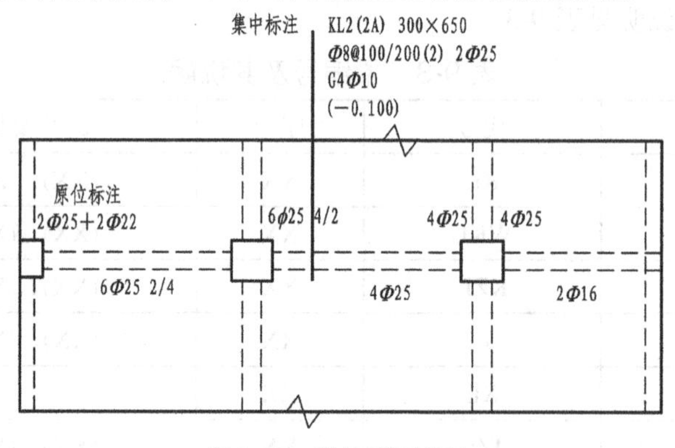

图9-53　梁的平面标注

(4) 梁钢筋长度的计算。

① 上通筋长度 = 总净跨长 + 左支座锚固 + 右支座锚固 + 搭接长度 × 搭接个数。

② 伸入支座钢筋长度：详见规范11G101-1。

③ 下通筋长度 = 总净跨长 + 左支座锚固 + 右支座锚固 + 搭接长度 × 搭接个数。

③ 锚固情形同上通筋和端支座负筋：详见规范11G101-1。

3．钢筋混凝土柱

1) 柱子的代号及其序号

柱子的代号及其序号见表9-4。

表 9-4　柱子的代号及其序号

柱类型	代　号	序　号
框架柱	KZ	XX
框支柱	KZZ	XX
芯柱	XZ	XX
梁上柱	LZ	XX
剪力墙上柱	QZ	XX

2) 柱子的平面标注

(1) 框架柱列表注写方式见图 9-54。

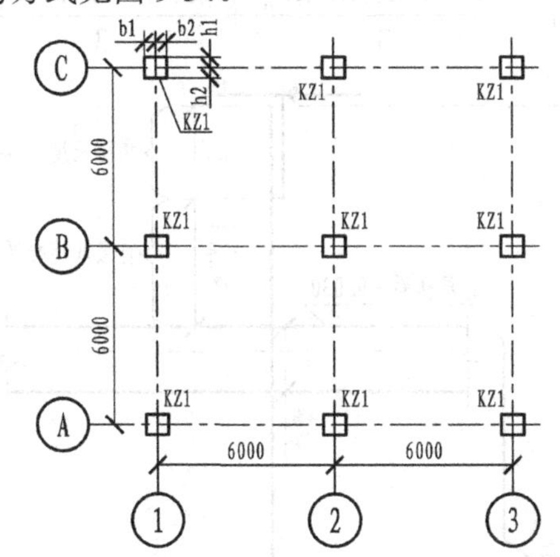

柱号	标高	b*h	b1	b2	h1	h1	全部纵筋	角筋	b边一侧中部筋	h边一侧中部筋	箍筋类型号	箍筋
KZ1	-4.53~15.87	750*700	375	375	350	350		4Φ25	5Φ25	5Φ25	1(5*4)	Φ10@100/200

图 9-54　-4.530～15.870 柱平法施工图(列表注写方式)

(2) 框架柱平法截面注写方式见图 9-55。

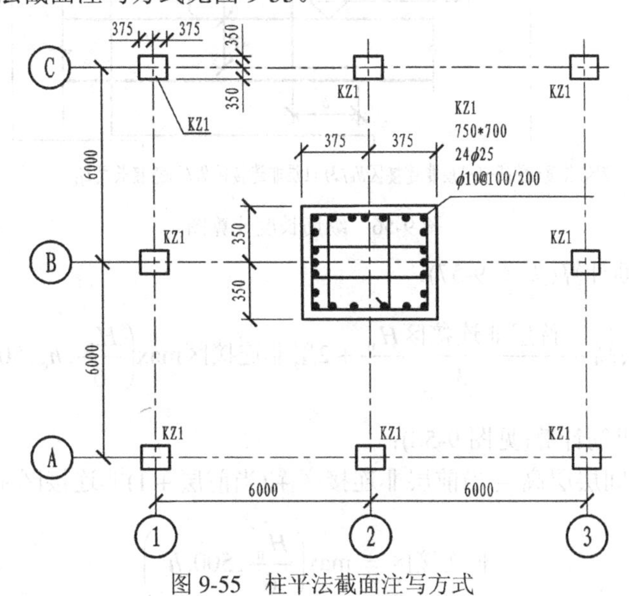

图 9-55　柱平法截面注写方式

3) 柱子钢筋的计算

底层柱的柱根是指地下室的顶面或无地下室情况的基础顶面。柱根加密区长度应不小于该层柱净高的 1/3；有刚性地面时，除柱端箍筋加密区外，还应在刚性地面上、下各 500 mm 的高度范围内加密箍筋。

(1) 柱基础插筋长度计算(见图 9-56)：

$$基础插筋长度 = 弯折长度a + 竖直长度h_1 + \frac{非连接区H_n}{3} + 搭接长度L_{lE}$$

(2) −1 层柱纵筋计算(见图 9-56)：

$$纵筋长度 = -1层层高 - \frac{-1层非连接区H_n}{3} + \frac{1层非连接区H_n}{3} + 搭接长度L_{lE}$$

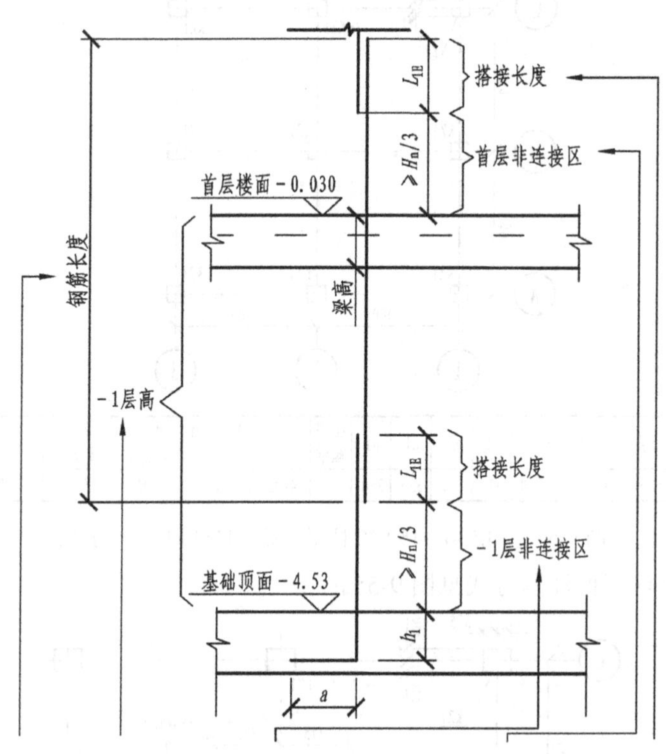

图 9-56 纵筋长度计算图

(3) 首层柱纵筋计算(见图 9-57)：

$$纵筋长度 = 首层层高 - \frac{首层非连接区H_n}{3} + 2层非连接区\max\left(\frac{H_n}{6}, h_c, 500\right) + 搭接长度L_{lE}$$

(4) 中间层柱纵筋计算(见图 9-58)：

纵筋长度 = 中间层层高 − 当前层非连接区 + (当前层 + 1)非连接区 + 搭接长度 L_{lE}

$$非连接区 = \max\left(\frac{H_n}{6}, 500, h_c\right)$$

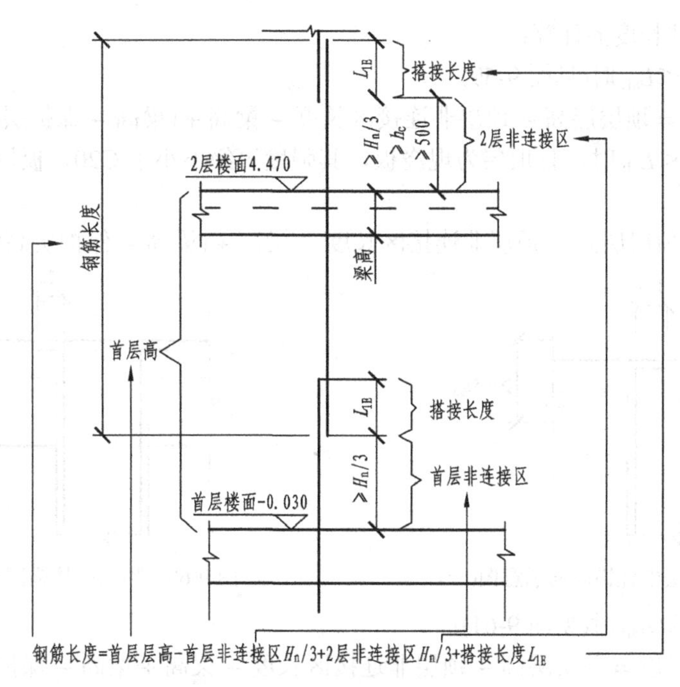

图 9-57　纵筋长度计算图

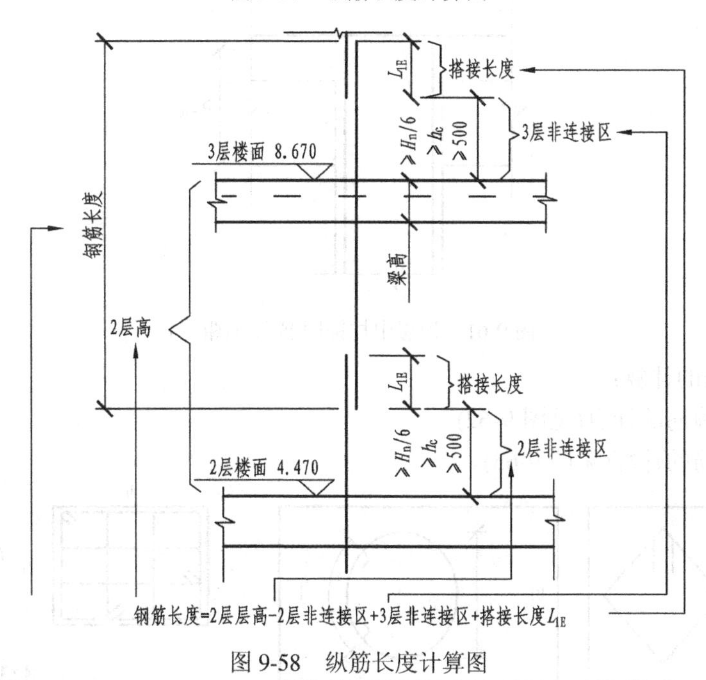

图 9-58　纵筋长度计算图

(5) 顶层边柱纵筋构造(根据规范 11G101-1)：

- 外侧纵筋长度 = 顶层层高 − 顶层非连接区 − 梁高 + 1.5L_{aE}
- 内侧纵筋长度 = 顶层层高 − 顶层非连接区 − 梁高 + (梁高 − 保护层 + 12d)

(6) 顶层角柱纵筋长度计算：顶层角柱纵筋的计算方法和边柱一样，只是外侧是两个面。

(7) 顶层中柱长度的计算：

● 直锚长度＜L_{aE}时(见图 9-59)：

纵筋长度 = 顶层层高 − 顶层非连接区长度 − 梁高 + (梁高 − 保护层高) + 12d

● 直锚长度＜L_{aE}时，且顶层为现浇板，其强度等级不小于 C20，板厚不小于 80 mm，(见图 9-60)：

纵筋长度 = 顶层层高 − 顶层非连接区长度 − 梁高 + (梁高 − 保护层高) + 12d

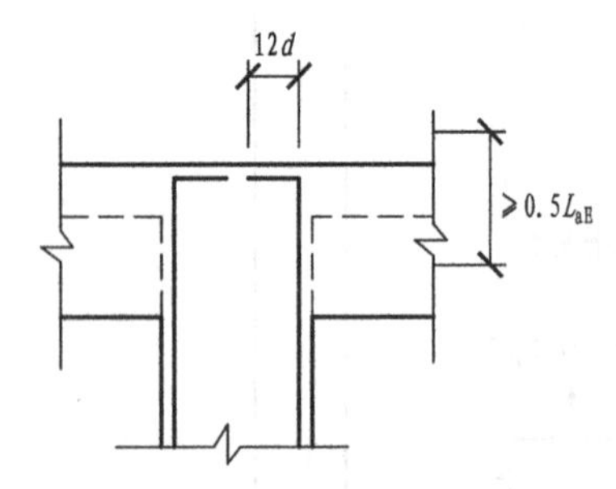

图 9-59　顶层中柱锚固筋示意图(一)

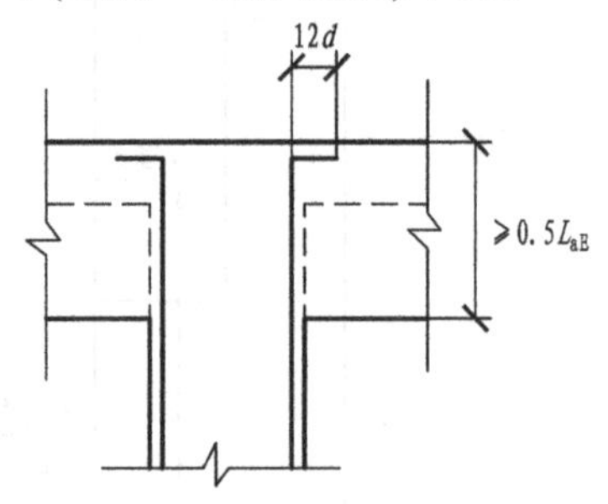

图 9-60　顶层中柱锚固筋示意图(二)

● 直锚长度≥L_{aE}时(见图 9-61)：

纵筋长度 = 顶层层高 − 顶层非连接区长度 − 梁高 + 梁高 − 保护层高

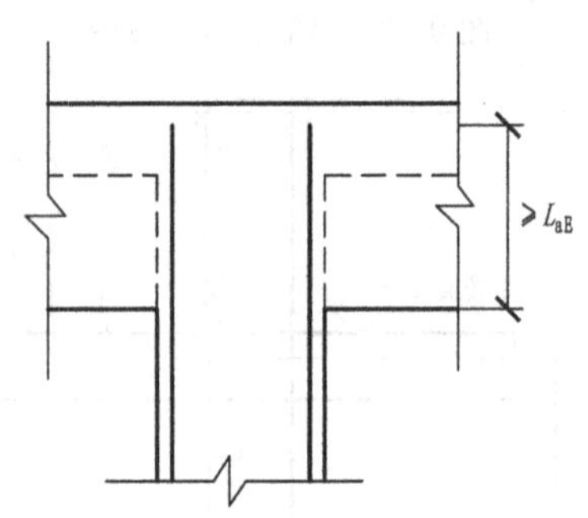

图 9-61　顶层中柱锚固筋示意图(三)

(8) 柱箍筋的计算：

● 非复合箍筋的计算(见图 9-62)。

● 复合箍筋的计算(见图 9-63)。

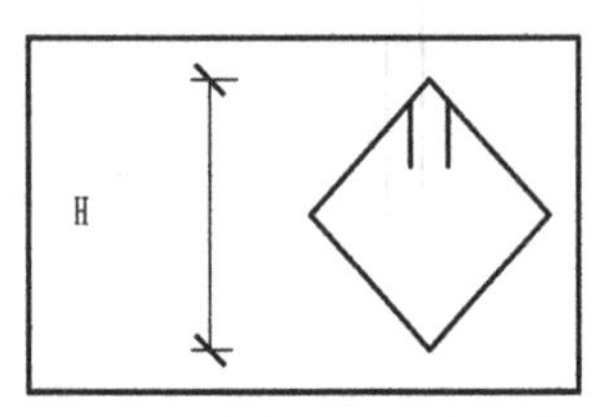

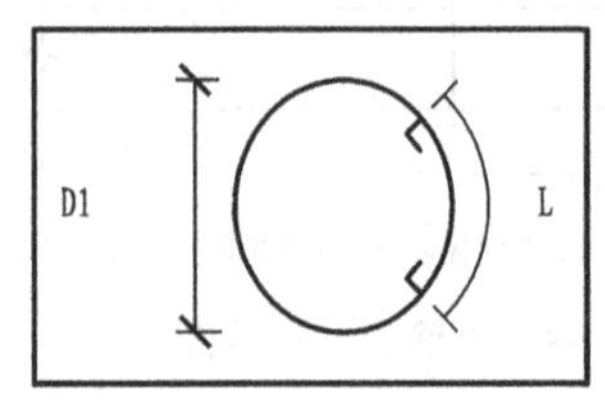

图 9-62　非复合箍筋计算

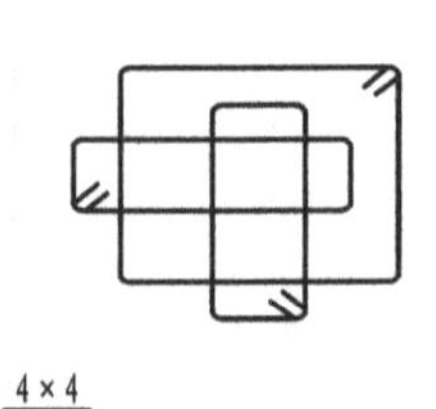

图 9-63　复合箍筋计算

(9) 钢筋计算所需参数。

● 基础层层高。

● 柱所在楼层高度。

● 柱所在楼层位置。

- 柱所在平面位置。
- 柱截面尺寸。
- 节点高度。
- 搭接形式。

4．钢筋工程工程量清单项目

钢筋工程的工程量清单项目设置及工程量计算规则，应按 08 规范附录表 A.4.16 的规定执行。

在 08 规范附录表 A.4.16 中，将钢筋工程划分为现浇混凝土钢筋、预制构件钢筋、钢筋网片、钢筋笼、先张法预应力钢筋、后张法预应力钢筋、预应力钢丝、预应力钢绞线 8 项。

在钢筋混凝土构件中，钢筋分为普通钢筋和预应力钢筋.

1) 普通钢筋

现浇混凝土钢筋的清单项目编码为 010416001；预制构件钢筋的清单项目编码为 010416002；钢筋网片的清单项目编码为 010416003；钢筋笼的清单项目编码为 010416004。这四项都属于普通钢筋，它们具有相同的项目特征、工程量计算规则及工程内容。

(1) 项目特征：钢筋种类、规格。

(2) 工程量计算规则：按设计图示钢筋(网)长度(面积)乘以单位理论质量计算。

(3) 工程内容：① 钢筋(网、笼)制作、运输；② 钢筋(网、笼)安装。

【例 9-22】 计算附图所示阅览室的钢筋，并列出相应的工程量清单。

解 钢筋计算过程，详见附录一：“1. 阅览室钢筋工程量计算表”。钢筋工程量清单详见附录一：“2. 分部分项工程量清单”中序号 20、21。

2) 预应力钢筋

在普通钢筋混凝土的结构中，由于混凝土极限拉应变低，在使用荷载的作用下，构件中钢筋的应变大大超过了混凝土的极限拉应变。钢筋混凝土构件中的钢筋强度得不到充分利用，所以普通钢筋混凝土结构采用高强度钢筋是不合理的。为了充分利用高强度材料，弥补混凝土与钢筋拉应变之间的差距，即在外荷载作用到构件上之前，预先用某种方法，在构件上(主要在受拉区)加压，构成预应力钢筋混凝土结构。当构件承受由外荷载产生的拉力时，首先抵消混凝土中已有的预压力，然后随荷载增加，才能使混凝土受拉而后出现裂缝，因而延迟了构件裂缝的出现和展开。

预应力钢筋就是应用在预应力钢筋混凝土结构中的钢筋。施加预应力的钢筋是预应力钢筋。根据浇筑砼时是否事先张拉，施加预应力分为先张法预应力钢筋和后张法预应力钢筋。

(1) 先张法预应力钢筋。

先张法预应力钢筋即先张拉钢筋后浇注混凝土的钢筋。其主要张拉程序为：在台座上按设计要求将钢筋张拉到控制应力→用锚具临时固定→浇注混凝土→待混凝土达到设计强度 75%以上切断放松钢筋。其传力途径是依靠钢筋与混凝土的黏结力阻止钢筋的弹性回弹，使截面混凝土获得预压应力。先张法预应力钢筋施工简单，靠黏结力自锚，不必耗费特制锚具，临时锚具可以重复使用(一般称工具式锚具或夹具)，大批量生产时经济，质量稳定，

适用于中小型构件工厂化生产。

① 清单项目清单编码：010406005。

② 项目特征：① 钢筋种类、规格；② 锚具种类。

③ 工程量计算规则：按设计图示钢筋长度乘以单位理论质量计算，计量单位为“吨”。

④ 工程内容：① 钢筋制作、运输；② 钢筋张拉。

(2) 后张法预应力钢筋。

后张法预应力钢筋是先浇混凝土，待混凝土达到设计强度的75%以上，再张拉钢筋(钢筋束)。其主要张拉程序为：埋管制孔→浇混凝土→抽管→养护穿筋张拉→锚固→灌浆(防止钢筋生锈)。其传力途径是依靠锚具阻止钢筋的弹性回弹，使截面混凝土获得预压应力。

后张法预应力钢筋的清单项目编码是010416006。

(3) 预应力钢丝。

预应力钢丝为采用碳钢线材加工而成的、应用于预应力混凝土结构或预应力钢结构的一种钢丝。

预应力钢丝的清单编码是010416007。

(4) 预应力钢绞线。

预应力钢绞线是由2、3、7或19根高强度钢丝构成的绞合钢缆，并经消除应力处理(稳定化处理)，适合预应力混凝土或类似用途。

预应力钢绞线的清单项目编码是010416008。

后张法预应力钢筋、预应力钢丝及预应力钢绞线这三项清单的项目特征、工程量计算规则及工程内容相同，具体内容如下：

① 项目特征：钢筋种类、规格；钢丝束种类、规格；钢绞线种类、规格；锚具种类；砂浆强度等级。

② 工程量计算规则：按设计图示钢筋(丝束、绞线)长度乘以单位理论质量计算，计量单位为“吨”。

- 低合金钢筋两端均采用螺杆锚具时，钢筋长度按孔道长度减0.35 m计算，螺杆另行计算。
- 低合金钢筋一端采用镦头插片、另一端采用螺杆锚具时，钢筋长度按孔道长度计算，螺杆另行计算。
- 低合金钢筋一端采用镦头插片、另一端采用帮条锚具时，钢筋增加0.15 m计算；两端均采用帮条锚具时，钢筋长度按孔道长度增加0.3 m计算。
- 低合金钢筋采用后张混凝土自锚时，钢筋长度按孔道长度增加0.35 m计算。
- 低合金钢筋(钢绞线)采用JM、XM、QM型锚具，孔道长度在20 m以内时，钢筋长度增加1 m计算；孔道长度在20 m以外时，钢筋(钢绞线)长度按孔道长度增加1.8 m计算。
- 碳素钢丝采用锥形锚具，孔道长度在20 m以内时，钢丝束长度按孔道长度增加1 m计算；孔道长度在20 m以外时，钢丝束长度按孔道长度增加1.8 m计算。
- 碳素钢丝束采用镦头锚具时，钢丝束长度按孔道长度增力0.35 m计算。

③ 工程内容：钢筋、钢丝束、钢绞线制作、运输；钢筋、钢丝束、钢绞线安装；预埋管孔道铺设；锚具安装；砂浆制作、运输；孔道压浆、养护。

9.4.17　螺栓、铁件(010417)

螺栓是由头部和螺杆(带有外螺纹的圆柱体)两部分组成的紧固件，需与螺母配合，用于紧固连接两个带有通孔的零件。这种连接形式称为螺栓连接。如把螺母从螺栓上旋下，又可以使这两个零件分开，故螺栓连接属于可拆卸连接。

预埋铁件也称预埋铁，就是预先安装(埋藏)在隐蔽工程内的铁制构件，主要用于连接本身结构以外的钢结构，预制混凝土结构等，如楼梯扶手的步级上的铁件、阳台栏杆脚下的铁件、厂房混凝土柱子等。在浇砼前，先把铁件预埋好，以方便到时牢固地和其他构件进行焊接。

预埋铁件通常由钢板和锚爪焊接而成，锚爪通常用未冷拉过的Q235钢筋制成(即盘圆钢筋)，锚爪埋入混凝土内，钢板通常与现浇结构外表面相平，用以连接外部构件。

施工质量上，通常需要控制预埋铁件的位置及平整度，在大型的钢结构工程中，这一点非常重要。为了防止预埋铁件生锈，规范中还要求外露铁件必须做防锈处理。

螺栓、铁件的工程量清单项目设置及工程量计算规则，应按08规范附录表A.4.17的规定执行。

在08规范附录表A.4.17中，将螺栓、铁件划分为螺栓、预埋铁件两项。

1．螺栓

螺栓的清单项目编码是01041700。

2．预埋铁件

预埋铁件的清单项目编码是010417002。

上述1、2项的清单项目特征、工程内容及工程量计算规则相同，具体内容如下：

(1) 项目特征：① 钢材种类、规格；② 螺栓长度；③ 铁件尺寸。

(2) 工程量计算规则：按设计图示尺寸以质量计算；计量单位为“吨”。

(3) 工程内容：① 螺栓(铁件)制作、运输；② 螺栓(铁件)安装。

3．相关注意事项

现浇构件中固定位置的支撑钢筋、双层钢筋用的“铁马”、伸出构件的锚固钢筋、预制构件的吊钩等，应并入钢筋工程量内。钢筋的机械连接按08规范附录表A.4.16第五级编码列项。

9.5　厂库房大门、特种门、木结构工程

根据08规范，厂库房大门、特种门、木结构工程包括了厂库房大门、特种门(编码010501)，木屋架(编码010502)，木构件(编码010503)三部分内容。

9.5.1　厂库房大门、特种门(010501)

厂库房大门、特种门的工程量清单项目设置及工程量计算规则，应按08规范附录表A.5.1的规定执行。

在08规范附录表A.5.1中，将厂库房大门、特种门划分为木板大门、钢木大门、全钢板大门、特种门、围墙铁丝门共计五个清单项目。

1．木板大门

木板大门的清单项目编码为010501001，适用于厂库房的平开、推拉、带观察窗、不带观察窗等各类型木板大门。

2．钢木大门

钢木大门的清单项目编码为010501002，适用于厂库房的平开、推拉、单面铺木板、双面铺木板、防风型、保暖型等各类型钢木门。

3．全钢板大门

全钢板大门的清单项目编码为010501003，适用于厂库房的平开、推拉、折叠、单面铺钢板、双面铺钢板等各类型全钢板门。

4．特种门

特种门的清单项目编码为010501004，适用于冷藏门、冷冻间门、保温门、变电室门、隔音门、防射线门、人防门、金库门等，应按A.5.1中特种门项目编码列项。

5．围墙铁丝门

围墙铁丝门的清单项目编码为010501005，适用于各种围墙上的铁丝门。

上述1～5项的清单项目特征、工程内容及工程量计算规则相同，具体内容如下：

(1) 项目特征：① 开启方式；② 有框、无框；③ 含门扇数；④ 材料品种、规格；⑤ 五金种类、规格；⑥ 防护材料种类；⑦ 油漆品种、刷漆遍数。

(2) 工程量计算规则：按设计图示数量或设计图示洞口尺寸以面积计算，厂库房大门、特种门的计量单位可以是“m^2”，也可以是“樘”。

(3) 工程内容：① 门(骨架)制作、运输；② 门、五金配件安装；③ 刷防护材料、油漆。

9.5.2　木屋架(010502)

木屋架的工程量清单项目设置及工程量计算规则，应按08规范附录表A.5.2的规定执行。

在08规范附录表A.5.2中，将木屋架划分为木屋架、钢木屋架共计两个清单项目。

1．木屋架

木屋架的清单项目编码为010502001。

2．钢木屋架

钢木屋架的清单项目编码为010502002。

木屋架和钢木屋架具有相同的项目特征、工程量计算规则及工程内容。

(1) 项目特征：① 跨度；② 安装高度；③ 材料品种、规格；④ 刨光要求；⑤ 防护材料种类；⑥ 油漆品种、刷漆遍数。

(2) 工程量计算规则：按设计图示数量计算，计量单位为“榀”。

(3) 工程内容：① 制作、运输；② 安装；③ 刷防护材料、油漆。

3．相关问题

(1) 屋架的跨度应以上、下弦中心线两交点之间的距离计算。

(2) 带气楼的屋架和马尾、折角以及正交部分的半屋架，应按相关屋架项目编码列项。

(3) 木楼梯的栏杆(栏板)、扶手，应按 08 规范附录表 B.1.7 中相关项目编码列项。

9.6　金属结构工程

金属结构工程是指用型钢或钢板制成基本构件，根据使用要求，通过焊接或螺栓连接等方法组成的承重构件，称为钢结构。钢结构在各项工程建设中的应用极为广泛，如钢桥、钢厂房、钢闸门、各种大型管道容器、高层建筑和塔轨等。

根据 08 规范，金属结构工程包括了钢屋架、钢网架(编码 010601)，钢托架、钢桁架(编码 010602)，钢柱(编码 010603)，钢梁(编码 010604)，压型钢板楼板、墙板(编码 010605)，钢构件(编码 010606)和金属网(编码 010607)七部分内容。

9.6.1　钢屋架、钢网架(010601)

钢屋架、钢网架的工程量清单项目设置及工程量计算规则，应按 08 规范附录表 A.6.1 的规定执行。

在 08 规范附录表 A.6.1 中，分为钢屋架、钢网架两个清单项目。

1．钢屋架

(1) 适用范围：适用于一般钢屋架和轻钢屋架、冷弯薄壁型钢屋架。

(2) 清单项目编码：010601001。

(3) 项目特征：① 钢材品种、规格；② 单榀屋架的质量；③ 屋架跨度、安装高度；④ 探伤要求；⑤ 油漆品种、刷漆遍数。

2．钢网架

(1) 适用范围：适用于一般钢网架和不锈钢网架。任何节点形式(球形节点、板式节点等)和节点连接方式(焊接、丝接)均适用该项目。

(2) 清单项目编码：010601002。

(3) 项目特征：① 钢材品种、规格；② 网架节点形式、连接方式；③ 网架跨度、安装高度；④ 探伤要求；⑤ 油漆品种、刷漆遍数。

钢屋架和钢网架具有相同的工程量计算规则及工程内容。

(1) 工程量计算规则：按设计图示尺寸以质量计算；不扣除孔眼、切边、切肢的质量；焊条、铆钉、螺栓等不另增加质量；对于不规则或多边形钢板，以其外接矩形面积乘以厚度后再乘以单位理论质量计算。钢屋架、钢网架的计量单位可以是“吨”也可以是“榀”。

(2) 工程内容包括：① 制作；② 运输；③ 拼装；④ 安装；⑤ 探伤；⑥ 刷油漆。

9.6.2　钢托架、钢桁架(010602)

钢托架、钢桁架的工程量清单项目设置及工程量计算规则，应按 08 规范附录表 A.6.2

的规定执行。

在08规范附录表A.6.2中，分为钢托架、钢桁架两个清单项目。

1．钢托架

钢托架的清单项目编码是010602001。

2．钢桁架

钢桁架的清单项目编码是010602002。

钢托架和钢桁架具有相同的项目特征、工程量计算规则及工程内容。

(1) 项目特征：① 钢材品种、规格；② 单榀重量；③ 安装高度；④ 探伤要求；⑤ 油漆品种、刷漆遍数。

(2) 工程量计算规则：按设计图示尺寸以质量计算；不扣除孔眼、切边、切肢的质量；焊条、铆钉、螺栓等不另增加质量；对于不规则或多边形钢板，以其外接矩形面积乘以厚度后再乘以单位理论质量计算；计量单位为“吨”。

(3) 工程内容：① 制作；② 运输；③ 拼装；④ 安装；⑤ 探伤；⑥ 刷油漆。

9.6.3　钢柱(010603)

钢柱的工程量清单项目设置及工程量计算规则，应按08规范附录表A.6.3的规定执行。

在08规范附录表A.6.3中，将钢柱划分为实腹柱、空腹柱、钢管柱三个清单项目。

1．实腹柱

(1) 适用范围：适用于实腹钢柱和实腹式型钢混凝土柱。

(2) 清单项目编码：010603001。

2．空腹柱

(1) 适用范围：适用于空腹钢柱和空腹式型钢混凝土柱。

(2) 清单项目编码：010603002。

实腹柱和空腹柱具有相同的项目特征、工程量计算规则及工程内容。

(1) 项目特征：① 钢材品种、规格；② 单根柱重量；③ 探伤要求；④ 油漆品种、刷漆遍数。

(2) 工程量计算规则：按设计图示尺寸以质量计算；不扣除孔眼、切边、切肢的质量；焊条、铆钉、螺栓等不另增加质量；对于不规则或多边形钢板，以其外接矩形面积乘以厚度乘以单位理论质量计算；依附在钢柱上的牛腿及悬臂梁等并入钢柱工程量内；计算计量单位为“吨”。

(3) 实腹柱和空腹柱的工程内容包括：① 制作；② 运输；③ 拼装；④ 安装；⑤ 探伤；⑥ 刷油漆。

3．钢管柱

(1) 适用范围：适用于钢管柱和钢管混凝土柱。

(2) 清单项目编码：010603003。

(3) 项目特征：① 钢材品种、规格；② 单根柱重量；③ 探伤要求；④ 油漆种类、刷漆遍数。

(4) 工程量计算规则：按设计图示尺寸以质量计算；不扣除孔眼、切边、切肢的质量；焊条、铆钉、螺栓等不另增加质量；对于不规则或多边形钢板，以其外接矩形面积乘以厚度后再乘以单位理论质量计算；钢管柱上的节点板、加强环、内衬管、牛腿等并入钢管柱工程量内；计量单位为“吨”。

(5) 工程内容：① 制作；② 运输；③ 安装；④ 探伤；⑤ 刷油漆。

9.6.4　钢梁(010604)

钢梁的工程量清单项目设置及工程量计算规则，应按 08 规范附录表 A.6.4 的规定执行。

在 08 规范附录表 A.6.4 中，将钢梁划分为钢梁、钢吊车梁两个清单项目。

1．钢梁

钢梁项目适用于钢梁和实腹式型钢混凝土梁、空腹式型钢混凝土梁。钢梁的清单项目编码是 010604001。

2．钢吊车梁

钢吊车梁清单项目适用于钢吊车梁及附属于钢吊车梁上的构件。钢吊车梁的清单项目编码是 010604002。

钢梁和钢吊车梁具有相同的项目特征、工程量计算规则及工程内容。

(1) 项目特征：① 钢材品种、规格；② 单根重量；③ 安装高度；④ 探伤要求；⑤ 油漆品种、刷漆遍数。

(2) 工程量计算规则：按设计图示尺寸以质量计算；不扣除孔眼、切边、切肢的质量；焊条、铆钉、螺栓等不另增加质量；对于不规则或多边形钢板，以其外接矩形面积乘以厚度后再乘以单位理论质量计算；制动梁、制动板、制动衍架、车档并入钢吊车梁工程量内；计量单位为“吨”。

(3) 工程内容：① 制作；② 运输；③ 安装；④ 探伤要求；⑤ 刷油漆。

9.6.5　压型钢板楼板、墙板(010605)

压型钢板楼板、墙板的工程量清单项目设置及工程量计算规则，应按 08 规范附录表 A.6.5 的规定执行。

在 08 规范附录表 A.6.5 中，将压型钢板楼板、墙板划分为压型钢板楼板、压型钢板墙板两个清单项目。

1．压型钢板楼板

压型钢板楼板是利用凹凸相间的压型薄钢板做衬板，与现浇混凝土浇筑在一起支承在钢梁上构成整体型楼板，主要由楼面层、组合板和钢梁三部分组成，适用于大空间建筑和高层建筑。压型钢板楼板在国际上已普遍采用。

压型钢板采用镀锌或经防腐处理的薄钢板。

(1) 适用范围：使用压型钢板做永久性模板，并与混凝土叠合后组成共同受力的楼板。

(2) 清单项目编码：010605001。

(3) 项目特征：① 钢材品种、规格；② 压型钢板厚度；③ 油漆品种、刷漆遍数。

(4) 工程量计算规则：按设计图示尺寸以铺设水平投影面积计算；不扣除柱、垛及单个面积在 0.3 m^2 以内的孔洞所占面积。

(5) 工程内容：① 制作；② 运输；③ 安装；④ 刷油漆。

2．压型钢板墙板

(1) 适用范围：维护结构中使用的压型钢板墙。

(2) 清单项目编码：010605002。

(3) 项目特征：① 钢材品种、规格；② 压型钢板厚度、复合板厚度；③ 复合板夹芯材料的种类、层数、型号、规格。

(4) 工程量计算规则：按设计图示尺寸以铺挂面积计算；不扣除单个面积在 0.3 m^2 以内的孔洞所占面积；包角、包边、窗台泛水等不另增加面积。

(5) 工程内容：① 制作；② 运输；③ 安装；④ 刷油漆。

9.6.6　钢构件(010606)

钢构件的工程量清单项目设置及工程量计算规则，应按 08 规范附录表 A.6.6 的规定执行。

在 08 规范附录表 A.6.6 中，将钢构件划分为钢支撑、钢檩条、钢天窗架、钢挡风架、钢墙架、钢平台、钢走道、钢梯、钢栏杆、钢漏斗、钢支架、零星钢构件共 12 个清单项目。

1．钢支撑

(1) 清单项目编码：010606001。

(2) 项目特征：① 钢材品种、规格；② 单式、复式；③ 支撑高度；④ 探伤要求；⑤ 油漆品种、刷漆遍数。

2．钢檩条

(1) 清单项目编码：010606002。

(2) 项目特征：① 钢材品种、规格；② 型钢式、格构式；③ 单根质量；④ 安装高度；⑤ 油漆品种、刷漆遍数。

3．钢天窗架

(1) 清单项目编码：010606003。

(2) 项目特征：① 钢材品种、规格；② 单榀质量；③ 安装高度；④ 探伤要求；⑤ 油漆品种、刷漆遍数。

4．钢挡风架

(1) 清单项目编码：010606004。

(2) 项目特征：① 钢材品种、规格；② 单榀质量；③ 探伤要求；④ 油漆品种、刷漆遍数。

5．钢墙架

(1) 清单项目编码：010606005。

(2) 项目特征：① 钢材品种、规格；② 单榀质量；③ 探伤要求；④ 油漆品种、刷漆遍数。

6．钢平台

(1) 清单项目编码：010606006。

(2) 项目特征：① 钢材品种、规格；② 油漆品种、刷漆遍数。

7．钢走道

(1) 清单项目编码：010606007。

(2) 项目特征：① 钢材品种、规格；② 油漆品种、刷漆遍数。

8．钢梯

(1) 清单项目编码：010606008。

(2) 项目特征：① 钢材品种、规格；② 钢梯形式；③ 油漆品种、刷漆遍数。

9．钢栏杆

(1) 清单项目编码：010606009。

(2) 项目特征：① 钢材品种、规格；② 油漆品种、刷漆遍数。

上述 1～9 清单项具有相同的工程量计算规则及工程内容。

(1) 工程量计算规则：按设计图示尺寸以质量计算；不扣除孔眼、切边、切肢的质量；焊条、铆钉、螺栓等不另增加质量；对于不规则或多边形钢板，以其外接矩形面积乘以厚度后再乘以单位理论质量计算；计量单位为“吨”。

(2) 工程内容：① 制作；② 运输；③ 安装；④ 探伤；⑤ 刷油漆。

10．钢漏斗

(1) 清单项目编码：010606010。

(2) 项目特征：① 钢材品种、规格；② 方形、圆形；③ 安装高度；④ 探伤要求；⑤ 油漆品种、刷漆遍数。

(3) 工程量计算规则：按设计图示尺寸以质量计算；不扣除孔眼、切边、切肢的质量；焊条、铆钉、螺栓等不另增加质量；对于不规则或多边形钢板，以其外接矩形面积乘以厚度后再乘以单位理论质量计算；依附漏斗的型钢并入漏斗工程量内；计量单位为“吨”。

(4) 工程内容：① 制作；② 运输；③ 安装；④ 探伤；⑤ 刷油漆。

11．钢支架

(1) 清单项目编码：010606011。

(2) 项目特征：① 钢材品种、规格；② 单件重量；③ 油漆品种、刷漆遍数；④ 零星钢构件。

(3) 工程量计算规则：按设计图示尺寸以质量计算；不扣除孔眼、切边、切肢的质量；焊条、铆钉、螺栓等不另增加质量；对于不规则或多边形钢板，以其外接矩形面积乘以厚度后再乘以单位理论质量计算；计量单位为“吨”。

(4) 工程内容：① 制作；② 运输；③ 安装；④ 探伤；⑤ 刷油漆。

12．零星钢构件

(1) 清单项目编码：010606012。

(2) 项目特征：① 钢材品种、规格；② 构件名称；③ 油漆品种、刷漆遍数。

(3) 工程量计算规则：按设计图示尺寸以质量计算；不扣除孔眼、切边、切肢的质量；焊条、铆钉、螺栓等不另增加质量；对于不规则或多边形钢板，以其外接矩形面积乘以厚度乘以单位理论质量计算；计量单位为“吨”。

(4) 工程内容：① 制作；② 运输；③ 安装；④ 探伤；⑤ 刷油漆。

9.6.7　金属网(010607)

金属网的工程量清单项目设置及工程量计算规则，应按 08 规范附录表 A.6.7 的规定执行。

在 08 规范附录表 A.6.7 中，将金属网划分为金属网一个清单项目。

(1) 清单项目编码：010607001。

(2) 项目特征：① 材料品种、规格；② 边框及立柱型钢品种、规格；③ 油漆品种、刷漆遍数。

(3) 工程量计算规则：按设计图示尺寸以面积计算；计量单位是“m^2”。

(4) 工程内容：① 制作；② 运输；③ 安装；④ 刷油漆。

9.6.8　相关问题

在金属结构工程这一节里，其他相关问题应按下列规定处理：

(1) 型钢混凝土柱、梁浇筑混凝土和压型钢板楼板上浇筑钢筋混凝土，混凝土和钢筋应按 08 规范 A.4 中相关项目编码列项。

(2) 钢墙架项目包括墙架柱、墙架梁和连接杆件。

(3) 加工铁件等小型构件，应按 08 规范附录表 A.6.6 中的零星钢构件项目编码列项。

9.7　屋面及防水工程

屋面是建筑物最上层的外围护构件，用于抵抗自然界的雨、雪、风、霜以及太阳辐射、气温变化等不利因素的影响，保证建筑内部有一个良好的使用环境。屋面应满足坚固耐久、防水、保温、隔热、隔声、防火和抵御各种不良影响的功能要求。

防水工程按部位分为屋面防水、墙面防水及地面防水。

根据 08 规范，屋面及防水工程包括瓦、型材屋面(编码 010701)，屋面防水(编码 010702)，墙、地面防水、防潮(编码 010703)三部分内容。

9.7.1　瓦、型材屋面(010701)

瓦、型材屋面的工程量清单项目设置及工程量计算规则，应按 08 规范附录表 A.7.1 的规定执行。

在 08 规范附录表 A.7.1 中，将瓦、型材屋面划分为瓦屋面、型材屋面、膜结构屋面三个清单项目。

1．瓦屋面

以瓦为面层的屋面称为瓦屋面。一般坡屋面的面层是用瓦来铺设的，所以瓦屋面通常都是坡屋面。

凡屋面坡度大于 1∶10 的屋面称为坡屋面。坡屋面是我们常采用的屋面类型，特别是在多雨的地区。坡屋面的类型有单坡屋面、双坡屋面、四坡屋面等形式。单坡屋面用于小跨度的房屋，双坡、四坡屋面多用于跨度较大的房屋。

(1) 适用范围：适用于小青瓦、平瓦、筒瓦、石棉水泥瓦、玻璃钢波形瓦等。

(2) 清单项目编码：010701001。

(3) 项目特征：① 瓦品种、规格、品牌、颜色；② 防水材料种类；③ 基层材料种类；④ 楔条种类、截面；⑤ 防护材料种类。

(4) 工程量计算规则：按设计图示尺寸以斜面积计算；不扣除房上烟囱、风帽底座、风道、小气窗、斜沟等所占面积；小气窗的出檐部分不增加面积；计量单位为“m^2”。

(5) 工程内容：① 檩条、椽子安装；② 基层铺设；③ 铺防水层；④ 安顺水条和挂瓦条；⑤ 安瓦；⑥ 刷防护材料。

2．型材屋面

型材屋面通常是指金属型材构成的屋面。

(1) 适用范围：适用于压型钢板、金属压型夹芯板及阳光板、玻璃钢板等。

(2) 清单项目编码：010701002。

(3) 项目特征：① 型材品种、规格、品牌、颜色；② 骨架材料品种、规格；③ 接缝、嵌缝材料种类。

(4) 工程量计算规则：按设计图示尺寸以斜面积计算；不扣除房上烟囱、风帽底座、风道、小气窗、斜沟等所占面积；小气窗的出檐部分不增加面积；计量单位为“m^2”。

(5) 工程内容：① 骨架制作、运输、安装；② 屋面型材安装；③ 接缝、嵌缝。

3．膜结构屋面

膜结构又叫做张拉膜结构，是以建筑织物(即膜材料)为张拉主体，与支撑构件或拉索共同组成的结构体系。它以其新颖独特的建筑造型、良好的受力特点，成为大跨度空间结构的主要形式之一。

膜材料是指以聚酯纤维基布或 PVDF、PVF、PTFE 等不同的表面涂层，配以优质的 PVC 组成的具有稳定的形状，并可承受一定载荷的建筑纺织品。它的寿命因不同的表面涂层而异，一般可用 12～50 年。

(1) 适用范围：适用于膜布屋面。

(2) 清单项目编码：010701003。

(3) 项目特征：① 膜布品种、规格、颜色；② 支柱(网架)钢材品种、规格；③ 钢丝绳品种、规格；④ 油漆品种、刷漆遍数。

(4) 工程量计算规则：按设计图示尺寸以需要覆盖的水平面积计算；计量单位为“m^2”。

(5) 工程内容：① 膜布热压胶接；② 支柱(网架)制作、安装；③ 膜布安装；④ 穿钢丝绳、锚头锚固；⑤ 刷油漆。

9.7.2 屋面防水(010702)

屋面防水的工程量清单项目设置及工程量计算规则，应按08规范附录表A.7.2的规定执行。

在08规范附录表A.7.2中，将屋面防水划分为屋面卷材防水，屋面涂膜防水，屋面刚性防水，屋面排水管，屋面天沟、檐沟五个清单项目。

1. 屋面卷材防水

屋面卷材防水属于柔性防水，主要是指将柔性防水卷材和沥青胶结材料分层胶合组成屋面的防水层。其优点是防水层具有一定的延伸性，可适应直接暴露在大气层的屋面和结构的温度变形。

(1) 适用范围：适用于利用胶结材料粘贴卷材的防水屋面。

(2) 清单项目编码：010702001。

(3) 项目特征：① 卷材品种、规格；② 防水层做法；③ 嵌缝材料种类；④ 防护材料种类。

(4) 工程量计算规则：按设计图示尺寸以面积计算；计量单位为“m^2”。

① 斜屋顶(不包括平屋顶找坡)按斜面积计算，平屋顶按水平投影面积计算。

② 不扣除房上烟囱、风帽底座、风道、屋面小气窗和斜沟所占面积。

③ 屋面的女儿墙、伸缩缝和天窗等处的弯起部分，并入屋面工程量内。

(5) 工程内容：① 基层处理；② 抹找平层；③ 刷底油；④ 铺油毡卷材、接缝、嵌缝；⑤ 铺保护层。

2. 屋面涂膜防水

涂膜防水屋面也称为涂料防水屋面，就是在屋面表层涂刷一定厚度的高分子防水涂料，形成一层满铺的不透水膜层，以达到屋面防水的目的。

(1) 适用范围：适用于厚质涂料、薄质涂料以及有增强材料和无增强材料的涂膜防水屋面。

(2) 清单项目编码：010702002。

(3) 项目特征：① 防水膜品种；② 涂膜厚度、遍数，增强材料种类；③ 嵌缝材料种类；④ 防护材料种类。

(4) 工程量计算规则：按设计图示尺寸以面积计算；计量单位为“m^2”。

① 斜屋顶(不包括平屋顶找坡)按斜面积计算，平屋顶按水平投影面积计算。

② 不扣除房上烟囱、风帽底座、风道、屋面小气窗和斜沟所占面积。

③ 屋面的女儿墙、伸缩缝和天窗等处的弯起部分，并入屋面工程量内。

(5) 工程内容：① 基层处理；② 抹找平层；③ 涂防水膜；④ 铺保护层。

3. 屋面刚性防水

以防水砂浆抹面或密实混凝土浇捣而形成的屋面防水层称为屋面刚性防水。

屋面刚性防水的优点是施工方便、节约材料、造价经济和维修方便；缺点是对温度变化和结构变形较为敏感，施工技术要求较高，较易产生裂缝而渗水，所以需要采取止水的措施。

(1) 适用范围：适用于细石混凝土、补偿收缩混凝土、块体混凝土、预应力混凝土和钢纤维混凝土防水屋面。

(2) 清单项目编码：010702003。

(3) 项目特征：① 防水层厚度；② 嵌缝材料种类；③ 混凝土强度等级。

(4) 工程量计算规则：按设计图示尺寸以面积计算，不扣除房上烟囱、风帽底座、风道等所占面积；计量单位为“m^2”。

(5) 工程内容：① 基层处理；② 混凝土制作、运输、铺筑、养护。

4．屋面排水管

屋面排水管是指水落管。水落管可用镀锌铁皮、铸铁或 PVC 塑料制成。水落管上端连接在檐沟上，或与水斗的下口相连，下端向墙外倾斜，距室外地坪 200 mm。

(1) 清单项目编码：010702004。

(2) 项目特征：① 排水管品种、规格、品牌、颜色；② 接缝、嵌缝材料种类；③ 油漆品种、刷漆遍数。

(3) 工程量计算规则：按设计图示尺寸以长度计算；如设计未标注尺寸，则以檐口至设计室外散水上表面垂直距离计算；计量单位是“m”。

(4) 工程内容：① 排水管及配件安装、固定；② 雨水斗、雨水篦子安装；③ 接缝、嵌缝。

5．屋面天沟、檐沟

天沟就是指建筑物屋面两跨间的下凹部分，檐沟是指平屋面的檐口处。屋面的有组织排水一般都是通过天沟、檐沟完成的，所以天沟、檐沟也称为屋面有组织排水。

屋面天沟、檐沟的防水一般是在天沟、檐沟上做炉渣及 1∶3 水泥砂浆找坡、找平后再做油毡防水层。天沟、檐沟的防水层与屋面的防水层连成一体，防水层在沟壁处应向上伸至沟壁的顶面。有女儿墙的檐口处，檐沟设在女儿墙内侧，并在女儿墙上每隔一段距离设置雨水口，使水流入雨水管中。

(1) 适用范围：适用于水泥砂浆天沟、细石混凝土天沟、预制混凝土天沟板、卷材天沟、玻璃钢天沟、镀锌铁皮天沟、塑料檐沟、镀锌铁皮檐沟、玻璃钢檐沟等。

(2) 清单项目编码：010702005。

(3) 项目特征：① 材料品种；② 砂浆配合比；③ 宽度、坡度；④ 接缝、嵌缝材料种类；⑤ 防护材料种类。

(4) 工程量计算规则：按设计图示尺寸以面积计算；铁皮和卷材天沟按展开面积计算；计量单位为“m^2”。

(5) 工程内容：① 砂浆制作、运输；② 砂浆找坡、养护；③ 天沟材料铺设；④ 天沟配件安装；⑤ 接缝、嵌缝；⑥ 刷防护材料。

【例 9-23】 根据屋面防水工程量计算规则，计算附图所示的阅览室屋面防水的清单工程量，并编制屋面防水清单。

解 图中的屋面防水分两项，即屋面卷材防水和屋面排水管。

(1) 计算屋面卷材防水清单工程量 S。

平屋顶防水面积：

$$S_1 = (5.4 - 0.24) \times (9.9 - 0.24) = 5.16 \times 9.66 = 49.85\ \text{m}^2$$

女儿墙上翻防水面积：

$$S_2 = (5.16 + 9.66) \times 2 \times 0.3 = 29.64 \times 0.3 = 8.89\ \text{m}^2$$

$$S = S_1 + S_2 = 49.85 + 8.89 = 58.74\ \text{m}^2$$

(2) 计算屋面排水管清单工程量 L。

$$L = 3 + 0.3 = 3.3\ \text{m}$$

根据计算结果和附图，我们不难编制出屋面防水工程量清单，详见附录一的分部分项工程量清单中序号 22、23。

9.7.3　墙、地面防水、防潮(010703)

墙、地面防水、防潮的工程量清单项目设置及工程量计算规则，应按 08 规范附录表 A.7.3 的规定执行。

在 08 规范附录表 A.7.3 中，将墙、地面防水、防潮划分为卷材防水、涂膜防水、砂浆防水(潮)、变形缝四个清单项目。

1．卷材防水

(1) 适用范围：适用于基础、楼地面、墙面等部位的防水。

(2) 清单项目编码：010703001。

(3) 项目特征：① 卷材品种；② 遍数、增强材料种类；③ 防水部位；④ 防水做法；⑤ 接缝、嵌缝材料种类；⑥ 防护材料种类。

(4) 工程内容：① 基层处理；② 抹找平层；③ 刷黏结剂；④ 铺防水卷材；⑤ 铺保护层；⑥ 接缝、嵌缝。

2．涂膜防水

(1) 适用范围：适用于基础、楼地面、墙面等部位的防水。

(2) 清单项目编码：010703002。

(3) 项目特征：① 涂膜品种；② 涂膜厚度、遍数，增强材料种类；③ 防水部位；④ 防水做法；⑤ 接缝、嵌缝材料种类；⑥ 防护材料种类。

(4) 工程内容：① 基层处理；② 抹找平层；③ 刷基层处理剂；④ 铺涂膜防水层；⑤ 铺设保护层。

3．砂浆防水(潮)

(1) 适用范围：适用于地下、基础、楼地面、墙面等部位的防水防潮。

(2) 清单项目编码：010703003。

(3) 项目特征：① 防水(潮)部位；② 防水(潮)厚度、层数；③ 外加剂材料种类。

(4) 工程内容：① 基层处理；② 挂钢丝网片；③ 设置分格缝；④ 砂浆制作、运输、摊铺、养护。

上述 1～3 清单项具有相同的工程量计算规则，具体内容如下：

工程量计算规则：按设计图示尺寸以面积计算。

① 地面防水：按主墙间净空面积计算，扣除突出地面的构筑物、设备基础等所占面积，不扣除间壁墙及单个面积在 0.3 m^2 以内的柱、垛、烟囱和孔洞所占面积；计量单位为“m^2”。

② 墙基防水：外墙按中心线，内墙按净长乘以宽度计算；计量单位为“m^2”。

4．变形缝

变形缝根据其功能的不同可以划分为伸缩缝、沉降缝和防震缝三种。

1) 伸缩缝

伸缩缝也叫温度缝，是考虑温度变化对建筑物的影响而设置的。气候的冷热变化会使建筑材料和构配件产生胀缩变形，太长和太宽的建筑物都会由于这种胀缩而出现墙体开裂甚至破坏。因此，把太长和太宽的建筑物设置伸缩缝分割成若干个区段，保证各段自由胀缩，从而避免墙体的开裂。伸缩缝缝宽 20 mm～30 mm，内填弹性保温材料。

2) 沉降缝

沉降缝是考虑建筑物各部分由于地基不均匀沉降而设置的。当建筑物相邻部分的高差、荷载、结构形式以及地基承载力等有较大差异或建筑物的平面形状复杂或相连建筑物分期建造时，相邻部位就有可能出现不均匀沉降，从而导致整个建筑物的开裂、倾斜甚至倒塌。因此，设置沉降缝把建筑物分割成若干个独立单元，保证每个单元各自沉降，彼此不受制约。沉降缝的宽度一般为 30 mm～120 mm。

3) 防震缝

防震缝是考虑地震对建筑的破坏而设置的。对于地震设防地区的多层砌体房屋，当房屋的立面高差在 6 m 以上，或房屋有错层且楼板高差较大，或房屋各部分结构刚度、质量截然不同时，地震中房屋的相邻部分有可能相互碰撞而造成破坏，所以，需要设计防震缝把建筑物分割成若干个形体简单、结构刚度均匀的独立单元，以避免震害。防震缝的宽度一般为 50 mm～100 mm。

伸缩缝与沉降缝最大的区别在于伸缩缝只需保证建筑物在水平方向的自由伸缩变形，而沉降缝主要应满足建筑各部分在垂直方向的自由沉降变形，所以应将建筑物从基础到屋顶全部断开。

一般情况下，防震缝基础可不分开，在平面复杂的建筑中或建筑相邻部分刚度差别很大时，需将基础分开。

伸缩缝、沉降缝及抗震缝应统一布置。按沉降缝要求的伸缩缝和抗震缝也应将基础分开。

(1) 清单项目编码：010703004.

(2) 项目特征包括：① 变形缝部位；② 嵌缝材料种类；③ 止水带材料种类；④ 盖板材料；⑤ 防护材料种类。

(3) 工程量计算规则：按设计图示以长度计算；计量单位是“m”。

(4) 工程内容：① 清缝；② 填塞防水材料；③ 止水带安装；④ 盖板制作；⑤ 刷防护材料。

9.7.4 相关问题

在这一节里，其他相关问题应按下列规定处理：

(1) 小青瓦、水泥平瓦、琉璃瓦等，应按 08 规范附录表 A.7.1 中的瓦屋面项目编码列项。

(2) 压型钢板、阳光板、玻璃钢等，应按08规范附录表A.7.1中的型材屋面项目编码列项。

9.8 防腐、隔热、保温工程

耐酸防腐工程通常是指进行工业生产时，厂房内伴随有酸性物质及腐蚀性原料混入其中，故在生产工艺过程中必须进行耐酸处理和防腐保护，一般加工为具有耐酸防腐作用的地面及沟、坑、槽的立面部分。

热保温工程主要指屋面、天棚和墙面的保温及隔热。屋面的保温及隔热通常做在平屋面处，天棚的保温及隔热一般做在坡屋面处，墙面的保温及隔热一般做在外墙面处。

根据08规范，防腐、隔热、保温工程包括防腐屋面(编码010801)，其他防腐(编码010802)及隔热保温(编码010803)三部分内容。

9.8.1 防腐面层(010801)

防腐面层的工程量清单项目设置及工程量计算规则，应按08规范附录表A.8.1的规定执行。

在08规范附录表A.8.1中，将防腐面层划分为防腐混凝土面层、防腐砂浆面层、防腐胶泥面层、玻璃钢防腐面层、聚氯乙烯板面层、块料防腐面层六个清单项目。

1．防腐混凝土面层

(1) 清单项目编码：010801001。

(2) 项目特征：① 防腐部位；② 面层厚度；③ 混凝土种类。

(3) 工程量计算规则：按设计图示尺寸以面积计算；计量单位为“m^2”。

① 平面防腐：扣除突出地面的构筑物、设备基础等所占面积。

② 立面防腐：砖垛等突出部分按展开面积并入墙面面积内。

(4) 工程内容：① 基层清理；② 基层刷稀胶泥；③ 混凝土制作、运输、摊铺、养护。

2．防腐砂浆面层

(1) 清单项目编码：010801002。

(2) 项目特征：① 防腐部位；② 面层厚度；③ 砂浆种类。

(3) 工程量计算规则：按设计图示尺寸以面积计算；计量单位为“m^2”。

① 平面防腐：扣除突出地面的构筑物、设备基础等所占面积。

② 立面防腐：砖垛等突出部分按展开面积并入墙面面积内。

(4) 工程内容：① 基层清理；② 基层刷稀胶泥；③ 砂浆制作、运输、摊铺、养护。

3．防腐胶泥面层

(1) 清单项目编码：010801003。

(2) 项目特征：① 防腐部位；② 面层厚度；③ 胶泥种类。

(3) 工程量计算规则：按设计图示尺寸以面积计算；计量单位为“m^2”。

① 平面防腐：扣除突出地面的构筑物、设备基础等所占面积。

② 立面防腐：砖垛等突出部分按展开面积并入墙面面积内。

(4) 工程内容：① 基层清理；② 胶泥调制、摊铺；③ 玻璃钢防腐面层。

4．玻璃钢防腐面层

(1) 清单项目编码：010801004。

(2) 项目特征：① 防腐部位；② 玻璃钢种类；③ 贴布层数；④ 面层材料品种。

(3) 工程量计算规则：按设计图示尺寸以面积计算；计量单位为“m^2”。

① 平面防腐：扣除突出地面的构筑物、设备基础等所占面积。

② 立面防腐：砖垛等突出部分按展开面积并入墙面面积内。

(4) 工程内容：① 基层清理；② 刷底漆、刮腻子；③ 胶浆配制、涂刷；④ 粘布、涂刷面层。

5．聚氯乙烯板面层

(1) 清单项目编码：010801005。

(2) 项目特征：① 防腐部位；② 面层材料品种；③ 粘结材料种类。

(3) 工程量计算规则：按设计图示尺寸以面积计算；计量单位为“m^2”。

① 平面防腐：扣除突出地面的构筑、物、设备基础等所占面积。

② 立面防腐：砖垛等突出部分按展开面积并入墙面积内。

③ 踢脚板防腐：扣除门洞所占面积并相应增加门洞侧壁面积。

(4) 工程内容：① 基层清理；② 配料、涂胶；③ 聚氯乙烯板铺设；④ 铺贴踢脚板。

6．块料防腐面层

(1) 清单项目编码：010801006。

(2) 项目特征：① 防腐部位；② 块料品种、规格；③ 粘结材料种类；④ 勾缝材料种类。

(3) 工程量计算规则：按设计图示尺寸以面积计算；计量单位为“m^2”。

① 平面防腐：扣除突出地面的构筑、物、设备基础等所占面积。

② 立面防腐：砖垛等突出部分按展开面积并入墙面积内。

③ 踢脚板防腐：扣除门洞所占面积并相应增加门洞侧壁面积。

(4) 工程内容：① 基层清理；② 砌块料；③ 胶泥调制、勾缝。

9.8.2　其他防腐(010802)

防腐面层的工程量清单项目设置及工程量计算规则，应按 08 规范附录表 A.8.2 的规定执行。

在 08 规范附录表 A.8.2 中，将防腐面层划分为隔离层、砌筑沥青浸渍砖、防腐涂料三个清单项目。

1．隔离层

(1) 适用范围：适用于建筑物有防腐要求的部位。

(2) 清单项目编码：010802001。

(3) 项目特征：① 隔离层部位；② 隔离层材料品种；③ 隔离层做法；④ 粘贴材料

种类。

(4) 工程量计算规则：按设计图示尺寸以面积计算；计量单位为“m^2”。

① 平面防腐：扣除突出地面的构筑物、设备基础等所占面积。

② 立面防腐：砖垛等突出部分按展开面积并入墙面积内。

(5) 工程内容：① 基层清理、刷油；② 煮沥青；③ 胶泥调制；④ 隔离层铺设。

2．砌筑沥青浸渍砖

(1) 适用范围：适用于建筑物需要砌筑的部位。

(2) 清单项目编码：010802001。

(3) 项目特征：① 砌筑部位；② 浸渍砖规格；③ 浸渍砖砌法(平砌、立砌)。

(4) 工程量计算规则：按设计图示尺寸以体积计算；计量单位为“m^3”。

(5) 工程内容：① 基层清理；② 胶泥调制；③ 浸渍砖铺砌。

3．防腐涂料

(1) 适用范围：适用于建筑物需要做防腐处理的平面、立面。

(2) 清单项目编码：010802003。

(3) 项目特征：① 涂刷部位；② 基层材料类型；③ 涂料品种、刷涂遍数。

(4) 工程量计算规则：按设计图示尺寸以面积计算；计量单位为“m^2”。

① 平面防腐：扣除突出地面的构筑物、设备基础等所占面积。

② 立面防腐：砖垛等突出部分按展开面积计算，并入墙面积内。

(5) 工程内容：① 基层清理；② 刷涂料。

9.8.3 隔热、保温(010803)

隔热、保温的工程量清单项目设置及工程量计算规则，应按08规范附录表A.8.3的规定执行。

在08规范附录表A.8.3中，将隔热、保温项目划分为保温隔热屋面、保温隔热天棚、保温隔热墙、保温柱、隔热楼地面五个清单项目。

1．保温隔热屋面

(1) 适用范围：所有保温隔热屋面。

(2) 清单项目编码：010803001。

(3) 工程量计算规则：按设计图示尺寸以面积计算，不扣除柱、垛所占面积；计量单位为“m^2”。

(4) 工程内容：① 基层清理；② 铺粘保温层；③ 刷防护材料。

2．保温隔热天棚

(1) 适用范围：所有保温隔热天棚。

(2) 清单项目编码：010803002。

(3) 工程量计算规则：按设计图示尺寸以面积计算，不扣除柱、垛所占面积；计量单位为“m^2”。

(4) 工程内容：① 基层清理；② 铺粘保温层；③ 刷防护材料。

3．保温隔热墙

(1) 适用范围：所有有保温隔热要求的墙体。

(2) 清单项目编码：010803003。

(3) 工程量计算规则：按设计图示尺寸以面积计算；扣除门窗洞口所占面积；门窗洞口侧壁需做保温时，并入保温墙体工程量内；计量单位为“m^2”。

(4) 工程内容：① 基层清理；② 底层抹灰；③ 粘贴龙骨；④ 填贴保温材料；⑤ 粘贴面层；⑥ 嵌缝；⑦ 刷防护材料。

4．保温柱

(1) 适用范围：所有有保温隔热要求的柱体。

(2) 清单项目编码：010803004。

(3) 工程量计算规则：按设计图示以保温层中心线展开长度乘以保温层高度计算。

(4) 工程内容：① 基层清理；② 底层抹灰；③ 粘贴龙骨；④ 填贴保温材料；⑤ 粘贴面层；⑥ 嵌缝；⑦ 刷防护材料。

5．隔热楼地面

(1) 适用范围：所有有保温隔热要求的楼地面。

(2) 清单项目编码：010803005。

(3) 工程量计算规则：按设计图示尺寸以面积计算，不扣除柱、垛所占面积；计量单位为“m^2”。

(4) 工程内容：① 基层清理；② 铺设粘贴材料；③ 铺贴保温层；④ 刷防护材料。

上述 1～5 清单项具有相同的项目特征，具体内容如下：

(1) 保温隔热部位。

(2) 保温隔热方式(内保温、外保温、夹心保温)。

(3) 踢脚线、勒脚线保温做法。

(4) 保温隔热面层材料的品种、规格、性能。

(5) 保温隔热材料的品种、规格。

(6) 隔气层厚度。

(7) 黏结材料种类。

(8) 防护材料种类。

9.8.4　相关问题

本节中其他相关问题可按下列规定处理：

(1) 保温隔热墙的装饰面层，应按 08 规范 B.2 中相关项目编码列项。

(2) 柱帽保温隔热应并入天棚保温隔热工程量内。

(3) 对于池槽保温隔热，池壁、池底应分别编码列项，池壁应并入墙面保温隔热工程量内，池底应并入地面保温隔热工程量内。

【例 9-24】　根据附图，计算阅览室屋面保温的清单工程量，并编制清单。

解　根据屋面保温清单工程量计算规则，阅览室的屋面保温清单工程量为

$$S = (9.9 - 0.24) \times (5.4 - 0.24) = 9.66 \times 5.16 = 49.85\ m^2$$

根据计算结果和附图，我们不难列出阅览室的屋面保温工程量清单，详见附录一，分部分项工程量清单中项序号 22。

9.9 措施项目

这里所指的措施项目是建筑工程的专业措施项目，包括混凝土、钢筋混凝土模板及支架，脚手架，垂直运输机械、超高降效。

9.9.1 混凝土、钢筋混凝土模板及支架

现浇混凝土成型的模板以及支撑模板的一整套构造体系称为模板工程。在模板工程中，接触混凝土并控制混凝土结构构件尺寸、形状、位置的称为模板。固定模板的杆件、桁架、连接件、金属附件，工作便桥等构成模板的支撑体系，俗称支架。

模板工程在混凝土施工过程中是不可缺少的一种临时结构和措施，属于非工程实体项目。

按照模板是否受力，模板可分为承重模板和非承重模板。承重模板是指承受混凝土的重量和混凝土的侧压力的模板。

按照模板的材料来分，模板分为木模板、钢模板及钢木组合模板等。

模板工程在工程量清单中应列在措施项目中，计量单位是“项”。模板工程的工程量计算是按混凝土构件的接触使混凝土浇筑成型的模具面积计算的。

9.9.2 脚手架

脚手架是指施工现场为工人操作提供脚踏、手攀、堆置和运输材料并解决垂直和水平运输而搭设的各种支架，它由立杆、横杆(护围杆)、上料平台、斜坡道、防风拉杆及安全网组成。脚手架是建筑界的通用术语，在建筑工地上用于外墙、内部装修或层高较高无法直接施工的地方，也就是我们通常在施工现场看到的搭架子。脚手架常使用的材料有竹、木、钢管或合成材料等。

脚手架工程在工程量清单中应列在措施项目中，计量单位是“项”。

9.9.3 垂直运输机械、超高降效

在建筑施工过程中，建筑材料的垂直运输和施工人员的上下，需要依靠垂直运输设施，这个垂直运输设施就是垂直运输机械。常见的垂直运输机械有塔式起重机、施工升降机和卷扬机。

在建筑物高度超过 20 m 时，因操作工人的功效降低、垂直运输距离的增高而影响的实际施工时间以及因操作工人降效而导致机械的降效，称为超高降效。超高降效包括两部分内容：人工降效和机械降效。

由垂直运输和超高降效产生的费用是建筑行业里的一个专项收费项目，在工程的承包中，是由建设单位支付给施工单位的一项费用。

垂直运输费指现场所用材料、机具从地面运至相应高度以及职工人员上下工作面等所发生的运输费用。

超高降效费用是指建筑物基础以上的全部工程项目的人工和机械降效费用，但不包括垂直运输、各类构件的水平运输及各项脚手架的费用。

垂直运输机械、超高降效，在工程量清单中应列在措施项目中，计量单位是“项”。

【例 9-25】　根据附图，列出阅览室的措施项目清单。

解　对照 08 规范通用措施项目一览表，阅览室项目的通用措施项目如下：

(1) 安全文明施工(含环境保护、文明施工、安全施工、临时设施)。

(2) 夜间施工。

(3) 二次搬运。

(4) 测量放线、定位复测、检测试验。

(5) 冬雨季施工。

(6) 大型机械设备进出场及安拆。这项措施不存在，因为阅览室檐高只有 3.3 m，是单层，所以施工过程中不需要大型机械。

(7) 施工排水。这项措施不存在，因为阅览室基础挖土深实际只有 1.5 m，项目非常小，是单层，并且施工面在地下水位以上，所以不需要排水。

(8) 施工降水。这项措施不存在，因为阅览室基础挖土深实际只有 1.5 m，在地下水位以上，不需要降水。

(9) 施工影响场地周边地上、地下设施及建筑物安全的临时保护设施。这项措施不存在，因为阅览室只是单层建筑物，建筑面积只有 57.19 m^2，所以在施工时不会对周围建筑物产生影响。

(10) 已完工程及设备保护。这项措施不存在，因为阅览室是民用建筑，所以阅览室的装修是普通装修，没有生产设备。

对照 08 规范专用措施项目一览表，阅览室项目的专用措施项目如下：

(1) 混凝土、钢筋混凝土模板及支架。

(2) 脚手架。

(3) 垂直运输机械、超高降效。因为阅览室檐高只有 3.3 m，所以这项措施不存在。檐口高 3.6 m 以下的建筑不计取垂直运输台班，当檐口高超过 20 m 时才计算超高降效费。

通过以上分析，在阅览室的措施项目清单中应列举的措施项目详见附录一的阅览室措施项目清单。

第10章 装饰装修工程量清单项目的编制及计算规则

装饰装修工程是建筑工程的一个有机组成部分，是根据建筑的功能及其环境的需要，为使建筑室内、外空间达到一定的环境质量要求，运用建筑工程学、人体工程学、环境美学、材料学等知识而从事的一种综合性的设计、施工活动。建筑装饰工程的内容主要包括：建筑物室内、外装饰及与建筑功能有关的专业及其设备、设施装饰以及与之相关的室外环境、绿化等。

在GB 50500—2008《建设工程工程量清单计价规范》(以下简称08规范)中，附录B清单项目包括楼地面工程，墙、柱面工程，天棚工程，门窗工程，油漆、涂料、裱糊工程，其他工程，共6章47节214个项目。

附录B装饰装修工程工程量清单适用于采用工程量清单计价的装饰装修工程。

10.1 楼地面工程

通常楼地面工程按照所在部位，可分为地面、楼面工程两种。一般情况楼地面由垫层、结合层和面层三部分构成。在寒冷的地区，中间还需设保温层；在有防水要求的房间，还需设防水层。

(1) 垫层：传布地面荷载至地基土或楼面荷载至结构层上的构造层。

(2) 结合层：面层与下一层相连接的中间层。

(3) 面层：直接承受各种物理和化学作用的地面或楼面的表层。

(4) 保温层：减少地面与楼面导热性的构造层。

(5) 防水(潮)层：防止面层上各种液体或地下水渗过地面的隔离层。

(6) 找平层：在垫层上、楼板上或隔汽层上、保温层上起整平、找坡或加强作用的构造层。

根据08规范，楼地面工程包括了整体面层(编码020101)，块料面层(编码020102)，橡塑面层(编码020103)，其他材料面层(编码020104)，踢脚线(编码020105)，楼梯装饰(编码020106)，扶手、栏杆、栏板装饰(编码020107)，台阶装饰(编码020108)，零星装饰项目(编码020109)9部分内容。

10.1.1 整体面层(020101)

整体面层是指一次性连续铺筑而成的面层，造价较低。整体面层的工程量清单项目设置及工程量计算规则，应按 08 规范附录表 B.1.1 的规定执行。

在 08 规范附录表 B.1.1 中，将整体面层项目划分为水泥砂浆楼地面、现浇水磨石楼地面、细石混凝土楼地面、菱苦土楼地面四个清单项目。

1. 水泥砂浆楼地面

水泥砂浆楼地面是应用最普遍的一种地面，是直接在现浇混凝土垫层的水泥砂浆找平层上或现浇楼板上施工的一种传统整体地面。水泥砂浆楼地面在装饰装修工程中属于低档地面，它造价低，施工方便，但不耐磨，易起砂、起灰。

(1) 清单项目编码：020101001。

(2) 项目特征：① 垫层材料种类、厚度；② 找平层厚度、砂浆配合比；③ 防水层厚度、材料种类；④ 面层厚度、砂浆配合比。

(3) 工程内容：① 基层清理；② 垫层铺设；③ 抹找平层；④ 防水层铺设；⑤ 抹面层；⑥ 材料运输。

2. 现浇水磨石楼地面

水磨石也是一种人造石，用水泥做胶结料，掺入不同色彩、不同粒径的大理石或花岗石碎石，经过搅拌、成型、养护、研磨等工序，制成一种具有一定装饰效果的人造石材。

(1) 清单项目编码：020101002。

(2) 项目特征：① 垫层材料种类、厚度；② 找平层厚度、砂浆配合比；③ 防水层厚度、材料种类；④ 面层厚度、水泥石子浆配合比；⑤ 嵌条材料种类、规格；⑥ 石子种类、规格、颜色；⑦ 颜料种类、颜色；⑧ 图案要求；⑨ 磨光、酸洗、打蜡要求。

(3) 工程内容：① 基层清理；② 垫层铺设；③ 抹找平层；④ 防水层铺设；⑤ 面层铺设；⑥ 嵌缝条安装；⑦ 磨光、酸洗、打蜡；⑧ 材料运输。

3. 细石混凝土楼地面

细石混凝土楼地面属于一次浇筑成型，不做任何外装饰，直接采用现浇混凝土的自然表面效果作为饰面，因此不同于普通混凝土，它表面平整光滑，色泽均匀，棱角分明，无碰损和污染，只是在表面涂一层或两层透明的保护剂，显得十分天然、庄重。

(1) 清单项目编码：020101003。

(2) 项目特征：① 垫层材料种类、厚度；② 找平层厚度、砂浆配合比；③ 防水层厚度、材料种类；④ 面层厚度，混凝土强度等级。

(3) 工程内容：① 基层清理；② 垫层铺设；③ 抹找平层；④ 防水层铺设；⑤ 面层铺设；⑥ 材料运输。

4. 菱苦土楼地面

菱苦土又名苛性苦土、苦土粉，它的主要成分是氧化镁，即以天然菱镁矿为原料，在800℃～850℃温度下煅烧而成，是一种细粉状的气硬性胶结材料。菱苦土的颜色有纯白、灰白或近淡黄色，新鲜材料有闪烁玻璃光泽。

菱苦土楼地面是用菱苦土、锯木屑和氯化镁溶液等拌和料铺设而成的。菱苦土楼地面可铺设成单层或双层。单层楼地面厚度一般为 12 mm～15 mm，双层楼地面的面层厚度一般为 8 mm～10 mm，下层厚度一般为 12 mm～15 mm。为使菱苦土面层表面美观、耐磨、光滑，可在面层拌和料中掺入适量的颜料、砂(石屑)和滑石粉，其拌合料用氯化镁溶液拌

制。菱苦土面层达到一定强度后还要进行磨光、涂油、打蜡抛光。

(1) 清单项目编码：020101004。

(2) 项目特征：① 垫层材料种类、厚度；② 找平层厚度、砂浆配合比；③ 防水层厚度、材料种类；④ 面层厚度；⑤ 打蜡要求。

(3) 工程内容：① 清理基层；② 垫层铺设；③ 抹找平层；④ 防水层铺设；⑤ 面层铺设；⑥ 打蜡；⑦ 材料运输。

上述1～4清单项具有相同的工程量计算规则，具体内容如下：

对整体面层来讲，它们的工程量计算规则是：按设计图示尺寸以面积计算；扣除凸出地面构筑物、设备基础、室内铁道、地沟等所占面积，不扣除间壁墙和0.3 m^2以内的柱、垛、附墙烟囱及孔洞所占面积；门洞、空圈、暖气包槽、壁龛的开口部分不增加面积。

10.1.2　块料面层(020102)

块料面层是指多次连续铺筑而成的面层。块料由工厂批量生产，可现场铺贴，且铺贴施工速度较快。块料的材质颜色和造型非常丰富，没有整体性，铺贴施工不好的话容易空鼓。

块料面层的工程量清单项目设置及工程量计算规则，应按08规范附录表B.1.2的规定执行。在08规范附录表B.1.2中，将块料面层项目划分为石材楼地面和块料楼地面两个清单项目。

1．石材楼地面

石材楼地面的清单项目编码是020102001。

2．块料楼地面

块料楼地面的清单项目编码是020102002。

上述两个清单项目具有相同的项目特征、工程量计算规则及工程内容，具体内容如下：

(1) 项目特征：① 垫层材料种类、厚度；② 找平层厚度、砂浆配合比；③ 防水层、材料种类；④ 填充材料种类、厚度；⑤ 结合层厚度、砂浆配合比；⑥ 面层材料品种、规格、品牌、颜色；⑦ 嵌缝材料种类；⑧ 防护层材料种类；⑨ 酸洗、打蜡要求。

(2) 工程量计算规则：按设计图示尺寸以面积计算；扣除凸出地面构筑物、设备基础、室内铁道、地沟等所占面积；不扣除间壁墙和0.3 m^2以内的柱、垛、附墙烟囱及孔洞所占面积；门洞、空圈、暖气包槽、壁龛的开口部分不增加面积；计量单位为“m^2”。

(3) 工程内容：① 基层清理、铺设垫层、抹找平层；② 防水层铺设、填充层；③ 面层铺设；④ 嵌缝；⑤ 刷防护材料；⑥ 酸洗、打蜡；⑦ 材料运输。

【例10-1】　计算附图所示阅览室地砖地面的清单工程量，并编制相应清单的工程量清单。

解　根据工程量计算规则和图纸，地面铺地砖的工程量为

(1) 室内：$S_{内}=S_{管理}+S_{阅览}$

$$S_{管理}=(3.3-0.24)\times(5.4-0.24)=3.06\times5.16=15.79\ m^2$$

$$S_{阅览}=(6.6-0.24)\times(5.4-0.24)=6.36\times5.16=32.82\ m^2$$

$$S_{内}=15.79+32.82=48.61\ m^2$$

(2) 室外台阶平台部分(水泥砂浆地面)：

$S_{外} = L_{外}$(室外平台长：2-3 轴方向) × $B_{外}$(室外平台宽：垂直 1-2 轴方向)

$L_{外} = 1.6\ \text{m}$

$B_{外} = 1.2\ \text{m}$

$S_{外} = 1.6 \times 1.2 = 1.92\ \text{m}^2$

根据计算结果和附图，我们不难编制出水泥砂浆地面、地面铺地砖的工程量清单，详见附录一：“2. 分部分项工程量清单”中序号 24、25。

10.1.3 橡塑面层(020103)

橡塑面层的工程量清单项目设置及工程量计算规则，应按 08 规范附录表 B.1.3 的规定执行。

在 08 规范附录表 B.1.2 中，将橡塑面层项目划分为橡胶板楼地面、橡胶卷材楼地面、塑料板楼地面、塑料卷材楼地面四个清单项目。

1．橡胶板楼地面

橡胶板楼地面的清单项目编码为 020103001。

2．橡胶卷材楼地面

橡胶卷材楼地面的清单项目编码为 020103002。

3．塑料板楼地面

塑料板楼地面的清单项目编码为 020103003。

4．塑料卷材楼地面

塑料卷材楼地面的清单项目编码为 020103004。

上述 4 项清单，具有相同的项目特征、工程量计算规则及工程内容，具体内容如下：

(1) 项目特征：① 找平层厚度、砂浆配合比；② 填充材料种类、厚度；③ 黏结层厚度、材料种类；④ 面层材料品种、规格、品牌、颜色；⑤ 压线条种类。

(2) 工程量计算规则：按设计图示尺寸以面积计算；门洞、空圈、暖气包槽、壁龛的开口部分并入相应的工程量内；计量单位为“m^2”。

(3) 工程内容：① 基层清理、抹找平层；② 铺设填充层；③ 面层铺贴；④ 压缝条装钉；⑤ 材料运输。

10.1.4 其他材料面层(020104)

其他材料面层的工程量清单项目设置及工程量计算规则，应按 08 规范附录表 B.1.4 的规定执行。

在 08 规范附录表 B.1.4 中，将其他材料面层项目划分为楼地面地毯、竹木地板、防静电活动地板、金属复合地板四个清单项目。

1．楼地面地毯

(1) 适用范围：所有面层为地毯铺设的楼地面。

(2) 清单项目编码：020104001。

(3) 项目特征：① 找平层厚度、砂浆配合比；② 填充材料种类、厚度；③ 面层材料品种、规格、品牌、颜色；④ 防护材料种类；⑤ 黏结材料种类；⑥ 压线条种类。

(4) 工程内容：① 基层清理、抹找平层；② 铺设填充层；③ 铺贴面层；④ 刷防护材料；⑤ 压缝条装钉；⑥ 运输材料。

2．竹木地板

(1) 适用范围：所有面层为竹地板、木地板铺设的楼地面。

(2) 清单项目编码：020104002。

(3) 项目特征：① 找平层厚度、砂浆配合比；② 填充材料种类、厚度、找平层厚度、砂浆配合比；③ 龙骨材料种类、规格、铺设间距；④ 基层材料种类、规格；⑤ 面层材料品种、规格、品牌、颜色；⑥ 黏结材料种类；⑦ 防护材料种类；⑧ 油漆品种、刷漆遍数。

(4) 工程内容：① 基层清理、抹找平层；② 铺设填充；③ 铺设龙骨；④ 铺设基层；⑤ 铺贴面层；⑥ 刷防护材料；⑦ 运输材料。

3．防静电活动地板

(1) 适用范围：所有需要铺设防静电活动地板的房间楼地面。

(2) 清单项目编码：020104003。

(3) 项目特征：① 找平层厚度、砂浆配合比；② 填充材料种类、厚度，找平层厚度、砂浆配合比；③ 支架高度、材料种类；④ 面层材料品种、规格、品牌、颜色；⑤ 防护材料种类。

(4) 工程内容：① 清理基层、抹找平层；② 铺设填充层；③ 固定支架安装；④ 安装活动面层；⑤ 刷防护材料；⑥ 运输材料。

4．金属复合地板

(1) 适用范围：所有需要铺设金属复合地板的房间楼地面。

(2) 清单项目的编码：020104004。

(3) 项目特征：① 找平层厚度、砂浆配合比；② 填充材料种类、厚度，找平层厚度、砂浆配合比；③ 龙骨材料种类、规格、铺设间距；④ 基层材料种类、规格；⑤ 面层材料品种、规格、品牌；⑥ 防护材料种类。

(4) 工程内容：① 清理基层、抹找平层；② 铺设填充层；③ 铺设龙骨；④ 铺设基屋；⑤ 铺贴面层；⑥ 刷防护材料；⑦ 运输材料。

以上四项清单项目具有相同的工程量计算规则：按设计图示尺寸以面积计算；门洞、空圈、暖气包槽、壁龛的开口部分并入相应的工程量内；计量单位为“m^2”。

10.1.5　踢脚线(020105)

踢脚线的工程量清单项目设置及工程量计算规则，应按08规范附录表B.1.5的规定执行。

在08规范附录表B.1.5中，将踢脚线项目划分为水泥砂浆踢脚线、石材踢脚线、块料踢脚线、现浇水磨石踢脚线、塑料板踢脚线、木质踢脚线、金属踢脚线、防静电踢脚线8个清单项目。

1．水泥砂浆踢脚线

(1) 清单项目编码：020105001。

(2) 项目特征：① 踢脚线高度；② 底层厚度、砂浆配合比；③ 面层厚度、砂浆配合比。

(3) 工程内容：① 基层清理；② 底层抹灰；③ 面层铺贴；④ 勾缝；⑤ 磨光、酸洗、打蜡；⑥ 刷防护材料；⑦ 材料运输。

2．石材踢脚线

(1) 清单项目编码：020105002。

(2) 项目特征：① 踢脚线高度；② 底层厚度、砂浆配合比；③ 粘贴层厚度、材料种类；④ 面层材料品种、规格、品牌、颜色；⑤ 勾缝材料种类；⑥ 防护材料种类。

(3) 工程内容：① 基层清理；② 底层抹灰；③ 面层铺贴；④ 勾缝；⑤ 磨光、酸洗、打蜡；⑥ 刷防护材料；⑦ 材料运输。

3．块料踢脚线

(1) 清单项目编码：020105003。

(2) 项目特征：① 踢脚线高度；② 底层厚度、砂浆配合比；③ 粘贴层厚度、材料种类；④ 面层材料品种、规格、品牌、颜色；⑤ 勾缝材料种类；⑥ 防护材料种类。

(3) 工程内容：① 基层清理；② 底层抹灰；③ 面层铺贴；④ 勾缝；⑤ 磨光、酸洗、打蜡；⑥ 刷防护材料；⑦ 材料运输。

4．现浇水磨石踢脚线

(1) 清单项目编码：020105004。

(2) 项目特征：① 踢脚线高度；② 底层厚度、砂浆配合比；③ 面层厚度、水泥石子浆配合比；④ 石子种类、规格、颜色；⑤ 颜料种类、颜色；⑥ 磨光、酸洗、打蜡要求。

(3) 工程内容：① 基层清理；② 底层抹灰；③ 面层铺贴；④ 勾缝；⑤ 磨光、酸洗、打蜡；⑥ 刷防护材料；⑦ 材料运输。

5．塑料板踢脚线

(1) 清单项目编码：020105005。

(2) 项目特征：① 踢脚线高度；② 底层厚度、砂浆配合比；③ 黏结层厚度、材料种类；④ 面层材料种类、规格、品牌、颜色。

(3) 工程内容：① 基层清理；② 底层抹灰；③ 面层铺贴；④ 勾缝；⑤ 磨光、酸洗、打蜡；⑥ 刷防护材料；⑦ 材料运输。

6．木质踢脚线

(1) 清单项目编码：020105006。

(2) 项目特征：① 踢脚线高度；② 底层厚度、砂浆配合比；③ 基层材料种类；④ 面层材料品种、规格、品牌、颜色；⑤ 防护材料种类；⑥ 油漆品种、刷漆遍数。

(3) 工程内容：① 基层清理；② 底层抹灰；③ 基层铺贴；④ 面层铺贴；⑤ 刷防护材料；⑥ 刷油漆；⑦ 材料运输。

7．金属踢脚线

(1) 清单项目编码：020105007。

(2) 项目特征：① 踢脚线高度；② 底层厚度、砂浆配合比；③ 基层材料种类；④ 面层材料品种、规格、品牌、颜色；⑤ 防护材料种类；⑥ 油漆品种、刷漆遍数。

(3) 工程内容：① 基层清理；② 底层抹灰；③ 基层铺贴；④ 面层铺贴；⑤ 刷防护材料；⑥ 刷油漆；⑦ 材料运输。

8．防静电踢脚线

(1) 清单项目编码：020105008。

(2) 项目特征：① 踢脚线高度；② 底层厚度、砂浆配合比；③ 基层材料种类；④ 面层材料品种、规格、品牌、颜色；⑤ 防护材料种类；⑥ 油漆品种、刷漆遍数。

(3) 工程内容：① 基层清理；② 底层抹灰；③ 基层铺贴；④ 面层铺贴；⑤ 刷防护材料；⑥ 刷油漆；⑦ 材料运输。

上述 8 个踢脚线清单项目具有相同的工程量计算规则：按设计图示长度乘以高度以面积计算，计量单位是“m^2”。

【例 10-2】　根据块料踢脚线清单工程量计算规则和附图，计算阅览室地砖踢脚线的清单工程量，并编制清单。

解　阅览室地砖踢脚线工程量 S 包括两部分：阅览房和管理房。

(1) 阅览房踢脚线面积：

$$S_1 = [(6.6-0.24)\times 2 + (5.4-0.24)\times 2 - 1(\text{M-2 门宽})]\times 0.12(\text{踢脚线高})$$
$$= (12.72 + 10.32 - 1)\times 0.12$$
$$= 22.04\times 0.12$$
$$= 2.65\ \text{m}^2$$

(2) 管理房踢脚线面积：

$$S_2 = [(3.3-0.24)\times 2 + (5.4-0.24)\times 2 - 1(\text{M-2 门宽}) - 1(\text{M-1 门宽})]\times 0.12(\text{踢脚线高})$$
$$= (16.12 + 10.32 - 1 - 1)\times 0.12$$
$$= 14.44\times 0.12$$
$$= 1.73\ \text{m}^2$$

$$S = S_1 + S_2 = 2.65 + 1.73 = 4.38\ \text{m}^2$$

根据计算结果和附图，我们不难编制出地砖踢脚线的工程量清单，详见附录一的分部分项工程量清单中序号 26。

10.1.6　楼梯装饰(020106)

楼梯装饰的工程量清单项目设置及工程量计算规则，应按 08 规范附录表 B.1.6 的规定执行。

在 08 规范附录表 B.1.6 中，将楼梯装饰项目划分为石材楼梯面层、块料楼梯面层、水泥砂浆楼梯面、现浇水磨石楼梯面、地毯楼梯面、木板楼梯面六个清单项目。

1．石材楼梯面层

(1) 适用范围：所有用石材铺贴的楼梯面层，包括楼梯踏步、休息平台。

(2) 清单项目编码：020106001。

(3) 项目特征：① 找平层厚度、砂浆配合比；② 结合层厚度、材料种类；③ 面层材料品种、规格、品牌、颜色；④ 防滑条材料种类、规格；⑤ 勾缝材料种类；⑥ 防护层材料种类；⑦ 酸洗、打蜡要求。

(4) 工程内容：① 基层清理；② 抹找平层；③ 面层铺贴；④ 贴嵌防滑条；⑤ 勾缝；⑥ 刷防护材料；⑦ 酸洗、打蜡；⑧ 运输材料。

2．块料楼梯面层

(1) 适用范围：所有用块料(如地砖)铺贴的楼梯面层，包括楼梯踏步、休息平台。

(2) 清单项目编码：020106002。

(3) 项目特征：① 找平层厚度、砂浆配合比；② 结合层厚度、材料种类；③ 面层材料品种、规格、品牌、颜色；④ 防滑条材料种类、规格；⑤ 勾缝材料种类；⑥ 防护层材料种类；⑦ 酸洗、打蜡要求。

(4) 工程内容：① 基层清理；② 抹找平层；③ 面层铺贴；④ 贴嵌防滑条；⑤ 勾缝；⑥ 刷防护材料；⑦ 酸洗、打蜡；⑧ 运输材料。

3．水泥砂浆楼梯面

(1) 适用范围：用水泥砂浆抹面的楼梯面层，包括楼梯踏步、休息平台。

(2) 清单项目编码：020106003。

(3) 项目特征：① 找平层厚度、砂浆配合比；② 面层厚度、砂浆配合比；③ 防滑条材料种类、规格。

(4) 工程内容：① 基层清理；② 抹找平层；③ 抹面层；④ 抹防滑条；⑤ 运输材料。

4．现浇水磨石楼梯面

(1) 适用范围：楼梯面层是水磨石的楼梯，包括楼梯踏步、休息平台。

(2) 清单项目编码：020106004。

(3) 项目特征：① 找平层厚度、砂浆配合比；② 面层厚度、水泥石子浆配合比；③ 防滑条材料种类、规格；④ 石子种类、规格、颜色；⑤ 颜料种类、颜色；⑥ 磨光、酸洗、打蜡要求。

(4) 工程内容：① 基层清理；② 抹找平层；③ 抹面层；④ 贴嵌防滑条；⑤ 磨光、酸洗、打蜡；⑥ 运输材料。

5．地毯楼梯面

(1) 适用范围：用地毯铺装的楼梯面层，包括楼梯踏步、休息平台。

(2) 清单项目编码：020106005。

(3) 项目特征：① 基层种类；② 找平层厚度、砂浆配合比；③ 面层材料品种、规格、品牌、颜色；④ 防护材料种类；⑤ 黏结材料种类；⑥ 固定配件材料种类、规格。

(4) 工程内容：① 基层清理；② 抹找平层；③ 铺贴面层；④ 固定配件安装；⑤ 刷防护材料；⑥ 运输材料。

6．木板楼梯面

(1) 适用范围：用木地板铺装的楼梯面层，包括楼梯踏步、休息平台。

(2) 清单项目编码：020106006。

(3) 项目特征：① 找平层厚度、砂浆配合比；② 基层材料种类、规格；③ 面层材料品种、规格、品牌、颜色；④ 黏结材料种类；⑤ 防护材料种类；⑥ 油漆品种、刷漆遍数。

(4) 工程内容：① 基层清理；② 抹找平层；③ 基层铺贴；④ 面层铺贴；⑤ 刷防护材料、油漆；⑥ 材料运输。

上述6个清单项目具有相同的工程量计算规则：按设计图示尺寸以楼梯(包括踏步、休息平台及500 mm以内的楼梯井)水平投影面积计算；楼梯与楼地面相连时，算至梯口梁内侧边沿；无梯口梁者，算至最上一层踏步边沿加300 mm；计量单位是“m^2”。

10.1.7　扶手、栏杆、栏板装饰(020107)

扶手、栏杆、栏板装饰的工程量清单项目设置及工程量计算规则，应按08规范附录表B.1.7的规定执行。

在08规范附录表B.1.7中，将扶手、栏杆、栏板装饰划分为金属扶手带栏杆、栏板，硬木扶手带栏杆、栏板，塑料扶手带栏杆、栏板，金属靠墙扶手，硬木靠墙扶手，塑料靠墙扶手六个清单项目。

1．金属扶手带栏杆、栏板

(1) 清单项目编码：020107001。

(2) 项目特征：① 扶手材料种类、规格、品牌、颜色；② 栏杆材料种类、规格、品牌、颜色；③ 栏板材料种类、规格、品牌、颜色；④ 固定配件种类；⑤ 防护材料种类；⑥ 油漆品种、刷漆遍数。

2．硬木扶手带栏杆、栏板

(1) 清单项目编码：020107002。

(2) 项目特征：①扶手材料种类、规格、品牌、颜色；② 栏杆材料种类、规格、品牌、颜色；③ 栏板材料种类、规格、品牌、颜色；④ 固定配件种类；⑤ 防护材料种类；⑥ 油漆品种、刷漆遍数。

3．塑料扶手带栏杆、栏板

(1) 清单项目编码：020107003。

(2) 项目特征：① 扶手材料种类、规格、品牌、颜色；② 栏杆材料种类、规格、品牌、颜色；③ 栏板材料种类、规格、品牌、颜色；④ 固定配件种类；⑤ 防护材料种类；⑥ 油漆品种、刷漆遍数。

4．金属靠墙扶手

(1) 清单项目编码：020107004。

(2) 项目特征：① 扶手材料种类、规格、品牌、颜色；② 固定配件种类；③ 防护材料种类；④ 油漆品种、刷漆遍数。

5．硬木靠墙扶手

(1) 清单项目编码：020107005。

(2) 项目特征：① 扶手材料种类、规格、品牌、颜色；② 固定配件种类；③ 防护材料种类；④ 油漆品种、刷漆遍数。

6．塑料靠墙扶手

(1) 清单项目编码：020107006。

(2) 项目特征：① 扶手材料种类、规格、品牌、颜色；② 固定配件种类；③ 防护材料种类；④ 油漆品种、刷漆遍数。

上述 1～6 清单项具有相同的工程量计算规则和工程内容，具体内容如下：

(1) 工程量计算规则：按设计图纸尺寸以扶手中心线长度(包括弯头长度)计算，计量单位是“m”。

(2) 工程内容：① 制作；② 运输；③ 安装；④ 刷防护材料；⑤ 刷油漆。

10.1.8　台阶装饰(020108)

台阶装饰的工程量清单项目设置及工程量计算规则，应按 08 规范附录表 B.1.8 的规定执行。

在 08 规范附录表 B.1.8 中，将台阶装饰划分为石材台阶面、块料台阶面、水泥砂浆台阶面、现浇水磨石台阶面、剁假石台阶面五个清单项目。

1．石材台阶面

(1) 适用范围：用石材铺砌的台阶面层。

(2) 清单项目编码：020108001。

(3) 项目特征：① 垫层材料种类、厚度；② 找平层厚度、砂浆配合比；③ 黏结层材料种类；④ 面层材料品种、规格、品牌、颜色；⑤ 勾缝材料种类；⑥ 防滑条材料种类、规格；⑦ 防护材料种类。

(4) 工程内容：① 基层清理；② 铺设垫层；③ 抹找平层；④ 面层铺贴；⑤ 贴嵌防滑条；⑥ 勾缝；⑦ 刷防护材料；⑧ 运输材料。

2．块料台阶面

(1) 适用范围：用块料(如地砖)铺砌的台阶面层。

(2) 清单项目编码：020108002。

(3) 项目特征：① 垫层材料种类、厚度；② 找平层厚度、砂浆配合比；③ 黏结层材料种类；④ 面层材料品种、规格、品牌、颜色；⑤ 勾缝材料种类；⑥ 防滑条材料种类、规格；⑦ 防护材料种类。

(4) 工程内容：① 基层清理；② 铺设垫层；③ 抹找平层；④ 面层铺贴；⑤ 贴嵌防滑条；⑥ 勾缝；⑦ 刷防护材料；⑧ 运输材料。

3．水泥砂浆台阶面

(1) 适用范围：用水泥砂浆抹面的台阶面层。

(2) 清单项目编码：020108003。

(3) 项目特征：① 垫层材料种类、厚度；② 找平层厚度、砂浆配合比；③ 面层厚度、砂浆配合比；④ 防滑条材料种类。

(4) 工程内容：① 清理基层；② 铺设垫层；③ 抹找平层；④ 抹面层；⑤ 抹防滑条；⑥ 运输材料。

4．现浇水磨石台阶面

(1) 适用范围：用现浇水磨石装饰的台阶面层。

(2) 清单项目编码：020108004。

(3) 项目特征：① 垫层材料种类、厚度；② 找平层厚度、砂浆配合比；③ 面层厚度、砂浆配合比；④ 防滑条材料种类；⑤ 石子种类、规格、颜色；⑥ 颜料种类、规格、颜色；⑦ 磨光、酸洗、打蜡要求。

(4) 工程内容：① 清理基层；② 铺设垫层；③ 抹找平层；④ 抹面层；⑤ 贴嵌防滑条；⑤ 打磨、酸洗、打蜡；⑥ 运输材料。

5．剁假石台阶面

(1) 适用范围：用剁假石装饰的台阶面层。

(2) 清单项目编码：020108005。

(3) 项目特征：① 垫层材料种类、厚度；② 找平层厚度、砂浆配合比；③ 面层厚度、砂浆配合比；④ 剁假石要求。

(4) 工程内容：① 清理基层；② 铺设垫层；③ 抹找平层；④ 抹面层；⑤ 剁假石；⑥ 运输材料。

上述5个清单项具有相同的工程量计算规则：按设计图示尺寸以台阶(包括最上层踏步边沿加300 mm)水平投影面积计算，计量单位是m^2。

10.1.9　零星装饰项目(020109)

零星装饰项目是按照零星项目装饰所用材料进行分类的。

零星装饰项目的工程量清单项目设置及工程量计算规则，应按08规范附录表B.1.9的规定执行。

在08规范附录表B.1.9中，将零星项目划分为石材零星项目、碎拼石材零星项目、块料零星项目、水泥砂浆零星项目四个清单项目。

1．石材零星项目

石材零星项目的清单项目编码为020109001。

2．碎拼石材零星项目

碎拼石材零星项目的清单项目编码为020109002。

3．块料零星项目

块料零星项目的清单项目编码为020109003。

上述3个清单项具有相同的项目特征、工程量计算规则和工程内容，具体内容如下：

(1) 项目特征：① 工程部位；② 找平层厚度、砂浆配合比；③ 结合层厚度、材料种类；④ 面层材料品种、规格、品牌、颜色；⑤ 勾缝材料种类；⑥ 防护材料种类；⑦ 酸洗、打蜡要求。

(2) 工程量计算规则：按设计图示尺寸以面积计算，计量单位是“m^2”。

(3) 工程内容：① 清理基层；② 抹找平层；③ 面层铺贴；④ 勾缝；⑤ 刷防护材料；⑥ 酸洗、打蜡；⑦ 运输材料。

4．水泥砂浆零星项目

(1) 清单项目编码：020109004。

(2) 项目特征：① 工程部位；② 找平层厚度、砂浆配合比；③ 面层厚度、砂浆厚度。

(3) 工程量计算规则：按设计图示尺寸以面积计算，计量单位是“m^2”。

(4) 工程内容：① 清理基层；② 抹找平层；③ 抹面层；④ 运输材料。

10.1.10　相关问题

以上零星装饰项目的其他相关问题应按下列规定处理：

(1) 楼梯、阳台、走廊、回廊及其他的装饰性扶手、栏杆、栏板，应按 08 规范附录表 B.1.7 项目编码列项。

(2) 楼梯、台阶侧面装饰，0.5 m 以内少量分散的楼地面装修，应按 08 规范附录表 B.1.9 中项目编码列项。

【例 10-3】　根据水泥砂浆零星项目清单工程量计算规则和附图，计算室外台阶侧面水泥砂浆面层的清单工程量，并编制清单。

解　台阶侧面水泥砂浆面层面积 S 为

$$S = 1.2 \times 0.15 \times 2 + (1 + 0.3 + 0.3) \times 0.15 = 0.36 + 0.24 = 0.6\ \text{m}^2$$

根据计算结果和附图，我们不难编制出室外台阶侧面水泥砂浆面层工程量清单，详见附录一：“2. 分部分项工程量清单”中的序号 33。

10.2　墙、柱面工程

按照装饰部位的不同，墙、柱面工程可以分为室内装饰和室外装饰两大部分。室内装饰主要是为了改善室内的使用环境，增加室内的美观性，提高人们的居住质量；室外装饰主要用于外墙表面，一是保护外墙面，二是增加环境的美观性。

根据 08 规范，墙、柱面工程包括墙面抹灰(编码 020201)、柱面抹灰(编码 020202)、零星抹灰(编码 020203)、墙面镶贴块料(编码 020204)、柱(梁)面镶贴块料(编码 020205)、零星镶贴块料(编码 020206)、墙饰面(编码 020207)、柱(梁)饰面(编码 020208)、隔断(编码 020209)、幕墙(编码 020210)共计 10 部分内容。

10.2.1　墙面抹灰(020201)

以砂浆为主要材料对需要装修的墙面进行装修称为墙面抹灰。

墙面抹灰的工程量清单项目设置及工程量计算规则，应按 08 规范附录表 B.2.1 的规定执行。

在 08 规范附录表 B.2.1 中，将墙面抹灰项目划分为墙面一般抹灰、墙面装饰抹灰、墙面勾缝三个清单项目。

1. 墙面一般抹灰

墙面一般抹灰主要是指用水泥砂浆、石灰砂浆、水泥石灰砂浆、聚合物水泥砂浆、膨胀珍珠岩水泥砂浆、纸筋灰水泥砂浆等进行的抹灰。

(1) 清单项目编码：020201001。

(2) 项目特征：① 墙体类型；② 底层厚度、砂浆配合比；③ 面层厚度、砂浆配合比；④ 装饰面材料种类；⑤ 分格缝宽度、材料种类。

(3) 工程内容：① 基层清理；② 砂浆制作、运输；③ 底层抹灰；④ 抹面层；⑤ 抹装饰面；⑥ 勾分格缝。

2. 墙面装饰抹灰

墙面装饰抹灰主要是指用水刷石、干粘石、斩假石、水磨石等进行的墙面抹灰装饰。

水刷石是指用水泥、石屑、小石子或颜料等加水拌和，抹在建筑物的表面，半凝固后，用硬毛刷蘸水刷去表面的水泥浆而使石屑或小石子半露。水刷石也叫汰石子。水刷石饰面是一项传统的施工工艺，它能使墙面具有天然质感，而且色泽庄重美观，饰面坚固耐久，不褪色，也比较耐污染，如今墙面已经很少采用这种传统的装饰了。

干粘石是指在墙面刮糙的基层上抹上纯水泥浆，撒小石子并用工具将石子压入水泥浆里，做出的装饰面就是干粘石。

斩假石是指将掺入石屑及石粉的水泥砂浆涂抹在建筑物表面，在硬化后，用斩凿方法使其成为有纹路的石面。斩假石又称剁斧石、剁假石，常用来做外墙或勒脚、阳台、台阶挡墙的饰面。

水磨石是将碎石拌入水泥制成混凝土制品后表面磨光的制品，常用来做楼地面面层、台面、水槽等制品，墙面装饰用得很少。

(1) 清单项目编码：020201002。

(2) 项目特征：① 墙体类型；② 底层厚度、砂浆配合比；③ 面层厚度、砂浆配合比；④ 装饰面材料种类；⑤ 分格缝宽度、材料种类。

(3) 工程内容：① 基层清理；② 砂浆制作、运输；③ 底层抹灰；④ 抹面层；⑤ 抹装饰面；⑥ 勾分格缝。

3. 墙面勾缝

墙面勾缝是指用砂浆将相邻两块砌筑块体材料之间的缝隙填塞饱满，其作用是有效地让上下左右砌筑块体材料之间的连接更为牢固，防止风雨侵入墙体内部，并使墙面清洁、整齐美观。勾缝的方法有两种：一种是原浆勾缝，即利用砌墙的砂浆随砌随勾缝；另一种是加浆勾缝，即墙体砌完后，另拌砂浆勾缝。

(1) 清单项目编码：020201003。

(2) 项目特征：① 墙体类型；② 勾缝类型；③ 勾缝材料种类。

(3) 工程内容：① 基层清理；② 砂浆制作、运输；③ 勾缝。

以上三项清单项目的工程量计算规则是：按设计图示尺寸以面积计算，计量单位为“m^2”。具体计算如下：

(1) 应扣除的面积：① 墙裙；② 门窗洞扣；③ 单个 0.3 m^2 以外的孔洞面积。

(2) 不扣除的面积：① 踢脚线；② 挂镜线；③ 墙与构件交接处的面积。

(3) 不增加的面积：门窗洞口和孔洞的侧壁及顶面。

(4) 应并入计算的面积：附墙柱、梁、垛、烟囱侧壁并入相应的墙面面积内。

(5) 计算规则还有以下规定：

① 外墙抹灰面积按外墙垂直投影面积计算。

② 外墙裙抹灰面积按其长度乘以高度计算。

③ 内墙抹灰面积按主墙间的净长乘以高度计算。

- 无墙裙的，高度按室内楼地面至天棚底面计算。
- 有墙裙的，高度按墙裙顶至天棚底面计算。

④ 内墙裙抹灰面按内墙净长乘以高度计算。

【例 10-4】 根据附图，计算阅览室墙面抹灰的清单工程量，并编制相应的清单。

解 阅览室墙面抹灰分为内墙面抹灰、外墙面抹灰、女儿墙内侧。

(1) 内墙面抹灰面积：$S_{内}=S_{阅览}+S_{管理}$

$$\begin{aligned}S_{阅览}&=[(6.6-0.24)\times2+(5.4-0.24)\times2]\times(3-0.12)-S(C-1)\times4-S(M-2)\\&=23.04\times2.88-1.5\times1.8\times4-1\times2.1\\&=66.36-10.8-2.1\\&=53.46\ m^2\end{aligned}$$

其中：构造柱面积：$S_{柱内}=0.24\times2.88\times2=1.38\ m^2$

圈梁：
$$\begin{aligned}S_{圈内}&=[(6.6-0.24)\times2+(5.4-0.24)\times2-0.24\times2]\times(0.3-0.12)\\&=(12.72+10.32-0.48)\times0.18\\&=22.56\times0.18\\&=4.06\ m^2\end{aligned}$$

门 M−2 过梁面积：$S_{过2}=(1+0.5)\times0.12=0.18\ m^2$

$$S_{阅览混凝土}=1.38+4.06+0.18=5.62\ m^2$$

$$\begin{aligned}S_{管理}&=[(3.3-0.24)\times2+(5.4-0.24)\times2]\times(3-0.12)-S(C-1)-S(M-1)-S(M-2)\\&=16.44\times2.88-1.5\times1.8-1\times2.1-1.2\times2.1\\&=47.35-2.7-2.1-2.1\\&=40.45\ m^2\end{aligned}$$

圈梁：
$$\begin{aligned}S_{圈}&=[(3.3-0.24)\times2+(5.4-0.24)\times2]\times(0.3-0.12)\\&=16.44\times0.18\\&=2.96\ m^2\end{aligned}$$

门 M−2 过梁面积：$S_{过2}=(1+0.5)\times0.12=0.18\ m^2$

门 M−1 过梁面积：$S_{过1}=(1+0.5)\times0.12=0.18\ m^2$

$$S_{管理混凝土}=2.96+0.18+0.18=3.32\ m^2$$

- 阅览室内墙面混凝土墙面抹灰面积 = 5.62 + 3.32 = 8.94 m^2
- 阅览室内墙面砖墙面抹灰面积 = 53.46 + 40.45 − 8.94 = 84.97 m^2

(2) 外墙面抹灰面积：

$S_{外}=L_{外}$(外墙外边线长) $\times H_{外}$(外墙高，包括女儿墙) − 窗(C−1) × 5 − 门(M−1) − $S_{台阶侧面}$

$$L_{外}=(9.9+0.24)\times2+(5.4+0.24)\times2=31.56\ m$$

$$H_{外}=0.15+3+0.5-0.06(\text{女儿墙压顶})=3.59\ m$$

$$S_{台阶侧面}=1.6\times0.3=0.48\ m^2$$

$$\begin{aligned}S_{外}&=31.56\times3.59-1.5\times1.8\times5-1\times2.1-0.48\\&=113.3-13.5-2.1-0.48\\&=97.22\ m^2\end{aligned}$$

其中混凝土面面积(构造柱、圈梁、过梁)：

$$S_{柱外}=0.24\times[3.65-0.06(压顶)-0.3(圈梁)-0.09(基础圈梁)]\times12$$
$$=0.24\times3.2\times12=9.22\ m^2$$
$$S_{基础圈梁}=L_{外}\times H_{基础圈梁}-S_{台阶}=31.56\times0.09-1.6\times0.09$$
$$=2.84-0.14=2.7\ m^2$$
$$S_{圈梁}=L_{外}\times H_{圈梁}=31.56\times0.3=9.47\ m^2$$
$$S_{过梁}(M-1门)=(0.9+0.5)\times0.12=0.18\ m^2$$

- 阅览室外墙面混凝土面抹灰面积 = 9.22 + 2.7 + 9.47 + 0.18 = 21.57 m^2
- 阅览室外墙面砖墙面抹灰面积 = 101.95−21.57 = 80.38 m^2

(3) 女儿墙内侧抹灰面积：

$$S_{女}=L\times(0.5-0.06)=[(9.9-0.24)\times2+(5.4-0.24)\times2]\times0.44$$
$$=[19.32+10.32]\times0.44$$
$$=29.64\times0.44$$
$$=13.04\ m^2$$

其中混凝土面面积：

$$构造柱面积=0.24\times0.44\times12=1.27\ m^2$$

- 阅览室女儿墙内侧墙面混凝土面面积 = 1.27 m^2
- 阅览室女儿墙内侧墙面砖墙面面积 = 13.04−1.27 = 11.77 m^2

根据计算结果和附图，我们不难编制出阅览室墙面抹灰工程量清单，详见附录一："2. 分部分项工程量清单"中序号 27～32。

10.2.2　柱面抹灰(020202)

柱面抹灰的工程量清单项目设置及工程量计算规则，应按 08 规范附录表 B.2.2 的规定执行。

在 08 规范附录表 B.2.2 中，将柱面抹灰项目划分为柱面一般抹灰、柱面装饰抹灰、柱面勾缝三个清单项目。

1．柱面一般抹灰

(1) 清单项目编码：020202001。

(2) 项目特征：① 柱体类型；② 底层厚度、砂浆配合比；③ 面层厚度、砂浆配合比；④ 装饰面材料种类；⑤ 分格缝宽度、材料种类。

(3) 工程内容：① 基层清理；② 砂浆制作、运输；③ 底层抹灰；④ 抹面层；⑤ 抹装饰面；⑥ 勾分格缝。

2．柱面装饰抹灰

柱面装饰抹灰的内容，同墙面装饰抹灰的内容。

(1) 清单项目编码：020202002。

(2) 项目特征：① 柱体类型；② 底层厚度、砂浆配合比；③ 面层厚度、砂浆配合比；④ 装饰面材料种类；⑤ 分格缝宽度、材料种类。

(3) 工程内容：① 基层清理；② 砂浆制作、运输；③ 底层抹灰；④ 抹面层；⑤ 抹装饰面；⑥ 勾分格缝。

3．柱面勾缝

(1) 清单项目编码：020202003。

(2) 项目特征：① 墙体类型；② 勾缝类型；③ 勾缝材料种类。

(3) 工程内容：① 基层清理；② 砂浆制作、运输；③ 勾缝。

以上三项清单项目的工程量计算规则是：按设计图示柱断面周长乘以高度以面积计算，计量单位为“m^2”。

10.2.3　零星抹灰(020203)

零星抹灰的工程量清单项目设置及工程量计算规则，应按 08 规范附录表 B.2.3 的规定执行。

在 08 规范附录表 B.2.3 中，将零星抹灰项目划分为零星项目一般抹灰、零星项目装饰抹灰两个清单项目。

1．零星项目一般抹灰

零星项目一般抹灰的清单项目编码为 020203001。

2．零星项目装饰抹灰

零星项目装饰抹灰的清单项目编码为 020203002。

上述 1、2 清单项具有相同的项目特征、工程量计算规则及工程内容，具体内容如下：

(1) 项目特征：① 墙体类型；② 底层厚度、砂浆配合比；③ 面层厚度、砂浆配合比；④ 装饰面材料种类；⑤ 分格缝宽度、材料种类。

(2) 工程量计算规则：按设计图示尺寸以面积计算；计量单位为“m^2”。

(3) 工程内容：① 基层清理；② 砂浆制作、运输；③ 底层抹灰；④ 抹面层；⑤ 抹装饰面；⑥ 勾分格缝。

10.2.4　墙面镶贴块料(020204)

墙面镶贴块料的工程量清单项目设置及工程量计算规则，应按 08 规范附录表 B.2.4 的规定执行。

在 08 规范附录表 B.2.4 中，将墙面镶贴块料项目划分为石材墙面、碎拼石材、块料墙面三个清单项目。

1．石材墙面

石材墙面的清单项目编码为 020204001。

2．碎拼石材

碎拼石材的清单项目编码为 020204002。

3．块料墙面

块料墙面的清单项目编码为 020204003。

上述 1～3 清单项具有相同的项目特征、工程量计算规则及工程内容。具体内容如下：

(1) 项目特征：① 墙体类型；② 底层厚度、砂浆配合比；③ 结合层厚度、材料种类；

④ 挂贴方式；⑤ 干挂方式(膨胀螺栓、钢龙骨)；⑥ 面层材料品种、规格、品牌、颜色；⑦ 缝宽、嵌缝材料种类；⑧ 防护材料种类；⑨ 磨光、酸洗、打蜡要求。

(2) 工程量计算规则：按设计图示尺寸以镶贴面积计算；计量单位为"m^2"。

(3) 工程内容：① 基层清理；② 砂浆制作、运输；③ 底层抹灰；④ 结合层铺贴；⑤ 面层铺贴；⑥ 面层挂贴；⑦ 面层干挂；⑧ 嵌缝；⑨ 刷防护材料；⑩ 磨光、酸洗、打蜡。

4．干挂石材钢骨架

(1) 清单项目编码：020204004。

(2) 项目特征：① 骨架种类、规格；② 油漆品种、刷油遍数。

(3) 工程量计算规则：按设计图示尺寸以质量计算；计量单位为"吨"。

(4) 工程内容：① 骨架制作、运输、安装；② 骨架油漆。

【例 10-5】 根据附图，计算阅览室外墙面贴面砖的清单工程量，并列出相应的清单。

解 S(外墙面贴面砖) = $S_{外}$(墙面铺贴面积) + $S_{窗}$(洞口四周) + $S_{门}$(洞口四周)

(1) $S_{外} = L_{外}$(外墙外边线长) × $H_{外}$(外墙高，包括女儿墙)

　　− 窗(C − 1) × 5 − 门(M − 1) − $S_{台阶侧面}$

$$L_{外} = (9.9 + 0.24) \times 2 + (5.4 + 0.24) \times 2 = 31.56\ \text{m}$$

$$H_{外} = 0.15 + 3 + 0.5 = 3.65\ \text{m}$$

$$S_{台阶侧面} = 1.6 \times 0.15 = 0.24\ \text{m}^2$$

$$S_{外} = 31.56 \times 3.65 - 1.5 \times 1.8 \times 5 - 1 \times 2.1 - 0.24$$

$$= 115.19 - 13.5 - 2.1 - 0.24$$

$$= 99.35\ \text{m}^2$$

(2) $S_{窗} = (1.5 + 1.8) \times 2 \times 0.12$(洞口铺贴宽度) $\times 5 = 3.96\ \text{m}^2$

(3) $S_{门} = (1 + 2.1 + 2.1) \times 0.12$(洞口铺贴宽度) $= 0.62\ \text{m}^2$

$$S = S_{外} + S_{窗} + S_{门} = 99.35 + 3.96 + 0.62 = 103.93\ \text{m}^2$$

根据计算结果和附图，我们不难列出外墙贴面砖的工程量清单，详见附录一："2. 分部分项工程量清单"中序号 34。

10.2.5　柱(梁)面镶贴块料(020205)

柱(梁)面镶贴块料的工程量清单项目设置及工程量计算规则，应按 08 规范附录表 B.2.5 的规定执行。

在 08 规范附录表 B.2.5 中，将柱(梁)面镶贴块料项目划分为石材柱面、拼碎石材柱面、块料柱面、石材梁面、块料梁面五个清单项目。

1．石材柱面

石材柱面的清单项目编码为 020205001。

2．拼碎石材柱面

拼碎石材柱面的清单项目编码为 020205002。

3．块料柱面

块料柱面的清单项目编码为 020205003。

上述 1～3 清单项具有相同的项目特征、工程量计算规则及工程内容，具体内容如下：

(1) 项目特征：① 柱体材料；② 柱截面类型、尺寸；③ 底层厚度、砂浆配合比；④ 粘结层厚度、材料种类；⑤ 挂贴方式；⑥ 干贴方式；⑦ 面层材料品种、规格、品牌、颜色；⑧ 缝宽、嵌缝材料种类；⑨ 防护材料种类；⑩ 磨光、酸洗、打蜡要求。

(2) 工程量计算规则：按设计图示尺寸以镶贴面积计算；计量单位是“m^2”。

(3) 工程内容：① 基层清理；② 砂浆制作、运输；③ 底层抹灰；④ 铺贴结合层；⑤ 面层铺贴；⑥ 面层挂贴；⑦ 面层干挂；⑧ 嵌缝；⑨ 刷防护材料；⑩ 磨光、酸洗、打蜡。

4．石材梁面

(1) 清单项目编码：020205004。

(2) 项目特征：① 底层厚度、砂浆配合比；② 粘结层厚度、材料种类；③ 面层材料品种、规格、品牌、颜色；④ 缝宽、嵌缝材料种类；⑤ 防护材料种类；⑥ 磨光、酸洗、打蜡要求。

(3) 工程量计算规则：按设计图示尺寸以镶贴面积计算；计量单位是“m^2”。

(4) 工程内容：① 基层清理；② 砂浆制作、运输；③ 底层抹灰；④ 结合层铺贴；⑤ 面层铺贴；⑥ 面层挂贴；⑦ 嵌缝；⑧ 刷防护材料；⑨ 磨光、酸洗、打蜡。

5．块料梁面

(1) 清单项目编码：020205005。

(2) 项目特征：① 底层厚度、砂浆配合比；② 粘结层厚度、材料种类；③ 面层材料品种、规格、品牌、颜色；④ 缝宽、嵌缝材料种类；⑤ 防护材料种类；⑥ 磨光、酸洗、打蜡要求。

(3) 工程量计算规则：按设计图示尺寸以镶贴面积计算；计量单位是“m^2”。

(4) 工程内容：① 基层清理；② 砂浆制作、运输；③ 底层抹灰；④ 结合层铺贴；⑤ 面层铺贴；⑥ 面层挂贴；⑦ 嵌缝；⑧ 刷防护材料；⑨ 磨光、酸洗、打蜡。

对于上述 4、5 项清单，在组价时，2009《陕西省建设工程工程量清单计价规则》规定：梁与墙在同一平面上时，套用墙子目；梁与墙在不同平面上时，套用柱子目。

10.2.6　零星镶贴块料(020206)

零星镶贴块料的工程量清单项目设置及工程量计算规则，应按 08 规范附录表 B.2.6 的规定执行。在 08 规范附录表 B.2.6 中，将零星镶贴块料项目划分为石材零星项目、拼碎石材零星项目、块料零星项目三个清单项目。

1．石材零星项目

石材零星项目的清单项目编码为 020206001。

2．拼碎石材零星项目

拼碎石材零星项目的清单项目编码为 020206002。

3. 块料零星项目

块料零星项目的清单项目编码为 020206003。

上述 1～3 清单项具有相同的项目特征、工程量计算规则及工程内容，具体内容如下：

(1) 项目特征：① 柱、墙体类型；② 底层厚度、砂浆配合比；③ 黏结层厚度、材料种类；④ 挂贴方式；⑤ 干挂方式；⑥ 面层材料品种、规格、品牌、颜色；⑦ 缝宽、嵌缝材料种类；⑧ 防护材料种类；⑨ 磨光、酸洗、打蜡要求。

(2) 工程量计算规则：按设计图示尺寸以镶贴表面积计算；计量单位是“m^2”。

(3) 工程内容：① 基层清理；② 砂浆制作、运输；③ 底层抹灰；④ 铺贴结合层；⑤ 面层铺贴；⑥ 面层挂贴；⑦ 面层干挂；⑧ 嵌缝；⑨ 刷防护材料；⑩ 磨光、酸洗、打蜡。

10.2.7　墙饰面(020207)

墙饰面的工程量清单项目设置及工程量计算规则，应按 08 规范附录表 B.2.7 的规定执行。在 08 规范附录表 B.2.7 中，将墙饰面项目划分为装饰板墙面一个清单项目。

(1) 清单项目编码：020207001。

(2) 项目特征：① 墙体类型；② 底层厚度、砂浆配合比；③ 龙骨材料种类、规格、中距；④ 隔离层材料种类、规格；⑤ 基层材料种类、规格；⑥ 面层材料品种、规格、品牌、颜色；⑦ 压条材料种类、规格；⑧ 防护材料种类；⑨ 油漆品种、刷漆遍数。

(3) 工程量计算规则：按设计图示墙净长乘以净高以面积计算；扣除门窗洞口及单个 0.3 m^2 以上的孔洞所占面积；计量单位为“m^2”。

(4) 工程内容：① 基层清理；② 砂浆制作、运输；③ 底层抹灰；④ 龙骨制作、运输、安装；⑤ 钉隔离层；⑥ 基层铺钉；⑦ 面层铺贴；⑧ 刷防护材料、油漆。

10.2.8　柱(梁)饰面(020208)

柱(梁)饰面的工程量清单项目设置及工程量计算规则，应按 08 规范附录表 B.2.8 的规定执行。在 08 规范附录表 B.2.8 中，将柱(梁)饰面项目划分为柱(梁)面装饰一个清单项目。

(1) 清单项目编码：020208001。

(2) 项目特征：① 柱(梁)体类型；② 底层厚度、砂浆配合比；③ 龙骨材料种类、规格、中距；④ 隔离层材料种类；⑤ 基层材料种类、规格；⑥ 面层材料品种、规格、品种、颜色；⑦ 压条材料种类、规格；⑧ 防护材料种类；⑨ 油漆品种、刷漆遍数。

(3) 工程量计算规则：按设计图示饰面外围尺寸以面积计算；柱帽、柱墩并入相应柱饰面工程量内；计量单位为“m^2”。

(4) 工程内容：① 清理基层；② 砂浆制作、运输；③ 底层抹灰；④ 龙骨制作、运输、安装；⑤ 钉隔离层；⑥ 基层铺钉；⑦ 面层铺贴；⑧ 刷防护材料、油漆。

10.2.9　隔断(020209)

隔断的工程量清单项目设置及工程量计算规则，应按 08 规范附录表 B.2.9 的规定执行。

在 08 规范附录表 B.2.9 中，将隔断项目划分为隔断一个清单项目。

(1) 清单项目编码：020209001。

(2) 项目特征：① 骨架、边框材料种类、规格；② 隔板材料品种、规格、品牌、颜色；③ 嵌缝、塞口材料品种；④ 压条材料种类；⑤ 防护材料种类；⑥ 油漆品种、刷漆遍数。

(3) 工程量计算规则：按设计图示框外围尺寸以面积计算；扣除单个 0.3 m^2 以上的孔洞所占面积；浴厕门的材质与隔断相同时，门的面积并入隔断面积内；计量单位为“m^2”。

(4) 工程内容：① 骨架及边框制作、运输、安装；② 隔板制作、运输、安装；③ 嵌缝、塞口；④装钉压条；⑤ 刷防护材料、油漆。

10.2.10　幕墙(020210)

幕墙是建筑物的外墙护围，不承重，像幕布一样挂上去，是现代大型和高层建筑常用的带有装饰效果的轻质墙体。它由结构框架与镶嵌板材组成，是不承担主体结构载荷与作用的建筑围护结构。幕墙有玻璃幕墙、石材幕墙、金属幕墙等。

幕墙的工程量清单项目设置及工程量计算规则，应按 08 规范附录表 B.2.10 的规定执行。在 08 规范附录表 B.2.10 中，将幕墙项目划分为带骨架幕墙、全玻幕墙两个清单项目。

1. 带骨架幕墙

(1) 清单项目编码：020210001。

(2) 项目特征：① 骨架材料种类、规格、中距；② 面层材料品种、规格、品种、颜色；③ 面层固定方式；④ 嵌缝、塞口材料种类。

(3) 工程量计算规则：按设计图示框外围尺寸以面积计算；与幕墙同种材质的窗所占面积不扣除；计量单位为“m^2”。

(4) 工程内容：① 骨架制作、运输、安装；② 面层安装；③ 嵌缝、塞口；④ 清洗。

2. 全玻幕墙

(1) 清单项目编码：020210002。

(2) 项目特征：① 玻璃品种、规格、品牌、颜色；② 黏结塞口材料种类；③ 固定方式。

(3) 工程量计算规则：按设计图示尺寸以面积计算；带肋全玻幕墙按展开面积计算；计量单位为“m^2”。

(4) 工程内容：① 幕墙安装；② 嵌缝、塞口；③ 清洗。

10.2.11　相关问题

在这一节里，其他相关问题应按下列规定处理：

(1) 石灰砂浆、水泥砂浆、水泥混合砂浆、聚合物水泥砂浆、麻刀石灰、纸筋石灰、石膏灰等的抹灰应按 08 规范附录表 B.2.1 中的一般抹灰项目编码列项；水刷石、斩假石(剁斧石、剁假石)、干粘石、假面砖等的抹灰应按 08 规范附录表 B.2.1 中的装饰抹灰项目编码列项。

(2) 0.5 m^2 以内少量分散的抹灰和镶贴块料面层，应按 08 规范附录表 B.2.3 和 B.2.6 中的相关项目编码列项。

10.3 天 棚 工 程

天棚，即顶棚，也就是我们常说的天花板，是建筑物室内占有人们较大视域的一个空间界面，其装饰效果对于整个室内来讲具有较大的影响，同时对于改善室内的物理环境具有显著的作用。

根据 08 规范，天棚工程包括了天棚抹灰(编码 020301)、天棚吊顶(编码 020302)、天棚其他装饰(编码 020303)三大部分内容。

10.3.1 天棚抹灰(020301)

天棚抹灰的工程量清单项目设置及工程量计算规则，应按 08 规范附录表 B.3.1 的规定执行。

在 08 规范附录表 B.3.1 中，将天棚抹灰项目划分为天棚抹灰一个清单项目。

(1) 清单项目编码：020301001。

(2) 项目特征：① 基层类型；② 抹灰厚度、材料种类；③ 装饰线条道数；④ 砂浆配合比。

(3) 工程量计算规则：按设计图示尺寸以水平投影面积计算；不扣除间壁墙、垛、柱、附墙烟囱、检查口和管道所占的面积；带梁天棚、梁两侧抹灰面积并入天棚面积内；板式楼梯底面抹灰按斜面积计算，锯齿形楼梯底板抹灰按展开面积计算；计量单位为“m^2”。

(4) 工程内容：① 基层清理；② 底层抹灰；③ 抹面层；④ 抹装饰线条。

【例 10-6】 计算附图所示的阅览室天棚抹灰的清单工程量，并编制相应的清单。

解 阅览室天棚抹灰工程量由三部分组成：阅览区、阅览区屋面梁两个侧面和管理区。

阅览区天棚面积：$S_{阅} = (6.6 - 0.24) \times (5.4 - 0.24) = 6.36 \times 5.16 = 32.82\ m^2$

阅览区屋面梁两个侧面积：$S_{侧} = (5.4 - 0.24) \times (0.6 - 0.12) \times 2 = 5.16 \times 0.48 \times 2= 4.95\ m^2$

管理区天棚面积：$S_{管} = (3.3 - 0.24) \times (5.4 - 0.24) = 3.06 \times 5.16 = 15.79\ m^2$

阅览室天棚抹灰面积：$S = S_{阅} + S_{侧} + S_{管} = 32.82 + 4.95 + 15.79 = 53.56\ m^2$

根据计算结果和附图，我们不难编制出阅览室天棚抹灰的工程量清单，详见附录一：“2. 分部分项工程量清单”中序号 35。

10.3.2 天棚吊顶(020302)

为了满足室内美观及舒适的需求，把室内天棚面的结构层用装饰材料隐蔽起来，呈现出丰富多彩的天棚面层，这个面层称为天棚吊顶。

天棚吊顶的工程量清单项目设置及工程量计算规则，应按 08 规范附录表 B.3.2 的规定执行。

在 08 规范附录表 B.3.2 中，将天棚吊顶划分为天棚吊顶、格栅吊顶、吊筒吊顶、藤条造型悬挂吊顶、组物软雕吊顶、网架(装饰)吊顶六个清单项目。

1．天棚吊顶

(1) 清单项目编码：020302001。

(2) 项目特征：① 吊顶形式；② 龙骨类型、材料种类、规格、中距；③ 基层材料种类、规格；④ 面层材料品种、规格、品牌、颜色；⑤ 压条材料种类、规格；⑥ 嵌缝材料种类；⑦ 防护材料种类；⑧ 油漆品种、刷漆遍数。

(3) 工程量计算规则：按设计图示尺寸以水平投影面积计算；天棚面中的灯槽及跌级、锯齿形、吊挂式、藻井式天棚面积不展开计算；不扣除间壁墙、检查口、附墙烟囱、柱垛和管道所占面积；扣除单个 0.3 m^2 以外的孔洞、独立柱及与天棚相连的窗帘盒所占的面积；计量单位为“m^2”。

(4) 工程内容：① 基层清理；② 龙骨安装；③ 基层板铺贴；④ 面层铺贴；⑤ 嵌缝；⑥ 刷防护材料、油漆。

2．格栅吊顶

(1) 清单项目编码：020302002。

(2) 项目特征：① 龙骨类型、材料种类、规格、中距；② 基层材料种类、规格；③ 面层材料品种、规格、品牌、颜色；④ 防护材料种类；⑤ 油漆品种、刷漆遍数。

(3) 工程内容：① 基层清理；② 底层抹灰；③ 安装龙骨；④ 基层板铺贴；⑤ 面层铺贴；⑥ 刷防护材料、油漆。

3．吊筒吊顶

(1) 清单项目编码：020302003。

(2) 项目特征：① 底层厚度、砂浆配合比；② 吊筒形状、规格、颜色、材料种类；③ 防护材料种类；④ 油漆品种、刷漆遍数。

(3) 工程内容：① 基层清理；② 底层抹灰；③ 吊筒安装；④ 刷防护材料、油漆。

4．藤条造型悬挂吊顶

(1) 清单项目编码：020302004。

(2) 项目特征：① 底层厚度、砂浆配合比；② 骨架材料种类、规格；③ 面层材料品种、规格、颜色；④ 防护层材料种类；⑤ 油漆品种、刷漆遍数。

(3) 工程内容：① 基层清理；② 底层抹灰；③ 龙骨安装；④ 铺贴面层；⑤ 刷防护材料、油漆。

5．组物软雕吊顶

(1) 清单项目编码：020302005。

(2) 项目特征：① 底层厚度、砂浆配合比；② 骨架材料种类、规格；③ 面层材料品种、规格、颜色；④ 防护层材料种类；⑤ 油漆品种、刷漆遍数。

(3) 工程内容：① 基层清理；② 底层抹灰；③ 龙骨安装；④ 铺贴面层；⑤ 刷防护材料、油漆。

6．网架(装饰)吊顶

(1) 清单项目编码：020302006。

(2) 项目特征：① 底层厚度、砂浆配合比；② 面层材料品种、规格、颜色；③ 防护材料品种；④ 油漆品种、刷漆遍数。

以上 2～6 项所示清单项目的工程量计算规则是：按设计图示尺寸以水平投影面积计算，计量单位是“m^2”。

10.3.3 天棚其他装饰(020303)

天棚其他装饰的工程量清单项目设置及工程量计算规则，应按 08 规范附录表 B.3.3 的规定执行。

在 08 规范附录表 B.3.3 中，将天棚其他装饰划分为灯带，送风口、回风口两个清单项目。

1．灯带

(1) 清单项目编码：020303001。

(2) 项目特征：① 灯带型式、尺寸；② 格栅片材料品种、规格、品牌、颜色；③ 安装固定方式。

(3) 工程量计算规则：按设计图示尺寸以框外围面积计算，计量单位是“m^2”。

(4) 工程内容：安装、固定。

2．送风口、回风口

(1) 清单项目编码：020303002。

(2) 项目特征：① 风口材料品种、规格、品牌、颜色；② 安装固定方式；③ 防护材料种类。

(3) 工程量计算规则：按设计图示数量计算，计量单位为“个”。

(4) 工程内容：① 安装、固定；② 刷防护材料。

应注意的是：采光天棚和天棚设保温隔热吸音层时，应按 08 规范附录表 A.8 中的相关项目编码列项。

10.4 门 窗 工 程

根据 08 规范，门窗工程包括木门(编码 020401)，金属门(编码 020402)，金属卷帘门(编码 020403)，其他门(编码 020404)，木窗(020405)，金属窗(编码 020406)，门窗套(编码 020407)，窗帘盒、窗帘轨(编码 020408)，窗台板(编码 020409)9 部分内容。

10.4.1 木门(020401)

木门的工程量清单项目设置及工程量计算规则，应按 08 规范附录表 B.4.1 的规定执行。

在 08 规范附录表 B.4.1 中，将木门工程划分为镶板木门、企口木门、实木装饰门、胶合板门、夹板装饰门、木质防火门、木纱门、连窗门八个清单项目。

1．镶板木门

(1) 清单项目编码：020401001。

(2) 项目特征：① 门类型；② 框截面尺寸、单扇面积；③ 骨架材料种类；④ 面层材料品种、规格、品牌、颜色；⑤ 玻璃品种、厚度，五金材料、品种、规格；⑥ 防护层材料种类；⑦ 油漆品种、刷漆遍数。

2．企口木门

(1) 清单项目编码：020401002。

(2) 项目特征：① 门类型；② 框截面尺寸、单扇面积；③ 骨架材料种类；④ 面层材料品种、规格、品牌、颜色；⑤ 玻璃品种、厚度，五金材料、品种、规格；⑥ 防护层材料种类；⑦ 油漆品种、刷漆遍数。

3．实木装饰门

(1) 清单项目编码：020401003。

(2) 项目特征：① 门类型；② 框截面尺寸、单扇面积；③ 骨架材料种类；④ 面层材料品种、规格、品牌、颜色；⑤ 玻璃品种、厚度，五金材料、品种、规格；⑥ 防护层材料种类；⑦ 油漆品种、刷漆遍数。

4．胶合板门

(1) 清单项目编码：020401004。

(2) 项目特征：① 门类型；② 框截面尺寸、单扇面积；③ 骨架材料种类；④ 面层材料品种、规格、品牌、颜色；⑤ 玻璃品种、厚度，五金材料、品种、规格；⑥ 防护层材料种类；⑦ 油漆品种、刷漆遍数。

5．夹板装饰门

(1) 清单项目编码：020401005。

(2) 项目特征：① 门类型；② 框截面尺寸、单扇面积；③ 骨架材料种类；④ 防火材料种类；⑤ 门纱材料品种、规格；⑥ 面层材料品种、规格、品牌、颜色；⑦ 玻璃品种、厚度，五金材料、品种、规格；⑧ 防护材料种类；⑨ 油漆品种、刷漆遍数。

6．木质防火门

(1) 清单项目编码：020401006。

(2) 项目特征：① 门类型；② 框截面尺寸、单扇面积；③ 骨架材料种类；④ 防火材料种类；⑤ 门纱材料品种、规格；⑥ 面层材料品种、规格、品牌、颜色；⑦ 玻璃品种、厚度，五金材料、品种、规格；⑧ 防护材料种类；⑨ 油漆品种、刷漆遍数。

7．木纱门

(1) 清单项目编码：020401007。

(2) 项目特征：① 门类型；② 框截面尺寸、单扇面积；③ 骨架材料种类；④ 防火材料种类；⑤ 门纱材料品种、规格；⑥ 面层材料品种、规格、品牌、颜色；⑦ 玻璃品种、厚度，五金材料、品种、规格；⑧ 防护材料种类；⑨ 油漆品种、刷漆遍数。

8．连窗门

(1) 清单项目编码：020401008。

(2) 项目特征：① 门窗类型；② 框截面尺寸、单扇面积；③ 骨架材料种类；④ 面层材料品种、规格、品牌、颜色；⑤ 玻璃品种、厚度，五金材料、品种、规格；⑥ 防护材料种类；⑦ 油漆品种、刷漆遍数。

上述1～8清单项具有相同的工程量计算规则和工程内容，具体内容如下：

(1) 工程量计算规则：按设计图示数量或设计图示洞口尺寸面积计算，计量单位是“樘”或“m^2”。

(2) 工程内容：① 门制作、运输、安装；② 五金、玻璃安装；③ 刷防护材料、油漆。

【例10-7】　计算附图中木门的清单工程量，并编制相应的清单。

解　图中，木门只有一樘，即木门M–2。

根据计算结果和附图，我们不难编制出阅览室木门的工程量清单，详见附录一的分部分项工程量清单表中序号37。

10.4.2　金属门(020402)

金属门的工程量清单项目设置及工程量计算规则，应按08规范附录表B.4.2的规定执行。

在08规范附录表B.4.2中，将金属门工程划分为金属平开门、金属推拉门、金属地弹门、彩板门、塑钢门、防盗门、钢制防火门七个清单项目。

1．金属平开门

金属平开门的清单项目编码为020402001。

2．金属推拉门

金属推拉门的清单项目编码为020402002。

3．金属地弹门

金属地弹门的清单项目编码为020402003。

4．彩板门

彩板门的清单项目编码为020402004。

5．塑钢门

塑钢门的清单项目编码为020402005。

6．防盗门

防盗门的清单项目编码为020402006。

7．钢制防火门

钢制防火门的清单项目编码为020402007。

上述1～7清单项具有相同的项目特征、工程量计算规则和工程内容，具体内容如下：

(1) 项目特征：① 类型；② 框材质、外围尺寸；③ 扇材质、外围尺寸；④ 玻璃品种、厚度，五金材料、品种、规格；⑤ 防护材料种类；⑥ 油漆品种、刷漆遍数。

(2) 工程量计算规则：按设计图示数量或设计图示洞口尺寸面积计算，计量单位是“樘”或“m^2”。

(3) 工程内容：① 门制作、运输、安装；② 五金、玻璃安装；③ 刷防护材料、油漆。

【例 10-8】 计算附图中金属防盗门的清单工程量，并编制相应的清单。

解 图中，金属防盗门只有一樘，即防盗门 M–1。

根据计算结果和附图，我们不难编制出阅览室金属防盗门的工程量清单，详见附录一的分部分项工程量清单表中序号 38。

10.4.3 金属卷帘门(020403)

金属卷帘门的工程量清单项目设置及工程量计算规则，应按 08 规范附录表 B.4.3 的规定执行。

在 08 规范附录表 B.4.3 中，将金属卷帘门工程划分为金属卷闸门、金属格栅门、防火卷帘门三个清单项目。

1. 金属卷闸门

金属卷闸门的清单项目编码为 020403001。

2. 金属格栅门

金属格栅门的清单项目编码为 020403002。

3. 防火卷帘门

防火卷帘门的清单项目编码为 020403003。

上述 1～3 清单项具有相同的项目特征、工程量计算规则和工程内容，具体内容如下：

(1) 项目特征：① 门材质、框外围尺寸；② 启动装置品种、规格、品牌；③ 五金材料、品种、规格；④ 防护材料种类；⑤ 油漆品种、刷漆遍数。

(2) 工程量计算规则：按设计图示数量或设计图示洞口尺寸面积计算，计量单位是“樘”或“m^2”。

(3) 工程内容：① 门制作、运输、安装；② 启动装置、五金安装；③ 刷防护材料、油漆。

10.4.4 其他门(020404)

其他门的工程量清单项目设置及工程量计算规则，应按 08 规范附录表 B.4.4 的规定执行。

在 08 规范附录表 B.4.4 中，将其他门工程划分为电子感应门、转门、电子对讲门、电动伸缩门、全玻门(带扇框)、全玻自由门(无扇框)、半玻门(带扇框)、镜面不锈钢饰面门 8 个清单项目。

1. 电子感应门

(1) 清单项目编码：020404001。

(2) 项目特征是：① 门材质、品牌、外围尺寸；② 玻璃品种、厚度，五金材料、品种、规格；③ 电子配件品种、规格、品牌；④ 防护材料种类；⑤ 油漆品种、刷漆遍数。

(3) 工程内容：① 门制作、运输、安装；② 五金、电子配件安装；③ 刷防护材料、油漆。

2．转门

(1) 清单项目编码：020404002。

(2) 项目特征：① 门材质、品牌、外围尺寸；② 玻璃品种、厚度，五金材料、品种、规格；③ 电子配件品种、规格、品牌；④ 防护材料种类；⑤ 油漆品种、刷漆遍数。

(3) 工程内容：① 门制作、运输、安装；② 五金、电子配件安装；③ 刷防护材料、油漆。

3．电子对讲门

(1) 清单项目编码：020404003。

(2) 项目特征：① 门材质、品牌、外围尺寸；② 玻璃品种、厚度，五金材料、品种、规格；③ 电子配件品种、规格、品牌；④ 防护材料种类；⑤ 油漆品种、刷漆遍数。

(3) 工程内容：① 门制作、运输、安装；② 五金、电子配件安装；③ 刷防护材料、油漆。

4．电动伸缩门

(1) 清单项目编码是020404004。

(2) 项目特征：① 门材质、品牌、外围尺寸；② 玻璃品种、厚度，五金材料、品种、规格；③ 电子配件品种、规格、品牌；④ 防护材料种类；⑤ 油漆品种、刷漆遍数。

(3) 工程内容：① 门制作、运输、安装；② 五金、电子配件安装；③ 刷防护材料、油漆。

5．全玻门(带扇框)

(1) 清单项目编码：020404005。

(2) 项目特征：① 门类型；② 框材质、外围尺寸；③ 扇材质、外围尺寸；④ 玻璃品种、厚度，五金材料、品种、规格；⑤ 油漆品种、刷漆遍数。

(3) 工程内容：① 门制作、运输、安装；② 五金安装；③ 刷防护材料、油漆。

6．全玻自由门(无扇框)

(1) 清单项目编码：020404006。

(2) 项目特征：① 门类型；② 框材质、外围尺寸；③ 扇材质、外围尺寸；④ 玻璃品种、厚度，五金材料、品种、规格；⑤ 油漆品种、刷漆遍数。

(3) 工程内容：① 门制作、运输、安装；② 五金安装；③ 刷防护材料、油漆。

7．半玻门(带扇框)，

(1) 清单项目编码：020404007。

(2) 项目特征：① 门类型；② 框材质、外围尺寸；③ 扇材质、外围尺寸；④ 玻璃品种、厚度，五金材料、品种、规格；⑤ 油漆品种、刷漆遍数。

(3) 工程内容：① 门制作、运输、安装；② 五金安装；③ 刷防护材料、油漆。

8．镜面不锈钢饰面门

(1) 清单项目编码：020404008。

(2) 项目特征：① 门类型；② 框材质、外围尺寸；③ 扇材质、外围尺寸；④ 玻璃品种、厚度，五金材料、品种、规格；⑤ 油漆品种、刷漆遍数。

(3) 工程内容：① 门扇骨架及基层制作、运输、安装；② 包面层；③ 五金安装；④ 刷防护材料。

以上 1～8 项清单项目的工程量计算规则是：按设计图示数量或设计图示洞口尺寸面积计算，计量单位是“樘”或“m^2”。

10.4.5　木窗(020405)

木窗的工程量清单项目设置及工程量计算规则，应按 08 规范附录表 B.4.5 的规定执行。

在 08 规范附录表 B.4.5 中，将木窗工程划分为木质平开窗、木质推拉窗、矩形木百叶窗、异形木百叶窗、木组合窗、木天窗、矩形木固定窗、异形木固定窗、装饰空花木窗 9 个清单项目。

1．木质平开窗

木质平开窗的清单项目编码为 020405001。

2．木质推拉窗

木质推拉窗的清单项目编码为 020405002。

3．矩形木百叶窗

矩形木百叶窗的清单项目编码为 020405003。

4．异形木百叶窗

异形木百叶窗的清单项目编码为 020405004。

5．木组合窗

木组合窗的清单项目编码为 020405005。

6．木天窗

木天窗的清单项目编码为 020405006。

7．矩形木固定窗

矩形木固定窗的清单项目编码为 020405007。

8．异形木固定窗

异形木固定窗的清单项目编码为 020405008。

9．装饰空花木窗

装饰空花木窗的清单项目编码为 020405009。

上述 1～9 清单项具有相同的项目特征、工程量计算规则和工程内容，具体内容如下：

(1) 项目特征：① 窗类型；② 框材质、外围尺寸；③ 扇材质、外围尺寸；④ 玻璃品种、厚度，五金材料、品种、规格；⑤ 防护材料种类；⑥ 油漆品种、刷漆遍数。

(2) 工程量计算规则：按设计图示数量或设计图示洞口尺寸面积计算，计量单位是“樘”或“m^2”。

(3) 工程内容：① 窗制作、运输、安装；② 五金、玻璃安装；③ 刷防护材料、油漆。

10.4.6　金属窗(020406)

金属窗的工程量清单项目设置及工程量计算规则，应按 08 规范附录表 B.4.6 的规定执行。

在 08 规范附录表 B.4.6 中，将金属窗工程划分为金属推拉窗、金属平开窗、金属固定窗、金属百叶窗、金属组合窗、彩板窗、塑钢窗、金属防盗窗、金属格栅窗、特殊五金 10 个清单项目。

1．金属推拉窗

金属推拉窗的清单项目编码是 020406001。

2．金属平开窗

金属平开窗的清单项目编码是 020406002。

3．金属固定窗

金属固定窗的清单项目编码是 020406003。

4．金属百叶窗

金属百叶窗的清单项目编码是 020406004。

5．金属组合窗

金属组合窗的清单项目编码是 020406005。

6．彩板窗

彩板窗的清单项目编码是 020406006。

7．塑钢窗

塑钢窗的清单项目编码是 020406007。

8．金属防盗窗

金属防盗窗的清单项目编码是 020406008。

9．金属格栅窗

金属格栅窗的清单项目编码是 020406009。

上述 1～9 清单项具有相同的项目特征、工程量计算规则和工程内容，具体内容如下：

(1) 项目特征：① 窗类型；② 框材质、外围尺寸；③ 扇材质、外围尺寸；④ 玻璃品种、厚度，五金材料、品种、规格；⑤ 防护材料种类；⑥ 油漆品种、刷漆遍数。

(2) 工程量计算规则：按设计图示数量或设计图示洞口尺寸面积计算，计量单位是“樘”或“m^2”。

(3) 工程内容：① 窗制作、运输、安装；② 五金、玻璃安装；③ 刷防护材料、油漆。

10．特殊五金

(1) 清单项目编码：020406010。

(2) 项目特征：① 五金名称、用途；② 五金材料、品种、规格。

(3) 工程量计算规则：按设计图示数量计算，计量单位是“个”或“套”。

(4) 工程内容：① 五金安装；② 刷防护材料、油漆。

【例 10-9】　计算附图中塑钢窗的清单工程量，并编制相应的清单。

解　图中，塑钢窗一共有 5 樘，即塑钢窗 C-1。

根据计算结果和附图，我们不难编制出阅览室塑钢窗的工程量清单，详见附录一的分部分项工程量清单表中序号 39。

10.4.7　门窗套(020407)

门窗套的工程量清单项目设置及工程量计算规则，应按 08 规范附录表 B.4.7 的规定执行。

在 08 规范附录表 B.4.7 中，将门窗套工程划分为木门窗套、金属门窗套、石材门窗套、门窗木贴脸、硬木筒子板、饰面夹板筒子板六个清单项目。

1．木门窗套

木门窗套的清单项目编码是 020407001。

2．金属门窗套

金属门窗套的清单项目编码是 020407002。

3．石材门窗套

石材门窗套的清单项目编码是 020407003。

4．门窗木贴脸

门窗木贴脸的清单项目编码是 020407004。

5．硬木筒子板

硬木筒子板的清单项目编码是 020407005。

6．饰面夹板筒子板

饰面夹板筒子板的清单项目编码是 020407006。

上述 1～6 清单项具有相同的项目特征、工程量计算规则和工程内容，具体内容如下：

(1) 项目特征：① 底层厚度、砂浆配合比；② 立筋材料种类、规格；③ 基层材料种类；④ 面层材料品种、规格、品种、品牌、颜色；⑤ 防护材料种类；⑥ 油漆品种、刷油遍数。

(2) 工程量计算规则：按设计图示尺寸以展开面积开算，计量单位是“m^2”。

(3) 工程内容：① 清理基层；② 底层抹灰；③ 立筋制作、安装；④ 基层板安装；⑤ 面层铺贴；⑥ 刷防护材料、油漆。

10.4.8　窗帘盒、窗帘轨(020408)

窗帘盒、窗帘轨的工程量清单项目设置及工程量计算规则，应按 08 规范附录表 B.4.8 的规定执行。

在 08 规范附录表 B.4.8 中，将窗帘盒、窗帘轨工程划分为木窗帘盒，饰面夹板、塑料窗帘盒，金属窗帘盒，窗帘轨四个清单项目。

1．木窗帘盒

木窗帘盒的清单项目编码是 020408001。

2．饰面夹板、塑料窗帘盒

饰面夹板、塑料窗帘盒的清单项目编码是020408002。

3．金属窗帘盒

金属窗帘盒的清单项目编码是020408003。

4．窗帘轨

窗帘轨的清单项目编码是020408004。

上述1～4清单项具有相同的项目特征、工程量计算规则和工程内容，具体内容如下：

(1) 项目特征：① 窗帘盒材质、规格、颜色；② 窗帘轨材质、规格；③ 防护材料种类；④ 油漆种类、刷漆遍数。

(2) 工程量计算规则：按设计图示尺寸以长度计算，计量单位是“m”。

(3) 工程内容：① 制作、运输、安装；② 刷防护材料、油漆。

10.4.9　窗台板(020409)

窗台板的工程量清单项目设置及工程量计算规则，应按08规范附录表B.4.9的规定执行。

在08规范附录表B.4.9中，将窗台板工程划分为木窗台板、铝塑窗台板、石材窗台板、金属窗台板四个清单项目。

1．木窗台板

木窗台板的项目清单编码是020409001。

2．铝塑窗台板

铝塑窗台板的项目清单编码是020409002。

3．石材窗台板

石材窗台板的项目清单编码是020409003。

4．金属窗台板

金属窗台板的项目清单编码是020409004。

上述1～4清单项具有相同的项目特征、工程量计算规则和工程内容，具体内容如下：

(1) 项目特征：① 找平层厚度、砂浆配合比；② 窗台板材质、规格、颜色；③ 防护材料种类；④ 油漆种类、刷漆遍数。

(2) 工程量计算规则：按设计图示尺寸以长度计算，计量单位是“m”。

(3) 工程内容：① 基层清理；② 抹找平层；③ 窗台板制作、安装；④ 刷防护材料、油漆。

10.4.10　相关问题

本节中的其他相关问题按下列规定处理：

(1) 玻璃、百叶面积占其门扇面积一半以内者应为半玻门或半百叶门，超过一半时应为全玻门或全百叶门。

(2) 木门五金应包括：折页、插销、风钩、弓背拉手、搭扣、木螺丝、弹簧折页(自动门)、管子拉手(自由门、地弹门)、地弹簧(地弹门)、角铁、门轧头(地弹门、自由门)等。

(3) 木窗五金应包括：折页、插销、风钩、木螺丝、滑轮滑轨(推拉窗)等。

(4) 铝合金窗五金应包括：卡锁、滑轮、铰拉、执手、拉把、拉手、风撑、角码、牛角制等。

(5) 铝合门五金应包括：地弹簧、门锁、拉手、门插、门铰、螺丝等。

(6) 其他门五金应包括 L 型执手插锁(双舌)、球形执手锁(单舌)、门轧头、地锁、防盗门扣、门眼(猫眼)、门碰珠、电子销(磁卡销)、闭门器、装饰拉手等。

10.5　油漆、涂料、裱糊工程

根据 08 规范，油漆、涂料、裱糊工程包括门油漆(编码 020501)，窗油漆(编码 020502)，木扶手及其他板条线条油漆(编码 020503)，木材面油漆(编码 020504)，金属面油漆(编码 020505)，抹灰面油漆(编码 020506)，喷刷、涂料(编码 020507)，花饰、线条刷涂料(编码 020508)，裱糊(编码 020509)共 9 部分内容。

10.5.1　门油漆(020501)

门油漆的工程量清单项目设置及工程量计算规则，应按 08 规范附录表 B.5.1 的规定执行。

在 08 规范附录表 B.5.1 中，将门油漆工程划分为门油漆一个清单项目。

(1) 清单项目编码：020501001。

(2) 项目特征：① 门类型；② 腻子种类；③ 刮腻子要求；④ 防护材料种类；⑤ 油漆品种、刷漆遍数。

(3) 工程量计算规则：按设计图示数量或设计图示单面洞口面积计算，计量单位是“樘”或“m^2”。

(4) 工程内容：① 基层清理；② 刮腻子；③ 刷防护材料、油漆。

10.5.2　窗油漆(020502)

窗油漆的工程量清单项目设置及工程量计算规则，应按 08 规范附录表 B.5.2 的规定执行。

在 08 规范附录表 B.5.2 中，将窗油漆工程划分为窗油漆一个清单项目。

(1) 清单项目编码：020502001。

(2) 项目特征：① 窗类型；② 腻子种类；③ 刮腻子要求；④ 防护材料种类；⑤ 油漆品种、刷漆遍数。

(3) 工程量计算规则：按设计图示数量或设计图示单面洞口面积计算，计量单位是“樘”或“m^2”。

(4) 工程内容：① 基层清理；② 刮腻子；③ 刷防护材料、油漆。

10.5.3　木扶手及其他板条、线条油漆(020503)

木扶手及其他板条、线条油漆的工程量清单项目设置及工程量计算规则，应按 08 规范附录表 B.5.3 的规定执行。

在 08 规范附录表 B.5.3 中，将木扶手及其他板条、线条油漆划分为木扶手油漆，窗帘盒油漆，封檐板、顺水板油漆，挂衣板、黑板框油漆，挂镜线、窗帘棍、单独木线油漆五个清单项目。

1．木扶手油漆

木扶手油漆的清单项目编码为 020503001。

2．窗帘盒油漆

窗帘盒油漆的清单项目编码为 020503002。

3．封檐板、顺水板油漆

封檐板、顺水板油漆的清单项目编码为 020503003。

4．挂衣板、黑板框油漆

挂衣板、黑板框油漆的清单项目编码为 020503004。

5．挂镜线、窗帘棍、单独木线油漆

挂镜线、窗帘棍、单独木线油漆的清单项目编码为 020503005。

上述 1～5 清单项具有相同的项目特征、工程量计算规则和工程内容，具体内容如下：

(1) 项目特征：① 腻子种类；② 刮腻子要求；③ 油漆体单位展开面积；④ 油漆体长度；⑤ 防护材料种类；⑥ 油漆品种、刷漆遍数。

(2) 工程量计算规则：按设计图示尺寸以长度计算，计量单位是“m”。

(3) 工程内容：① 基层清理；② 刮腻子；③ 刷防护材料、油漆。

10.5.4　木材面油漆(020504)

木材面油漆的工程量清单项目设置及工程量计算规则，应按 08 规范附录表 B.5.4 的规定执行。

在 08 规范附录表 B.5.4 中，将木材面油漆划分为木板、纤维板、胶合板油漆，木护墙、木墙裙油漆，窗台板、筒子板、盖板、门窗套、踢脚线油漆，清水板条天棚、檐口油漆，木方格吊顶天棚油漆，吸音板墙面、天棚面油漆，暖气罩油漆，木间壁、木隔断油漆，玻璃间壁露明墙筋油漆，木栅栏、木栏杆(带扶手)油漆，衣柜、壁柜油漆，梁柱饰面油漆，零星木装修油漆，木地板油漆，木地板烫硬蜡面共 15 个清单项目。

1．木板、纤维板、胶合板油漆

(1) 清单项目编码：020504001。

(2) 工程量计算规则：按设计图示尺寸以面积计算，计量单位是“m^2”。

2．木护墙、木墙裙油漆

(1) 清单项目编码：020504002。

(2) 工程量计算规则：按设计图示尺寸以面积计算，计量单位是“m^2”。

3．窗台板、筒子板、盖板、门窗套、踢脚线油漆

(1) 清单项目编码：020504003。

(2) 工程量计算规则：按设计图示尺寸以面积计算，计量单位是“m^2”。

4．清水板条天棚、檐口油漆

(1) 清单项目编码：020504004。

(2) 工程量计算规则：按设计图示尺寸以面积计算，计量单位是“m^2”。

5．木方格吊顶天棚油漆

(1) 清单项目编码：020504005。

(2) 工程量计算规则：按设计图示尺寸以面积计算，计量单位是“m^2”。

6．吸音板墙面、天棚面油漆

(1) 清单项目编码：020504006。

(2) 工程量计算规则：按设计图示尺寸以面积计算，计量单位是“m^2”。

7．暖气罩油漆

(1) 清单项目编码：020504007。

(2) 工程量计算规则：按设计图示尺寸以面积计算，计量单位是“m^2”。

8．木间壁、木隔断油漆

(1) 清单项目编码：020504008。

(2) 工程量计算规则：按设计图示尺寸以单面外围面积计算，计量单位是“m^2”。

9．玻璃间壁露明墙筋油漆

(1) 清单项目编码：020504009。

(2) 工程量计算规则：按设计图示尺寸以单面外围面积计算，计量单位是“m^2”。

10．木栅栏、木栏杆(带扶手)油漆

(1) 清单项目编码：020504010。

(2) 工程量计算规则：按设计图示尺寸以单面外围面积计算，计量单位是“m^2”。

11．衣柜、壁柜油漆

(1) 清单项目编码：020504011。

(2) 工程量计算规则：按设计图示尺寸以油漆部分展开面积计算，计量单位是“m^2”。

12．梁柱饰面油漆

(1) 清单项目编码：020504012。

(2) 工程量计算规则：按设计图示尺寸以油漆部分展开面积计算，计量单位是“m^2”。

13．零星木装修油漆

(1) 清单项目编码：020504013。

(2) 工程量计算规则：按设计图示尺寸以油漆部分展开面积计算，计量单位是“m^2”。

14．木地板油漆

(1) 清单项目编码：020504014。

(2) 工程量计算规则：按设计图示尺寸以面积计算；空洞、空圈、暖气包槽、壁龛的开口部分并入相应的工程量内；计量单位是“m^2”。

上述1～14清单项具有相同的项目特征和工程内容，具体内容如下：

(1) 项目特征：① 腻子种类；② 刮腻子要求；③ 防护材料种类；④ 油漆品种、刷漆遍数。

(2) 工程内容：① 基层清理；② 刮腻子；③ 刷防护材料、油漆。

15．木地板烫硬蜡面

(1) 清单项目编码：020504015。

(2) 项目特征：① 硬蜡品种；② 面层处理要求。

(3) 工程量计算规则：按设计图示尺寸以面积计算；空洞、空圈、暖气包槽、壁龛的开口部分并入相应的工程量内。

(4) 工程内容：① 基层清理；② 烫蜡。

10.5.5 金属面油漆(020505)

金属面油漆的工程量清单项目设置及工程量计算规则，应按08规范附录表B.5.5的规定执行。

在08规范附录表B.5.5中，将金属面油漆划分为金属面油漆一个清单项目。

(1) 清单项目编码：020505001。

(2) 项目特征：① 腻子种类；② 刮腻子要求；③ 防护材料种类；④ 油漆品种、刷漆遍数。

(3) 工程量计算规则：按设计图示尺寸以质量计算；计量单位是“吨”。

(4) 工程内容：① 基层清理；② 刮腻子；③ 刷防护材料、油漆。

10.5.6 抹灰面油漆(020506)

抹灰面油漆的工程量清单项目设置及工程量计算规则，应按08规范附录表B.5.6的规定执行。

在08规范附录表B.5.6中，将抹灰面油漆划分为抹灰面油漆和抹灰线条油漆两个清单项目。

1．抹灰面油漆

(1) 清单项目编码：020506001

(2) 项目特征：① 基层类型；② 腻子种类；③ 刮腻子要求；④ 防护材料种类；⑤ 油漆品种、刷漆遍数。

(3) 工程量计算规则：按设计图示尺寸以面积计算，计量单位是“m^2”。

(4) 工程内容：① 清理基层；② 刮腻子；③ 刷防护材料、油漆。

2．抹灰线条油漆

(1) 清单项目编码是020506002。

(2) 项目特征：① 基层类型；② 线条宽度、道数；③ 腻子种类；④ 刮腻子要求；⑤ 防护材料种类；⑥ 油漆品种、刷漆遍数。

(3) 工程量计算规则：按设计图示尺寸以长度计算，计量单位是“m”。

(4) 工程内容：① 基层清理；② 刮腻子；③ 刷防护材料、油漆。

【例 10-10】 根据附图，计算阅览室刷乳胶漆的清单工程量，并编制相应的工程量清单。

解 阅览室有三个地方刷乳胶漆：内墙面、室内天棚及女儿墙内侧面。

(1) 计算阅览室内墙面刷乳胶漆面积。

$$S_{内} = S_{阅览} + S_{管理}$$

$$\begin{aligned}S_{阅览} &= [(6.6-0.24)\times 2+(5.4-0.24)\times 2]\times(3-0.12)-S(\text{C}-1)\times 4-S(\text{M}-2)\\ &= 23.04\times 2.88-1.5\times 1.8\times 4-1\times 2.1\\ &= 66.36-10.8-2.1\\ &= 53.46\ \text{m}^2\end{aligned}$$

$$\begin{aligned}S_{管理} &= [(3.3-0.24)\times 2+(5.4-0.24)\times 2]\times(3-0.12)-S(\text{C}-1)-S(\text{M}-1)-S(\text{M}-2)\\ &= 16.44\times 2.88-1.5\times 1.8-1\times 2.1-1.2\times 2.1\\ &= 47.35-2.7-2.1-2.1\\ &= 40.45\ \text{m}^2\end{aligned}$$

$$S_{内} = 53.46+40.45 = 93.91\ \text{m}^2$$

(2) 计算阅览室天棚刷乳胶漆面积。

$$S_{天棚} = S_{阅} + S_{侧} + S_{管}$$

式中，$S_{阅}$为阅览区天棚面积：

$$S_{阅} = (6.6-0.24)\times(5.4-0.24)=6.36\times 5.16 = 32.82\ \text{m}^2$$

$S_{侧}$为阅览区屋面梁两个侧面面积：

$$S_{侧} = (5.4-0.24)\times(0.6-0.12)\times 2 = 5.16\times 0.48\times 2= 4.95\ \text{m}^2$$

$S_{管}$为管理区天棚面积：

$$S_{管} = (3.3-0.24)\times(5.4-0.24)=3.06\times 5.16 = 15.79\ \text{m}^2$$

$$S_{天棚} = S_{阅} + S_{侧} + S_{管} = 32.82+4.95+15.79 = 53.56\ \text{m}^2$$

(3) 计算女儿墙内侧刷乳胶漆面积。

$$\begin{aligned}S_{女} &= L\times(0.5-0.06) = [(9.9-0.24)\times 2+(5.4-0.24)\times 2]\times 0.44\\ &= (19.32+10.32)\times 0.44\\ &= 29.64\times 0.44\\ &= 13.04\ \text{m}^2\end{aligned}$$

根据计算结果和附图，我们不难编制出阅览室墙面抹灰工程量清单，详见附录一的分部分项工程量清单中序号 40～42。

10.5.7 喷刷涂料(020507)

喷刷涂料的工程量清单项目设置及工程量计算规则，应按 08 规范附录表 B.5.7 的规定执行。

在 08 规范附录表 B.5.7 中，将喷刷涂料划分为喷刷涂料一个清单项目。

(1) 清单项目编码：020507001。

(2) 项目特征：① 基层类型；② 腻子种类；③ 刮腻子要求；④ 涂料品种、刷喷遍数。

(3) 工程量计算规则：按设计图示尺寸以面积计算，计量单位是“m^2”。

(4) 工程内容：① 基层清理；② 刮腻子；③ 刷、喷涂料。

10.5.8 花饰、线条刷涂料(020508)

花饰、线条刷涂料的工程量清单项目设置及工程量计算规则，应按08规范附录表B.5.8规定执行。

在08规范附录表B.5.8，将花饰、线条刷涂料划分为空花格、栏杆刷涂料，线条刷涂料两个清单项目。

1. 空花格、栏杆刷涂料

(1) 清单项目编码：020508001。

(2) 项目特征：① 腻子种类；② 刮腻子要求；③ 涂料品种、刷喷遍数。

(3) 工程量计算规则：按设计图示尺寸以单面外围面积计算，计量单位是“m^2”。

(4) 工程内容：① 基层清理；② 刮腻子；③ 刷、喷涂料。

2. 线条刷涂料

(1) 清单项目编码：020508002。

(2) 项目特征：① 腻子种类；② 线条宽度；③ 刮腻子要求；④ 涂料品种、刷喷遍数。

(3) 工程量计算规则：按设计图示尺寸以长度计算，计量单位是“m”。

(4) 工程内容：① 基层清理；② 刮腻子；③ 刷、喷涂料。

10.5.9 裱糊(020509)

裱糊的工程量清单项目设置及工程量计算规则，应按08规范附录表B.5.9规定执行。

在08规范附录表B.5.9，将裱糊划分为墙纸裱糊、织锦缎裱糊两个清单项目。

1. 墙纸裱糊

墙纸裱糊的清单项目编码为020509001。

2. 织锦缎裱糊

织锦缎裱糊的清单项目编码为020509002。

上述1～2清单项具有相同的项目特征、工程量计算规则和工程内容，具体内容如下：

(1) 项目特征：① 基层类型；② 裱糊构件部位；③ 腻子种类；④ 刮腻子要求；⑤ 粘结材料种类；⑥ 防护材料种类；⑦ 面层材料品种、规格、品牌、颜色。

(2) 工程量计算规则：按设计图示尺寸以面积计算，计量单位是“m^2”。

(3) 工程内容：① 基层清理；② 刮腻子；③ 面层铺粘；④ 刷防护材料。

10.5.10 相关问题

本节中的其他相关问题应按下列规定处理：

(1) 门油漆应区分单层木门、双层(一玻一纱)木门、双层(单裁口)木门、全玻自由门、半玻自由门、装饰门及有框门或无框门等，分别编码列项。

(2) 窗油漆应区分单层玻璃窗、双层(一玻一纱)木窗、双层框扇(单裁口)木窗、双层框三层(二玻一纱)木窗、单层组合窗、双层组合窗、木百叶窗、木推拉窗等，分别编码列项。

(3) 木扶手应区分带托板与不带托板，分别编码列项。

10.6 其他工程

根据 08 规范，其他工程包括柜类、货架(编码 020601)，暖气罩(编码 020602)，浴厕配件(编码 020603)，压条、装饰线(编码 020604)，雨棚、旗杆(编码 020605)，招牌、灯箱(编码 020606)，美术字(编码 020607)共七大部分内容。

10.6.1 柜类、货架(020601)

柜类、货架主要是指在商场、酒吧、家庭等装修过程中，现场制作的固定的具有储物功能同时具备装饰效果和美化环境作用的家具。

柜类、货架的工程量清单项目设置及工程量计算规则，应按 08 规范附录表 B.6.1 的规定执行。

在 08 规范附录表 B.6.1 中，将柜类、货架划分为柜台、酒柜、衣柜、存包柜、鞋柜、书柜、厨房壁柜、木壁柜、厨房低柜、厨房吊柜、矮柜、吧台背柜、酒吧吊柜、酒吧台、展台、收银台、试衣间、货架、书架、服务台共 20 个清单项目。

1．柜台

柜台的清单项目编码为 020601001。

2．酒柜

酒柜的清单项目编码为 020601002。

3．衣柜

衣柜的清单项目编码为 020601003。

4．存包柜

存包柜的清单项目编码为 020601004。

5．鞋柜

鞋柜的清单项目编码为 020601005。

6．书柜

书柜的清单项目编码为 020601006。

7．厨房壁柜

厨房壁柜的清单项目编码为 020601007。

8．木壁柜

木壁柜的清单项目编码为 020601008。

9．厨房低柜

厨房低柜的清单项目编码为 020601009。

10．厨房吊柜

厨房吊柜的清单项目编码为020601010。

11．矮柜

矮柜的清单项目编码为020601011。

12．吧台背柜

吧台背柜的清单项目编码为020601012。

13．酒吧吊柜

酒吧吊柜的清单项目编码为020601013。

14．酒吧台

酒吧台的清单项目编码为020601014。

15．展台

展台的清单项目编码为020601015。

16．收银台

收银台的清单项目编码为020601016。

17．试衣间

试衣间的清单项目编码为020601017。

18．货架

货架的清单项目编码为020601018。

19．书架

书架的清单项目编码为020601019。

20．服务台

服务台的清单项目编码为020601020。

上述1～20清单项具有相同的项目特征、工程量计算规则和工程内容，具体内容如下：

(1) 项目特征：① 台柜规格；② 材料种类、规格；③ 五金种类、规格；④ 防护材料种类；⑤ 油漆品种、刷漆遍数。

(2) 工程量计算规则：按设计图示数量计算，计量单位是“个”。

(3) 工程内容：① 台柜制作、运输、安装(安放)；② 刷防护材料、油漆。

10.6.2　暖气罩(020602)

暖气罩主要用来遮挡暖气及美化室内环境。

暖气罩的工程量清单项目设置及工程量计算规则，应按08规范附录表B.6.2的规定执行。

在08规范附录表B.6.2中，将暖气罩划分为饰面板暖气罩、塑料板暖气罩、金属暖气罩三个清单项目。

1．饰面板暖气罩

饰面板暖气罩的清单项目编码为020602001。

2．塑料板暖气罩

塑料板暖气罩的清单项目编码为 020602002。

3．金属暖气罩

金属暖气罩的清单项目编码为 020602003。

上述 1～3 清单项具有相同的项目特征、工程量计算规则和工程内容，具体内容如下：

(1) 项目特征：① 暖气罩材质；② 单个罩垂直投影面积；③ 防护材料种类；④ 油漆品种、刷漆遍数。

(2) 工程量计算规则：按设计图示尺寸以垂直投影面积(不展开)计算，计量单位是“m^2”。

(3) 工程内容：① 暖气罩制作、运输、安装；② 刷防护材料、油漆。

10.6.3　浴厕配件(020603)

浴厕配件的工程量清单项目设置及工程量计算规则，应按 08 规范附录表 B.6.3 的规定执行。

在 08 规范附录表 B.6.3 中，将浴厕配件划分为洗漱台、晒衣架、帘子杆、浴缸拉手、毛巾杆(架)、毛巾环、卫生纸盒、肥皂盒、镜面玻璃、镜箱共 10 个清单项目。

1．洗漱台

(1) 清单项目编码：020603001。

(2) 工程量计算规则：按设计图示尺寸以台面外接矩形面积计算；不扣除孔洞、挖弯、削角所占面积，挡板、吊沿板面积并入台面面积内；计量单位是“m^2”。

2．晒衣架

(1) 清单项目编码：020603002。

(2) 工程量计算规则：按设计图示数量计算，计量单位为“根(套)”。

3．帘子杆

(1) 清单项目编码：020603003。

(2) 工程量计算规则：按设计图示数量计算，计量单位为“根(套)”。

4．浴缸拉手

(1) 清单项目编码：020603004。

(2) 工程量计算规则：按设计图示数量计算，计量单位为“根(套)”。

5．毛巾杆(架)

(1) 清单项目编码：020603005。

(2) 工程量计算规则：按设计图示数量计算，计量单位为“根(套)”。

6．毛巾环

(1) 清单项目编码：020603006。

(2) 工程量计算规则：按设计图示数量计算，计量单位为“副”。

7．卫生纸盒

(1) 清单项目编码：020603007。

(2) 工程量计算规则：按设计图示数量计算，计量单位为“个”。

8．肥皂盒

(1) 清单项目编码：020603008。

(2) 工程量计算规则：按设计图示数量计算，计量单位为“个”。

上述1～8清单项具有相同的项目特征：① 材料品种、规格、品牌、颜色；② 支架、配件品种、规格、品牌；③ 油漆品种、刷漆遍数。

9．镜面玻璃

(1) 清单项目编码：020603009。

(2) 项目特征：① 镜面玻璃品种、规格；② 框材质、断面尺寸；③ 基层材料种类；④ 防护材料种类；⑤ 油漆品种、刷漆遍数。

(3) 工程量计算规则：按设计图示尺寸以边框外围面积计算，计量单位是“m^2”。

(4) 工程内容：① 基层安装；② 玻璃及框制作、运输、安装；③ 刷防护材料、油漆。

10．镜箱

(1) 清单项目编码：020603010。

(2) 项目特征：① 箱材质、规格；② 玻璃品种、规格；③ 基层材料种类；④ 防护材料种类；⑤ 油漆品种、刷漆遍数。

(3) 工程量计算规则：按设计图示数量计算，计量单位是“个”。

(4) 工程内容：① 基层安装；② 箱体制作、运输、安装；③ 玻璃安装；④ 刷防护材料、油漆。

10.6.4　压条、装饰线(020604)

压条、装饰线的工程量清单项目设置及工程量计算规则，应按08规范附录表B.6.4的规定执行。

在08规范附录表B.6.4中，将压条、装饰线划分为金属装饰线、木质装饰线、石材装饰线、石膏装饰线、镜面玻璃线、铝塑装饰线、塑料装饰线共7个清单项目。

1．金属装饰线

金属装饰线的清单项目编码为020604001。

2．木质装饰线

木质装饰线的清单项目编码为020604002。

3．石材装饰线

石材装饰线的清单项目编码为020604003。

4．石膏装饰线

石膏装饰线的清单项目编码为020604004。

5．镜面玻璃线

镜面玻璃线的清单项目编码为020604005。

6．铝塑装饰线

铝塑装饰线的清单项目编码为020604006。

7．塑料装饰线

塑料装饰线的清单项目编码为 020604007。

上述 1～7 清单项具有相同的项目特征、工程量计算规则和工程内容，具体内容如下：

(1) 项目特征：① 基层类型；② 线条材料品种、规格、颜色；③ 防护材料种类；④ 油漆品种、刷漆遍数。

(2) 工程量计算规则：按设计图示尺寸以长度计算，计量单位是“m”。

(3) 工程内容：① 线条制作、安装；② 刷防护材料、油漆。

10.6.5　雨棚、旗杆(020605)

雨棚、旗杆的工程量清单项目设置及工程量计算规则，应按 08 规范附录表 B.6.5 的规定执行。

在 08 规范附录表 B.6.5 中，将雨棚、旗杆划分为雨棚吊挂饰面和金属旗杆两个清单项目。

1．雨棚吊挂饰面

(1) 清单项目编码：020605001。

(2) 项目特征：① 基层类型；② 龙骨材料种类、规格、中距；③ 面层材料品种、规格、品牌；④ 吊顶(天棚)材料、品种、规格、品牌；⑤ 嵌缝材料种类；⑥ 防护材料种类；⑦ 油漆品种、刷漆遍数。

(3) 工程量计算规则：按设计图示尺寸以水平投影面积计算，计量单位是“m^2”。

(4) 工程内容：① 底层抹灰；② 龙骨基层安装；③ 面层安装；④ 刷防护材料、油漆。

2．金属旗杆

(1) 清单项目编码：020605002。

(2) 项目特征：① 旗杆材料、种类、规格；② 旗杆高度；③ 基础材料种类；④ 基座材料种类；⑤ 基座面层材料、种类、规格。

(3) 工程量计算规则：按设计图示数量计算，计量单位是“根”。

(4) 工程内容：① 土(石)方挖填；② 基础混凝土浇筑；③ 旗杆制作、安装；④ 旗杆台座制作、饰面。

10.6.6　招牌、灯箱(020606)

招牌、灯箱的工程量清单项目设置及工程量计算规则，应按 08 规范附录表 B.6.6 的规定执行。

在 08 规范附录表 B.6.6 中，将招牌、灯箱划分为平面、箱式招牌，竖式标箱，灯箱三个清单项目。

1．平面、箱式招牌

(1) 清单项目编码：020606001。

(2) 工程量计算规则：按设计图示尺寸以正立面边框外围面积计算；复杂形的凸凹造型部分不增加面积；计量单位是“m^2”。

2．竖式标箱

(1) 清单项目编码：020606002。

(2) 工程量计算规则：按设计图示数量计，计量单位是“个”。

3．灯箱

(1) 清单项目编码：020606003。

(2) 工程量计算规则：按设计图示数量计，计量单位是“个”。

上述1～3清单项具有相同的项目特征工程内容，具体内容如下：

(1) 项目特征：① 箱体规格；② 基层材料种类；③ 面层材料种类；④ 防护材料种类；⑤ 油漆品种、刷漆遍数。

(2) 工程内容：① 基层安装；② 箱体及支架制作、运输、安装；③ 面层制作、安装；④ 刷防护材料、油漆。

10.6.7　美术字(020607)

美术字的工程量清单项目设置及工程量计算规则，应按08规范附录表B.6.7的规定执行。

在08规范附录表B.6.7中，将美术字划分为泡沫塑料字、有机玻璃字、木质字、金属字四个清单项目。

1．泡沫塑料字

泡沫塑料字的清单项目编码是020607001。

2．有机玻璃字

有机玻璃字的清单项目编码是020607002。

3．木质字

木质字的清单项目编码是020607003。

4．金属字

金属字的清单项目编码是020607004。

上述1～4清单项具有相同的项目特征、工程量计算规则和工程内容，具体内容如下：

(1) 项目特征：① 基层类型；② 镌字材料品种、颜色；③ 字体规格；④ 固定方式；⑤ 油漆品种、刷漆遍数。

(2) 工程量计算规则：按设计图示数量计算，计量单位是“个”。

(3) 工程内容：① 字制作、运输、安装；② 刷油漆。

10.7　措 施 项 目

这里所指的措施项目是装饰装修工程的专业措施项目，包括脚手架、垂直运输机械、超高降效及室内空气污染测试。

脚手架、垂直运输机械、超高降效的概念及相关内容在9.9节里已做了叙述，在此不再说明。

室内空气污染是指由于各种原因导致的室内空气中有害物质超标，进而影响人体健康的室内环境污染行为。有害物质包括甲醛、苯、氨、放射性氡等。随着污染程度的加剧，人体会产生亚健康反应甚至生命安全受到威胁。这些污染物的主要来源有：建筑及室内装饰材料、室外污染物、燃烧产物和人本身的某些行为。其中室内装饰材料及家具的污染是目前造成室内空气污染的主要方面。

为保护环境、保障人民身体健康，我国已相继颁发了《民用建筑工程室内环境污染控制规范》、《室内装饰装修材料有害物质限量标准》、《室内空气质量标准》等一系列标准法规。根据国家有关装修和室内空气质量的标准，在装饰装修工程施工过程和竣工后，要对室内空气污染进行测试，一旦发现不合格，就要对其进行改进和采取措施，以保证人们有一个安全的居住环境。

第 11 章　生产要素预算单价的确定

11.1　生产要素的概念

生产要素指进行物质生产所必需的一切要素及其环境条件。生产要素至少包括人的要素、物的要素及其结合因素。劳动者和生产资料之所以是物质资料生产的最基本要素，是因为不论生产的社会形式如何，它们始终是生产不可缺少的要素，前者是生产的人身条件，后者是生产的物质条件。

劳动者与生产资料的结合，是人类进行社会劳动生产所必须具备的条件，没有它们的结合，就没有社会生产劳动。在生产过程中，劳动者运用生产资料进行劳动，使劳动对象发生预期的变化。生产过程结束时，劳动和劳动对象结合在一起，劳动物化了，对象被加工了，形成了适合人们需要的产品。

具体到我们建筑工程领域中，建筑工人是劳动者，是人的要素；水泥、钢材、木材、砖、瓦、灰、砂、石等建筑材料等是生产材料。通过建筑工人的劳动，借助于劳动工具，使上述这些生产资料最终变成了人们需要的建筑产品——房屋。

建筑产品的房屋是商品，商品是用来交换的劳动产品，那么它就具有价值和使用价值的属性，它的价值是通过价格表现出来的，要确定它的价格，首先我们要确定构成这个产品的生产要素的价格，那就是人工价格、材料价格和机械使用价格。

11.2　人工单价的确定

人工单价是指一个建筑安装工人一个工作日在预算中应计入的全部人工费用。

人工单价确定的依据主要是我们在 2.2 节中所讲到的日工资单价的组成内容：生产工人基本工资、生产工人工资性津贴、生产工人辅助工资、职工福利费、生产工人劳动保护费。

1．建筑工人日工资标准的确定

建筑工人日工资标准的确定是根据国家规定并结合部门地区的特点，经反复测算取定的。

例如，陕西省 2009 年建筑安装工程人工工日单价为 42 元/工日，装饰工程人工工日单价为 50 元/工日。

在实际施工中，不同级别、不同工种的工人工资是不同的，但是为了方便计算，一般都用综合工日预算单价进行计算。综合工日预算单价就是根据各项级别工人所占的比例不同，用加权平均的方法计算出的工日预算单价。

综合工日预算单价 = Σ(某一级别的工人预算单价 × 该级别工人所占的比例)

2．人工单价的影响因素

(1) 社会平均工资水平。

(2) 生活消费指数。

(3) 人工单价的组成内容。

(4) 劳动力市场供需变化。

(5) 政府推行的社会保障和福利政策。

例如，由于 2009 年以来劳动力市场供需变化较大，市场人工费涨幅较高，针对这一情况，陕西省建设厅颁发了陕建发[2011]277 号文件。该文件规定，从 2011 年 12 月 1 日起，综合人工单价：建筑工程、安装工程、市政工程、园林绿化工程由原 42 元/工日调整为 55 元/工日；装饰工程由原 50 元/工日调整为 65 元/工日。

11.3　材料预算单价的确定

1．材料预算单价的概念

材料预算单价是指材料(包括构件、成品及半成品等)从其来源地(或交货地点)到达施工工地仓库后的出库价格。

材料预算单价按适用范围划分，有地区材料预算价格和某项工程使用的材料预算价格。

2．材料预算单价的计算依据和确定方法

材料预算单价包括以下内容。

1) 材料原价

材料原价是指材料的出厂价格，进口材料抵岸价或销售部门的批发牌价和零售价。

2) 供销部门手续费

供销部门手续费是指需通过物资部门供应而发生的经营管理费用。

3) 包装费

包装费是指为了便于材料运输和保护材料进行包装所发生和需要的一切费用。

4) 运杂费

运杂费是指材料由采购地点或发货点至施工现场的仓库或工地存放地点，含外埠中转运输过程中所发生的一切费用和过境过桥费用，包括调车和驳船费、装卸费、运输费及附加工作费等。

5) 采购及保管费

采购及保管费是指材料供应部门(包括工地仓库及其以上各级材料主管部门)在组织采购、供应和保管材料过程中所需的各项费用。

根据材料预算价格组成的内容：

$$材料预算价格=(材料原价+供销部门手续费+包装费+运杂费+运输损耗费)\times(1+采购及保管的费率)-包装材料回收价值$$

根据下面的具体例子，我们来计算一下材料的预算价格。

【例 11-1】 某袋装水泥原价为 350 元/吨，供销部门手续费费率为 4%，运杂费为 18 元/吨，包装费为 3 元/袋，回收率为 30%，运输损耗率为 1%，采购保管费率为 2%，每袋水泥重 50 kg，计算每吨水泥的预算价格。

解 根据题目的背景条件，我们知道：

袋装水泥的原价为 350 元/吨

供销部门手续费为 $350\times4\%=14$ 元/吨

每吨水泥的包装费为 $20\times3-20\times30\%\times3=42$ 元/吨

每吨水泥的运杂费为 18 元/吨

每吨水泥的运输损耗为 $18\times1\%=0.18$ 元/吨

每吨水泥的采购及保管费为$(350+14+42+18+0.18)\times2\%=424.18\times0.02=8.48$元/吨

每吨水泥的预算价格为 $350+14+42+18+0.18+8.48=432.66$ 元/吨

【例 11-2】 某装修公司采购一批花岗岩板运至施工现场，已知该花岗岩板出厂价为 820 元/平方米，包装费为 6 元/平方米，运杂费为 25 元/平方米，当地供销部门手续费率为 1%，当地造价管理部门规定材料采购及保管的费率为 1%，计算该花岗岩的预算单价。

解 根据题目的背景条件，我们知道：

花岗岩板的原价为 820 元/平方米

供销部门手续费为 $820\times1\%=8.2$ 元/平方米

每平方米花岗岩板的包装费为 6 元/平方米

每吨水泥的运杂费为 25 元/平方米

每吨水泥的采购及保管费为$(820+8.2+6+25)\times1\%=859.2\times0.01=8.59$ 元/平方米

每平方米花岗岩板的预算价格为 $820+8.2+6+25+8.59=867.79$ 元/平方米

3. 材料预算单价变动的影响因素

(1) 市场供需变化。

(2) 材料生产成本的变动直接影响材料预算价格的波动。

(3) 流通环节的多少和材料供应体制也会影响材料预算价格。

(4) 运输距离和运输方法的改变会影响材料运输费用的增减，从而也会影响材料预算价格。

(5) 国际市场行情会对进口材料价格产生影响。

11.4 机械台班预算单价的确定

施工机械使用费是根据施工中耗用的机械台班数量和机械台班单价确定的。机械台班单价是指一台施工机械在正常运转条件下一个工作班中所发生的全部费用，共包括 7 项内容，即折旧费、大修理费、经常修理费、安拆费及场外运输费、料燃动力费、人工费、养路费及车船使用税。这七项费用的具体计算方法和包括的内容，在 2.2 节里已做了详细的讲解，这里不再赘述。通过下面的实例，我们来看看如何来确定机械台班的单价。

【例 11-3】 已知某滚筒式 500L 搅拌机的预算价格为 35 000 元/台，贷款利息系数为 1.3，机械的残值率为 4%，使用总台班为 1350 台班，大修理间隔台班为 270 台班，一次大修理费为 3600 元，耐用周期为 5 次，经常修理系数为 1.81。安装拆卸及场外运输费为 8.69 元/台班，机上定额人工工日为 1.25，工日单价为 55 元，台班耗电为 29.36 度，单价为 0.65 元/度，养路费及车船使用税在此不计，计算滚筒式 500 L 搅拌机的台班单价。

解 (1) 台班折旧费 = 机械预算价格 × (1−残值率) × 贷款利息系数/耐用总台班数

= 35 000 × (1 − 4%) × 1.3 ÷ 1350

= 32.36 元/台班

(2) 台班大修理费 = 一次大修理费 × 大修次数 / 耐用总台班数

= 3600 × (5 − 1) ÷ 1350

= 10.67 元/台班

(3) 台班经常修理费 = 台班大修费 × 经常修理系数 = 10.67 × 1.81 = 19.31 元/台班

(4) 安装拆卸及场外运输费 = 8.69 元/台班

(5) 台班人工费 = 定额机上人工工日 × 日工资单价 = 1.25 × 55 = 68.75 元/台班

(6) 台班燃料动力费 = 台班燃料动力消耗量×相应单价 = 29.36 × 0.65 = 19.08 元/台班

(7) 养路费及车船使用税 = 0

台班单价 = 32.36 + 10.67 + 19.31 + 8.69 + 68.75 + 19.08 + 0 = 158.86 元/台班

11.5　分部分项工程单价和单位估价表

11.5.1　分部分项工程单价

1. 分部分项工程单价的概念

分部分项工程单价通常是指建筑安装工程的分部分项工程预算单价和概算单价。

2. 工程单价的分类

(1) 按工程单价的适用对象划分：建筑工程单价和安装工程单价。

(2) 按用途划分：预算单价和概算单价。

(3) 按适用范围划分：地区单价和个别单价。

(4) 按编制依据划分：定额单价和补充单价。

(5) 按单价的综合程度划分：直接费单价、全费用单价和综合单价。

3. 工程单价的用途

(1) 确定和控制工程造价。

(2) 编制统一性地区工程单价，使工程造价的比较有一个相对的共同平台。

(3) 可以对结构方案进行经济比较，优选设计方案。

(4) 进行工程款的期中结算。

4. 工程定额单价与市场价

工程定额单价是编制概预算的特有概念，是通过定额量确定建筑安装概预算要素直接费的基本计价依据。市场价格则是市场经济规律作用下的市场成交价，是完整商品意义上的商品价值的货币表现。

工程定额单价与市场价的区别在于：工程定额单价比较稳定，便于按照规定的编制程序进行概预算造价或价格的确定，有利于投资预测和企业经济核算，但是它管得过严、过死，不适应市场；市场单价与定额单价相比，则比较灵活，能及时反映建筑市场行情，符合以市场形成价格为主的价格机制要求，有利于要素资源的合理配置和企业竞争，但是它往往带有一定的自发性和随机性。

作为两种不同形式的价格，它们在国民经济中的功能、作用是一致的，都具有经济核算和经济调节职能。

11.5.2　单位估价表

单位估价表又称工程预算单价表，是以货币形式确定定额计量单位某分部分项工程或结构构件直接工程费用的规范性文件。单位估价表的项目划分与预算定额是相互对应的，单位估价表的作用是为了简化预算的编制，加快预算编制的速度，是控制工程造价的主要依据。

第12章　工程定额的主要内容及其应用

本章以2004《陕西省建筑装饰工程消耗量定额》(以下简称本定额)及2009《陕西省建筑装饰工程价目表》为参考，介绍预算定额的规定及其内容。

12.1　总说明部分

总说明主要阐述预算定额的用途、编制依据和原则、适用范围、定额中已考虑的因素和未考虑的因素、使用中应注意的事项和有关问题的说明，具体内容如下：

(1) 本定额是在建设部1995《全国统一建筑工程基础定额》和2002《全国统一建筑装饰装修工程消耗量定额》的基础上，结合陕西省使用新技术、新工艺、新材料、新设备的实际情况，按照《陕西省建设工程工程量清单计价规则》的要求进行编制的。

(2) 本定额是完成规定计量单位的分项工程所需人工、材料、施工机械台班社会平均消耗量的标准，与《陕西省建设工程工程量清单计价规则》配合使用，是编制土建工程、装饰装修工程造价，制定招标工程标底、企业定额的基础和投标报价的参考。

(3) 本定额适用于新建、扩建、改建的建筑工程。

(4) 本定额是按照正常的施工条件，以多数建筑企业的施工机械装备程度，合理的施工工期、施工工艺、劳动组织为基础编制的，反映了社会平均消耗水平。

(5) 本定额是依据国家和地区强制性标准、推荐性标准、设计规范、施工验收规范、质量评定标准、安全技术操作规程和《陕西省02系列建筑标准设计图集》中的建筑用料及做法进行编制的，并参考了有代表性的工程设计、施工资料、试验室资料和其他资料。

(6) 本定额人工工日不分工种、技术等级，一律以综合工日表示，内容包括基本用工、超运距用工、人工幅度差和辅助用工。工日消耗量是以现行的全国建筑安装工程、建筑装饰工程劳动定额为基础进行计算的。

(7) 本定额材料消耗量的确定：

① 本定额采用的建筑材料、装饰装修材料、半成品、成品均按符合国家质量标准和相应设计要求的合格产品考虑。

② 本定额中的材料消耗包括主要材料、辅助材料和零星材料等，凡能计量的材料、成品、半成品均按品种、规格逐一列出数量，并计入了相应的损耗，其内容和范围包括：从工地仓库、现场集中堆放地点或现场加工地点至操作或安装地点的运输损耗、施工操作损耗、施工现场堆放损耗。

用量很少、占材料费比重很小的零星材料合并为其他材料费，以占材料费的百分比表示。

③ 本定额中的周转性材料(钢模板、钢管支撑、木模板、脚手架)已按规定的材料周转次数摊销计入定额内，并包括必要的回库维修费用。

④ 本定额中的砼、砌筑砂浆、抹灰砂浆及各种胶泥等均按半成品消耗量以“m^3”表示，其标号是按一般常用标号列入的。同时附录一列出了砼和各种砂浆配合比，以供参考。

(8) 混凝土预制构件的制作损耗、运输及堆放损耗、安装(吊装、打桩)损耗不论构件大小，均按表12-1规定损耗率计算列入工程量内。

表12-1　混凝土预制构件的损耗率

构件名称	制作废品率/%	运输及堆放损耗率/%	安装、打桩损耗率/%
各类预制构件	0.20	0.80	0.50
砼预制桩	0.10	0.40	1.50

预制构件损耗的计算方法：

① 预制构件混凝土、钢筋、模板预算制作工程量 = 图纸计算量 × (1 + 制作废品率 + 运输及堆放损耗率 + 安装或打桩损耗率)。

② 预制砼构件预算运输工程量 = 图纸计算量 × (1 + 运输及堆放损耗率 + 安装或打桩损耗率)。

③ 预制砼构件预算安装工程量 = 图纸计算量 × (1 + 安装或打桩损耗率)。

【例12-1】 已知预制钢筋混凝土过梁截面尺寸为240 mm × 300 mm，长度为2300 mm，共有10根，钢筋总计46 kg，计算该过梁的定额计价工程量。

解　过梁的图纸计算量 = $0.24 \times 0.3 \times 2.3 \times 10 = 1.656\ m^3$

则预制过梁的混凝土制作工程量 = $1.656 \times (1 + 0.2\% + 0.8\% + 0.5\%)$

$= 1.656 \times 1.015$

$= 1.681\ m^3$

预制过梁模板制作工程量 = $1.656 \times (1 + 0.2\% + 0.8\% + 0.5\%)$

$= 1.656 \times 1.015 = 1.681\ m^3$

预制过梁钢筋制作工程量 = $0.046 \times (1 + 0.2\% + 0.8\% + 0.5\%)$

$= 0.046 \times 1.015 = 0.047\ t$

预制过梁运输工程量 = $1.656 \times (1 + 0.8\% + 0.5\%) = 1.656 \times 1.013 = 1.678\ m^3$

预制过梁安装工程量 = $1.656 \times (1 + 0.5\%) = 1.656 \times 1.005 = 1.664\ m^3$

【例12-2】 有预制混凝土方桩128根，截面尺寸为400 mm × 400 mm，长度为18 m，分三段预制，钢筋总计为43.136 t，计算该批钢筋混凝土预制桩的定额计价工程量。

解　该批预制钢筋混凝土桩的图纸计算量 = $0.4 \times 0.4 \times 18 \times 128 = 368.64\ m^3$

则预制桩的混凝土制作工程量 = $368.64 \times (1 + 0.1\% + 0.4\% + 1.5\%)$

$= 368.64 \times 1.02 = 376.01\ m^3$

预制桩模板制作工程量 = $368.64 \times (1 + 0.1\% + 0.4\% + 1.5\%)$

$= 368.64 \times 1.02 = 376.01\ m^3$

预制桩钢筋制作工程量 = $43.136 \times (1 + 0.1\% + 0.4\% + 1.5\%) = 43.136 \times 1.02 = 43.999\ t$

预制桩运输工程量 = $368.64 \times (1 + 0.4\% + 1.5\%) = 368.64 \times 1.019 = 375.644\ m^3$

预制桩打桩工程量 = $368.64 \times (1 + 1.5\%) = 368.64 \times 1.015 = 374.17\ m^3$

(9) 定额中的木材用量，除原木制品以外都是经过加工的规格材料用量。规格材是指厚度符合设计和施工要求的板材，断面和长度尺寸符合设计和施工要求的方材、屋架和檩条用材。

(10) 本定额中机械类型、规格是按正常的施工条件下常用的机械类型综合确定的。

(11) 本定额中的工作内容已说明了主要的施工工序，次要工序虽未说明，但均已包括在内。

(12) 本定额中注有“××以内”或“××以下”者，均包括“××”本身；“××以外”或“××以上”者，则不包括“××”本身。

(13) 本定额由陕西省建筑经济定额办公室负责解释和日常管理工作。

12.2　建筑面积的计算

12.2.1　建筑面积的概念

建筑面积亦称建筑展开面积，是指以住宅建筑外墙外围线测定的各层平面面积之和，是表示一个建筑物建筑规模大小的经济指标。它包括三项，即使用面积、辅助面积和结构面积。

(1) 使用面积：建筑物各层平面中直接为生产或生活使用的净面积的总和。

(2) 辅助面积：建筑物各层平面为辅助生产或生活活动所占的净面积的总和，例如居住建筑中的楼梯、走道、厕所、厨房等。

(3) 结构面积：建筑物各层平面中的墙、柱等结构所占面积的总和。

12.2.2　计算建筑面积的作用和意义

建筑面积的计算是工程计量的最基础工作，它在工程建设中起着非常重要的作用。

(1) 在工程建设的众多技术经济指标中，大多以建筑面积为基数，它是核定估算、概算、预算工程造价的一个重要基础数据，是计算和确定工程造价，分析工程造价和工程设计合理性的一个基础指标。

(2) 建筑面积是国家进行建设工程数据统计、固定资产宏观调控的重要指标。同时，建筑面积还是房地产交易、工程承发包交易、建筑工程有关运营费用等的核定的一个关键指标。

因此，建筑面积的计算不仅是工程计价的需要，也在加强建设工程科学管理、促进社会和谐等方面起着非常重要的作用。

12.2.3　建筑面积计算的发展历史

我国的建筑面积计算以规则的形式出现，始于 20 世纪 70 年代制定的《建筑面积计算规则》。1982 年国家经委对该规则进行了修订。1995 年建设部发布了《全国统一建设工程工程量计算规则》(土建工程 GJDGZ-101-95)，其中第二章为“建筑面积计算规则”，该规则是对 1982 年修订的《建筑面积计算规则》的再次修订。2005 年建设部为了满足工程计

价工作的需要，同时与《住宅设计规范》、《房产测量规范》的有关内容相协调，对1995年的“建筑面积计算规则”进行了系统的修订，并以国家标准的形式发布了《建筑工程建筑面积计算规范》(GB/T50353—2005)。

12.2.4　建筑面积的计算规则

《建筑工程建筑面积计算规范》(GB/T50353—2005)由总则、术语、计算建筑面积的规定三大部分内容组成。

1. 总则

(1) 为规范工业与民用建筑工程的面积计算，统一计算方法，制定本规范。

(2) 本规范适用于新建、扩建、改建的工业与民用建筑工程的面积计算。

(3) 建筑面积计算应遵循科学、合理的原则。

(4) 建筑面积计算除应遵循本规范，还应符合国家现行的有关标准规范的规定。

2. 术语

(1) 层高(storey height)：上下两层楼面或楼面与地面之间的垂直距离。

(2) 自然层(floor)：按楼板、地板结构分层的楼层。

(3) 架空层(empty space)：建筑物深基础或坡地建筑吊脚架空部位不回填土石方形成的建筑空间。

(4) 走廊(corridor gallery)：建筑物的水平交通空间。

(5) 挑廊(overhanging corridor)：挑出建筑物外墙的水平交通空间。

(6) 檐廊(eaves gallery)：设置在建筑物底层出檐下的水平交通空间。

(7) 回廊(cloister)：在建筑物门厅、大厅内设置在二层或二层以上的回形走廊。

(8) 门斗(foyer)：在建筑物出入口设置的起分隔、挡风、御寒等作用的建筑过渡空间。

(9) 建筑物通道(passage)：为道路穿过建筑物而设置的建筑空间。

(10) 架空走廊(bridge way)：建筑物与建筑物之间，在二层或二层以上专门为水平交通设置的走廊。

(11) 勒脚(plinth)：建筑物的外墙与室外地面或散水接触部位墙体的加厚部分。

(12) 围护结构(envelop enclosure)：围合建筑物空间四周的墙体、门、窗等。

(13) 围护性幕墙(enclosing curtain wall)：直接作为外墙起围护作用的幕墙。

(14) 装饰性幕墙(decorative faced curtain wall)：设置在建筑物墙体外起装饰作用的幕墙。

(15) 落地橱窗(french window)：突出外墙面根基落地的橱窗。

(16) 阳台(balcony)：供使用者进行活动和晾晒衣物的建筑空间。

(17) 眺望间(view room)：设置在建筑屋顶层或挑出房间的供人们远眺或观望周围情况的建筑空间。

(18) 雨棚(canopy)：设置在建筑物进出口上部的遮雨、遮阳棚。

(19) 地下室(basement)：房间地平面低于室外地平面的高度超过该房间净高的1/2者为地下室。

(20) 半地下室(semi-basement)：房间地平面低于室外地平面的高度超过该房间净高的1/3，且不超过1/2者为半地下室。

(21) 变形缝(deformation joint)：伸缩缝(温度缝)、沉降缝和抗震缝的总称。

(22) 永久性顶盖(permanent cap)：经规划批准设计的永久使用的顶盖。

(23) 飘窗(bay window)：为房间采光和美化造型而设计的突出外墙的窗。

(24) 骑楼(overhang)：楼层部分跨在人行道上的临街楼房。

(25) 过街楼(arcade)：有道路穿过建筑空间的楼房。

3. 计算建筑面积的规定

(1) 单层建筑物的建筑面积，应按其外墙勒脚以上结构外围水平面积计算，并应符合下列规定：

① 单层建筑物高度在 2.20 m 及以上者应计算全面积；高度不足 2.20 m 者应计算 1/2 面积。

② 利用坡屋顶内空间时净高超过 2.10 m 的部位应计算全面积；净高在 1.20 m～2.10 m 的部位应计算 1/2 面积；净高不足 1.20 m 的部位不应计算面积。

勒脚(见图 12-1)是指建筑物外墙与室外地面或散水接触部位墙体的加厚部分，其高度一般为室内地坪与室外地面的高差，也有将勒脚高度提高到底层窗台，可起到保护墙身和增加建筑物立面美观的作用。因为勒脚是墙根部很矮的一部分墙体加厚，不能代表整个外墙结构，因此要扣除勒脚墙体加厚的部分。

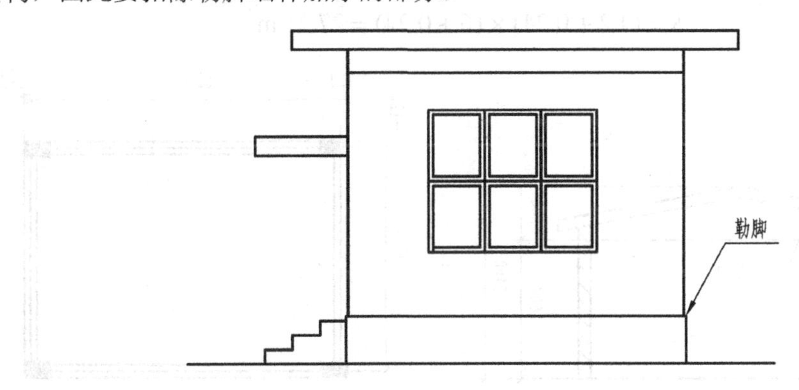

图 12-1　建筑物勒脚示意图

单层建筑物(见图 12-2)的高度指室内地面标高至屋面板板面结构标高之间的垂直距离。遇有以屋面板找坡的平屋顶单层建筑物，其高度是指室内地面标高至屋面板最低处结构标高之间的垂直距离。

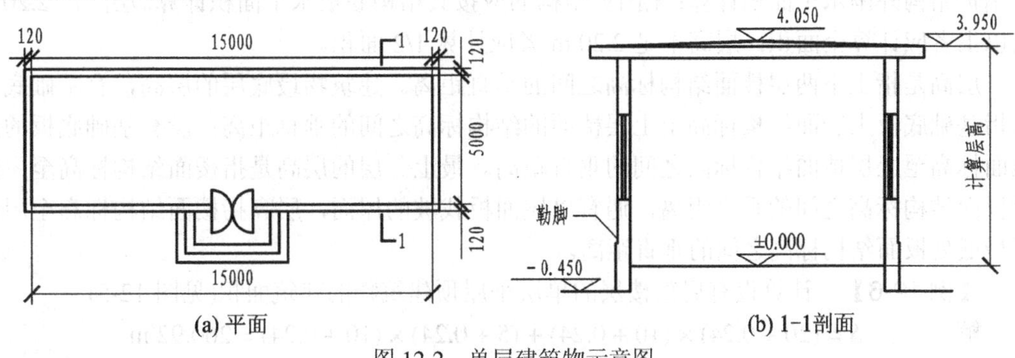

图 12-2　单层建筑物示意图

【例 12-3】　计算图 12-2 所示的建筑面积。

解　$S = (15 + 0.24) \times (5 + 0.24) = 79.86\ \text{m}^2$

净高指楼面或地面至上部楼板底面(见图 12-3)或吊顶底面(见图 12-4)之间的垂直距离。

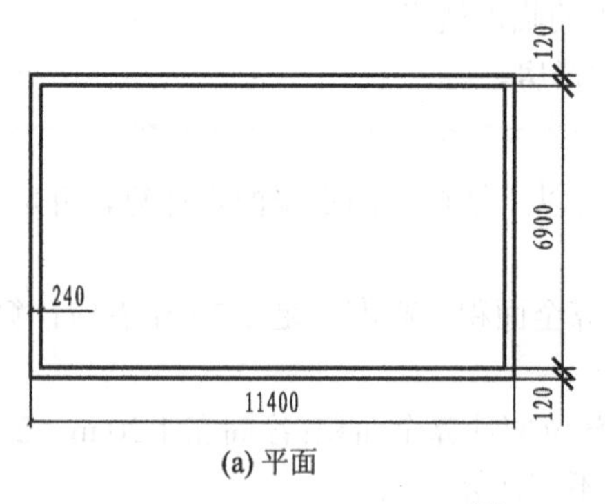

(a) 平面

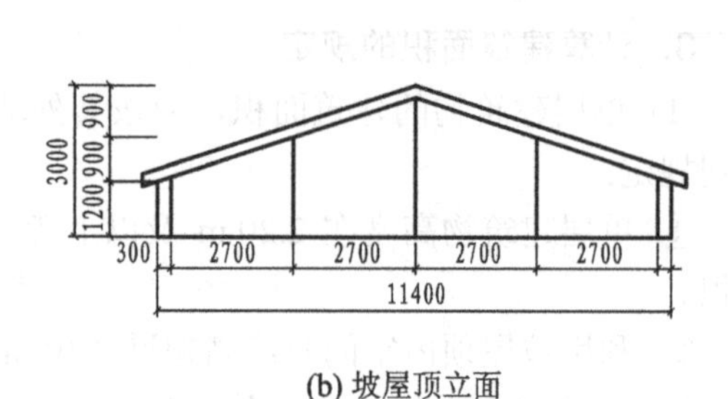

(b) 坡屋顶立面

图 12-3　单层建筑物示意图

【例 12-4】　计算图 12-3 所示的建筑面积。

解　$S = 5.4 \times (6.9 + 0.24) + 2.7 \times (6.9 + 0.24) \times 0.5 \times 2 = 57.83\ \text{m}^2$

【例 12-5】　计算图 12-4 所示的建筑面积。

解　$S = (4.2 + 0.24) \times (6 + 0.24) = 27.71\ \text{m}^2$

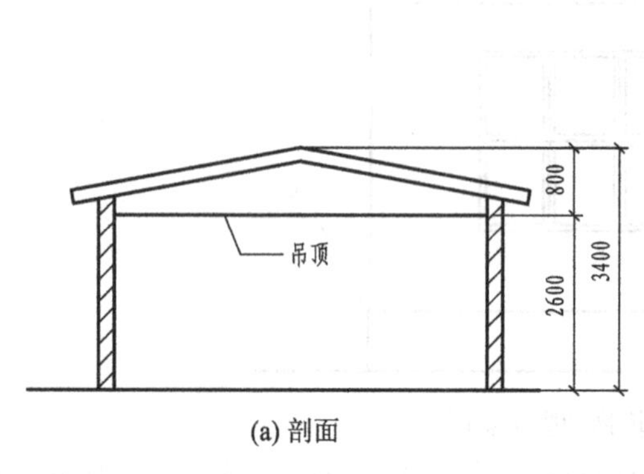

(a) 剖面

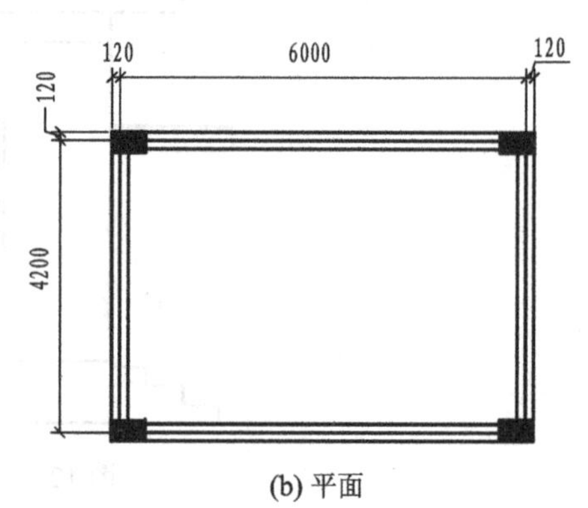

(b) 平面

图 12-4　单层建筑物示意图

(2) 单层建筑物内设有局部楼层者，局部楼层的二层及以上楼层，有围护结构的应按其围护结构外围水平面积计算；无围护结构的应按其结构底板水平面积计算。层高在 2.20 m 及以上者应计算全面积；层高不足 2.20 m 者应计算 1/2 面积。

层高是指上下两层楼面结构标高之间的垂直距离。建筑物最底层的层高，有基础底板的指基础底板上表面结构标高至上层楼面的结构标高之间的垂直距离；没有基础底板的指地面标高至上层楼面结构标高之间的垂直距离。最上一层的层高是指楼面结构标高至屋面板板面结构标高之间的垂直距离，遇有以屋面板找坡的屋面，层高指楼面结构标高至屋面板最低处板面结构标高之间的垂直距离。

【例 12-6】　计算设有局部楼层的单层平屋顶建筑物的建筑面积(见图 12-5)。

解　$S = (20 + 0.24) \times (10 + 0.24) + (5 + 0.24) \times (10 + 0.24) = 260.92\ \text{m}^2$

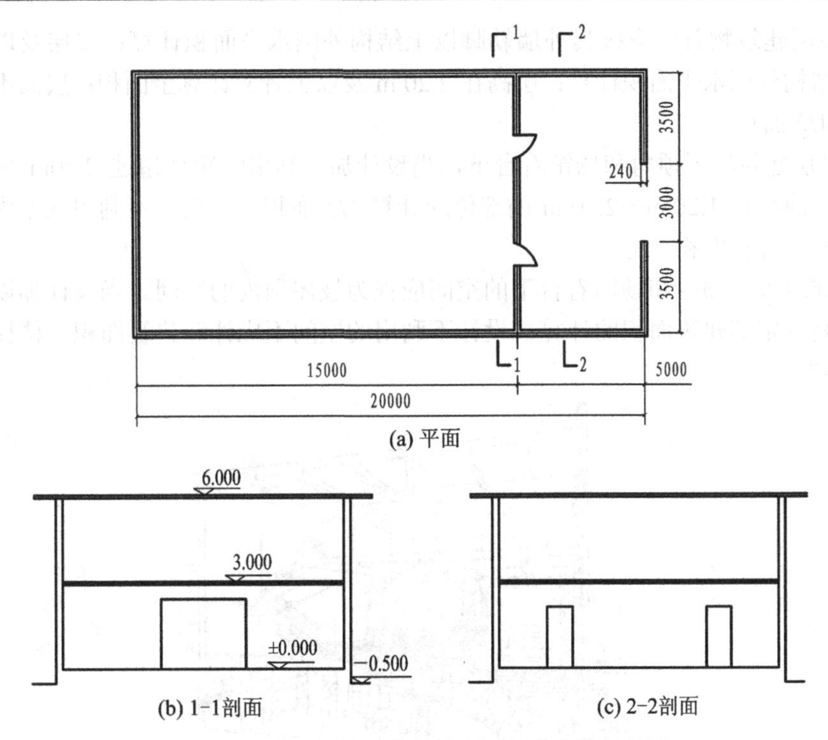

图 12-5　有局部楼层的单层平屋顶建筑物示意图

【例 12-7】　计算设有局部楼层的单层坡屋顶建筑物的建筑面积(见图 12-6)。

解　　$S = (9 + 0.24) \times (6 + 0.24) + (3 + 0.24) \times (2 + 0.24) \times 0.5 = 61.92\ \text{m}^2$

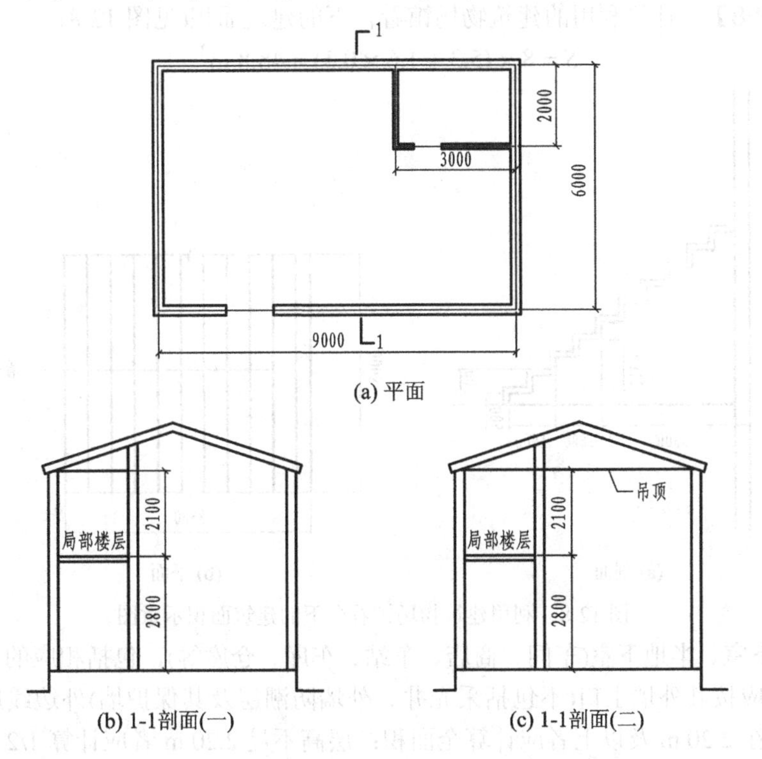

图 12-6　有局部楼层的单层坡屋顶建筑物示意图

(3) 多层建筑物首层应按其外墙勒脚以上结构外围水平面积计算；二层及以上楼层应按其外墙结构外围水平面积计算；层高在 2.20 m 及以上者应计算全面积；层高不足 2.20 m 者应计算 1/2 面积。

(4) 多层建筑坡屋顶内和场馆看台下，当设计加以利用时净高超过 2.10m 的部位应计算全面积；净高在 1.20 m～2.10 m 的部位应计算 1/2 面积；当设计不利用或室内净高不足 1.20 m 时不应计算面积。

多层建筑坡屋顶内和场馆看台下的空间应视为坡屋顶内的空间。当设计加以利用时，应按其净高确定其建筑面积的计算，设计不利用的空间不应计算建筑面积。楼梯下空间利用见图 12-7。

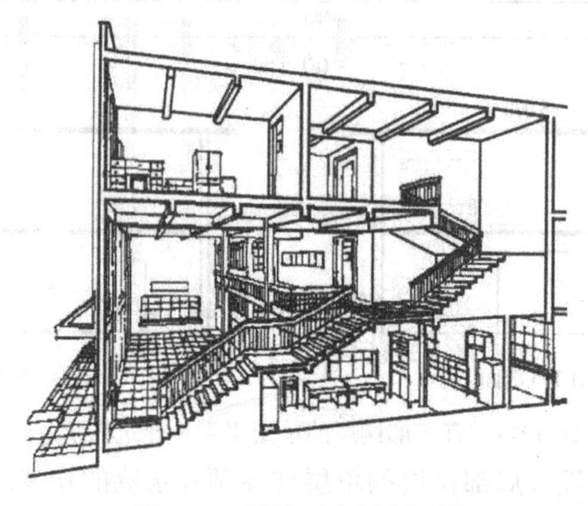

图 12-7　楼梯下空间利用图

【例 12-8】　计算利用的建筑物场馆看台下的建筑面积(见图 12-8)

解
$$S = 8 \times (5.3 + 1.6 \times 0.5) = 48.8\ \text{m}^2$$

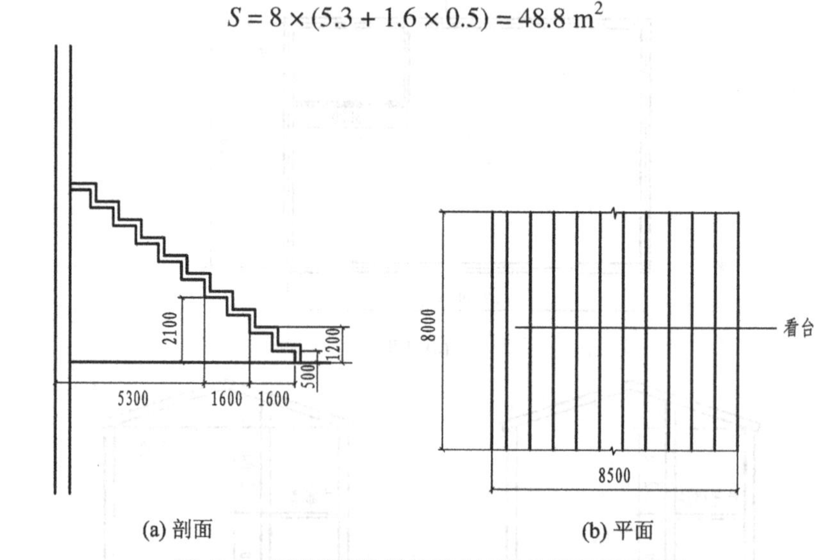

图 12-8　利用建筑物场馆看台下的建筑面积示意图

(5) 地下室、半地下室(车间、商店、车站、车库、仓库等)，包括相应的有永久性顶盖的出入口，应按其外墙上口(不包括采光井、外墙防潮层及其保护墙)外边线所围水平面积计算。层高在 2.20 m 及以上者应计算全面积；层高不足 2.20 m 者应计算 1/2 面积。

【例 12-9】　计算地下室的建筑面积(见图 12-9)。

解

$$S = 7.98 \times 5.68 = 45.33\ \text{m}^2$$

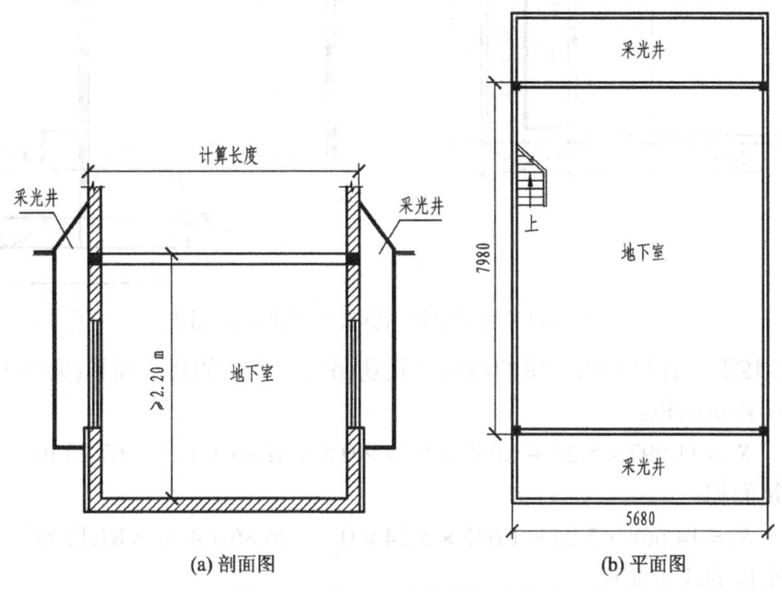

(a) 剖面图　　(b) 平面图

图 12-9　地下室建筑面积示意图

(6) 坡地的建筑物吊脚架空层、深基础架空层，设计加以利用并有围护结构的，层高在 2.20 m 及以上的部位应计算全面积；层高不足 2.20 m 的部位应计算 1/2 面积。设计加以利用、无围护结构的建筑吊脚架空层，应按其利用部位水平面积的 1/2 计算；设计不利用的深基础架空层、坡地吊脚架空层、多层建筑坡屋顶内、场馆看台下的空间，不应计算面积。

【例 12-10】　计算加以利用的深基础架空层的建筑面积(见图 12-10)。

解

$$S = (4.2 + 0.24) \times (6 + 0.24) = 27.71\ \text{m}^2$$

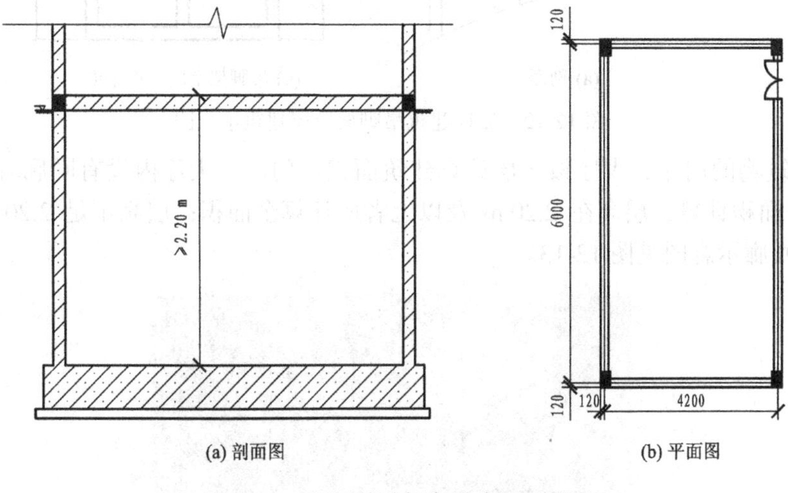

(a) 剖面图　　(b) 平面图

图 12-10　深层基础架空层建筑示意图

【例 12-11】　计算加以利用的吊脚架空层的建筑面积(见图 12-11)。

解

$$S = (5.440 \times 2.8 + 4.53 \times 1.48) \times 0.5 = 10.97\ \text{m}^2$$

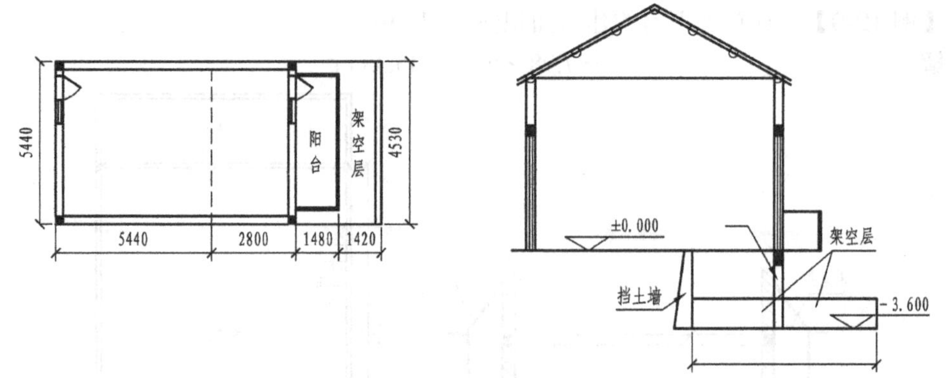

图 12-11　坡地建筑吊脚架空层建筑示意图

【例 12-12】　计算加以利用的坡地建筑物吊脚架空层的建筑面积(见图 12-12)。

解　一层建筑面积：

$$S_1 = 11.997 \times 5.24 + 1.689 \times 5.24 \times 0.5 = 62.86 + 4.43 = 67.29\ \text{m}^2$$

二层建筑面积：

$$S_2 = 14.668 \times 5.24 + 1.645 \times 5.24 \times 0.5 = 76.86 + 4.31 = 81.17\ \text{m}^2$$

吊脚架空层的建筑面积：

$$S = S_1 + S_2 = 67.29 + 81.17 = 148.46\ \text{m}^2$$

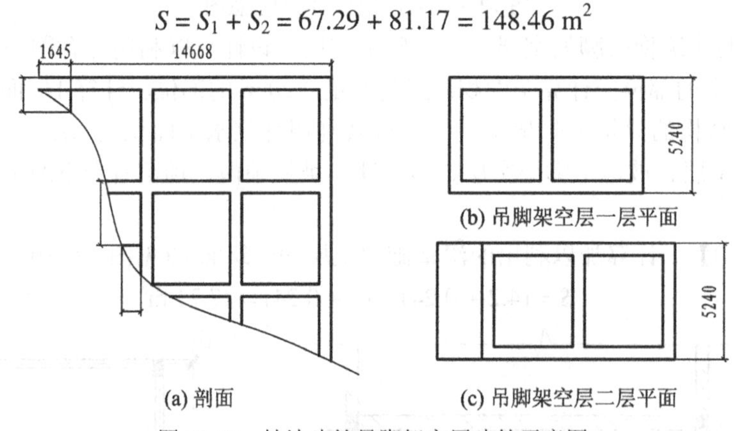

图 12-12　坡地建筑吊脚架空层建筑示意图

(7) 建筑物的门厅、大厅按一层计算建筑面积。门厅、大厅内设有回廊时，应按其结构底板水平面积计算。层高在 2.20 m 及以上者应计算全面积；层高不足 2.20 m 者应计算 1/2 面积。回廊示意图见图 12-13。

图 12-13　回廊示意图

【例 12-13】　计算回廊的建筑面积(见图 12-14)。

解　若层高不小于 2.20 m，则回廊面积为

$$S=(15-0.24)\times1.6\times1.2+(10-0.24-1.6\times2)\times1.6\times2=68.22\ \text{m}^2$$

若层高小于 2.20 m，则回廊面积为

$$S=68.22\times0.5=34.11\ \text{m}^2$$

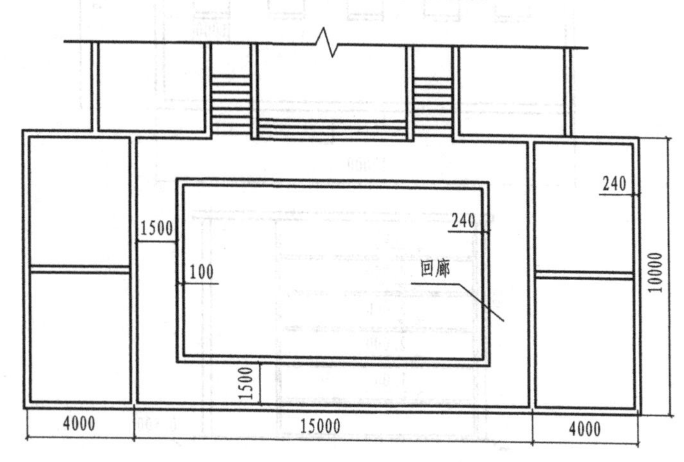

图 12-14　带回廊的二层平面示意图

(8) 建筑物间有围护结构架空走廊时，应按其围护结构外围水平面积计算。层高在 2.20m 及以上者应计算全面积；层高不足 2.20 m 者应计算 1/2 面积。有永久性顶盖、无围护结构的应按其结构底板水平面积的 1/2 计算。

【例 12-14】　已知架空走廊的层高为 3 m，计算架空走廊的建筑面积(见图 12-15)。

解　$S=(6-0.24)\times(3+0.24)=18.66\ \text{m}^2$

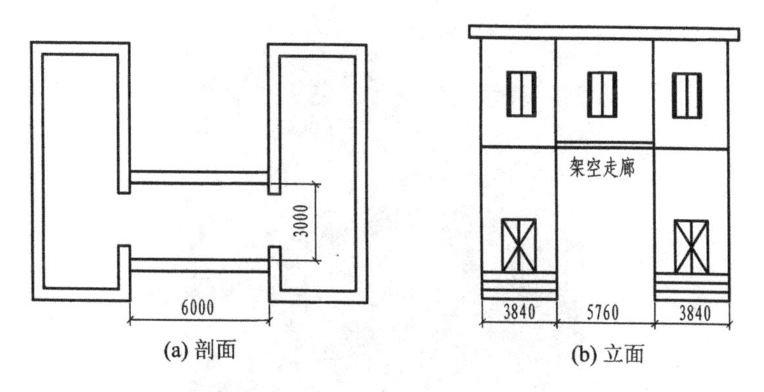

图 12-15　有架空走廊建筑的示意图

(9) 立体书库、立体仓库、立体车库，无结构层的应按一层计算，有结构层的应按其结构层面积分别计算。层高在 2.20 m 及以上者应计算全面积；层高不足 2.20 m 者应计算 1/2 面积。

立体书库、立体仓库、立体车库不规定是否有围护结构，均按有结构层区分不同的层高，以确定建筑面积计算的范围。

【例 12-15】　求货台的建筑面积(见图 12-16)。

解　$S = 4.5 \times 1 \times 5 \times 0.5 \times 5 = 56.25\ m^2$

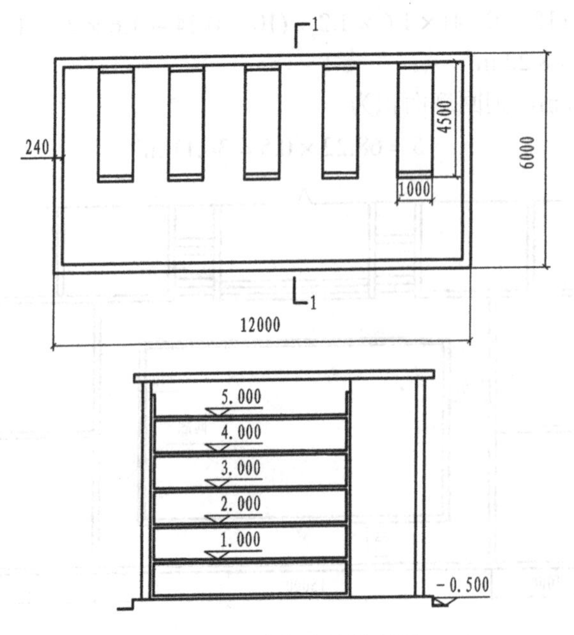

图 12-16　货台建筑示意图

(10) 有围护结构的舞台灯光控制室，应按其围护结构外围水平面积计算。层高在 2.20m 及以上者应计算全面积；层高不足 2.20 m 者应计算 1/2 面积。

(11) 建筑物外有围护结构的落地橱窗、门斗(见图 12-17)、挑廊、走廊、檐廊，应按其围护结构外围水平面积计算。层高在 2.20 m 及以上者应计算全面积；层高不足 2.20 m 者应计算 1/2 面积。有永久性顶盖、无围护结构的应按其结构底板水平面积的 1/2 计算。

图 12-17　门斗示意图

【例 12-16】　计算门斗和水箱间的建筑面积(见图 12-18)。

解　门斗面积：

$$S = 3.5 \times 2.5 = 8.75\ m^2$$

水箱间面积：

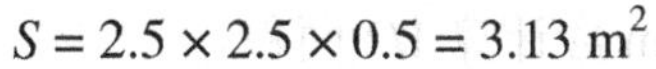

$$S = 2.5 \times 2.5 \times 0.5 = 3.13\ \text{m}^2$$

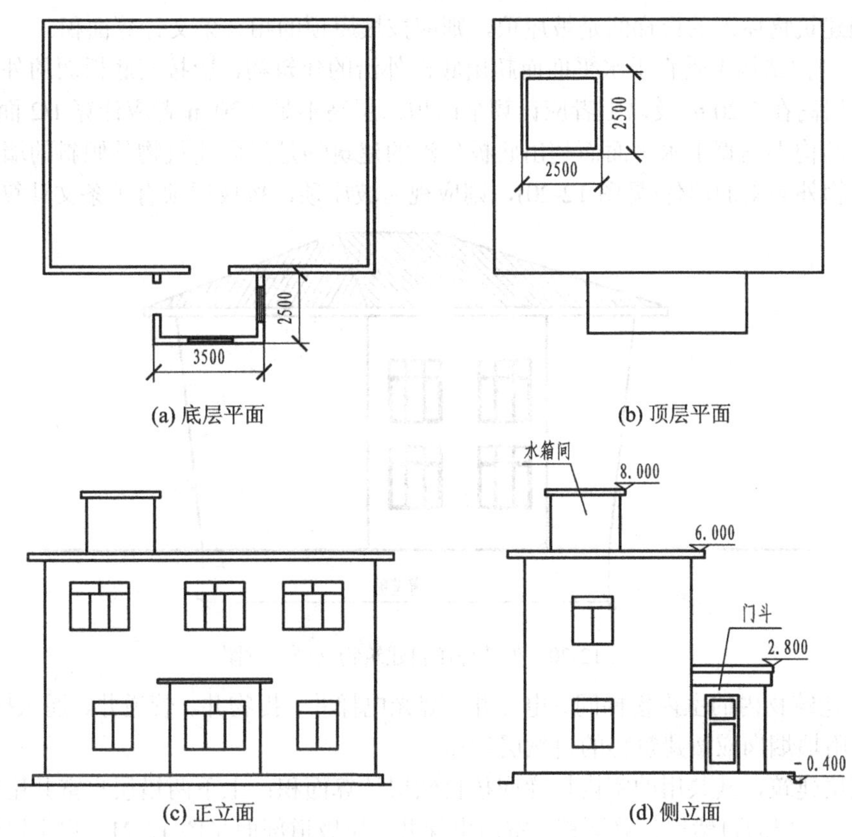

图 12-18　门斗、水箱间建筑示意图

(12) 有永久性顶盖、无围护结构的场馆看台应按其顶盖水平投影面积的 1/2 计算。

这里所称的“场”指看台上有永久性顶盖部分，如足球场、网球场；“馆”指有永久性顶盖和围护结构，如篮球馆、展览馆(见图 12-19)。

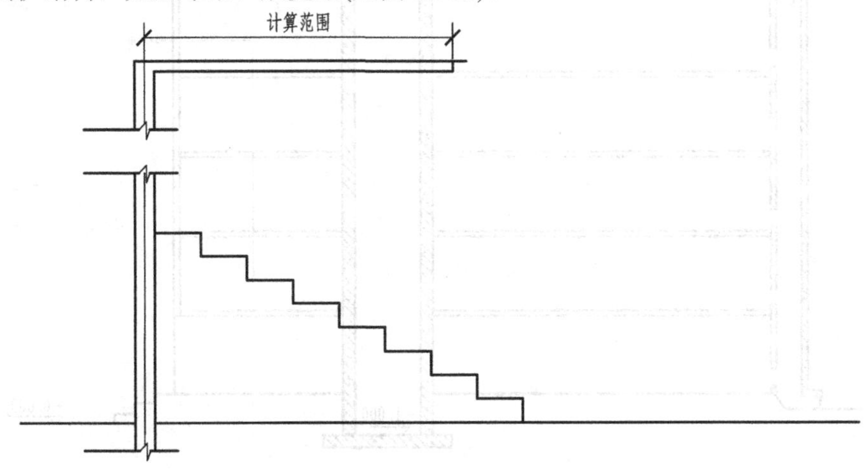

图 12-19　场馆看台剖面示意图

(13) 建筑物顶部有围护结构的楼梯间、水箱间、电梯机房等，层高在 2.20 m 及以上者应计算全面积；层高不足 2.20 m 应计算 1/2 面积。

如遇建筑物屋顶的楼梯间是坡屋顶，则应按坡屋顶的相关条文计算面积。

(14) 围护结构不垂直于水平面而超出底板外沿的建筑物，应按其底板面的外围水平面积计算。层高在 2.20 m 及以上者应计算全面积；层高不足 2.20 m 者应计算 1/2 面积。

围护结构不垂直于水平面而超出底板外沿的建筑物是指向建筑物外倾斜的墙体，若遇有向建筑物外倾斜的墙体(见图 12-20)，则应视为坡屋顶，按坡屋顶有关条文计算面积。

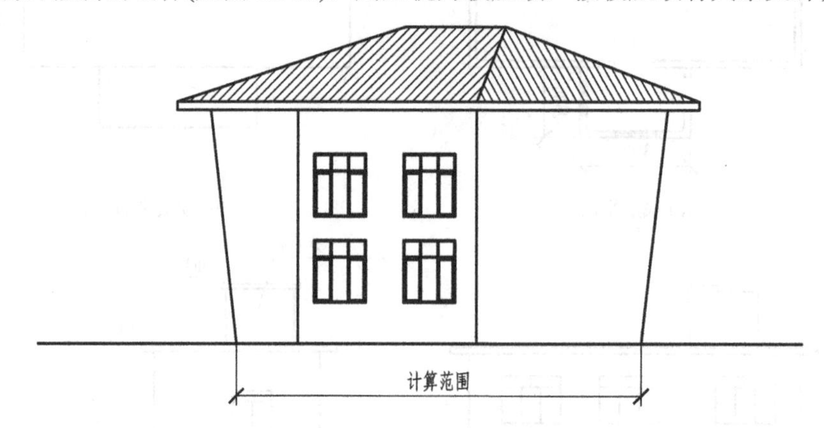

图 12-20　外墙外倾斜建筑物立面示意图

(15) 建筑物内的室内楼梯间、电梯井、观光电梯井、提物井、管道井、通风排气竖井、垃圾道、附墙烟囱应按建筑物的自然层计算。

遇跃层建筑，其共用的室内楼梯应按自然层计算面积；上下两错层户室共用的室内楼梯，应选上一层的自然层计算面积。室内电梯井、垃圾道剖面见图 12-21，户室错层剖面见图 12-22。

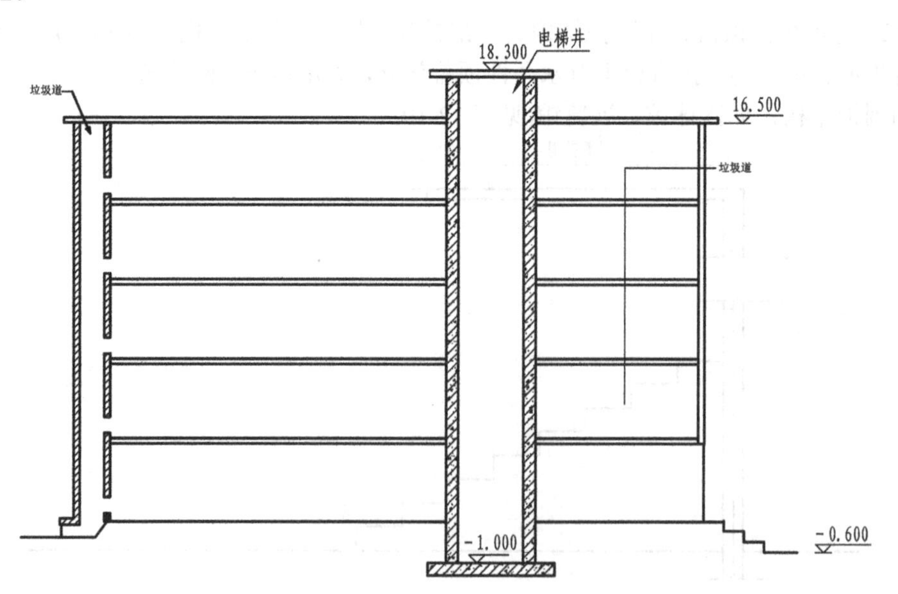

图 12-21　室内电梯井、垃圾道剖面示意图

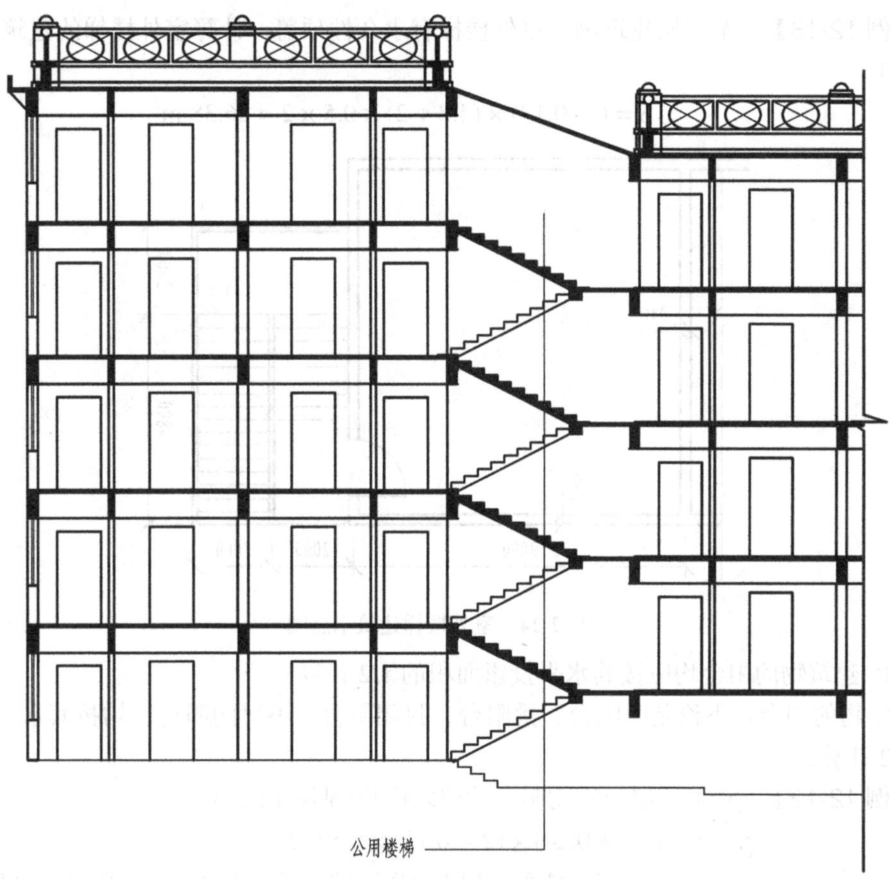

图 12-22　户室错层剖面示意图

(16) 雨棚结构的外边线至外墙结构外边线的宽度超过 2.10 m 者，应按雨棚结构板的水平投影面积的 1/2 计算。

有柱雨棚和无柱雨棚计算应一致。

【例 12-17】　求雨棚的建筑面积(见图 12-23)。

解　$$S = 2.5 \times 1.5 \times 0.5 = 1.88\ \text{m}^2$$

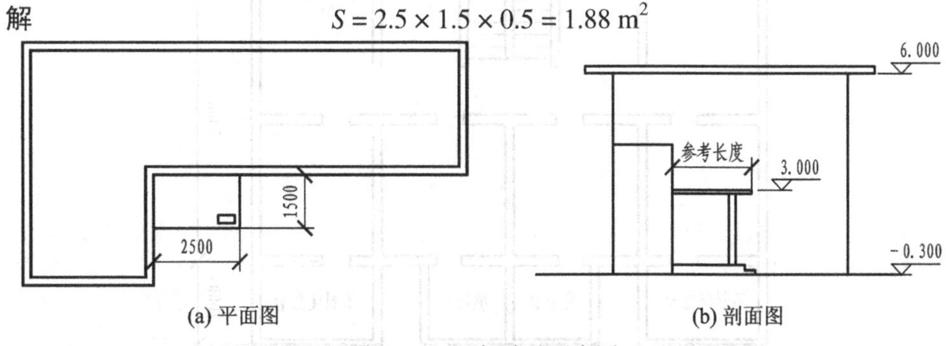

图 12-23　雨棚建筑示意图

(17) 有永久性顶盖的室外楼梯，应按建筑物自然层的水平投影面积的 1/2 计算。

若最上层室外楼梯无永久性顶盖，或雨棚不能完全遮盖室外楼梯，则上层楼梯不计算面积，上层楼梯可视为下层楼梯的永久性顶盖，下层楼梯应计算面积。

【例 12-18】 某三层建筑物，室外楼梯有永久性顶盖，计算室外楼梯的建筑面积(见图 12-24)。

解 $S = (4-0.12) \times (4.8 + 2) \times 0.5 \times 2 = 26.38\ m^2$

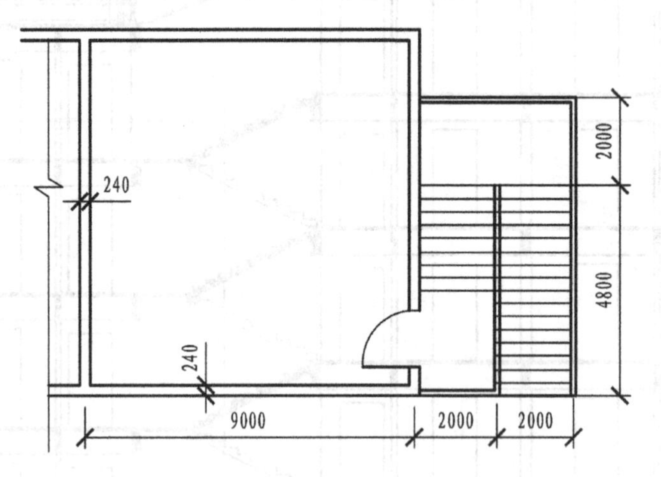

图 12-24 室外楼梯建筑示意图

(18) 建筑物的阳台均应按其水平投影面积的 1/2 计算。

建筑物的阳台，不论是凹阳台、挑阳台、封闭阳台、不封闭阳台，均按其水平投影面积的 1/2 计算。

【例 12-19】 计算某层建筑物阳台的建筑面积(见图 12-25)。

解
$$S = (3.5 + 0.24) \times (2 - 0.12) \times 0.5 \times 2 + 3.5 \times (1.8 - 0.12) \times 0.5 \times 2 + (5 + 0.24) \times (2 - 0.12) \times 0.5 = 17.84\ m^2$$

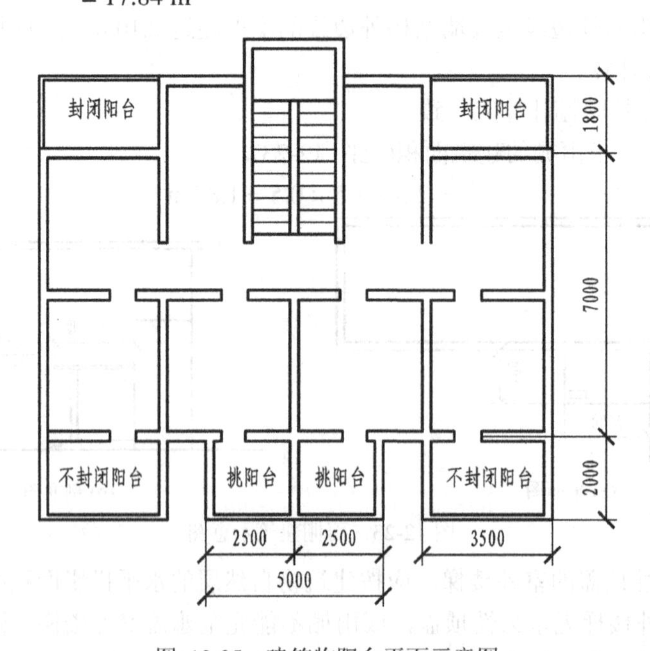

图 12-25 建筑物阳台平面示意图

(19) 有永久性顶盖、无围护结构的车棚、货棚、站台、加油站、收费站等，应按其顶盖水平投影面积的 1/2 计算。

车棚、货棚、站台、加油站、收费站等，不以柱来确定建筑面积的计算，而依据顶盖的水平投影面积计算。在车棚、货棚、站台、加油站、收费站内设有围护结构的管理室、休息室等，另按相关条款计算面积。

【例 12-20】　计算货棚的建筑面积(见 12-26)。

解　$$S = (8 + 0.3 + 0.5 \times 2) \times (24 + 0.3 + 0.5 \times 2) \times 0.5 = 117.65\ \text{m}^2$$

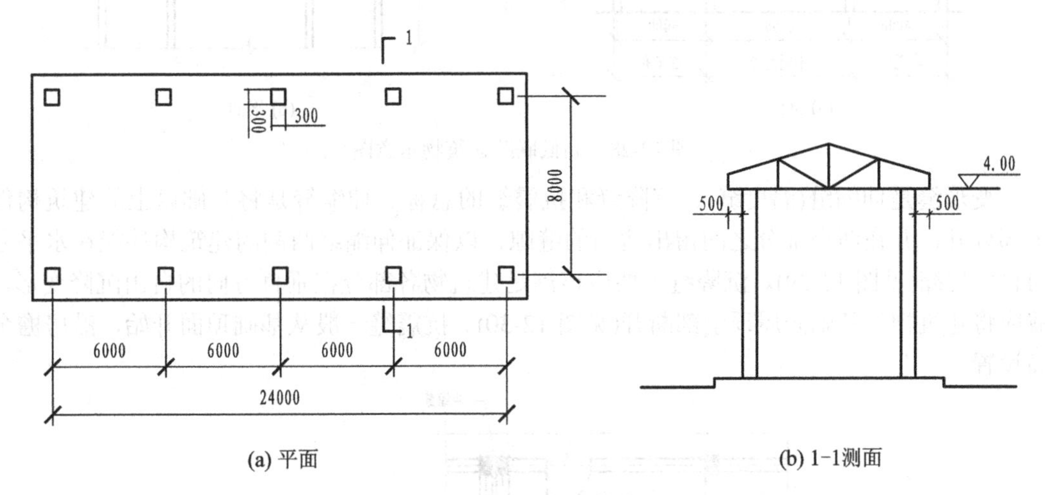

图 12-26　货棚建筑示意图

【例 12-21】　计算站台的建筑面积(见图 12-27)。

解　$$S = 7 \times 12 \times 0.5 = 42\ \text{m}^2$$

(20) 高低连跨的建筑物，应以高跨结构外边线为界分别计算建筑面积；当高低跨内部连通时，其变形缝应计算在低跨面积内。

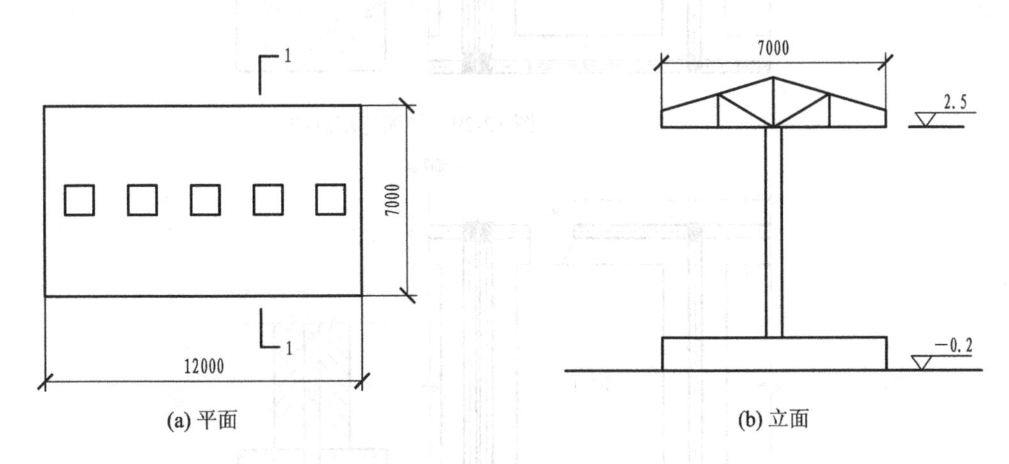

图 12-27　站台建筑示意图

【例 12-22】　计算高低连跨建筑物的建筑面积(见图 12-28)。

解　$$S = (6 + 0.4) \times 8 + 4 \times 2 \times 8 = 115.2\ \text{m}^2$$

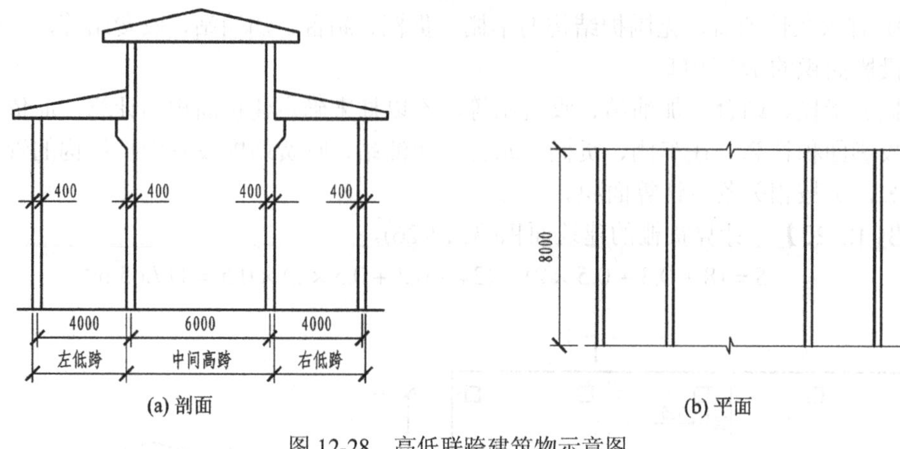

图 12-28　高低联跨建筑物示意图

变形缝是伸缩缝(温度缝)、沉降缝和抗震缝的总称。伸缩缝是将基础以上的建筑构件全部分开，并在两个部分之间留出适当的缝隙，以保证伸缩缝两侧的建筑构件能在水平方向自由伸缩(见图 12-29)。沉降缝主要应该满足建筑物各部分在垂直方向的自由沉降变形，故应将建筑物从基础到屋顶全部断开(见图 12-30)。抗震缝一般从基础顶面开始，沿房檐全高设置。

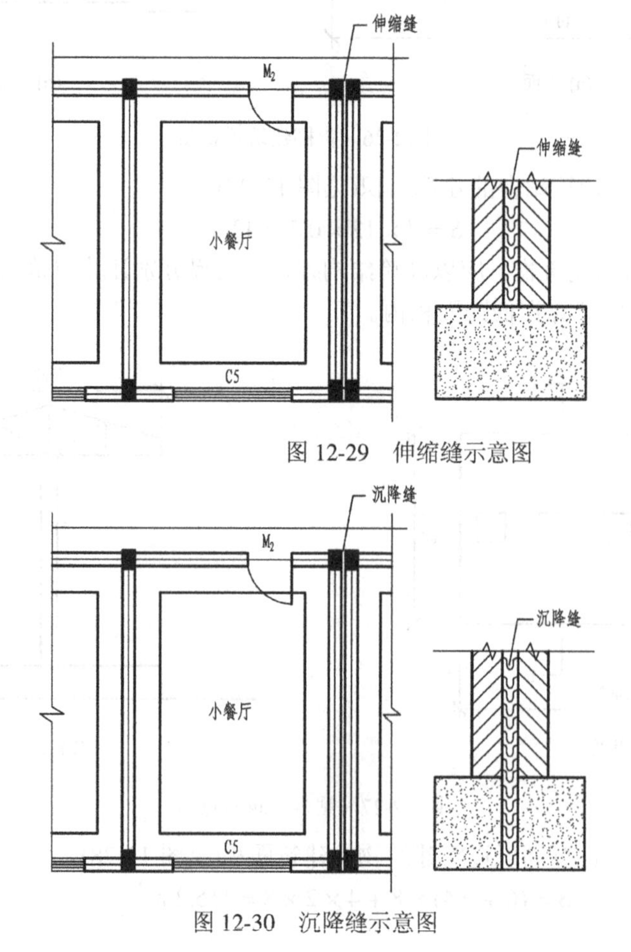

图 12-29　伸缩缝示意图

图 12-30　沉降缝示意图

(21) 以幕墙作为围护结构的建筑物，应按幕墙外边线计算建筑面积。

注：围护性幕墙(见图 12-31)应计算建筑面积，而装饰性幕墙(见图 12-32)不应计算建筑面积。

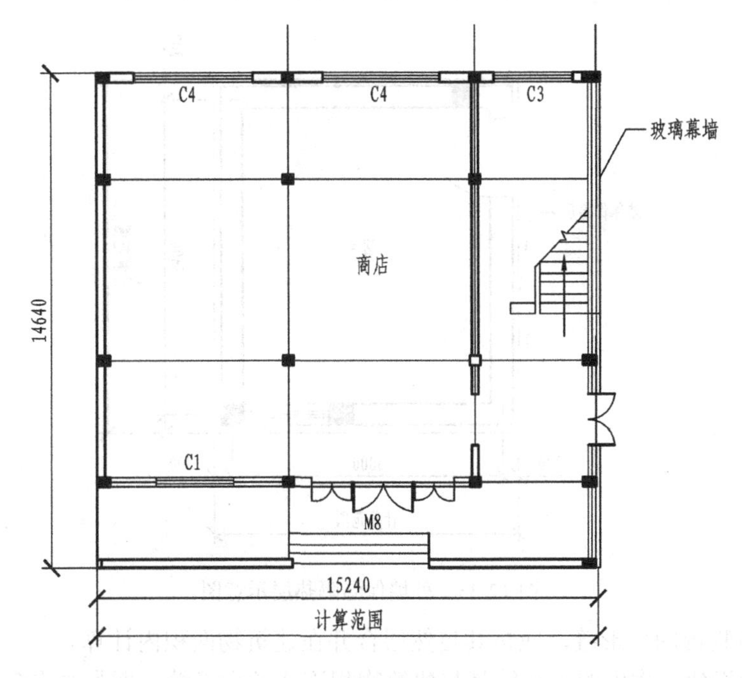

图 12-31　维护性幕墙示意图

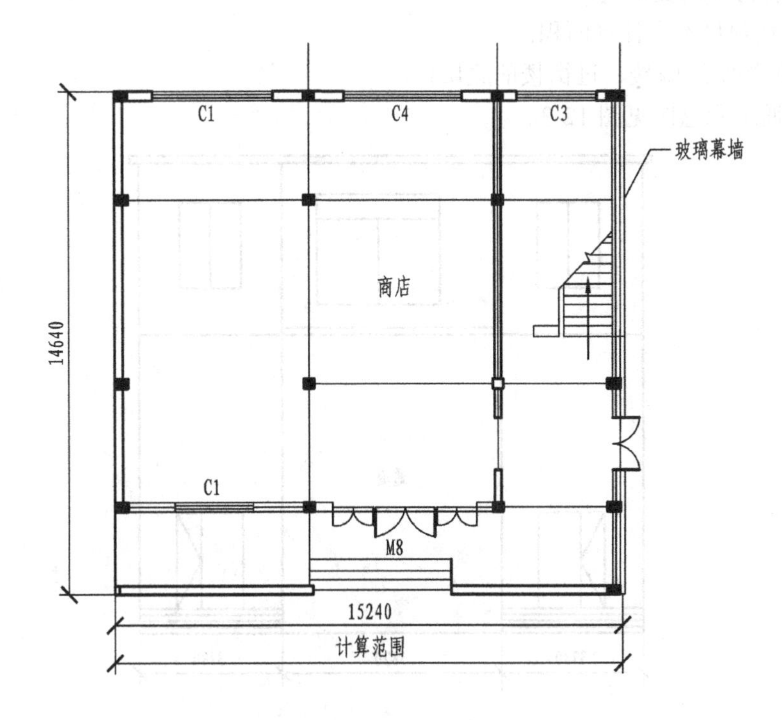

图 12-32　装饰性幕墙示意图

(22) 建筑物外墙外侧有保温隔热层的，应按保温隔热层外边线计算建筑面积。

【例 12-23】 计算外墙设有保温隔热层的建筑物的建筑面积(见图 12-33)。

解 $S = (3 + 0.2 + 0.2) \times (3.6 + 0.2 + 0.2) = 13.6\ \text{m}^2$

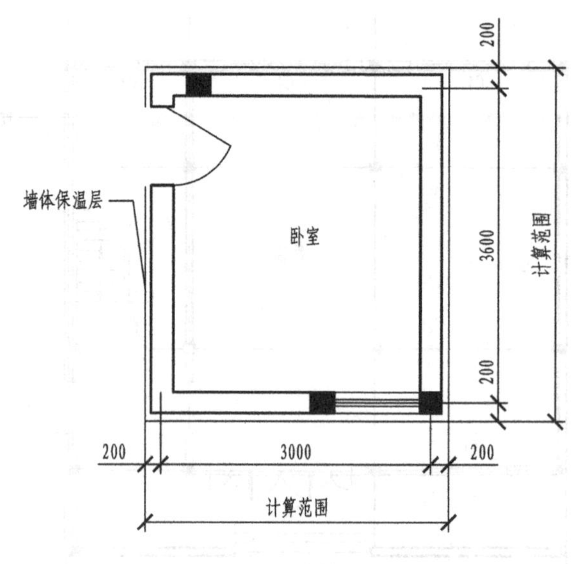

图 12-33 外墙保温隔热层示意图

(23) 建筑物内的变形缝，应按其自然层合并在建筑物面积内计算。

本规范所指建筑物内的变形缝是与建筑物相连通的变形缝，即暴露在建筑物内，在建筑物内可以看得见的变形缝。

(24) 下列项目不应计算面积：

① 建筑物通道(骑楼、过街楼的底层)。

建筑物通道示意图见图 12-34。

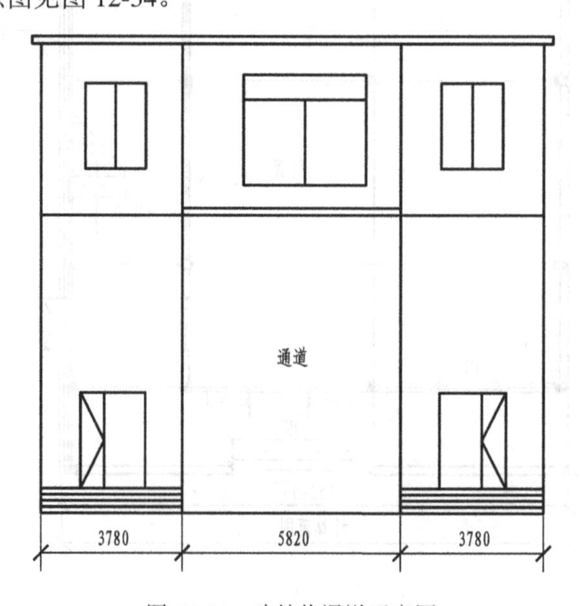

图 12-34 建筑物通道示意图

② 建筑物内的设备管道夹层。

建筑物内的设备管道夹层示意图见图 12-35。

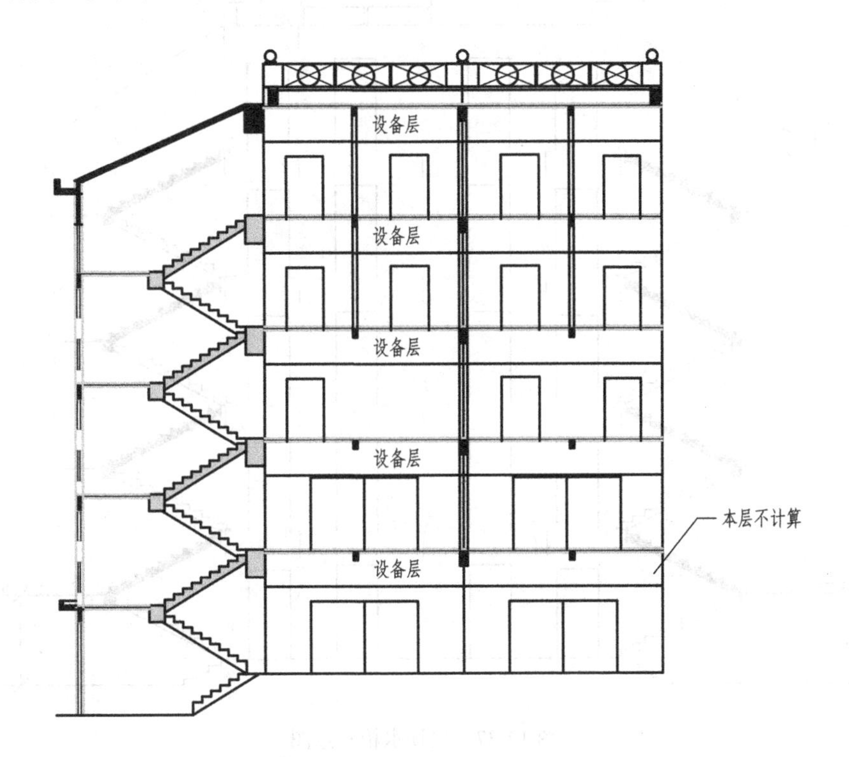

图 12-35　设备管道夹层示意图

③ 建筑物内分隔的单层房间，舞台及后台悬挂幕布、布景的天桥、挑台等。

建筑物内分隔的单层房间示意图见图 12-36。

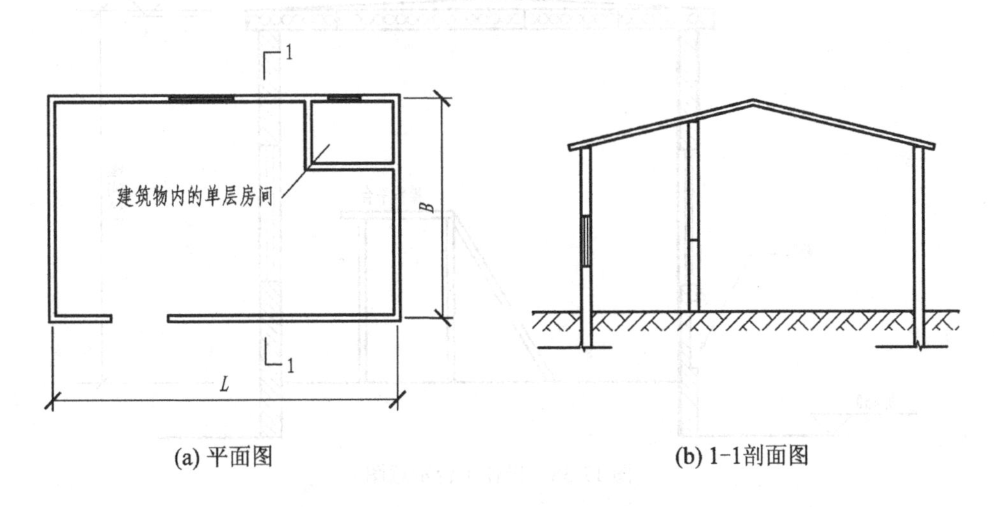

(a) 平面图　　(b) 1-1剖面图

图 12-36　建筑物内分隔的单层房间示意图

④ 屋顶水箱、花架、凉棚、露台、露天游泳池。

屋顶水箱示意图见图 12-37。

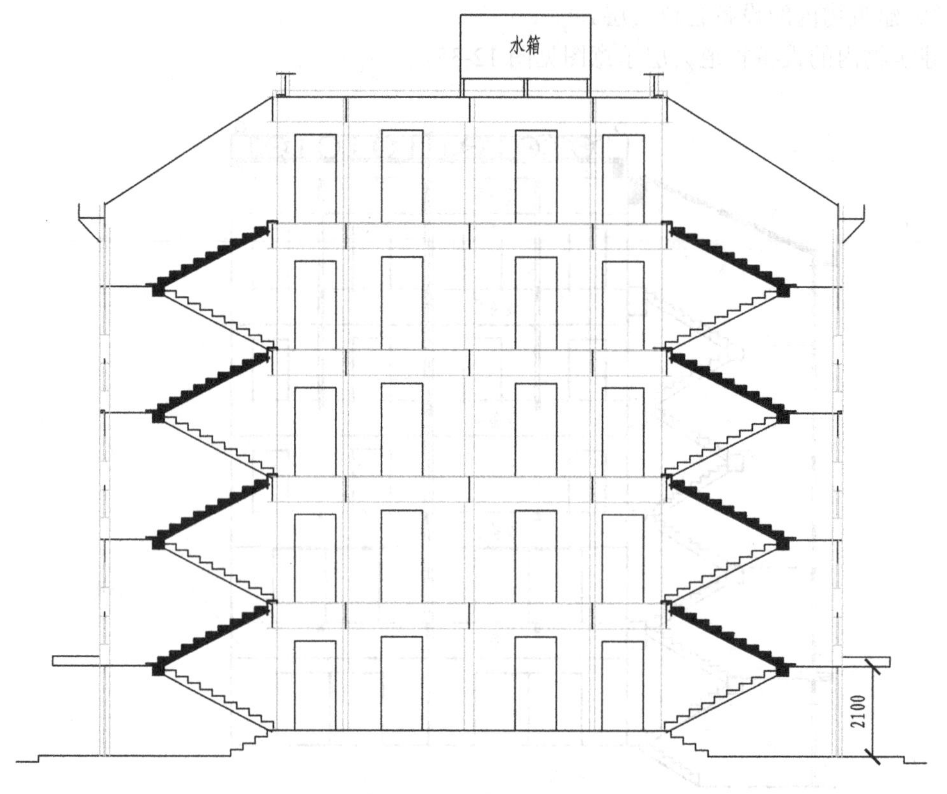

图 12-37　屋顶水箱示意图

⑤ 建筑物内的操作平台、上料平台、安装箱和罐体的平台。

建筑物内的操作平台示意图见图 12-38。

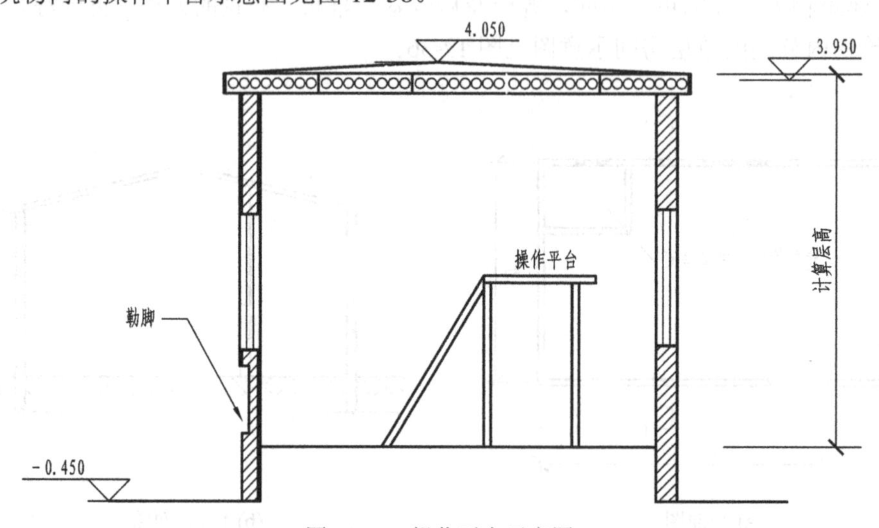

图 12-38　操作平台示意图

⑥ 勒脚、附墙柱、垛、台阶、墙面抹灰、装饰面、镶贴块料面层、装饰性幕墙、空调室外机搁板(箱)、飘窗、构件、配件、宽度在 2.10 m 及以内的雨棚以及与建筑物内不相连通的装饰性阳台、挑廊。

上述构件均不属于建筑结构，不应计算建筑面积。墙垛、附墙柱、飘窗示意图见图 12-39。

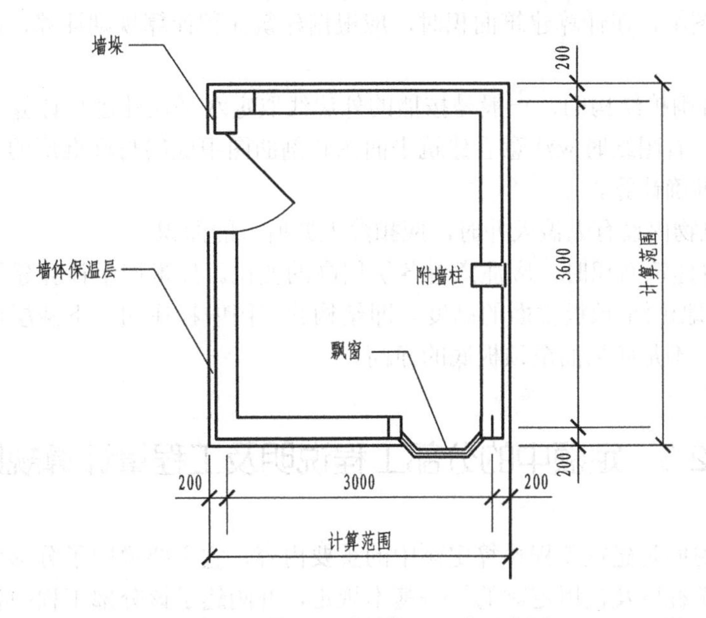

图 12-39　墙垛、附墙柱、飘窗示意图

⑦ 无永久性顶盖的架空走廊、室外楼梯和用于检修、消防等的室外钢楼梯、爬梯。

无永久性顶盖的架空走廊示意图见图 12-40。

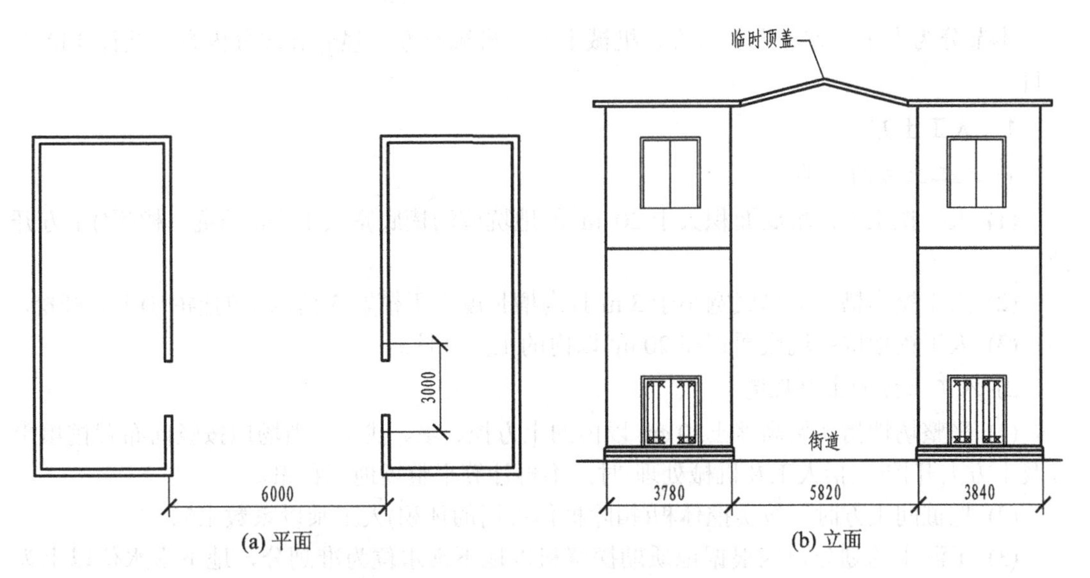

图 12-40　无永久性顶盖的架空走廊示意图

⑧ 自动扶梯、自动人行道。

自动扶梯(斜步道滚梯)除两端固定在楼层板或梁之外，扶梯本身属于设备，为此扶梯不宜计算建筑面积。水平步道(滚梯)属于安装在楼板上的设备，不应单独计算建筑面积。

⑨ 独立烟囱、烟道、地沟、油(水)罐、气柜、水塔、贮油(水)池、贮仓、栈桥、地下人防通道、地铁隧道。

4. 计算建筑面积应注意的事项

根据施工图纸，在计算建筑面积时，应根据建筑面积计算规则计算，在计算时，应注意以下几点：

(1) 对于有围护结构的，一般是按墙的外边线取定水平尺寸进行计算。设计图纸是以轴线标注尺寸，看图纸时应注意看建筑平面图和剖面图中底层与标准层的外墙墙厚是否有变化，以便于准确计算。

(2) 当建筑物内设有无盖天井时，应扣除天井所占的面积。

(3) 在计算建筑面积时，应注意看各层层高的变化。技术层不计算建筑面积，其层高的取定是以楼(地)面至顶板楼面的高度，即结构施工图中标注的上下两层楼面结构标高之间的垂直距离，不是底板面至顶板底的净高。

12.3　定额中的分部工程说明及工程量计算规则

分部工程说明是建筑工程预算定额中的重要内容，它主要说明了分部工程定额中所包括的主要分项工程以及使用定额的一些基本规定，并阐述了该分部工程中各分项工程的工程量计算规则和方法。

12.3.1　土石方工程

本节分为人工土方、人工石方、机械土方、机械石方、强夯五部分内容，共计 142 个子目。

1. 人工土方

1) 人工土方的分类

(1) 人工挖土方：坑底面积大于 20 m^2 的地坑或沟槽底宽大于 3m 的坑、槽(沟)土方开挖。

(2) 人工挖沟槽：沟槽底宽小于 3 m 且沟槽长度大于槽宽 3 倍以上的槽(沟)土方开挖。

(3) 人工挖地坑：坑底面积在 20 m^2 以内的土方开挖。

2) 人工土方的主要规定

(1) 平整场地指现场高差±30 cm 以内的土方挖、填、找平，当场地按竖向布置挖填土方及土方大开挖(包括人工及机械处理)时，不再计算平整场地工程量。

(2) 挖桩间土方时，按实挖体积(扣除桩体占用的体积)人工乘以系数 1.5。

(3) 干湿土的划分，应根据地质勘探资料以地下常水位为准划分，地下常水位以上为干土，以下为湿土。人工土方子目是按干土编制的，如挖湿土时，人工乘以系数 1.18；挖湿土且需排水者，每 100 m^3 湿土增加 Φ50 潜水泵 5 台班。

(4) 在挖好的基槽、基坑、土方大开挖工作面内进行灰土回填夯实工序时，不能使用原土夯实子目。

(5) 回填素土、灰土适用于室内外及各类垫层的回填。

3) 人工土方的主要工程量计算规则

(1) 人工挖、运土方按天然密实体积(自然方)计算工程量，土(灰土)方回填夯实按压实方计算。

(2) 运土量无法按自然方计算时，素土量按压实体积乘以系数 1.22 计算；灰土在场外集中拌和时，灰土运输量按压实体积乘以 1.31 系数计算。当灰土必须在现场拌和时，灰土中的素土量按比量乘以系数 1.22 计算。

(3) 平整场地工程量按建筑物外墙外边线每边各加 2 m 以“m^2”计算。施工现场已按竖向布置进行土方挖、填、找平的工程和大开挖工程、道路及室外沟管道不得计算场地平整。

(4) 原土夯实以夯实面积计算工程量。

(5) 人工挖土方、沟槽、地坑等，按设计要求尺寸以“m^3”计算。挖土深度不小于 1.5 m 时应计算放坡，且不分土壤类别，按表 12-2 计算工程量。

表 12-2　放坡起点表

放 坡 起 点/m	放 坡 系 数
1.5	1∶0.33

① 计算放坡时，交接处的重复工程量不予扣除。

② 槽、坑作基础垫层时，不论是否支模，均以垫层下表面计算放坡系数，并不再考虑垫层的工作面。

(6) 挖沟槽、基坑需支挡土板时，其宽度按图示沟槽、基坑底宽，单面加 10cm，双面加 20cm 计算。挡土板面积，按槽、坑垂直支撑面积计算。支挡土板后，不得再计算放坡。

(7) 基础施工所需工作面，按表 12-3 规定计算。

表 12-3　基础施工所需工作面宽度计算表

基础材料	每边各增加工作面宽度/mm
砖基础	200
浆砌毛石、条石基础	150
混凝土基础支模	300
基础垂直面做防水层	800(防水面层)

(8) 挖沟槽长度，外墙按图示中心线长度计算；内墙按图示基础底面间净长线(当基础底面有垫层时，应为垫层底面间净长线)长度计算，内外突出部分(垛、附墙烟囱等)体积并入沟槽土方工程量。

(9) 土方开挖深度以图示开挖底面到室外地坪计算。

(10) 土方回填体积以挖方体积减去设计室外地坪以下埋设砌筑物(垫层、基础等)体积计算。

(11) 房心回填土，按主墙(承重墙或厚度在 15 cm 以上的墙)之间的面积乘以填土平均厚度计算，不扣除垛、附墙烟囱、垃圾道及地沟等所占的体积。

(12) 钻探及回填孔，按建筑物底层外边线每边各加 3 m 以“m^2”计算。设计要求放宽者按设计要求计算。

(13) 余土或取土工程量，按下式计算：

$$余土外运体积 = 挖土总体积 - 回填土总体积$$

计算结果为正值时为余土外运体积，负值时为需取土回填体积。

2. 机械土方

1) 机械土方的主要规定

(1) 机械土方子目综合考虑了土壤类别的权重、施工机械的类型、规格，编制预算时不得换算。

(2) 机械土方子目是按土壤天然含水率制定的，当土壤含水率大于 25%时，子目人工、机械乘以系数 1.15。

(3) 砂石基础垫层(换土)机铺机压定额子目为级配砂石材料，当使用无级配砂石材料时，可按有级配子目换算材料(材料用量中已考虑了理论级配损耗及充盈系数)，人工、机械均不得换算。

2) 机械土方的工程量计算规则

(1) 土方体积以挖掘前的天然密实体积(自然方)为准计算，碾压工程按压实方计算。

(2) 运土量无法按自然方计算时，素土量按压实体积乘以系数 1.22 计算；灰土在场外集中拌和时，灰土运输量按压实体积乘以系数 1.31 计算；当若灰土必须在现场拌和时，灰土中的素土量按比量乘以系数 1.22 计算。

(3) 机械场内施工的运距，按以下规定计算：

① 推土机按挖方区重心至回填方区重心间的距离计算。

② 铲运机按挖方区重心至卸土区重心加转向距离 45 m 计算。

③ 装载机现场倒运土，自卸汽车运土以挖方区重心至填卸土区重心距离计算。

(4) 机械土方若须放坡和开挖(填)临时坡道时按施工组织设计计算工程量，招、投标时可暂不计算此项费用，结算时按实际情况调整。

(5) 施工机械的子目选用，应按施工组织设计规定使用的机械确定，如无规定则可参考以下数据选用：

① 推土机推土：推土距离在 80 m 以内，开挖深度在 3 m 以内的土方施工。

② 铲运机铲运土：运土距离在 800 m～1000 m、开挖深度在地下水位 1 m 以上的挖运土方，并应考虑机械转向所需的场地要求。

③ 挖掘机挖土(推土机辅助)配自卸汽车运土适用于运土距离在 500 m 以上、挖掘深度在 8 m 以内，推土距离在 50 m 范围以内的土方施工。

④ 装载机倒运土方适用于现场 150 m 以内的土方运输。

⑤ 翻斗车运土适用于运距在 150 m～500 m 时的土方运输。

12.3.2　桩基工程

本节分为打(压)入预制桩、灌注桩成孔、其他桩、基坑降水、地基深层加固、基坑支护、其他，共 7 节 112 个子目，除个别子目外，均为单项工序消耗量定额。

1．说明及有关规定

(1) 本章定额综合考虑了不同的土壤类别、机械型号与规格、桩断面、长度(以上有注明者除外)等因素，除有规定者外，不得因现场情况换算。

(2) 灌注混凝土桩是根据不同的成孔方式、灌注方式、混凝土搅拌形式设立的消耗量定额，已综合考虑不同充盈系数的差异。

(3) 打(压)入钢筋混凝土方桩、管桩、板桩子目中均包括喂桩，并综合考虑了送桩因素，使用时不得调整换算。

(4) 基坑大口径井降水可根据不同的地质资料选用不同的成井方式，具体选用条件如下：

① 一般砂土、黏土层选用锅锥钻机。

② 含有 3 m 以上成层砂层或砂砾层的地层选用回旋钻机。

③ 含有砾石及卵石层的地层选用冲击钻机。

④ 一个单位工程根据工程勘察资料的地层分布，只能选用一种成井工艺，消耗定额已综合了单井中各种地层的消耗量因素，除井管材料外，其他不得换算。

⑤ 基坑支护中的孔内注浆是按水灰比为 0.45 的水泥浆计算消耗量的，如设计与其不同时可调整材料用量。在砂石层注浆时，人工、机械、材料含量乘以 1.2 系数。

⑥ 喷射砼中砼充盈及操作消耗量按 27%考虑，已包括翻边、射角等情况，可根据实际调整。混凝土是按水泥：砂：豆石 1：2.41：2.55 考虑的，设计不同时可按实际情况调整。

⑦ 土钉、锚杆的钢腰梁(含垫铁)执行“钢吊车梁”子目，联结螺栓制安按“零星铁件制安”子目计算。

⑧ 泥浆制作、运输、泥渣(淤泥、泥土及经沉淀、凉晒后成型的泥浆)外运已考虑了扩孔率、孔的不规则性及实际使用的泥浆用量，均以理论成孔体积计算，不得调整。

⑨ 在桩间补桩或在强夯后的地基打桩、在打灰土挤密桩后的场地打砼灌注桩时，按相应子目的人工、机械、摊销材料乘以系数 1.15。

⑩ 泥浆护壁工作内容不包含泥浆制作、泥浆池开挖和砌筑，发生时可套用有关章节相应子目。

2．工程量计算规则

(1) 打(压)入预制钢筋混凝土桩按设计桩长加桩尖长度乘以桩截面积，以“m^3”计算，管桩则应扣除其空心体积，当管桩空心部分按设计要求灌注混凝土或其他填充材料时，应另行计算，即

$$V = S \times L$$

式中：L 表示设计桩长(包括桩尖，不扣除桩尖虚体积)；S 表示桩截面面积。管桩空心部分应扣除，若设计要求灌注填充材料，则另行计算。

(2) 电焊接桩按设计接头，以“个”计算。

(3) 灌注桩。

① 走管式打桩机(含桩尖)、螺旋钻机、回旋钻机、冲击钻(锥)机、锅锥钻机、旋挖钻机成孔以设计入土深度计算。

② 回旋钻机、冲击钻(锥)机成孔深度是指护筒顶至桩底的深度，同一井深内分不同土

质套用不同子目，不论其所在的深度如何，均执行总孔深子目。

③ 走管式打桩机成孔后，先埋入预制混凝土桩尖，再灌注混凝土者，桩尖按有关章节另行计算。

(4) 钻孔桩灌注混凝土以设计桩长(含桩尖)加 0.5m 乘以断面面积计算。

$$V = S \times (L + 0.5)$$

(5) 人工挖孔桩灌注混凝土按设计图示桩长乘以断面以 m^3 计算。

(6) 灰土挤密桩按设计图示桩长加 0.25 m 乘以断面以 m^3 计算。

$$V = S \times (L + 0.25)$$

(7) 混凝土灌注桩的钢筋笼及基坑支护的锚杆、土钉制作，以设计图用量套用“钢筋”子目计算，其中钢筋笼焊接搭接长度按 10d 考虑。

(8) CFG 桩按设计桩长乘以桩截面积，以“m^3”计算。

$$V = S \times L$$

(9) 砂(石、砂石)灌注桩、震动水冲桩按设计图示尺寸计算体积。

⑩ 轻型井点降水每 50 根、24 小时为 1 套天，大口径降水井成井以“口”为单位计算。井管以上空孔部分不得计算工程量，抽水值班以水泵出水口径按设备台班消耗定额计算，降水系统维护按单井单泵台班计算。

(11) 土钉墙支护以设计支护面积计算，不计算翻边、射角面积，锚杆(土钉)注浆按成孔体积以“m^3”计算，砂石层注浆乘以系数 1.2，锚杆设计长度计算至悬臂桩外侧。

(12) 泥浆制作、泥浆泥渣外运按钻孔理论体积计算。凿桩头砼渣外运以凿除体积乘以 1.25 系数并套用“自卸汽车运渣”子目计算。桩头处理中补浇混凝土、补焊锚固钢筋的材料量按实际情况计算。

12.3.3　砖石工程

本节包括砖基础、各种砖墙、毛石基础、石墙、砌块墙体、砖砌烟囱、水塔等内容，共计 103 个定额子目。

1. 有关规定

(1) 当砖型和规格按表 12-4 所示尺寸计算且砖的规格不同时，定额中的数量允许换算。

表 12-4　砖规格表

名　称			规格尺寸/mm
标准砖			240 × 115 × 53
定型多孔砖	承重	KP1 与 DS1 型 DS 型	240 × 115 × 90 240 × 190 × 90
	非承重	KF17 型	240 × 115 × 240 240 × 240 × 111

(2) 砌块墙体的砌块规格，定额中是按常用规格编制的，规格不同时，数量允许换算。

(3) 砖基础、墙体定额中未计入砌体加固钢筋，设计有抗震要求者，其钢筋工程量按实际计算。钢筋砖过梁定额中已包括了钢筋的用量，实际使用若与定额不符者，不允许换算。

(4) 砖基础未包括防潮层，防潮层依图纸设计，其做法另按第 8 章相应定额计算。

(5) 定额中已注明了砌筑砂浆的强度标号，如与设计要求不同，可按附录换算。

(6) 零星砌体包括厕所蹲台、小便池槽、煤箱、垃圾箱、灯箱、池槽腿、砖砌锅台、炉灶、污水池、花台、花池、台阶挡墙或梯带、楼梯栏板、阳台栏板、地垄墙、支撑地楞的砖墩及屋面隔热板下的砖墩，房上烟囱(房上透气孔)及毛石墙和土坯墙的门窗边及墙角、1/4 砖砌体以及各章注明套用零星砌体的项目。

2. 工程量计算规则

(1) 标准砖砌体计算厚度，按表 12-5 中的规定计算。

表 12-5　标准砖砌体计算厚度表

墙　厚	1/4	1/2	3/4	1	3/2	2	5/2	3
计算厚度/mm	53	115	180	240	365	490	615	740

(2) 使用非标准砖时，砌体厚度应按设计要求的厚度计算。

(3) 基础与墙身的划分：砖基础与墙身以设计室内地坪为界(有地下室的按地下室室内设计地坪为界)，以下为基础，以上为墙身。当墙身与基础为两种不同材料时，位于设计室内地面 ± 300 mm 以内的，以不同材料为界；超过 ± 300 mm 的，应以设计室内地坪为界。砖围墙应以设计室外地坪为界，以下为基础，以上为墙身。石基础、石勒脚、石墙身的划分：基础与勒脚应以设计室外地坪为界，勒脚与墙身应以设计室内地坪为界。石围墙内外地坪标高不同时，应以较低地坪标高为界，以下为基础；内外标高之差为挡土墙时，挡土墙以上为墙身。

(4) 砖石基础按图示尺寸以“m^3”计算。对于砖石基础长度，外墙按外墙中心线长度计算，内墙按内墙净长计算。砖石基础大放脚的 T 形接头处的重复计算部分及嵌入基础的钢筋、铁件、管道、基础防潮层等所占的体积不予扣除，但靠墙的暖气沟挑砖亦不增加。

(5) 通过墙基的孔洞，其洞口面积单个在 0.30 m^2 以内者，其洞口及其过梁体积不予扣除；超过 0.30 m^2 的洞口及其过梁应予扣除。

(6) 墙身以“m^3”计算。计算墙身体积时，应扣除门窗洞口、过人洞、空圈、嵌入墙身的钢筋混凝土柱、梁(包括过梁、圈梁、挑梁)、砖平石旋、钢筋砖过梁和壁龛及内墙板头的体积，不扣除梁头、外墙板头、梁垫、坐浆、防潮层、檩头、垫木、木楞头、檐椽木、木砖、门窗走头、砖墙内的加固钢筋、铁件、钢管及每个面积在 0.3 m^2 以下的孔洞等所占的体积，凸出墙面的窗台虎头砖、压顶线、山墙泛水、烟囱根、门窗套及三皮砖以内的腰线和挑檐等体积也不增加。

(7) 对于墙的长度，外墙按中心线长度，内墙按净长计算。

(8) 墙身高度按下列规定计算：

① 外墙墙身高度：斜(坡)屋面无檐口、天棚者算至屋面板底；有屋架且室内外均有天棚者，算至屋架下弦底另加 200 mm；无天棚者算至屋架下弦底另加 300 mm，出檐宽度超过 600 mm 时，应按实砌高度计算；平屋面算至钢筋砼板面。

② 内墙墙身高度：内墙位于屋架下弦者，其高度算至屋架下弦底面；无屋架者算至天棚底另加 100 mm；有钢筋混凝土楼板隔层者算至板底；有框架梁时算至梁底面。

③ 内、外山墙，墙身高度：按其平均高度计算。

④ 围墙：高度算至压顶上表面(如为砼压顶时算至压顶下表面)，围墙柱并入围墙体积内。

(9) 附墙烟囱(包括超出屋面部分)、通风道、垃圾道：按其外形体积计算，并入所依附的墙体内，不扣除每一个孔洞横截面在 0.1 m^2 以下的体积，但孔洞内的抹灰工程量亦不增加。

(10) 附墙(包括基础)砖垛：按实体积以“m^3”为单位套用依附墙(基础)子目。

(11) 框架间砌墙：分别对内外墙以框架间的净空面积乘以墙厚计算，套用相应砖墙定额，框架外表面的镶贴砖部分应单独计算，套用零星砌体定额项目。

(12) 女儿墙高度：从屋面板上表面算至女儿墙顶面(如有砼压顶则算至压顶下表面)。

(13) 砖柱：不分柱身和柱基，其工程量合并计算，执行砖柱定额。

(14) 零星砌体：除砖砌锅台、炉灶(不分大小)按图示外形尺寸(不扣除各种空洞体积)以“m^3”计算外，其余项目均按实砌体积计算。

(15) 砖(石)砌地沟：不分基础、沟壁，合并后以“m^3”计算。挖孔桩砖护壁按图示尺寸以“m^3”计算。

(16) 砖砌台阶(不包括梯带)：按水平投影面积以“m^2”计算。

(17) 砖平石旋、钢筋砖过梁：按图示尺寸以“m^3”计算。当设计无规定时，砖平石旋按门窗洞口宽度两端共加 100 mm，乘以高度(门窗洞口宽小于 1500 mm 时，高度为 240 mm，大于 1500 mm 时，高度为 365 mm)计算；钢筋砖过梁按门窗洞口宽度两端共加 500 mm，高度按 440 mm 计算。

(18) 砌体内加固筋：砌体压筋及砼柱(含构造柱)或其他钢筋砼构件与墙体的构造拉接钢筋以“吨”计算。

(19) 多孔砖墙、加气砼砌块墙、硅酸盐砌块墙、水泥炉渣砼小型空心砌块墙：按图示尺寸以“m^3”计算，应扣除门窗洞口、钢筋砼圈梁所占的部分。其砌块墙的实砌标准砖部分已包括在定额内，不得另行计算；多孔砖墙内的实砌标准砖部分应另列项目，按相应定额计算。

(20) 毛石墙、方整石墙、挡土护坡：按图示尺寸以“m^3”计算，砖(石)砌检查井、化粪池、窨井、水池均以实砌体积计算；如有砖砌门窗立边、窗台虎头砖，则按零星砌体定额执行。砖平石旋、钢筋砖过梁等按实砌砖体积另列项目计算。

(21) 砖衬墙夹保温层：按图示尺寸以“m^3”计算，扣除门窗洞口、钢筋砼圈梁所占的体积。

(22) 砖基础大放脚折加高度：可按附表一计算。

12.3.4 混凝土及钢筋混凝土工程

本节分为混凝土及钢筋、现浇构件模板、预制构件模板、构筑物单项部分模板、预制构件接头灌缝五部分内容。

1．有关规定

1) 混凝土

(1) 混凝土仅列 C20 砾石、C20 毛石及 C30 预应力先张法和 C30 预应力后张法子目，使用时可根据设计的不同标号列入。

(2) 混凝土的损耗率为 1.5%，其中：制作 0.2%、运输 0.8%、成型 0.5%。

2) 钢筋

(1) Φb^5 以内的钢筋以点焊为主。

(2) 预埋铁件考虑了各种情况下的焊接因素。

(3) 钢筋笼套用本章相应钢筋子目，并在此基础上每吨增加 30 kVA 交流电焊机 0.9 台班、电焊条 3.5 kg，其他不再调整。

(4) 预应力钢筋包括了钢筋预加应力各个工序的内容。

3) 模板

(1) 模板子目按不同情况，综合考虑了工具式钢模板(定型钢模)、组合钢模板、木模板、砖地模、砖胎模、混凝土长线台座等。

(2) 现浇钢筋混凝土模板子目，层高是按 3.6 m(包括 3.6 m)考虑的。建筑设计层高超过 3.6 m 时，计算超高支模增加消耗量子目，梁、板合并套用梁板超高子目，墙、柱合并套用墙柱超高子目。超高支模增加消耗量子目不适用于栏板、挑沿、天沟、楼梯及构筑物类构件。

(3) 有弧度的混凝土构件，内弧半径在 9 m 以内(包括 9 m)套用拱(弧)形现浇构件模板子目，半径超过 9 m 者，使用相应的直形构件模板子目。

(4) “墙”模板子目内已综合考虑了必要的预埋拉紧螺栓(对拉螺栓)，施工时是否埋设，均不作调整。

(5) 预制钢筋混凝土构、配件模板子目内(预制柱除外)，均已扩入了构、配件的起模、归堆，不论采用何种方式，均不做调整。现场预制柱的起模就位可另套用“1 km 运输”子目。

2. 主要工程量计算规则

1) 混凝土

(1) 混凝土构、配件工程量按图示尺寸及表 12-6 所示混凝土含量折算，以“m^3”为计算单位。

表 12-6　构、配件混凝土含量表

构配件名称	计算单位	混凝土含量/m^3
现浇普通楼梯	每 100 m^2 投影面积	26.88
现浇圆形(旋转)、楼梯	每 100 m^2 投影面积	18.50
现浇雨棚	每 100 m^2 投影面积	10.42
预制垃圾道(梯形)	每 100 延长米	2.80
预制通风道、烟道(矩形)	每 100 延长米	4.20
镂空花格	每 1 m^3 虚体积	0.40
台阶	每 100 m^2 投影面积	16.40

(2) 混凝土墙板上单孔面积在 0.3 m^2 以下的孔洞，计算混凝土工程量时不予扣除，单孔面积在 0.3 m^2 以上时，应予扣除。

(3) 构筑物混凝土亦套用相应混凝土子目。

2) 钢筋

(1) 编制施工图预、结算时，钢筋、预埋铁件均按设计图示用量以“t”为单位计算。

(2) 钢筋、预埋铁件的损耗率包括在子目内，不得另计。

(3) 现浇及预制构、配件用钢筋，应按 Φb^5 以下、圆钢 $\Phi 10$ 以下、$\Phi 10$ 以上、螺纹钢 $\Phi 10$ 以上(含 $\Phi 10$)、预应力钢筋分列并套用相应子目。

(4) 计算钢筋工程量时，设计规定钢筋搭接长度的，按规定搭接长度计算；设计未规定搭接长度的，已包括在钢筋的损耗率之内，不另计算搭接长度。

(5) 带肋钢筋执行相应的圆钢子目。

(6) $\Phi 10$ 以上(含 $\Phi 10$)螺纹钢筋子目综合了电渣压力焊接因素，计算钢筋长度时，每个接头按钢筋直径 $5d$ 计算。

(7) 设计要求用机械连接接头的钢筋，接头工程量按“个”计算。

(8) 后张法预应力钢筋是指后张法预应力构件在预制构件混凝土达到规定强度后再进行预应力张拉的钢筋。采用长线台座生产的先张法预应力钢筋，包括预应力主筋及长线台座上部的通长钢筋。预应力混凝土构件内的其他钢筋骨架、点焊片，分别套用相应钢筋子目。

(9) 先张法预应力钢筋，按构件外形尺寸计算长度；后张法预应力钢筋按设计图规定的预应力钢筋预留孔道长度，并区别不同的锚具类型，分别按下列规定计算：

① 低合金钢筋两端采用螺杆锚具时，预应力的钢筋按预留孔道长度减 0.35 m 计算。

② 低合金钢筋一端采用镦头插片，另一端采用螺杆锚具时，预应力钢筋长度按预留孔道长度计算。

③ 低合金钢筋一端采用镦头插片，另一端采用帮条锚具时，预应力钢筋长度增加 0.15 m；两端均采用帮条锚具时预应力钢筋长度共增加 0.3 m。

④ 低合金钢筋采用后张混凝土自锚时，预应力钢筋长度增加 0.35 m。

⑤ 低合金钢筋或钢绞线采用 JM、XM、QM 型锚具，孔道长度在 20 m 以内时，预应力钢筋长度增加 1 m；孔道长度 20 m 以上时，预应力钢筋长度增加 1.8 m。

⑥ 碳素钢丝采用锥型锚具，孔道长在 20 m 以内时，预应力钢筋长度增加 1 m；孔道长 20 m 以上时，预应力钢筋增加 1.8 m。

⑦ 碳素钢丝两端采用镦粗头时，预应力钢丝长度增加 0.35 m。

(10) 固定双层钢筋的马凳筋，如设计有规定者，按设计规定计算，设计没有规定者按间距 1 m 计算用量，其长度为 $2H+20$ cm(H 为板厚)，钢筋直径不得大于双层钢筋中较小的一种。

(11) 混凝土梁高在 1.2 m 以上者，当需增加钢筋斜撑等固定时，按审定的施工组织设计规定计算。

(12) 梁下部设计有双排钢筋，且上排钢筋无法与箍筋连接固定时，需增设垫筋，其计算长度 $L=B-5$ cm(B 为梁宽)，垫筋按 $\Phi 25$ 计算，并入 $\Phi 10$ 以上钢筋用量内。

梁长(跨间长度)不大于 6 m 时，按四处计；梁长大于 6 m 时，按五处计。

3) 模板

(1) “有梁式带形基础”适用于梁高(自基础扩大面至梁顶)不大于 1.2 m 的钢筋混凝土

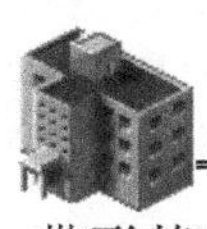

带形基础；梁高大于 1.2 m 时，扩大顶面以下的基础部分套用“无梁式带形基础”，扩大顶面以上的部分，根据梁的厚度，套用“墙”的子目。圆弧形带基，半径 9 m 以内者执行带基子目乘以 1.4 系数。

(2) “有梁式满堂基础”适用于梁高(自基础面至梁顶)不大于 1.2 m 的满堂基础，如梁高大于 1.2 m 时，底板套用“无梁式满堂基础”，梁套用相应“墙”的子目。

(3) “箱式基础”可分解为底板、梁、柱、顶板，分别套用相应子目。其中墙或柱与底板、顶板连接处的扩大部分并入底板、顶板或柱中。

(4) “设备基础”适用于块体状设备基础；框架式设备基础应分解为基础、柱、梁、板、墙，分别套用相应子目；楼层上的块状设备基础，其工程量并入所在部位的捣制板内。

(5) 混凝土垫层子目适用于支模浇灌的混凝土带形基础、杯形基础、独立基础、承台及构筑物下的垫层，满堂基础的混凝土垫层套用“无梁式满堂基础”子目。凡直接灌入基槽、基坑内的混凝土垫层，不再计算垫层模板。

(6) “矩形柱、异形柱、圆形柱”：有梁板、平板的柱高，从柱基上表面至楼板(屋面板)上表面计算高度；无梁板的柱高，从柱基上表面至柱帽下表面计算高度。

(7) 现浇框架柱的柱高，有楼隔层者，自柱基上表面或楼板上表面至上一层楼板上表面计算高度；无楼隔层者，应自柱基上表面至柱顶计算高度。柱基上表面指柱基扩大顶面。基础上部的现浇柱，不论是否伸出地面，凡柱基扩大顶面以上部分，均应套用“柱”模板子目。

(8) “变截面柱”指层间柱立面为斜面的柱(包括上、下截面不同的圆形柱)，“变截面柱”模板套用相应“柱”模板子目并乘以系数 1.3。

(9) “构造柱”按全高计算，其与砖墙嵌接部分的体积并入柱体积内计算。

(10) “预制柱”、“预制支架”按设计图示尺寸(包括伸入杯形基础部分)计算，依附柱的牛腿体积并入柱体积计算。

(11) “基础梁”子目仅适用位于独立柱基础之间，梁下部无任何支托的架空梁。

(12) 捣制墙基圈梁套用“圈梁”子目。

(13) 捣制梁及框架梁的梁端与柱交接时，梁长计算至柱侧面；次梁与框架梁(或主梁)交接时，次梁长算至框架梁(或主梁)侧面；梁端与混凝土墙交接时，梁算至墙侧面；梁端与砖墙交接时，伸入砖墙内的部分(包括梁头和捣制梁垫)并入梁内计算。

(14) 捣制圈梁兼做门、窗过梁部分，阳台、挑沿、挑梁伸入墙身圈梁部分，进门处雨棚配重梁及捣制叠合梁的二次浇捣部分，均套用“圈梁”、“过梁”子目。

(15) “捣制门框”应分解为柱(异形柱)、梁(异形梁)，分别套用相应子目。

(16) “捣制异形梁”指横断面为非矩形的梁，其外伸部分应不大于 30 cm；外伸部分大于 30 cm 时应分解计算，主体部分执行矩形梁，外伸部分按相应规定计算。

(17) 捣制梁两支座之间水平或垂直方向呈折线形的折梁，分别按矩形梁(或异形梁)子目乘以 1.1 系数。以上折梁不包括楼梯折梁。

(18) 捣制梁两支座之间水平方向呈曲线形的梁，其半径小于 9 m 时，矩形曲梁套用“捣制弧形梁”，异形曲梁套用“捣制弧形梁”子目乘以系数 1.1。

(19) “捣制拱形梁”指两支座之间上下呈拱形的矩形曲梁。两支座之间呈拱形的异形曲梁，按捣制拱形梁子目乘以系数 1.1 计算。

(20) 捣制混凝土墙工程量以“m^3”计算。墙与柱连接时墙算至柱侧面，墙与梁连接时墙算至梁底，按墙身厚度计算，分别套用“墙”相应子目。

(21) 电梯井四壁按壁厚分别套用的相应“墙”子目。

(22) 墙内的暗柱、暗梁、连梁并入“墙”内计算。

(23) 单面支模的“墙”，套用相应墙的子目并乘以系数0.6。

(24) “有梁板”包括次梁与板，按梁、板体积之和计算(见附图)。

(25) 无梁板指不带梁、直接用柱帽支承的楼板，其柱帽体积与板合并计算。

(26) “平板”按板实体积计算。

(27) 捣制板与梁(框架梁、主梁、圈梁)交接时，板算至梁侧面；捣制板与混凝土墙交接时，板算至墙侧面；捣制板与砖墙交接时，伸入墙内部分(板头或板脚)并入板内计算。

(28) “预制板”一律按图示尺寸计算体积。

(29) 预制大型板开洞增加通风圈时，通风圈按预制零星构件计算。预制大型屋面板上四角改为圆弧形后，增加部分并入预制大型板体积内计算。

(30) 弧形板、圆形板一律执行相应的板子目。

(31) “捣制挑檐、天沟”专指屋面挑出结构及工业厂房两跨间的下凹部分。挑檐包括梁、圈梁侧面或主墙以外的挑出和弯起部分，以及挑沿板上相连的加劲小梁和弯起部分上相连的加劲柱。

(32) 圆弧形挑檐半径小于9 m时，执行“挑檐、天沟”子目并乘以系数1.2。

(33) “捣制悬挑梁板”指现浇梁、圈梁侧面向外挑出大于30 cm的通廊、水平遮阳板、水平板带以及悬挑加劲梁，凡板底与下一层板面(或地面)高度在 6 m 以上者，执行“捣制挑沿、天沟、悬挑构件”子目。悬挑板底面与下层板面(或地面)高度在6 m以内者执行“有梁板”子目。悬挑宽度小于30 cm者并入相连的“梁”内计算。

(34) 捣制“看台、阶梯段”以水平投影面积计算模板工程量，计算水平投影面积时，以阶梯段下部水平梁外侧为界，与阶梯段相连的现浇板大于1 m时，执行“板”子目；小于1 m时，按投影面积计算后并入阶梯段内。看台阶梯段包括台阶式人行通道(见图13-41)进入看台的底面为斜面的楼梯，套用“楼梯”子目。

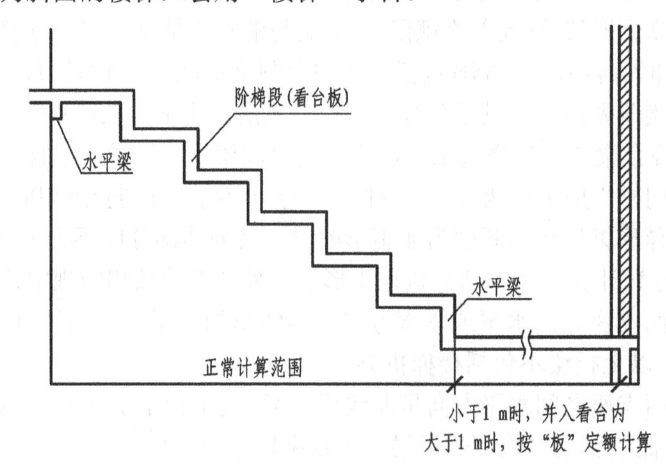

图12-41　看台示意图

(35) 捣制同心圆楼梯(俗称螺旋楼梯)应分解计算。捣制圆形柱执行“捣制圆形柱”子目，踏步和旋梁按“普通楼梯”子目乘以系数 1.5 计算，预制同心圆楼梯执行“预制零星构件”子目。

(36) “捣制圆弧形楼梯”指非同心圆螺旋形楼梯及圆弧形楼梯。“圆弧形楼梯”和“普通楼梯”工程量以楼梯分层水平投影面积之和来计算。以水平梁外侧为界，不计伸入墙内(不论是混凝土墙或砖墙)部分的面积，楼梯水平梁外侧以外部分(走道板、过道板)不计入楼梯内。宽度大于 0.50 m 的楼梯井面积，应在楼梯水平投影面积中扣除(宽度小于 0.50 m 的楼梯井面积不予扣除)。

(37) “捣制普通楼梯”子目内，已综合考虑了楼梯水平梁、斜梁、踏步、捣制或预制的休息平台的因素。

(38) “捣制普通楼梯”是按一般建筑双向楼梯考虑的，如单坡直形楼梯(即无休息平台)按“捣制普通楼梯”子目乘以系数 1.2 计算；三折楼梯(即两个休息平台)按“捣制普通楼梯”子目乘以系数 0.9 计算。

(39) “捣制整体阳台”和“捣制阳台底板”工程量，均以阳台的水平投影面积计算。

① “捣制整体阳台”子目内已综合考虑了伸出墙外的挑梁、阳台底板、隔板(或预制)、栏板、栏杆以及压顶扶手。

② “捣制阳台底板”子目专供使用型钢及其他围栏的阳台、阳台底板，并已综合考虑了梁板式、板式等类型。

(40) 凹阳台及采用多孔板的挑阳台，应分解为梁、板、栏板、压顶扶手等，分别套用相应子目。

(41) “捣制雨棚”工程量，以设计图示雨棚板的水平投影面积计算，适用于不以柱支撑的结构形式。“雨棚”子目内已综合考虑了弯起不大于 30 cm 的部分。

① 以柱支撑的雨棚，或者虽不以柱支撑，但雨棚挑出墙面(或梁面)大于 1.50 m 的雨棚和门廊顶盖，应按设计尺寸分解计算柱、梁、板、栏板工程量，分别套用相应子目。

② 雨棚外侧立面高度大于 30 cm，但不大于 60 cm 时，除套用一次“雨棚”子目外，其增高部分可另行计算外侧投影面积工程量后，套用“栏板”子目。雨棚外侧立面装饰性栏板高度超过 60 cm 时，应分解计算(雨棚水平板以上弯起超过 30 cm 的部分为栏板，水平板以下部分为挂板)，并套用相应子目。

(42) “栏板”适用于楼梯、看台、通廊等侧边弯起部分垂直立面高度大于 30 cm 的防护或装饰性工程，以外侧垂直投影面积计算(不含压顶高度)。水平板面一侧弯起部分为栏板，下垂部分为挂板，挂板下垂高度不大于 30 cm 者并入相应依附构件内计算，高度大于 30 cm 的挂板不论弯折几次，均按“栏板”子目乘以系数 1.35 计算。圆弧形栏板(挂板)半径在 9 m 以内者，在相应的“栏(挂)板”子目基础上乘以系数 1.2。

屋面混凝土女儿墙厚 10 cm 内执行“栏板”子目，厚 10 cm 以上执行相应厚度“墙”子目，压顶另计。

(43) “捣制扶手、压顶”子目已综合考虑了楼梯、阳台、栏板、女儿墙、山墙上部所采用的各种不同形状的现浇扶手或压顶，以实际长度乘以断面积计算。

(44) “捣制台阶”按水平投影面积计算，台阶与平台连接时，其分界线以最上层踏步外沿加 30 cm 计算。

(45) 预制桩的长度包括桩尖在内，工程量按桩的断面乘以全长计算，不扣除桩的虚实体积差。

“预制桩尖”子目适用于单独预制的桩尖，以实体积计算。

(46) 预制镂空花格不分复杂和简单，均按外形体积计算。

(47) 预制弧形梁、折线形梁执行相应的“矩形梁”子目并乘以系数 1.1。

(48) “支模每增加 1 m”子目指建筑设计层高超过 3.6 m 部分(不含 3.6 m)，不足 1 m 者按 1 m 计算应增加的消耗量定额，梁、板处于层高 3.6 m 以上时应全部计算其支模增加消耗量，墙、柱为超过 3.6 m 以上部分则计算支模增加消耗量。

(49) 预制构件“座浆灌缝”的工程量，按预制构件的体积计算。

(50) 预制板类构件，因设计模数与房间净距不一致而出现的缝隙，设计说明补现浇缝时按说明计算工程量，设计未说明者一律按板的理论宽度计算出板缝宽度后，以“m^3”计算混凝土工程量，模板执行“平板”子目。

(51) 零星构件、小型构件使用范围。

① 现浇构件模板：凡单位体积在 0.05 m^3 以内的或单体虽在 0.05 m^3 以上，但形式特异的装饰性构件，如蘑菇状、伞状等。

② 预制构件模板：单体在 0.05 m^3 以内、未列子目的构件，如梁垫。

③ 小型构件座浆灌缝：包括预制地沟盖板、架空板、通风道、垃圾道、镂空花格、壁龛、小型池槽等。

(52) 钢筋混凝土烟囱不分筒身、牛腿、烟道口，均按实体积计算，执行“钢筋混凝土倒锥壳水塔支筒滑升钢模”子目。

(53) 钢筋混凝土水塔。

① 基础包括基础底板和筒座，筒座以上为塔身。圈梁底面为水塔塔身与水槽的分界，圈梁底面以下为水塔塔身。

② 混凝土筒式塔身，以实体积“m^3”计算，应扣除门窗洞口所占体积和 0.3 m^2 以上的孔洞体积。依附于筒身的过梁、挑梁等工程量，并入筒身体积计算，并按孔洞面积每 10 m^2 增加模板 0.0293 m^3。

③ 混凝土塔顶包括顶板和圈梁，槽底包括底板、挑出的斜壁和圈梁。塔顶不分锥形、球形，槽底不分平底、拱底，塔顶和水箱壁铺填保温材料时另计，执行相应章节子目。

④ 与塔顶槽底(或斜壁)相连接的圈梁之间的直壁为槽内、外壁。内、外壁均以实体积计算，扣除门窗洞口所占体积，依附于外壁的梁、柱等均并入外壁计算。非保温水槽的槽壁按内壁定额执行。

(54) 贮仓(筒仓)漏斗。

① 圆形仓带基：垫层以上至仓底板底面为基础，底板以下的梁、柱分别执行相应子目，连接在柱上的上、下柱头并入柱的体积计算。

② 底板：基础上表面至板面，执行“圆形仓底板”子目。

③ 仓壁(钢滑模)：圆形仓适用于高度在 30 m 以内，壁厚上、下断面一致的盐仓、粮仓、水泥库等。其壁高自底板上表面算至顶板底面，扣除 0.05 m^2 以上的孔洞面积，并按孔洞面积每 10 m^2 增加木模 0.0293 m^3 计算。40 m 以内圆形仓可套用“定额”子目编码 4-146 乘以系数 0.9 计算，40 m 以上另行补充。

④ 当采用圆形仓圆锥形时，可执行“矩形仓方锥形漏斗”子目并乘以系数 1.6。

⑤ 顶板：顶板的梁与顶板体积合并计算，套用相应子目。

⑥ 矩形仓的立壁与漏斗以相互交点的水平线为界线，壁上圈梁并入漏斗体积内。基础、支承漏斗的柱和柱间的联系梁，分别套用相应子目。

⑦ 支承贮仓(筒仓)漏斗的框架型预制钢筋混凝土支架，执行相应子目，支架运输、安装按第 6 章有关规定执行。

(55) 混凝土水池适用容积在 2 m^3～50 m^3 的民用一般水池，其工程量按水池混凝土量计入。

大于 50 m^3 以上的工业性水池(工业水池按有关专业部门规定处理)要分解计算，执行相应子目。

12.3.5 金属构件制作及钢门窗工程

本节包括金属构件制作、钢门窗安装两部分，共分 8 节 42 个子目。

1. 相关规定

(1) 本定额适用于现场加工及企业附属加工厂制作的构件。

(2) 钢门窗以成品数量列入。

(3) 构件制作包括分段制作和整体预装配的人工、材料及机械台班用量，整体预装配用的螺栓、锚固杆件用的螺栓，已包括在定额内。

(4) 构件制作项目中，均已包括刷一遍防锈漆工料。

(5) 本定额未包括加工点至安装点的构件运输，实际发生时，应按构件运输章有关子目计算。

(6) 本定额的金属构件制作，均按焊接编制的，设计使用螺栓或铆接时，仍执行本定额。

(7) 钢筋混凝土组合屋架的钢拉杆，按屋架钢支撑计算。

(8) 钢柱定额已综合了实腹、空腹柱。

2. 主要工程量计算规则

(1) 金属构件制作按图示尺寸以“吨”计算，钢材重量不扣除孔眼、切肢、切边的重量，焊条等附属材料已包括在定额内，不另行计算重量。多边形钢板按长边矩形计算。

(2) 实腹柱、吊车梁中腹板及翼板宽度按每边增加 25 mm 计算。

(3) 钢柱工程量包括依附于柱上的牛腿及悬臂梁重量；制动梁工程量包括制动梁、制动桁架、制动板重量；墙架工程量包括墙架柱、墙架梁及连接杆重量。

(4) 钢屋架单榀重量在 1 t 以内时，执行轻钢屋架子目。

(5) 钢漏斗工程量，矩形按图示分片计算，圆形按图示展开计算，以上口宽度与高度按矩形计算依附漏斗的型钢并入漏斗工程量。

(6) 网架工程量包括杆件、钢球、支座、六角钢、高强螺栓等全部重量。

(7) 钢门窗不分开启方式，执行同一定额，工程量以洞口面积计算。断面为曲(折)线的门窗，工程量按展开面积计算。

(8) 钢门、钢窗带纱扇定额已含纱扇数量，本定额为综合子目。纱扇数量不符，均不得调整。

(9) 钢天窗开窗机按天窗延长米计算。

(10) 厂库钢大门中全板钢大门，按图示尺寸以“吨”计算，五金、铁件重量已包括在定额内，不另计算重量。其余钢门，以洞口尺寸“平方米”计算。

(11) 木门窗钢栅栏不分组合形式，均按所需安装钢栅栏的洞口尺寸计算。

12.3.6　构件运输及安装工程

本节包括构件运输、预制钢筋混凝土构件安装、金属构件安装三部分内容，共 121 个子目。

1. 主要说明及规定

1) 构件运输

(1) 本定额适用于由构件堆放场地或构件加工厂至施工现场的运输。

(2) 本定额按构件的类型和外形尺寸划分。混凝土构件分为四类，金属构件分为三类。构件分类见表 12-7、表 12-8。

表 12-7　预制钢筋混凝土构件分类

类型	名　称
Ⅰ	4 m 以内空心板、实心板
Ⅱ	6 m 以内的桩、屋面板、工业楼板、基础梁、吊车梁
Ⅲ	6 m～14 m 的梁、板、柱、桩、各类屋架、桁架、托架
Ⅳ	天窗架、挡风架、天窗侧板、端壁板、天窗上下档、门窗框及单体体积在 0.1 m^3 以内的小型构件

表 12-8　金属构件分类

类型	名　称
Ⅰ	钢柱、屋架、托架梁、防风桁架
Ⅱ	钢吊车梁、制动梁、支撑、上下档、钢拉杆、栏杆、盖板、钢梯、零星铁件、操作台
Ⅲ	钢墙架、挡风架、天窗架、檩条、轻钢屋架、管道支架

(3) 混凝土构件运距超过 30 km，金属构件、木门窗构件超过 20 km 时，超过部分的运输费用按交通运输部门单价执行。

2) 构件安装

(1) 定额是按单机作业制定的。

(2) 本定额是按机械起吊点中心回转半径 15 m 以内的距离计算的；超出 15 m 时，应另按构件 1 km 以内运输定额项目执行。

(3) 定额中的机械型号、吨位和机械类型是综合考虑的，使用时不得换算。

(4) 预制混凝土构件和金属构件安装定额均不包括为安装工程所搭设的临时性脚手架，若发生应另按有关规定计算。

(5) 混凝土构件若采用砖模制作，其安装定额中的人工、机械乘以 1.1 系数。

(6) 单层房屋屋盖系统构件必须在跨外安装时，其相应的构件安装子目人工、机械乘

以系数 1.18。

(7) 金属构件安装按焊接考虑的，设计用铆接时，仍执行本定额。

(8) 钢网架拼装定额不包括拼装台所用的材料，使用本定额时，按施工组织设计进行补充。钢网架安装是按分体吊装考虑的，若施工方法与定额不符，则可另行补充。

(9) 构件吊装是按建筑物设计室外地坪至沿口滴水线 20 m 以内考虑的，当建筑物的上述高度超过 20 m～25 m 时，整个屋盖系统的构件吊装人工和机械乘以系数 1.1。

(10) 本定额未包括机械安装所需道路枕木或路基箱铺设费，实际发生时，另行计算。

(11) 小型构件安装系指单体小于 0.1 m^3 的构件。

2．主要工程量计算规则

(1) 预制混凝土构件运输及安装按图示尺寸以实体积计算，钢构件按图示尺寸以“t”计算，木门窗运输以“m^2”计算。

(2) 预制钢筋混凝土构件运输及安装损耗率按表 12-9 规定计算后，并入构件工程量内。

表 12-9　预制钢筋混凝土构件成品、运输、安装损耗率表　%

名　称	成　品	运　输	安　装
预制混凝土桩	0.1	0.4	1.5
各类预制构件	0.2	0.8	0.5

(3) 焊接形成的预制钢筋混凝土框架结构，其柱安装按框架柱计算，梁按框架梁计算。

(4) 预制钢筋混凝土工字形柱、矩形柱、空腹柱、空心柱、实心柱、管道支架等，均按柱安装计算。

(5) 组合屋架安装，以混凝土部分实体积计算，钢杆件部分不另计算。

(6) 预制钢筋混凝土多层柱安装，首层按柱安装计算，其余按柱接柱计算。

12.3.7　木门窗和木结构工程

本节包括木门窗、木楼梯、木结构三部分内容，共 78 个子目，补充 6 个子目。

1．主要说明及规定

(1) 本章子目中除木扶手为三、四类木种外，均为一、二类木种。采用三、四类木种时分别乘以下列系数：木门窗制作的人工工日及机械台班乘以 1.3；木门窗安装的人工工日乘以 1.16，其他子目的人工工日和机械台班乘以 1.35。

(2) 本章劳动力消耗综合了机械和手工操作的水平。

(3) 本节木门窗部分均按框制作与框安装、扇制作与扇安装分别列项，其中普通木门不再设“扇制作”子目，木门扇可按设计要求分类别采用市场采购方式，按扇数另列项目计算。冷藏门及保温门按框制作安装与扇制作安装列项。

(4) 库房大门、冷藏门、保温门等特种门是按现行国标计算的，不得调整。

(5) 本节消耗量指标中的玻璃均为 3 mm 厚开片玻璃，并计入了安装损耗，如按整箱玻璃计算则应在此基础上乘以系数 1.15。

(6) 普通门窗及特种门安装子目的五金量均为相应图集中的一般五金，如设计有特殊要求则可另行计算。

(7) 保温门填充料可以按设计要求换算，但其他均不得调整。

(8) “钉屋面板油毡”、“挂瓦条及檩条上钉屋面板”两子目中，屋面板应根据“屋面板制作”子目进行二次分析后计入。

2．主要工程量计算规则

(1) 各类木门窗的制作、安装工程量均按门窗洞口尺寸计算，门亮子按所在门的洞口计算。

(2) 木屋架的制作安装工程量按以下规定计算：

① 木屋架制作安装均按设计断面及长度，以竣工木料“m^3”计算，其后备长度及配制损耗不另计算。附属于屋架的木夹板、垫木等已并入相应的屋架制作项目中，不另计算。与屋架连接的挑沿木、支撑等，其工程量并入屋架竣工木料体积内计算。

② 方木屋架及方木檩条一面刨光时增加 3 mm，两面刨光时增加 5 mm；圆木屋架圆木檩条刨光时其木材耗用量增加 5%，屋架人工乘以系数 1.25，檩条人工乘以系数 1.40。

③ 屋架的制作安装应区别不同跨度，其跨度应以上、下弦杆中心交点之间的长度为准。带气楼的屋架并入所依附的屋架体积内计算。

④ 檩木按竣工木料以“m^3”计算，简支檩长度按设计规定计算，设计无规定者，按屋架或山墙中距增加 200 mm 长度计算，如两端出山檩条长度算至博风板，则连续檩条的长度按设计长度计算，其接头长度按全部连续檩木总体积的 5%计算。檩条托木已计入相应檩木制作安装子目中，不另计算。

⑤ 屋面木基层按屋面斜面积计算，天窗挑沿重叠部分按设计图示计算，屋面烟囱及斜沟部分所占面积不扣除。

⑥ 封沿板按图示沿口外围长度计算，搏风板按斜长计算，每个大刀头增加 500 mm。

⑦ 木楼梯按水平投影面积计算，不扣除宽度小于 300 mm 的楼梯井，踢脚板、平台和伸入墙内部分不另计算。宽度大于 300 mm 的楼梯井应予扣除。

12.3.8 楼地面工程

本节包括垫层、防潮层及找平层、变形缝、止水带和地沟等四部分内容，共 129 个子目。

1．主要说明及有关规定

(1) 本节水泥砂浆、砼等的配合比如设计规定与定额子目不同时，可以换算。

(2) 干铺毛石、碎砖、砾(碎)石垫层子目均包括掺砂夯实，当与施工不符合时，不得调整。

(3) 变形缝为综合子目包括变形缝的制作、安装、运输、刷防锈漆、调合漆等。

2．主要工程量计算规则

(1) 地面垫层按主墙间净空面积乘以设计厚度以“m^3”计算，应扣除凸出地面的构筑物、设备基础、室内轨道、地沟等所占体积，不扣除间壁墙和 0.3 m^2 以内的柱、垛、附墙烟囱及孔洞所占体积。

(2) 防潮层及找平层均按主墙间净空面积以“m^2”计算，应扣除凸出地面的构筑物、设备基础、室内轨道等所占面积，不扣除间壁墙和 0.3 m^2 以内的柱、垛、附墙烟囱及孔洞所占面积，但门洞、空圈、暖气包槽、壁龛的开口部分亦不增加。

(3) 墙基防潮层，外墙长度按中心线，内墙长度按净长乘以墙宽以“m^2”计算。

(4) 散水、坡道按设计图示尺寸以面积计算，不扣除单个 0.3 m^2 以内的孔洞所占面积。

(5) 变形缝和止水带按设计图示尺寸以延长米计算。

12.3.9　层面防水及保温隔热工程

本节包括屋面(分瓦屋面、金属压型板屋面、卷材屋面防水层、涂膜屋面防水层、屋面保温隔热找坡层、其他)，地面、墙面防水(分卷材防水层、涂膜防水层)和天棚、墙面保温隔热(分天棚保温隔热层、外墙内保温层)三部分内容，共 129 个子目及 19 个补充子目。

1．主要说明及有关规定

(1) 各种瓦屋面(“9-1”～“9-18”子目)实际用瓦规格与子目中规格不同时，瓦材数量可以换算，其他不变。

(2) 琉璃瓦挑檐(女儿墙，“9-16”子目)适用于陕 02J02(2/6)节点构造或类似的建筑节点。琉璃瓦屋面(“9-17”子目)和檐口附件(“9-18”子目)不适用于屋面工程量大于 300 m^2 的单项工程。

(3) 金属压型板屋面(和墙面)由于尚缺较标准化的定型板件和节点构造，到位安装多由生产、供应方组织进行，定额的编制条件不甚具备。“9-19”～“9-22”子目的适用范围已给出并分别标注于相应子目；对于不在适用范围的金属压型板屋面，招投标时建议采用市场价或加注说明。

(4) 本节“卷材和涂膜屋面防水层”、“地面墙面防水层”子目中均已综合考虑了规范要求增加的附加层及防水薄弱处的加强层工料。不同防水材料的屋面、地面、墙面所增加的附加层、加强层数量和材质不同，但都不再换算。除子目中注明者外，均已包括涂刷基层处理剂、卷材搭接用黏结剂以及屋面防水层中的收头等工料。

(5) 涂膜防水除 SBS 弹性沥青涂膜屋面防水层和地面、墙面防水层按×布×胶划分界定子目外，其他合成高分子涂膜均按涂膜膜层总厚度划分界定。设计要求涂膜厚度与子目设置厚度不相符时，可按两子目厚度差值比例增减调整人工工日数量和涂料用量。

(6) 卷材屋面防水层“9-28”～“9-30”子目系按通常满铺工艺施工，当设计要求按条点铺或空铺工艺施工时，应另行补充。

(7) 本节“屋面设置”子目均为单项子目，未综合例如嵌分隔缝、设隔离层、架空板隔热层、涂料或硬质保护层等，可按设计要求的铺设范围计算工程量。涉及本节而未设置子目的，例如各类找平层、刚性防水层、硬质保护层等，应按相关章节的规定计算工程量。

(8) 屋面保温隔热层的子目，主要按陕 02J01 图集屋面保温隔热的设计要求设置。当工程设计采用其他保温隔热材料时，可按相近子目仅将保温隔热材料置换。所谓“相近”，主要指保温隔热材料的导热系数相近。

(9) 外墙内保温层的子目，主要按陕 02J12-2 外墙内保温构造图集的设计要求设置，子目中包括了清理基层、粘钉(粘贴)保温板材或分层粉抹保温浆料、粘贴玻纤网布加强、粉抹保护层、刮抹腻子以及图集中构造要求的钉固定件、填泡沫条、打密封膏等全部工料，但不包括上述外墙内保温构造图集中或对象工程设计中要求的水泥砂浆找平层。粉抹保温浆料性的子目已综合考虑了各类保温浆料的特性和带给粉抹操作的降效影响，综合考虑了

在混凝土和砖面的基层因素。

2．主要工程量计算规则

(1) 小波大波石棉瓦、玻纤增强聚酯波纹瓦、彩色水泥瓦及黏土平瓦屋面工程量，均按铺瓦部分水平投影面积乘该部分屋面坡度系数(见表12-10)以“m^2”计算。不扣除斜天沟、屋面小气窗和单个出屋面面积不大于0.10 m^2的物件所占面积，但屋面小气窗的出檐部分不增加。

表12-10　屋面工程量用屋面坡度系数计算表

(条件：$A = B = 1$时的C、E值)

坡度		夹角θ	系数C	系数E	坡度		夹角θ	系数C	系数E
H/A	H∶A				H/A	H∶A			
1.000	1∶1	45°	1.4142	1.7321	0.33	1∶3	18° 26'	1.0541	1.4530
0.75		36° 52'	1.2500	1.6008	0.300		16° 42'	1.0440	1.4457
0.700		35°	1.2208	1.5780	0.250	1∶4	14° 02'	1.0308	1.4361
0.667	1∶1.5	33° 42'	1.2019	1.5635	0.200	1∶5	11° 19'	1.0198	1.4283
0.650		33° 01'	1.1927	1.5564	0.167	1∶6	9° 28'	1.0138	1.4240
0.600		30° 58'	1.1662	1.5362	0.150		8° 32'	1.0112	1.4221
0.577		30°	1.1547	1.5275	0.125	1∶8	7° 08'	1.0078	1.4197
0.550		28° 49'	1.1413	1.5174	0.100	1∶10	5° 42'	1.0050	1.4177
0.500	1∶2	26° 34'	1.1180	1.5000	0.083	1∶12	4° 45'	1.0035	1.4167
0.450		24° 14'	1.0966	1.4841	0.067	1∶15	3° 49'	1.0022	1.4158
0.400	1∶2.5	21° 48'	1.0770	1.4697					
0.350		19° 17'	1.0595	1.4569					

(2) 琉璃瓦挑檐(女儿墙)檐口附件和屋面工程量，按铺瓦面积以“m^2”(檐口附件以延米)计算。配合琉璃屋面的各类脊、吻、沟、檐及附件，可按全国统一房屋修缮工程预算定额陕西省价目表(2001年)古建分册(明清)第四章说明及第五节相关子目计算。

(3) 彩钢压型板、彩钢压型夹心板屋面，均按铺设屋面板面积以“m^2”计算，不扣除单个出屋面面积不大于0.10 m^2的物件所占面积。压型板屋面的檐沟及泛水板可按展开面积计算后并入。压型夹心板屋面的檐沟及泛水板已综合包含在子目中，不再计算工程量。

(4) 卷材和涂膜屋面防水层均按设计图示要求铺设卷材和涂布涂膜部分水平投影面积乘屋面坡度系数(见表12-10)以“m^2”计算，不扣除单个出屋面面积不大于0.10 m^2的物件所占面积。挑檐、女儿墙、檐沟、天沟、变形缝、天窗、出屋面房间及高低跨处等部位若采用相同材料的向上弯起部分，则均按图示尺寸计算后并入屋面防水层工程量，上述弯起部位详图中无具体尺寸时，可统一按0.3 m计算。

(5) 柔性屋面防水层下设找平层和刚性屋面防水层工程量，按设计要求和第4章消耗量定额规则计算。设计要求设置分格缝并嵌填时，可按“9-59”、“9-60”增计嵌分格缝子目工程量。隔离层、保护层和架空板隔热层均按设计要求铺设范围计算各层工程量，不扣除单个面积不大于0.10 m^2的物件所占面积。

(6) 屋面保温隔热层和屋面找坡层工程量，均按设计图示铺设面积乘设计厚度(找坡层为平均厚度)以“m^3”计算，不扣除单个面积不大于 0.10 m^2 的物件所占面积。当不同部位设计要求坡度、厚度、材质不同时应分别计算。

(7) 地面、墙面卷材和涂膜防水层，均按设计图示铺设卷材和涂布涂膜面积以“m^2”计算。不扣除单个面积不大于 0.30 m^2 的物件所占面积。地面防水层周边部位上卷高度按图示尺寸计算，无具体设计尺寸时可统一按 0.30 m 计算。上卷高度不大于 0.50 m 时，工程量并入平面防水层；大于 0.50 m 者，按“立面防水层”子目计算。

(8) 设计要求在地面、墙面卷材或涂膜防水层上加设保护层时，应按设计要求的加设范围和防水层计算规则计算保护层工程量，选套相关章节子目。

(9) 天棚保温隔热层工程量，应按设计图的铺设或粉抹范围，以“m^3”(粉抹为“m^2”)计算，不扣除单个面积不大于 0.10 m^2 的物件所占面积。保温粉刷石膏天棚工程量要区分不同厚度计算。有梁板天棚板区内，梁侧保温粉刷石膏并入“天棚”子目，沿墙梁侧保温粉刷石膏并入“墙面”子目。

(10) 外墙内保温层工程量，应按设计图的粘铺或粉抹面积，区分不同厚度，以“m^2”计算，要扣除门窗和洞口面积，不扣除单个面积不大于 0.10 m^2 的物件所占面积。

12.3.10 装饰工程

本节包括楼地面工程，墙柱面装饰工程，天棚工程，门窗工程，油漆、涂料裱糊工程以及其他工程六个部分，共 1623 个子目。

需要说明的问题：

(1) 这一节的“楼地面工程”与 12.3.8 节“楼地面工程”的项目划分以找平层为界。找平层以下(含找平层)列入 12.3.8 节“楼地面工程”，找平层以上(不含找平层)列入本节子目。

(2) 这一节的“门窗工程”仅包括装饰性门窗、铝合金门窗、塑钢门窗、彩板门窗、卷闸门窗等，不包括普通门窗、厂库房大门、特种门等项目，这些项目另列入 12.3.7 节“木门窗和木结构工程”和 12.3.5 节“金属构件制作及钢门窗工程”项目内。

(3) 幕墙工程和其他工程项目已综合了搭拆 3.6 m 以内简易脚手架用工及脚手架摊销材料，3.6 m 以上需搭设的装饰脚手架，应在措施费内解决。

1. 楼地面工程

1) 主要说明及有关规定

(1) 同一铺贴面上有不同种类、材质的材料，应分别按本节相应子目执行。

(2) 设计要求整体面层的找平层和面层、块料面层的找平层和结合层，其砂浆厚度和配合比与子目标注不同时，允许换算。

(3) 水磨石楼地面面层划分为不嵌条、嵌条、带艺术型嵌条分色三个定额子目。带艺术型嵌条是指一般直线几何图形，如菱形、三角形和矩形等艺术组合形式。如为圆弧形等艺术形式，则其艺术部分工程量的人工乘以系数 1.25。

(4) 水磨石子目中的水泥石子浆可按设计要求的普通水泥、白水泥、白石子、彩色石子、大理石渣以及加色、不加色等种类选用。设计规定的厚度与子目不同时可作换算。

(5) 水磨石子目中的嵌条是按玻璃条考虑的。当使用其他材料时，取消子目中的玻璃

条含量，另套用相应嵌条子目，其他不变。

(6) 水泥砂浆面层、细石砼面层、块料面层和单贴块料面层子目中均包括刷素水泥浆(掺建筑胶)一道，水磨石面层子目中包括刷素水泥浆(掺建筑胶)两道。当设计要求不同时，可以调整。

(7) 大理石、花岗岩楼地面拼花按成品考虑。

(8) 零星项目面层适用于楼梯侧面、小便池、蹲台、池槽以及单件铺贴面积在 1 m^2 以内的项目。

(9) 镶拼面积小于 0.015 m^2 的石材执行点缀定额。

(10) 螺旋形楼梯按“普通楼梯”子目人工、机械乘以系数 1.2，块料用量乘以系数 1.1。

(11) 扶手、栏杆、栏板子目适用于楼梯、走廊、回廊及其他装饰性栏杆、栏板。

(12) 楼梯栏杆、栏板子目中不含扶手，扶手应另执行相应扶手子目。

(13) 台阶子目是指台阶中的踏步部分，踏步以外的部分可按相应楼地面子目计算。

(14) 木地板如有填充材料，按相应章节子目执行。

(15) 块料面层子目，也适用于上人屋面上铺设的面层。

2) 主要工程量计算规则

(1) 整体楼地面面层按主墙间的实铺面积以“m^2”计算，应扣除突出地面的构筑物、设备基础、室内轨道所占的面积，不扣除柱、垛、附墙烟囱、间壁墙及 0.3 m^2 以内的孔洞等所占的面积，门洞、空圈、暖气包槽、壁龛的开口部分亦不增加。阳台楼地面按净尺寸以“m^2”计算。

(2) 块料面层楼地面按饰面的实铺面积以“m^2”计算，不扣除 0.1 m^2 以内的孔洞所占面积。拼花部分按实贴面积计算。

(3) 楼梯面层工程量按楼梯分层水平投影面积(包括踏步、平台)以“m^2”计算。计算时以楼梯楼层水平梁外侧为界，水平梁外侧以外部分套用相应楼地面子目。宽度大于 500 mm 的楼梯井面积应扣除。

(4) 台阶：按水平投影面积以“m^2”计算，连接地面的一个暗台(如设计无规定则可按 300 mm 计)应并入台阶工程量。

(5) 整体面层踢脚线的工程量按房间主墙间周长以延长米计算。不扣除门洞及空圈所占长度，附墙垛、门洞和空圈等侧壁长度亦不增加。非成品块料踢脚线按实贴长度乘以高度以“m^2”计算。成品块料踢脚线按实贴长度以“m”计算。楼梯踏步段踢脚线均按相应定额乘以 1.15 系数。

(6) 点缀按“个”计算。计算铺贴地面面积时，不扣除点缀所占面积。

(7) 零星项目按实铺面积计算。

(8) 栏杆、栏板、扶手均按其中心线长度以延长米计算，计算扶手时不扣除弯头所占长度。

(9) 弯头按“个”计算。

(10) 石材底面刷养护液按底面面积加 4 个侧面面积，以“m^2”计算。

2. 墙柱面装饰工程

1) 主要说明及有关规定

(1) 本节定额子目中的普通抹灰和装饰抹灰主要按陕 02J-01《建筑用料及做法》设置。设

计要求不同时，砂浆配合比可以调整，人工、机械不变。厚度不同的按每增减 1 mm 子目调整。

(2) 定额子目中的饰面材料和材料的品种、规格与设计不同时，可按设计规定调整，但人工、机械不变。

(3) 水刷石、斩假石子目中的水泥石子浆可按设计要求的水泥品种、石子品种以及加色、不加色来选用。

(4) 块料面层定额按有基层、无基层两种做法编制。

(5) 圆弧形、折线形等不规则墙面，抹灰和镶贴块料应按相应子目的人工乘以系数 1.15，材料乘以系数 1.05。

(6) 镶贴面砖子目，按有缝、无缝两种情况考虑。有缝的缝宽按 5 mm～10 mm 综合考虑，在此范围的块料数量不予调整；当要求缝宽大于 10 mm 时，块料用量可以调整，但人工、机械不变；当要求缝宽小于 5 mm 时，按无缝子目计算。

(7) 本节子目中粘贴块料面层用的干粉黏结剂的厚度依据上海市“陶瓷面砖黏合剂(DCTA)系列”应用技术规程计算。当厚度不同时，按每 100 m^2 每增减 1 mm 厚干粉剂用量 170 kg 进行调整。

(8) 普通抹灰中的装饰线条适用于展开宽度在 300 mm 以内的腰线、窗台板、门窗套、压顶、扶手、横竖线条等项目，展开宽度超过 300 mm 者执行零星项目。

(9) 零星项目是指各种壁柜、碗柜、书柜、过人洞、池槽花台、挑沿、天沟、雨棚的周边，展开宽度超过 300 mm 的腰线、窗台板、门窗套、压顶、扶手，立面高度小于 500 mm 的遮阳板、栏板以及单件面积在 1 m^2 以内的零星项目。

(10) 立面高度大于 500 mm 的遮阳板、栏板，分别按相应墙面子目人工乘以系数 1.2，材料乘以系数 1.15 计算。

(11) 梁柱面(包括构造柱、圈过梁)与墙面在同一平面时，其表面抹灰或镶贴装饰执行墙面相应子目。如梁柱面与墙面不在同一平面，梁柱面应单独执行梁柱面相应子目。

(12) 墙柱面装饰木龙骨基层是按双向计算的。当设计为单向时，人工、材料、机械均乘以系数 0.55。

(13) 本节子目中木材种类除注明者外，均以一、二类木种为准；采用三、四类木种时，人工、机械乘以系数 1.3。

(14) 墙柱面装饰面层、隔墙(间壁)、隔断(护壁)子目内，除注明者外均未包括压条、收边、装饰线(板)，当设计有要求时，应按相应子目执行。

(15) 墙柱面装饰中面层、木基层均未包括刷防火涂料，当设计有要求时，应按定额章节相应子目执行。

(16) 隔墙(间壁)、隔断(护壁)等子目中龙骨间距、规格如与设计不同，则龙骨材料用量允许调整。

2) 主要工程量计算规则

(1) 外墙面装饰抹灰按外墙的不同部位、不同饰面以图示展开面积计算。应扣除门窗洞口和空圈所占面积，不扣除 0.3 m^2 以内的孔洞面积，门窗洞口及空圈侧壁的面积也不增加。外墙裙抹灰面积的计算方法同外墙面。

(2) 内墙面抹灰长度以主墙间的图示净尺寸计算，其高度为：无墙裙的，以室内地面或楼面至天棚底面之间的距离计算；有墙裙的，以墙裙上平面至天棚底面之间的距离计算；

有吊顶天棚的，其高度按吊顶高度增加 100 mm 计算。应扣除门窗洞口和空圈所占面积，不扣除踢脚线、挂镜线、0.3 m^2 以内的孔洞和墙与构件交接处的面积，洞口侧壁和顶面亦不增加。墙垛和附墙烟囱侧壁面积并入内墙抹灰工程量内。

内墙裙抹灰面积的计算同内墙面。

(3) 栏板抹灰按栏板的垂直投影面积乘以系数 2.2(包括立柱、扶手或压顶)计算，栏板中间有空档(200 mm 以内)部分不扣减。内、外抹灰种类不同时应分别计算。

(4) 压顶抹灰按展开宽度乘以长度计算。

(5) 墙面勾缝按垂直投影面积计算，应扣除墙裙和抹灰的面积，不扣除门窗洞口、腰线、门窗套等零星抹灰所占的面积，附墙垛和门窗洞口侧面的勾缝面积也不增加。独立柱、房上烟囱勾缝按图示尺寸以“m^2”计算。

(6) 女儿墙抹灰、贴块料按相应墙面子目执行。

(7) 独立柱、附墙柱、梁的普通抹灰和装饰抹灰按设计图示抹灰部位的结构尺寸计算。

(8) 抹灰分格、嵌缝按抹灰面面积计算。

(9) 镶贴块料面层按图示实贴面积计算。

(10) 高度在 300 mm 以内的墙裙贴块料，按踢脚板子目执行。

(11) 柱饰面面积按外围饰面尺寸计算。

(12) 花岗岩、大理石柱墩、柱帽按最大外径周长计算。

(13) 除子目已列有柱墩、柱帽的项目外，其他项目的柱墩、柱帽工程量按设计图示尺寸以展开面积计算，并入相应柱面积内。每个柱墩或柱帽另增人工：抹灰项目 0.25 工日，镶贴块料 0.38 工日，饰面 0.5 工日。

(14) 隔断按净长乘净高计算，扣除门窗洞口及 0.3 m^2 以上的孔洞所占面积。

(15) 全玻璃隔断的不锈钢边框工程量按边框展开面积计算。全玻璃隔断如有加强肋者，工程量按其展开面积计算。

(16) 幕墙按设计图示尺寸以“m^2”计算。

3. 天棚工程

1) 主要说明及有关规定

(1) 天棚抹灰子目按陕 02J-01《建筑用料及做法》编制。设计要求砂浆配合比和厚度不同时可以调整，但人工、机械不变。

(2) 本节龙骨的种类、间距、规格及基层、面层材料的型号、规格是按常用材料和做法考虑的，当设计要求不同时，材料可以调整，但人工、机械不变。

(3) 本节除部分项目为龙骨、基层、面层合并列项外，其余均为龙骨、基层、面层分别列项编制。

(4) 天棚面层在同一标高者为平面天棚，天棚面层不在同一标高者为跌级天棚(跌级天棚的面层人工乘以系数 1.1)。

(5) 轻钢龙骨、铝合金龙骨子目均为双层结构(即中、小龙骨紧贴大龙骨底面吊挂)，当为单层结构(大、中龙骨底面在同一水平上)时，人工乘以系数 0.85。

(6) 本节中平面天棚和跌级天棚指一般直线型天棚，不包括灯光槽的制作安装。灯光槽制作安装应按本节相应子目执行。艺术造型天棚项目中包括灯光槽的制作安装，其断面示意图见消耗量定额章节。

(7) 骨架、基层、面层的防火处理，应按消耗量定额章节相应子目执行。

(8) 天棚检查孔的工料已包括在定额项目内，不另计算。

(9) 本节网架为非结构受力性装饰网架。

2) 主要工程量计算规则

(1) 天棚抹灰的面积以主墙间实际面积计算，不扣除间壁墙、独立柱、天棚装饰线、检查口、附墙烟囱、附墙垛和管道所占的面积。檐口天棚、带梁天棚的梁侧抹灰按展开面积计算，并入天棚面积内。

(2) 天棚抹灰装饰线按延长米计算。预制板底勾缝按水平投影面积计算，凡预制板底抹灰者不计算板底勾缝。

(3) 吊顶天棚龙骨及龙骨、基层、面层合并列项的子目按主墙间净面积计算，不扣除间壁墙、检查洞、附墙烟囱、柱、垛和管道所占面积。

(4) 天棚基层和天棚装饰面层，按主墙间实钉面积计算，不扣除间壁墙、检查口、附墙烟囱、柱、垛和管道所占面积，但应扣除 0.3 m^2 以上的孔洞、独立柱、灯槽及与天棚相连的窗帘盒所占的面积。

(5) 板式楼梯底面的抹灰工程量按水平投影面积乘系数 1.15 计算，梁式楼梯底面按展开面积计算。

(6) 灯光槽按延长米计算。

(7) 保温层按实铺面积计算。

(8) 网架按水平投影面积计算。

(9) 嵌缝按延长米计算。

4. 门窗工程

1) 主要说明及有关规定

(1) 本节门窗安装均按外购成品列入，成品门窗价均包含玻璃和门窗附件的价格。

(2) 装饰板门扇制作安装按木骨架、基层、饰面板面层和门扇上安装玻璃分别计算。

(3) 不锈钢电动伸缩门和钢轨的数量因定额含量不同，其伸缩门及钢轨可按工程设计要求换算。

(4) 门窗套、筒子板、贴脸的区别如图 12-42 所示。

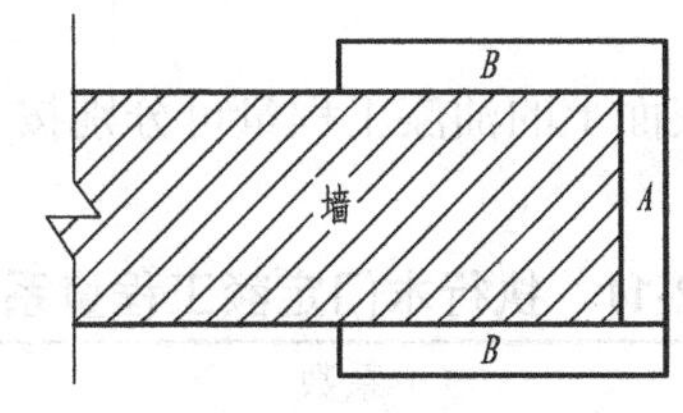

注：门窗套包括 *A* 面和 *B* 面，筒子板指 *A* 面，贴脸指 *B* 面。

图 12-42 门窗套、筒子板及贴脸的区别示意图

2) 主要工程量计算规则

(1) 铝合金门窗、彩板组角钢门窗、塑钢门窗安装均按洞口面积以“m^2”计算。

(2) 卷闸门安装按其安装高度乘以门的实际宽度以“m^2”计算，安装高度算至滚筒顶

点为准。带卷筒罩的按展开面积计算。电动装置安装以“套”计算，小门安装以“个”计算，小门面积不扣除。

(3) 防盗门、防盗窗、不锈钢格栅门按框外围面积以“m^2”计算。

(4) 成品防火门以框外围面积计算，防火卷帘门从地(楼)面算至端板顶点乘以设计宽度。

(5) 实木门扇制作安装及装饰门扇制作按扇外围面积计算。装饰门扇及成品门扇安装按“扇”计算。

(6) 装饰门扇安装玻璃，按玻璃面积计算，并不扣减装饰板面积。

(7) 木门扇包皮制隔音面层、装饰板隔音面层，按实包面积计算。门扇双面包不锈钢板，按单面面积计算。

(8) 不锈钢板包门框、门窗套、花岗岩门套、门窗筒子板按展开面积计算。门窗贴脸、窗帘盒、窗帘轨按延长米计算。

(9) 窗台板按实铺面积计算。

(10) 电子感应门、全玻转门按定额尺寸以“樘”计算。

(11) 不锈钢电动伸缩门按“m^2”计算。

5．油漆、涂料裱糊工程

1) 主要说明及有关规定

(1) 本节定额刷涂采用手工操作，喷涂采用机械操作，实际施工操作方法不同时，不予调整。

(2) 本节定额已综合油漆的浅、中、深各种颜色，实际使用的油漆颜色不同时，不另调整。

(3) 对同一平面上的分色及门窗内外分色已综合考虑，不得调整。如需做美术图案者，则可另行计算。

(4) 当定额内规定的喷、涂、刷遍数与设计要求不同时，可按每增加一遍子目进行调整。

(5) 定额中的双层木门窗(单裁口)是指双层框扇(两层单层木门窗)。三层二玻一纱窗是指双层框三层扇(一层一玻一纱窗，一层单玻窗)。

(6) 定额中的单层木门刷油是按双面刷油考虑的，如采用单面刷油，乘以系数0.49计算。

(7) 定额中的木扶手油漆按不带托板考虑。

2) 主要工程量计算规则

(1) 木材面、金属面和抹灰面上的油漆工程量可分别按表12-11～表12-18相应的系数和计算规则计算。

表12-11　执行木门定额工程量系数表

项 目 名 称	系数	工程量计算方法
单层木门	1.00	按单面洞口面积计算
双层(一板一纱)木门	1.36	
双层(单裁口)木门	2.00	
单层全玻门	0.83	
木百叶门	1.25	

表 12-12　执行木窗定额工程量系数

项 目 名 称	系数	工程量计算方法
单层玻璃窗	1.00	按单面洞口面积计算
双层(一玻一纱)木窗	1.36	
双层(单裁口)木窗	2.00	
三层(二玻一纱)木窗	2.60	
单层组合窗	0.83	
双层组合窗	1.13	
木百叶窗	1.5	

表 12-13　执行木扶手定额工程量系数

项 目 名 称	系数	工程量计算方法
木扶手(不带托板)	1.00	按延长米计算
木扶手(带托板)	2.6	
窗帘盒	2.04	
封檐板、顺水板	1.74	
挂衣板、黑板框、单独木线条 100 mm 以外	0.52	
挂镜线、窗帘棍、单独木线条 100 mm 以内	0.35	

表 12-14　执行其他木材面定额工程量系数

项 目 名 称	系数	工程量计算方法
木板、纤维板、胶合板天棚	1.00	长×宽
木护墙、木墙裙	1.00	
窗台板、筒子板、盖板、门窗套、踢脚线	1.00	
清水板条天棚、檐口	1.07	
木方格吊顶天棚	1.20	
吸音板墙面、天棚面	0.87	
暖气罩	1.28	
木间壁、木隔断	1.90	单面外围面积
玻璃间壁露明墙筋	1.65	
木栅栏、木栏杆(带扶手)	1.82	
衣柜、壁柜	1.00	实刷展开面积
零星木装修	1.10	展开面积
梁柱饰面	1.00	

表 12-15　执行木地板定额工程量系数

项 目 名 称	系数	工程量计算方法
木地板、木踢脚线	1.00	长×宽
木楼梯	2.3	水平投影面积

表 12-16 执行单层钢门窗定额工程量系数

项 目 名 称	系数	工程量计算方法
单层钢门窗	1.00	按单面洞口面积计算
双层(一玻一纱)钢门窗	1.48	
钢百叶门	2.74	
钢半截百叶门	2.22	
满钢门或包铁皮门	1.63	按单面框外围面积计算
钢折叠门	2.30	
射线防护门	2.96	
厂库房平开、推拉门	1.70	
铁丝网大门	0.81	
间壁	1.85	长×宽
平板屋面	0.74	斜长×宽
瓦垄板屋面	0.89	
排水、伸缩缝盖板	0.78	展开面积
吸气罩	1.63	水平投影面积

表 12-17 执行其他金属面定额工程量系数

项 目 名 称	系数	工程量计算方法
钢屋架、天窗架、挡风架、屋架梁、支撑、檩条	1.00	重量(t)
墙架(空腹式)	0.50	
墙架(格板式)	0.82	
钢柱、吊车梁、花式梁、柱、空花构件	0.63	
操作台、走台、制动梁、钢梁车挡	0.71	
钢栅栏门、栏杆、窗栅	1.71	
钢爬梯	1.18	
轻型屋架	1.42	
踏步式钢扶梯	1.05	
零星铁件	1.32	

表 12-18 执行抹灰面油漆涂料定额工程量系数

项 目 名 称	系数	工程量计算方法
混凝土楼梯底(板式)	1.15	水平投影面积
混凝土楼梯底(梁式)	1.00	展开面积
混凝土花格窗、栏杆花饰	1.82	单面外围面积
楼地面、天棚、墙、柱、梁面	1.00	展开面积

(2) 定额中的隔墙、护壁、包柱、天棚木龙骨及木地板中木龙骨带毛地板，刷防火涂料工程量计算规则如下：

① 隔墙、护壁木龙骨按其面层正立面投影面积计算。

② 包柱木龙骨按其面层外围面积计算。

③ 天棚木龙骨按天棚水平投影面积计算。

④ 木地板中木龙骨及木龙骨带毛地板按地板面积计算。

(3) 隔墙、护壁、包柱、天棚面层及木地板刷防火涂料，执行其他木材面刷防火涂料相应子目。

(4) 木楼梯(不包括底面)油漆，按水平投影面积乘以系数 2.3，执行木地板相应子目。底面如刷油漆，工程量按展开面积计算，执行木板天棚子目。

(5) 天棚金属龙骨刷防火涂料按天棚水平投影面积计算。

6．其他工程

1) 主要说明及有关规定

(1) 本节定额项目在实际施工中使用的材料品种、规格与定额取定不同时可以换算，但人工、机械不变。

(2) 本节定额中铁件已包括刷防锈漆一遍，如设计需涂刷油漆、防火涂料，则按消耗量定额章节相应子目执行。

(3) 招牌基层。

① 平面招牌是指招牌安装在门前的墙面上；箱式招牌、竖式标箱是指招牌、标箱六面体固定在墙面上；沿雨棚、檐口、阳台走向的立式招牌，按平面招牌复杂项目执行。

② 一般招牌、矩形招牌和标箱是指正立面平整无凸面；复杂招牌、异形招牌和标箱是指正立面有凹凸造型。

③ 招牌的灯饰均不包括在子目内。

(4) 美术字安装。

① 美术字均以成品安装固定为准。

② 美术字不分字体均执行本定额。

(5) 各类装饰线条均以成品安装为准。石材装饰线条磨边、磨圆角均包括在成品的单价中，不再另计。

(6) “石材磨边”、“磨斜边”、“磨半圆边”及“台面开孔”子目均为现场磨制。

(7) 装饰线条以墙面上直线安装为准，如天棚安装直线形、圆弧形或其他图案者，则按以下规定计算：

① 天棚面安装直线装饰线条者，人工乘以系数 1.34。

② 天棚面安装圆弧装饰线条者，人工乘以系数 1.6，材料乘以系数 1.1。

③ 墙面安装圆弧装饰线条者，人工乘以系数 1.2，材料乘以系数 1.1。

④ 装饰线条做艺术图案者，人工乘以系数 1.8，材料乘以系数 1.1。

(8) 暖气罩挂板式是指暖气罩钩挂在暖气片上；平墙式是指暖气罩凹入墙内；明式是指暖气罩凸出墙面。

(9) 货架、柜类子目中未考虑面板拼花及饰面板上贴其他材料的花饰、造型艺术品。

2) 主要工程量计算规则

(1) 招牌灯箱、标箱。

① 平面招牌是指基层按正立面面积计算，复杂型的凹凸造型部分亦不增减。

② 沿雨棚、檐口或阳台走向的立式招牌基层，按平面招牌复杂型执行时，应按展开面积计算。

③ 箱式招牌和竖式标箱的基层，按外围体积计算。突出箱外的灯饰、店徽及其他艺术装潢等均另行计算。

④ 灯箱的面层按展开面积以“m^2”计算。

⑤ 广告牌钢骨架以“吨”计算。

(2) 美术字安装按字的最大外围矩形面积以“个”计算。

(3) 压条、装饰线条均按延长米计算。

(4) 暖气罩(包括脚的高度在内)按边框外围尺寸垂直投影面积计算。

(5) 镜面玻璃安装、盥洗室木镜箱以正立面面积计算。

(6) 塑料镜箱、毛巾环、肥皂盒、金属帘子杆、浴缸拉手、毛巾杆安装以“只”或“副”计算。不锈钢旗杆以延长米计算。大理石洗漱台以台面投影面积计算(不扣除空洞面积)。

(7) 柜橱类均以正立面的高(包括脚的高度在内)乘以宽以“m^2”计算。

(8) 收银台、试衣间等以“个”计算，其他以延长米为单位计算。

12.3.11　总体工程

本节包括道路、人行道、室外排水工程三部分内容，共计44个子目，适用于土建施工配套的一些室外总体工程。

1．主要说明及相关规定

(1) 本节道路工程、人行道和室外排水工程，均不包括土方挖、运、填及灰土垫层，发生时执行土、石方有关工程子目。道路基础只列了二灰碎石子目，若采用其他基础，则材料允许换算，但人工机械不变。

(2) 沥青路面执行市政工程消耗量定额。

(3) 检查井、进水井执行“砌筑工程砌井”子目。

(4) 室外排水管道，管径只列了直径为200 mm～600 mm的管道，直径大于600 mm的管道工程执行市政工程消耗量定额。

2．主要工程量计算规则

(1) 道路面层面积按设计长度乘以宽度计算。弯道面积的计算公式为$R^2 \times 0.2146$。基层面积：如设置道路侧石时，则按侧石外沿每侧增加0.15 m；如无侧石设置，则按道路边线每侧增加0.3 m。人行道按实铺面积计算。

(2) 石质、混凝土侧石按延长米计算，弯道侧石应扣除弯道直线长度后按公式$R \times 1.57$计算侧石长度。

(3) 管道基础及管道铺设按实铺长度计算。管沟深度超地3 m时，人工乘以系数1.15。

(4) 管道与道路连续施工时，对于沟槽回填土，人工、机械均乘以系数1.2。

(5) 检查井以“m^3”计算，套用砌筑定额。

12.3.12　耐酸防腐工程

耐酸防腐工程包括 48 个子目。

1．主要说明及相关规定

(1) 块料面层以平面砌筑为准，砌立面(含沟、坑、槽)时，人工按相应子目乘以系数 1.38，胶泥和面料乘以系数 1.2，其余均不作调整。

(2) 本定额已对整体面层的砂浆胶泥种类及块料面层的规格、结合层等分类进行了综合，使用时不得进行调整，但子目中注明规格、品种的材料或半成品可以根据不同设计来换算。

(3) 本章的各种面层除软聚氯乙烯塑料地面外，均不包括踢脚线、板。整体面层踢脚线、板随整体面层相应子目执行；块料面层踢脚线、板按“立面砌筑”子目执行。

(4) 由于各子目内容均已按耐酸防腐规范做了合理的设置，所以子目中的半成品数量一般不作调整，如遇非标设计或特殊施工，可以按比例调整子目中的半成品含量。

(5) 块料面层是根据现行建筑防腐蚀材料设计与施工手册中的有代表性的规格作为选型标准的，设计与子目不符时，只调整材料差价，不调整子目含量。

(6) 花岗岩板以六面剁斧的板材为准。底面为毛面者，水玻璃砂浆增加 0.38 m^3；耐酸沥青砂浆增加 0.44 m^3。

2．主要工程量计算规则

(1) 本节除注明者外，工程量均按设计图示面积以“m^2”计算，应扣除突出地面的构筑物、设备基础及 0.3 m^2 以上的孔、洞等所占的面积，砖垛等突出墙面部分按展开面积计算，并入墙面防腐工程量之内。

(2) 踢脚板按净长乘以高度以“m^2”计算，应扣除门洞所占面积并相应增加侧壁展开面积。

(3) 平面砌筑双层耐酸块料时，按单层面积乘以系数 2 计算。

(4) 防腐卷材接缝、附加层、收头等人工材料已计入子目中，不再另行计算。

12.3.13　脚手架工程

脚手架工程一共包括 60 个子目。

1．主要说明及相关规定

(1) 本章脚手架是按钢管架编制的，施工中采用其他材质脚手架时，均不换算或调整。

(2) 外脚手架是按双排架编入的，定额中综合了上料平台、防护栏杆等。实际使用单排外脚手架时按双排外脚手架子目乘以系数 0.7。

(3) 里脚手架综合了外墙内面装饰、内墙砌筑及装饰、外走廊及阳台的外墙砌筑与装饰、走廊柱与独立柱的砌筑与装饰、现捣混凝土柱和墙结构施工及装饰等脚手架的因素。

(4) 斜道是按依附斜道编制的，独立斜道按依附斜道子目的人工、材料、机械乘以系数 1.8。

(5) 水平防护架和垂直防护架是指单独搭设的，用于车辆通道、人行通道、临街防护

和施工与其他物体隔离等的防护架。

(6) 建筑物垂直封闭子目中已考虑了水平挂设的安全网，不得另行计算。

(7) 架空运输道以架宽 2 m 为准，如架宽超过 2 m 不足 3 m，应按相应子目乘以系数 1.2；超过 3 m 时，按相应子目乘以系数 1.5。

(8) 烟囱脚手架综合了垂直运输架、斜道、缆风绳、地锚等。

(9) 水塔脚手架按相应的烟囱脚手架人工乘以系数 1.11，其他不变。

(10) 满堂基础按满堂脚手架基本层定额的 50%计算脚手架。

(11) 装饰脚手架适用于由装饰施工队单独承担装饰工程且土建脚手架已拆除时搭设的用于装饰的脚手架

(12) 一般土建的脚手架中已经包括了装饰阶段的脚手架。

2) 工程量计算规则

(1) 脚手架工程量计算一般规则。

① 外脚手架分不同墙高，按外墙外边线的凹凸(包括突出阳台)总长度乘以设计室外地坪至外墙的顶板面或檐口的高度计算，有女儿墙者高度算至女儿墙顶面。地下室外墙高度从设计室外地坪算至底板垫层底。如上层外墙或裙楼上有缩入的塔楼，工程量按上层缩入的面积计算，但套用子目时，子目步距的高度按由设计室外地坪至塔楼顶面计算。裙楼的高度应按设计室外地坪至裙楼顶面的高度计算，套用子目时按相应高度步距计算。屋面上的楼梯间、水池、电梯机房等的脚手架工程量应并入主体工程量内计算。同一建筑物檐口高度不同时，应按不同檐口高度分别计算。

② 计算外脚手架时，门、窗、洞口及穿过建筑物的通道的空洞面积不扣除；有山墙者，以山尖 1/2 高度计算。

③ 水池墙、烟道墙等高度在 3.6 m 以内，按外脚手架子目的 70%计算，3.6 m 以上套用外脚手架子目。石墙砌筑不论内外墙，高度超过 1.2 m 时，按外脚手架计算；墙厚大于 40 cm 时，则按外脚手架子目乘以系数 1.7 计算。

④ 毛石挡土墙砌筑高度超过 1.2 m 时，按一面外脚手架计算。

⑤ 房屋建筑里脚手架按建筑物建筑面积计算。楼层高度在 3.6 m 以内按各层建筑面积计算，层高超过 3.6 m 时，每增 1.2 m 按调增子目计算，不足 0.6 m 的不计算。在有满堂脚手架搭设的部分，里脚手架按该部分建筑面积的 50%计算。无法按建筑面积计算的部分，高度超过 3.6 m 时按实际搭设面积，套用“外脚手架”子目并乘以系数 0.7 计算。

⑥ 室内天棚装饰面距设计室内地坪高度超过 3.6 m 时，计算满堂脚手架。满堂脚手架按室内净面积计算，其高度在 3.6 m～5.2 m 时按满堂脚手架基本层计算，超过 5.2 m 的，每增加 1.2 m 按增加一层计算，不足 0.6 m 的不计。

⑦ 天棚面单独刷(喷)涂时，楼层高度在 5.2m 以下者，均不计算脚手架费用，高度在 5.2 m～10 m 按“满堂脚手架基本层”子目的 50%计算，10m 以上按 80%计算。

⑧ 整体满堂钢筋混凝土基础，凡其宽度在 3 m 以上，深度在 1.5 m 以上时，增加的工作平台按其底板面积计算满堂基础脚手架工程量。

(2) 其他脚手架工程量计算。

① 悬空脚手架，按搭设水平投影面积以“m^2”计算。

② 挑脚手架，按搭设长度和层数，以延长米计算。

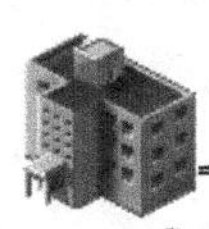

③ 水平防护架，按实际铺板的水平投影，以“m^2”计算。

④ 垂直防护架，按自然地坪至最上一层横杆之间的搭设高度乘以实际搭设长度以“m^2”计算。

⑤ 建筑物垂直封闭工程量按封闭面的垂直投影面积计算。

⑥ 依附斜道，区别不同高度以“座”计算。

⑦ 架空运输道脚手架，按搭设长度以延长米计算。

⑧ 烟囱脚手架，分不同内径、高度，以“座”计算。高度是指室外地坪至烟囱顶面的高度。

⑨ 砌筑筒仓脚手架，不分单筒或筒仓组合，均按单筒外边线周长乘以室外地坪至顶面高度，以“m^2”按“外脚手架”子目计算。

⑩ 电梯井字脚手架依据井底板面至顶板底高度，按单孔套相应子目以“座”计算。

⑪ 蓄水(油)池、大型设备基础高度超过 1.2 m 时，脚手架按其外形周长乘以高度以“m^2”套用“外脚手架”子目计算。

⑫ 围墙脚手架，面积以设计室外地坪至围墙顶高度乘以围墙长度，套用相应步距的外脚手架子目乘以系数 0.7 计算。

⑬ 滑升模板施工的钢筋混凝土烟囱、筒仓，不计算脚手架。

(3) 装饰装修脚手架。

① 满堂脚手架，按实际搭设的水平投影面积计算，不扣除附墙柱、独立柱所占的面积，其基本层高以 3.6 m～5.2 m 为准。凡在 3.6 m～5.2 m 以内的天棚抹灰及装饰装修，应计算满堂脚手架基本层；层高超过 5.2 m，每增加 1.2 m 计算一个增加层，增加层的层数 = (层高−5.2 m) ÷ 1.2，按四舍五入取整数。室内凡计算了满堂脚手架者，其内墙面粉饰不再计算粉饰架，只按每 100 m^2 面垂直投影面积增加改架工 1.28 工日。

② 装饰装修外脚手架，按外墙的外边线长乘墙高以“m^2”计算，不扣除门窗洞口的面积。同一建筑物各面墙的高度不同，且不在同一定额步距内时，应分别计算工程量。子目中所指的檐口高度 5 m～45 m 以内，是指建筑物自设计室外地坪至外墙顶点或构筑物顶面的高度。

③ 利用主体外脚手架改变其步高作外墙面装饰架时，按每 100 m^2 外墙面垂直投影面积，增加改架工 1.28 工日；独立柱按柱周长增加 3.6 m 再乘以柱高，并套用装饰装修外脚手架相应高度的子目。

④ 内墙面粉饰脚手架，均按内墙面垂直投影面积计算，不扣除门窗洞口的面积。

⑤ 安全过道按实际搭设的水平投影面积(架宽×架长)计算。

⑥ 封闭式安全笆按实际封闭的垂直投影面积计算。实际用封闭材料与子目不符时，不作调整。

⑦ 斜挑式安全笆按实际搭设的斜面面积(长×宽)计算。

⑧ 满挂安全网按实际满挂的垂直投影面积计算。

⑨ 吊栏脚手架以墙面垂直投影面积计算，高度以设计室外地坪面至外墙顶的高度计算，长度以墙的所需外围长度计算。

⑩ 铁管移动架按“座”计算。

12.3.14　垂直运输工程

本节包括建筑物垂直运输、构筑物垂直运输，共有 146 个子目。

1．建筑物垂直运输

1) 说明及相关规定

(1) 檐高是指设计室外地坪至檐口板顶的高度，突出主体建筑屋顶的电梯间、水箱间等不计入檐口高度之内。

(2) 本消耗量定额工作内容，包括单位工程在合理工期内完成全部工程项目主体与装饰所需的垂直运输机械台班，不包括按规定单独计算的机械场外往返运输、一次安拆及路基铺垫和轨道铺拆等。当主体和装饰不是同一个施工单位施工，而由两个施工单位承包时，装饰工程按装饰工程的垂直运输定额计算，而主体施工企业在计算垂直运输时应乘以系数 0.85。

(3) 檐高 3.6 m 以内的单层建筑，不计算垂直运输机械台班。

(4) 本消耗量定额项目的划分是以建筑物的檐高及层数这两个指标同时界定的，当檐高达到上限而层数未达到时，以檐高为准；当层数达到上限而檐高未达到时，以层数为准。混合结构包括砖混、砖木、砖石三种结构类型。

(5) 同一建筑物有多种功能(或多种结构)时，按主要功能(或占比例较大的结构)计算。

(6) 20 m(6 层)以上的同一建筑物，其高度不同时檐口计算高度可按不同高度的各自建筑面积按下式计算，套用相应步距的定额。

$$计算檐口高度(m)=\frac{高度1\times 面积1+高度2\times 面积2+\cdots}{总建筑面积}$$

(7) 预制钢筋混凝土柱、钢屋架的单层厂房按预制排架定额计算。

(8) 服务用房系指具有较小规模综合服务功能的设施，其建筑面积不超过 1000 m^2 的建筑，如副食、百货、饮食店等。

(9) 内浇外砌、内浇外挂、全装配建筑物的垂直运输消耗量定额参照剪力墙(滑模施工)执行，其他结构的垂直运输套用相对应的现浇框架结构消耗量定额。

(10) 檐高超过 120 m 时，檐高每增 10 m 的垂直运输定额，适用于现浇框架、框剪及剪力墙等结构。

2) 工程量计算规则

建筑物垂直运输消耗量定额，区分不同建筑物的结构类型、功能及高度，按建筑面积以“m^2”计算。檐高大于 120 m 时，按不同建筑物结构类型的 120 m 定额为基数，均套用每增 10 m 的垂直运输定额。建筑面积按统一规定的建筑面积计算规则计算。

2．构筑物垂直运输

1) 说明及相关规定

构筑物的高度，从设计室外地坪至构筑物的顶面高度为准，顶面非水平的以结构的最高点为准。

2) 工程量计算规则

构筑物垂直运输机械台班消耗量以“座”计算，超过规定高度时，再按“每增高 1 m”

子目计算，不足 1 m 时按 1 m 计算。

3. 装饰工程垂直运输

1) 说明及相关规定

(1) 本定额不包括施工电梯 25 km 内进出场及安装拆卸消耗量，实际装饰装修工程中确实使用了施工电梯作为垂直运输机械(利用土建主体施工电梯除外)的可参照机械台班定额中的有关规定计算一个台次的 25 km 内进出场和安拆消耗量定额。

(2) 垂直运输高度：设计室外地坪以上部分是指室外地坪至相应楼面的高度；设计室外地坪以下部分是指室外地坪至相应地(楼)面的高度。

(3) 檐口高度 3.6 m 以内的单层建筑物，不计算垂直运输机械消耗量定额。

(4) 带一层地下室的建筑物，若地下室垂直运输高度小于 3.6 m，则地下室不计算垂直运输机械消耗量定额。

(5) 再次装饰装修利用已有电梯进行垂直运输或通过楼梯人力进行垂直运输的，按实际(或协议)计算。

2) 工程量计算规则

(1) 装饰装修楼层(包括楼层所有装饰装修工程量)区别不同垂直运输高度(单层建筑物系檐口高度)，按消耗量定额以工日分别计算。

(2) 地下层超过二层或层高超过 3.6 m 时应计取垂直运输消耗量定额。

12.3.15　建筑物超高增加人工、机械定额工程

本节共包括 31 个子目。

1. 建筑工程

1) 说明及有关规定

(1) 本消耗量定额适用于建筑物檐高 20 m(层数 6 层)以上的工程。

(2) 檐高是指设计室外地坪至檐口(檐口板顶)的高度，女儿墙不计算高度。突出主体建筑屋顶的电梯间、水箱间等不计入檐高之内。

(3) 同一建筑物高度不同时，其套用定额的计算高度可按不同高度的各自建筑面积以下式计算，计算高度超过 20 m 以上时套用相应步距的定额。

$$计算高度(m) = \frac{高度1\times面积1+高度2\times面积2+\cdots}{总建筑面积}$$

(4) 建筑物超高增加人工、机械降效系数中包括的内容指建筑物 ±0.00 以上的全部工程项目，但不包括垂直运输、各类构件的水平运输及各项脚手架。

(5) 建筑物超高施工用水加压水泵台班定额中已考虑了水泵停滞台班因素。

2) 工程量计算规则

(1) 人工降效按规定内容(见说明四)中的全部人工工日乘以降效系数计算。

(2) 吊装机械降效按吊装项目中的全部机械，分别对其消耗台班量乘以降效系数计算。

(3) 其他机械降效按规定内容中的全部机械，分别对消耗台班量(扣除吊装机械)乘以降效系数计算。

(4) 建筑物超高施工加压用水泵台班消耗量，按±0.00以上建筑面积以“m^2”计算。

2．装饰工程超高降效系数

1) 说明及相关规定

(1) 本定额适用于建筑物檐高20 m以上的工程。

(2) 檐高是指设计室外地坪至檐口板顶的高度，突出主体建筑屋顶的电梯间、水箱间等不计入檐高之内。

2) 工程量计算规则

装饰装修楼面(包括楼层所有装饰装修工程量)区别不同的垂直运输高度(单层建筑物系指檐口板顶高度)，按装饰装修工程的人工与机械费以“元”为单位乘以本定额中规定的降效系数。

12.3.16　大型机械场外运输、安装、拆卸工程

1．说明及相关规定

(1) 大型机械场外运输、安装、拆卸按建设部2001《全国统一施工机械台班费用编制规则》规定编制的需要单独计取的施工用大型机械25 km以内场外往返运输、安装拆卸及基础铺拆等消耗量定额。

(2) 土方工程、桩基础工程、吊装工程中的消耗量定额虽未按场外运输和安装拆卸分列，但均已包括了机械的25 km内场外往返运输和安装拆卸工料在内。

(3) 塔式起重机(自升式除外)基础及轨道安装拆卸，其轨道以直线形为准，如铺设弧形轨道，则其轨道基础铺拆的人工、材料、机械消耗量乘以系数1.15计算。

(4) 自升式塔式起重机的基础铺拆考虑了带配重固定式基础且未包括基础打桩因素，如需打桩时则按图示及有关规定另行计算。不带配重的自升式塔式起重机的固定式基础铺拆、自升式塔吊如需设置行走轨道的基础铺拆，则应按实际工程量依据有关规定另行计算。“自升式塔式起重机安装拆卸”子目是以塔高45 m确定的，当塔高超过45 m时，每增高10 m，安拆定额增加20%。

(5) 安装拆卸消耗量定额中已包括了机械安装完毕后必要的试运转台班消耗量。

(6) 檐高20 m(6层)以内的建筑物采用卷扬机施工时，不得计取大型机械的25 km以内往返运输及安装拆卸消耗量定额。

2．工程量计算规则

(1) 土石方工程的大型机械的25 km内场外往返运输和安装拆卸消耗量定额依据其相对应的施工工艺按1000 m^3工程量计算；基坑降水按所采取的降水工艺设备按每一个降水单位工程计算一次。未列机械场外运输项目的土石方工程量不得作为其计算大型机械的25 km以内场外运输消耗量定额的基础。

(2) 桩基工程依其施工工艺及所配备的大型机械设备按照一个单位工程计取一次。

(3) 吊装工程以100 m^3混凝土构件或100 t金属构件为单位计算，适用于采用履带式吊装机械施工的工业厂房及民用建筑工程。

(4) 以塔式起重机和自升式塔吊作为垂直运输工艺，其大型机械的25 km内往返场外运输、安装拆卸、基础铺拆等应按一个单位工程分别计取一次。

12.4　预算定额及单位估价表的应用

使用预算定额，首先必须详细了解总说明和分部工程的说明，并详细研读定额的各附录或定额表的附注，弄清楚定额的适用范围、工程量计算方法、各种条件变化情况下的换算方法等。

我们在选择定额子目时，是按设计规定的做法与要求选用的，项目的实际做法和工作内容必须与定额规定的相符合才能直接套用，否则必须根据有关规定进行换算或补充。

12.4.1　预算定额的直接套用

当设计要求与定额项目的内容相一致时，可直接套用定额的预算基价及工料消耗量，计算该分项工程的直接费以及工料所需量。

【例 12-24】　现有标准砖基础 200 m^3，已知该基础用 M10 水泥砂浆砌筑，试计算完成该分项工程的定额费及主要材料用量。

解　查 2004《陕西省建筑装饰工程消耗量定额》砖基础的子目编号 3-1，定额内容显示用 M10 水泥砂浆将砌筑。由此看到 3-1 的内容与题目要求的内容一致，我们可以直接套用。根据 2004《陕西省建筑装饰工程消耗量定额》及 2009《陕西省建筑装饰工程价目表》，砖基础的主要材料消耗量如下：

水泥砂浆 M10：$2.36 \times 200/10 = 47.2\ m^3$

标准砖：$5.236 \times 200/10 = 104.72$ 千块

水：$2.5 \times 200/10 = 50\ m^3$

查 09 价目表，定额基价是 2036.50 元/10 m^3，完成 200 m^3 砖基础的定额费为

$$2036.5 \times 200/10 = 40\,720 \text{ 元}$$

其中：　人工费　$495.18 \times 20 = 9903.6$ 元

　　　　材料费　$1513.46 \times 20 = 3026.92$ 元

　　　　机械费　$27.86 \times 20 = 557.2$ 元

12.4.2　预算定额的换算

在确定某一分项工程或结构构件预算价值时，如果施工图纸设计的项目内容与套用的相应定额项目内容不完全一致，则应按定额规定的范围、内容和方法进行换算。

【例 12-25】　某钢筋混凝土柱，混凝土标号为 C30 碎石混凝土，截面尺寸为 500 mm × 500 mm，设计要求采用现浇，试确定该混凝土柱的基价。

解　(1) 确定预算定额编号。查附录一，定额编号为 4-1，采用 C20 混凝土；基价为 268.43 元/10 m^3；混凝土用量为 10.15 m^3/10 m^3。我们现在要求的是 C30 碎石混凝土，在 4-1 子目中，是 C20 砾石混凝土。可以看出，我们要计算的施工图纸设计的项目内容与套用的相应定额项目内容不完全一致，这就需要对定额进行换算。

(2) 确定换算混凝土基价。查 09 价目表，子目 4-1 中 C20 的材料价格为

C20 砾石混凝土的价格：163.39 元/ m^3(见 09 价目表 16-21)

C30 碎石混凝土的价格：198.25 元/ m^3(见 09 价目表 16-54)

C30 碎石混凝土的定额基价：

$$268.43-1.015\times163.93+1.015\times198.25=268.43-166.39+195.13=297.17\ 元/m^3$$

第 13 章　工程量清单的计价

13.1　综合单价的确定

在工程量清单计价活动中，综合单价的确定是非常重要的一项必不可少的工作，也是具有很高技术含量的工作。

13.1.1　按照计价依据以及相关文件规定的组价

这种方法是按照工程量清单名称和项目特征的描述，选择价目表中内容一致或相近的子目进行组合，选取对应的材料及其信息或市场价格、管理费率、利润率进行调整汇总而成。由于价目表列出了大部分常规的施工做法、社会平均水平的含量，因此这种方法适合于编制工程招标最高限价和设计概预算。在企业定额体系尚未建立形成的情况下，这也是编制投标报价、办理竣工结算的基本方法之一，可以说，这在目前是确定综合单价最常用的方法。以此方法确定综合单价的优点是操作简便、快速，适用比较广泛，但此法对计价定额有一定的依赖性，特别在定额缺项时，临时组价往往依据不足。另外，计价定额的计算规则和计量单位中有小部分与清单规范有所区别，在组成综合单价时需要进行同口径折算。

13.1.2　自行组价

自行组价同样也是要按照规范要求，根据工程量清单列项的名称和特征描述来进行。它是结合工程实际和自身情况，用拟定的施工方案、生产力水平、价格水平以及预期利润来设置项目内容组成，确定项目工料机含量与价格、管理费率和利润率的组价方式。该方法主要适用于编制投标报价，优点是充分结合具体工程，针对性强；报价能体现出个性，不完全依赖计价定额；适应多种竞争环境，操作灵活；缺点是在实际应用有相当的局限性，需要有一套比较完整的企业定额来支持，其含量确定必须有牢靠的基础资料作保证，价格来源需要进行分析处理，如果用于工程结算还需要如何向审价解释等。此方法在目前还只是组价的辅助手段，然而，随着建设市场报价体系的不断配套完善，未来它将成为主导。

以上分类的目的是为了对工程量计算和综合单价确定方式的理解，其中有些分类也不是一成不变的，要根据具体工程的特点，将各种方法有机结合起来，灵活运用到工程项目的组价计价工作中去。

13.1.3　综合单价的计算

综合单价的计算应从综合单价构成内容开始。

综合单价是指完成工程量清单中一个规定计量单位所需的人工费、材料费、机械使用费、管理费和利润，并考虑风险因素的全部费用。

综合单价的计算必须按照项目特征所描述的内容来计算，要按照描述的特征和内容逐一地计算所需的人工费、材料费、机械使用费。

根据本书附录一所列的阅览室工程量清单，结合附图一、附录一材料价格表和2009《陕西省工程量清单计价费率》、2004《陕西省建筑装饰工程消耗量定额》及与之配套的2009年价目表，计算出阅览室工程量清单的综合单价及分部分项工程费。

详见附录一的分部分项工程量清单计价表和分部分项工程量清单综合单价分析表。

13.2　措施费用的确定

措施项目费用的确定应该根据拟建工程的施工方案或施工组织设计计算确定，一般可采用以下几种方法：

(1) 依据定额计算：比如脚手架、大型机械设备进出场及安拆费、垂直运输机械费等,可以根据已有的定额计算确定。

(2) 按系数计算：比如环境保护费、临时设施费、安全文明施工费、夜间施工费等。计算这些费用时，以直接费为基础乘以适当的系数。

根据附录一措施项目清单，我们结合附图一及2009《陕西省工程量清单计价费率》可计算出阅览室工程的措施费。

详见附录一的措施项目清单计价表、措施项目清单计算表。

13.3　其他项目费用的确定

其他项目费用按照下面的方法计算：

(1) 招标人部分的金额可按估算金额确定。

(2) 投标人部分的总承包服务费应根据招标人提出要求所发生的费用确定，零星工作项目费应根据“零星工作项目计价表”确定。

(3) 零星工作项目的综合单价应参照本规范规定的综合单价组成填写。

根据附录一，并结合附图一，可计算出阅览室工程的其他项目费用。

详见附录一的其他项目清单计价表。

13.4　规费、税金的确定

规费是根据国家、省级政府和省级有关主管部门规定必须缴纳的，应计入建筑安装工程造价的内容。

税金是指国家税法规定的应计入建筑安装工程造价的营业税、城市维护建设税及教育附加税等。

根据附录一，并结合附图一，参照 2009《陕西省工程量清单计价费率》可计算出阅览室工程的规费。

详见附录一的规费、税金项目清单计价表。

13.5 工程总造价的确定

根据 2009《陕西省建设工程工程量清单计价规则》及计价程序和费率，可确定阅览室建筑工程总造价。

详见附录一的规费、税金项目清单计价表。

附 录 一

1. 阅览室钢筋工程量计算表

筋号	级别	直径	钢筋图形	计算公式	根数	总根数	单长/m	总长/m	总重/kg
楼层名称：首层						钢筋总重：1182.917 kg			
构件名称：GZ-1[11]				构件数量：6		本构件钢筋重：122.395 kg			
构件位置：<1,A>;<2,A>;<3,A>;<1,B>;<2,B>;<3,B>									
全部纵筋.1	Φ	12	120 3360	3600−240+10d	4	24	3.48	83.52	74.165
构造柱预留筋.1	Φ	12	238 746	48d+34d	4	24	0.984	23.616	20.967
箍筋.1	Φ	6	210 210	2×((240−2×15)+(240−2×15))+2×6.9d+8d	18	108	0.971	104.86	27.263
构件名称：GZ-1[18]				构件数量：2		本构件钢筋重：34.752 kg			
构件位置：<1−2,A−660>;<1−2,13−6600>									
全部纵筋.1	Φ	12	120 3000	3600−600+10d	4	8	3.12	24.96	21.16
构造柱预留筋.1	Φ	12	238 746	48d+34d	4	8	0.984	7.872	6.989
箍筋.1	Φ	6	210 210	2×((240−2×15)+(240−2×15))+2×6.9d+8d	13	26	0.971	25.246	5.603

续表(一)

筋号	级别	直径	钢筋图形	计 算 公 式	根数	总根数	单长 /m	总长 /m	总重 /kg
构件名称：LJ-1[22]				构件数量：1	本构件钢筋重：6.506 kg				
				构件位置：<1,A>					
砌体加筋.1	Φ	6	120 1200 60	240−2×60+1000+200+60+1000+200+60	8	8	2.64	21.12	4.688
砌体加筋.2	Φ	6	120 904 60	240−2×60+764−60+200+60+764-60+200+60	4	4	2.048	8.192	1.818
构件名称：LJ-4[24]				构件数量：1	本构件钢筋重：4.837 kg				
				构件位置：<1−2,A>					
砌体加筋.1	Φ	6	60 2240 60	120+1000+60+120+1000+60	4	4	2.36	9.44	2.095
砌体加筋.2	Φ	6	60 1939 60	120+1000+60+120+759−60+60	6	6	2.059	12.354	2.742
构件名称：LJ-5[25]				构件数量：1	本构件钢筋重：5.29 kg				
				构件位置：<1,B>					
砌体加筋.1	Φ	6	120 1000 60	240−2×50+1000+60+1000+60	8	8	2.24	17.92	3.977
砌体加筋.2	Φ	6	120 619 60	240−2×60+679−60+60+679−60+60	4	4	1.478	5.912	1.312
构件名称：LJ-5[37]				构件数量：1	本构件钢筋重：5.966 kg				
				构件位置：<3,A>					
砌体加筋.1	Φ	6	120 1000 60	240−2×60+1000+60+1000+60	12	12	2.24	26.88	5.966

续表(二)

筋号	级别	直径	钢筋图形	计 算 公 式	根数	总根数	单长/m	总长/m	总重/kg
构件名称：LJ-5[38]				构件数量：1	本构件钢筋重：5.469 kg				
				构件位置：<1,B>					
砌体加筋.1	Φ	6	120 1000 60	240−2×60+1000+60+1000+60	8	8	2.24	17.92	3.977
砌体加筋.2	Φ	6	120 720 60	240−2×60+780−60+60+780−60+60	4	4	1.68	6.72	1.492
构件名称：LJ-4[40]				构件数量：1	本构件钢筋重：4.424 kg				
				构件位置：<1−2,A>					
砌体加筋.1	Φ	6	60 2240 60	120+1000+60+120+1000+60	4	4	2.36	9.44	2.095
砌体加筋.2	Φ	6	60 1629 60	120+713−60+60+120+796−60+60	6	6	1.749	10.494	2.329
构件名称：LJ-3[42]				构件数量：1	本构件钢筋重：7.57 kg				
				构件位置：<2,A>					
砌体加筋.1	Φ	6	60 2240 60	120+1000+60+120+1000+60	2	2	2.36	4.72	1.048
砌体加筋.2	Φ	6	60 2027 60	120+1000+60+120+847−60+60	4	4	2.147	8.588	1.906
砌体加筋.3	Φ	6	406 60 1060 60	60+1000+60+60+406−60+60	6	6	1.586	9.516	2.112
砌体加筋.4	Φ	6	1060 60 1060 60	60+1000+60+60+1000+60	2	2	2.24	4.48	0.994
砌体加筋.5	Φ	6	847 60 406 60	60+406−60+60+60+847−60+60	2	2	1.373	2.746	0.609
砌体加筋.6	Φ	6	847 60 1060 60	60+1000+60+60+847−60+60	2	2	2.027	4.054	0.9

续表(三)

筋号	级别	直径	钢筋图形	计 算 公 式	根数	总根数	单长/m	总长/m	总重/kg
构件名称：LJ-3[43]				构件数量：1	本构件钢筋重：8.152 kg				
构件位置：<2,B>									
砌体加筋.1	Φ	6	60 2240 60	120+1000+60+120+1000+60	2	2	2.36	4.72	1.048
砌体加筋.2	Φ	6	60 1701 60	120+801−60+60+120+780−60+60	4	4	1.821	7.284	1.617
砌体加筋.3	Φ	6	1060 60 1060 60	60+1000+60+60+1000+60	4	4	2.24	8.96	1.989
砌体加筋.4	Φ	6	1060 60 801 60	60+801−60+60+60+1000+60	4	4	1.981	7.924	1.759
砌体加筋.5	Φ	6	780 60 1060 60	60+1000+60+60+780−60+60	4	4	1.96	7.84	1.74
构件名称：GL-1[94]				构件数量：2	本构件钢筋重：7.005 kg × 2 = 14.01 kg				
构件位置：<A+276,2><A+1776,2>;<A,3+900><A,2−900>									
过梁上部纵筋.1	Φ	12	1470	1500−15−15	2	4	1.47	5.88	5.22
过梁下部纵筋.1	Φ	12	1470	1500−15−15	2	4	1.47	5.88	5.22
过梁箍筋.1	Φ	6	90 210	2×((240−2×15)+(120−2×15))+2×6.9d+8d	11	22	0.731	16.082	3.569

续表(四)

筋号	级别	直径	钢筋图形	计 算 公 式	根数	总根数	单长/m	总长/m	总重/kg
构件名称：WL-1[56]				构件数量：1	本构件钢筋重：236.787 kg				
		构件位置：<1-2,A-3300><1-2,B-3300>							
1 跨.上通长筋 1	Φ	12	180 5350 180	$-25+15d+5400-25+15d$	2	2	5.71	11.42	10.139
1 跨.上通长筋 2	Φ	16	240 5350 240	$-25+15d+5400-25+15d$	2	2	5.83	11.66	18.403
1 跨.侧面构造筋 1	Φ	12	205 5350 205	$15d+5400+15d$	4	4	5.76	23.04	20.455
1 跨.下部钢筋 1	Φ	25	375 5350 375	$-25+15d+5400-25+15d$	6	6	6.1	36.6	141.034
1 跨.箍筋 1	Φ	8	550 200	$2\times((250-2\times25)+(600-2\times25))+2\times6.9d+8d$	37	37	1.674	61.938	24.44
1 跨.箍筋 2	Φ	8	550 60	$2\times(((250-2\times25-25)/5\times1+25)+(600-2\times25))+2\times6.9d+8d$	37	37	1.394	51.578	20.352
1 跨.拉筋 1	Φ	6	200	$(250-2\times25)+2\times6.9d+2d$	30	30	0.295	8.85	1.964
构件名称：QL-1[45]				构件数量：1	本构件钢筋重：16.563 kg				
		构件位置：<3,A><3,B>							
上部钢筋.1	Φ	12	3510	3540−15−15	1	1	3.51	3.51	3.116
下部钢筋.1	Φ	12	3510	3540−15−15	1	1	3.51	3.51	3.116
下部钢筋.2	Φ	12	183 3510 183	$3060+34d+34d$	1	1	3.876	3.876	3.441
箍筋.1	Φ	6	210 210	$2\times((240-2\times15)+(240-2\times15))+2\times6.9d+8d$	16	16	0.971	15.536	3.448

续表(五)

筋号	级别	直径	钢筋图形	计 算 公 式	根数	总根数	单长/m	总长/m	总重/kg
构件名称：QL-1[46]				构件数量：1	本构件钢筋重：14.123 kg				
				构件位置：<2,A><1-2,A-3300>					
上部钢筋.1	Φ	12	120 3280	3295-15+10d	1	1	3.4	3.4	3.019
上部钢筋.2	Φ	12	183 3280 12	3055+34d+10d	1	1	3.583	3.583	3.181
下部钢筋.1	Φ	12	120 3280	3295-15+10d	1	1	3.4	3.4	3.019
下部钢筋.2	Φ	12	183 3280 120	3055+34d+10d	1	1	3.583	3.583	3.181
箍筋.1	Φ	6	210 210	2×((240-2×15)+(240-2×15))+2×6.9d+8d	8	8	0.971	7.768	1.724
构件名称：QL-1[47]				构件数量：2	本构件钢筋重：14.644 kg × 2 = 29.288 kg				
			构件位置：<1-2,A-3300><1,A>;<1-2,B-3300><1,B>						
上部钢筋.1	Φ	12	183 3510	3300+34d-15	1	2	3.693	7.386	6.557
上部钢筋.2	Φ	12	120 3280	3055+10d+34d	1	2	3.583	7.166	6.362
下部钢筋.1	Φ	12	183 3510	3300+34d-15	1	2	3.693	7.386	6.557
下部钢筋.2	Φ	12	120 3280 183	3055+10d+34d	1	2	3.583	7.166	6.362
箍筋.1	Φ	6	210 210	2×((240-2×15)+(240-2×15))+2×6.9d+8d	8	16	0.971	15.536	3.448

续表(六)

筋号	级别	直径	钢筋图形	计算公式	根数	总根数	单长/m	总长/m	总重/kg
构件名称：QL-1[48]				构件数量：2	本构件钢筋重：26.391 kg × 2=52.782 kg				
构件位置：<1,A><1,B>;<3,A><3,B>									
上部钢筋.1	Φ	12	5610	5640−15−15	1	2	5.61	11.22	9.961
上部钢筋.2	Φ	12	183 5610 183	5160+34d+34d	1	2	5.976	11.952	10.611
下部钢筋.1	Φ	12	5610	5640−15−15	1	2	5.61	11.22	9.961
下部钢筋.2	Φ	12	183 5610 183	5160+34d+34d	1	2	5.976	11.952	10.611
箍筋.1	Φ	6	210 210	2×((240−2×15)+(240−2×15))+2×6.9d+8d	27	54	0.971	52.434	11.638
构件名称：QL-1[49]				构件数量：1	本构件钢筋重：13.908 kg				
构件位置：<1,B><1−2,B−3300>									
上部钢筋.1	Φ	12	120 3280	3295−15+10d	1	1	3.4	3.4	3.019
上部钢筋.2	Φ	12	183 3280 120	3055+34d+10d	1	1	3.583	3.583	3.181
下部钢筋.1	Φ	12	120 3280	3295−15+10d	1	1	3.4	3.4	3.019
下部钢筋.2	Φ	12	183 3280 120	3055+34d+10d	1	1	3.583	3.583	3.181
箍筋.1	Φ	6	210 210	2×((240−2×15)+(240−2×15))+2×6.9d+8d	7	7	0.971	6.797	1.509

续表(七)

筋号	级别	直径	钢筋图形	计 算 公 式	根数	总根数	单长/m	总长/m	总重/kg
构件名称：QL-1[51]				构件数量：1	本构件钢筋重：14.839 kg				
	构件位置：<2,B><3,B>								
上部钢筋.1	Φ	12	3510	3540−15−15	1	1	3.51	3.51	3.116
下部钢筋.2	Φ	12	183 3510 183	3060+34*d*+34*d*	1	1	3.876	3.876	3.441
箍筋.1	Φ	6	210 210	2×((240−2×15)+(240−2×15))+2×6.9*d*+8*d*	8	8	0.971	7.768	1.724
构件名称：QL-1[54]				构件数量：1	本构件钢筋重：27.041 kg				
构件位置：<2,A><2,B>									
上部钢筋.1	Φ	12	183 5610 183	5160+34*d*+34*d*	2	2	5.976	11.952	10.611
下部钢筋.1	Φ	12	183 5610 183	5160+34*d*+34*d*	2	2	5.976	11.952	10.611
箍筋.1	Φ	6	210 210	2×((240−2×15)+(240−2×15))+2×6.9*d*+8*d*	27	27	0.971	26.217	5.819
构件名称：B-1[58]				构件数量：1	本构件钢筋重：537.149 kg				
构件位置：<1,A><1,B>;<1−2,A><1−2,B>;<2,A><2,B>;<3,A><3,B>									
SLJ-2.1	Φ	8	5400	5160+max(240/2.5*d*)+max(240/2.5*d*)+12.5*d*	63	63	5.5	346.5	136.724
SLJ-1.1	Φ	8	9900	9660+max(240/2.5*d*)+max(240/2.5*d*)+12.5*d*+300	44	44	10.3	453.2	178.826
SLJ-3.1	Φ	8	5660	5160+250+250+12.5*d*	48	48	5.76	276.48	109.095
SLJ-4.1	Φ	8	10160	9660+250+250+12.5*d*+300	27	27	10.56	285.12	112.504
构件名称：B-1[58]				构件数量：3	本构件钢筋重：7.022 kg × 3=21.066 kg				
构件位置：<A+2700,B−1650>;<A+2700,2+1650>;<A+2700,1−1650>									
马凳筋.1	Φ	10	150 150 110	150+2×110+2×150	17	51	0.67	34.17	21.067

2. 分部分项工程量清单

工程名称：阅览室　　专业：土建工程

序号	项目编码	项目名称	计量单位	工程数量
	A.1	土(石)方工程		
1	010101001001	平整场地 [项目特征] 1. 土壤类别：二类土 2. 弃土运距：50 m 以内 3. 取土运距：50 m 以内 [工程内容] 1. 土方挖填 2. 场地找平 3. 运输	m^2	57.19
2	010101003001	挖基础土方 [项目特征] 1. 基础类型：条形基础 2. 挖土深度：1.5 m 3. 弃土运距：50 m [工程内容] 1. 排地表水 2. 土方开挖 3. 运输	m^3	52.12
3	010103001001	房心回填 [项目特征] 1. 土质要求：素土回填 2. 密实度要求：0.94 3. 夯填(碾压)：夯填 4. 运输距离：50 m [工程内容] 1. 装卸、运输 2. 回填 3. 分层碾压、夯实	m^3	2.92
4	010103001002	基础回填 [项目特征] 1. 土质要求：素土回填 2. 密实度要求：0.94 3. 夯填(碾压)：夯填 4. 运输距离：50 m [工程内容] 1. 装卸、运输 2. 回填 3. 分层碾压、夯实	m^3	50.75

续表(一)

序号	项目编码	项目名称	计量单位	工程数量
	A.3	砌 筑 工 程		
5	010301001001	砖基础 [项目特征] 1. MU10 承重黏土实心砖，240 × 115× 53 2. 条形基础 3. M7.5 水泥砂浆砌筑 [工程内容] 1. 砂浆制作、运输 2. 砌砖 3. 材料运输	m^3	12.4
6	010302001001	实心砖墙 [项目特征] 1. MU7.5 黏土实心砖，240 × 115 × 53 2. 女儿墙 3. 240 mm 厚 4. M7.5 混合砂浆砌筑 [工程内容] 1. 砂浆制作、运输 2. 砌砖 3. 勾缝 4. 材料运输	m^3	3.03
7	010304001001	空心砖墙 外墙 [项目特征] 1. 墙体厚度：240 2. MU7.5KP1 承重多孔砖，240 × 115 × 90 3. M7.5 混合砂浆砌筑 [工程内容] 1. 砂浆制作、运输 2. 砌砖、砌块 3. 勾缝 4. 材料运输	m^3	14.84
8	010304001001	空心砖墙 内墙 [项目特征] 1. 墙体厚度：240 2. MU7.5KP1 承重多孔砖，240 × 115 × 90 3. M5 混合砂浆砌筑 [工程内容] 1. 砂浆制作、运输 2. 砌砖、砌块 3. 勾缝 4. 材料运输	m^3	2.85

续表(二)

序号	项目编码	项目名称	计量单位	工程数量
	A.4	混凝土及钢筋混凝土工程		
9	010401006001	条形基础混凝土垫层 [项目特征] 1. 混凝土强度等级：C15 2. 混凝土拌和料要求：商品混凝土 [工程内容] 混凝土浇筑、振捣、养护	m^3	8.02
10	010402001001	构造柱 [项目特征] 1. 混凝土强度等级：C25 2. 混凝土拌和料要求：商品混凝土 [工程内容] 混凝土运输、浇筑、振捣、养护	m^3	1.72
11	010403004001	基础圈梁 [项目特征] 1. 梁截面：240 × 240 2. 混凝土强度等级：C25 3. 混凝土拌和料要求：商品混凝土 [工程内容] 混凝土运输、浇筑、振捣、养护	m^3	1.95
12	010403004002	圈梁 [项目特征] 1. 梁截面：240 × 300 2. 混凝土强度等级：C25 3. 混凝土拌和料要求：商品混凝土 [工程内容] 混凝土运输、浇筑、振捣、养护	m^3	2.44
13	010410003001	预制过梁 [项目特征] 1. 单件体积：0.0432 m^3 2. 安装高度：2.1 m 3. 混凝土强度等级：C25 4. 砂浆强度等级：1∶2 水泥砂浆座浆灌缝 [工程内容] 构件制作、运输、安装	m^3	0.09
14	010405003001	平板 [项目特征] 1. 板厚度：120 mm 2. 混凝土强度等级：C25 3. 混凝土拌和料要求：商品混凝土 [工程内容] 混凝土运输、浇筑、振捣、养护	m^3	1.96

续表(三)

序号	项目编码	项目名称	计量单位	工程数量
15	010405001001	有梁板(有梁板中的梁) [项目特征] 1. 板厚度：120 mm 2. 混凝土强度等级：C25 3. 混凝土拌和料要求：商品混凝土 [工程内容] 混凝土运输、浇筑、振捣、养护	m^3	0.77
16	010405001002	有梁板(有梁板中的板) [项目特征] 2. 板厚度：120 mm 3. 混凝土强度等级：C25 4. 混凝土拌和料要求：商品混凝土 [工程内容] 混凝土运输、浇筑、振捣、养护	m^3	3.78
17	010407001001	女儿墙压顶 [项目特征] 1. 混凝土强度等级：C25 2. 混凝土拌和料要求：商品混凝土 [工程内容] 混凝土 运输、浇筑、振捣、养护	m^3	0.5
18	010407001002	其他构件 [项目特征] 1. 构件的类型：混凝土室外台阶 2. 20 厚 1∶2.5 水泥砂浆抹面压实赶光 3. 水泥浆一道(内参建筑胶) 4. 踏步三角部分混凝土：C25 商品混凝土 5. 60 厚 C15 混凝土(厚度不包括踏步三角部分)，台阶面向外坡 1% 6. 300 厚 3∶7 灰土垫层分两层夯实 7. 素土夯实	m^2	0.96
19	010407002001	散水 [项目特征] 1. 60 厚 C15 混凝土撒 1∶1 水泥沙子，压实赶光 2. 150 厚 3∶7 灰土垫层，宽出面层 300 3. 素土夯实，向外坡 4% [工程内容] 1. 地基夯实 2. 铺设垫层 3. 混凝土制作、运输、浇筑、振捣、养护 4. 变形缝填塞	m^2	33.96

续表(四)

序号	项目编码	项目名称	计量单位	工程数量
20	010416001001	现浇混凝土钢筋 [项目特征] 钢筋种类、规格：圆钢 10以内(Ⅰ级) [工程内容] 1. 钢筋 制作、运输 2. 钢筋 安装	t	0.182
21	010416001002	现浇混凝土钢筋 [项目特征] 1. 钢筋种类、规格：螺纹钢 10以上(Ⅱ级) [工程内容] 1. 钢筋 制作、运输 2. 钢筋 安装	t	1.001
	A.7	屋面及防水工程		
22	010702001001	屋面卷材防水 1. 20厚1∶2.5水泥砂浆保护层，每1 m见方半缝分格 2. 4厚SBS防水卷材一道 3. 25厚1∶3水泥砂浆找平层 4. 1∶6水泥焦渣找坡最薄处30 mm厚，平均厚度50 mm	m^2	58.74
23	010702004001	屋面排水管 [项目特征] 1. 直径100UPVC排水管 2. 横式铸铁落水口：1个 3. 水落斗：1个 [工程内容] 排水管及配件安装、固定	m	3.3
	B.1	楼地面工程		
24	020101001001	水泥砂地面 (室外台阶平面) 1. 20厚1∶2.5水泥砂浆抹面压实赶光 2. 水泥砂浆结合层一道(内参建筑胶) 3. 60厚C15混凝土 4. 300厚3∶7灰土垫层分两层夯实 5. 素土夯实	m^2	1.92
25	020102002001	600×600防滑地砖地面 1. 素土夯实 2. 150 mm厚3∶7灰土垫层 3. 60 mm厚C10砾石混凝土垫层 4. 素水泥浆一道(内掺建筑胶) 5. 20 mm厚1∶3水泥砂浆(掺建筑胶)面贴10 mm厚600×600防滑地砖	m^2	48.61

续表(五)

序号	项目编码	项目名称	计量单位	工程数量
26	020105003001	地砖踢脚线 [项目特征] 1. 踢脚线高度：120 mm 2. 水泥砂浆铺贴 [工程内容] 1. 基层清理 2. 面层铺贴 3. 材料运输	m^2	4.38
	B.2	墙、柱面工程		
27	020201001001	墙面一般抹灰(外墙面) 1. 基层类型：混凝土墙面 2. 8 mm 厚水泥砂浆 1∶2.5 3. 12 mm 厚水泥砂浆 1∶3	m^2	21.57
28	020201001002	墙面一般抹灰(外墙面) 1. 基层类型：砖墙面 2. 8 mm 厚水泥砂浆 1∶2.5 3. 12 mm 厚水泥砂浆 1∶3	m^2	80.38
29	020201001003	墙面一般抹灰(内墙面) 1. 基层类型：混凝土墙面 2. 6 厚 1∶0.3∶2.5 水泥石灰砂浆抹面，压实赶光 3. 10 厚 1∶1∶6 水泥石灰砂浆打底、扫毛	m^2	8.94
30	020201001004	墙面一般抹灰(内墙面) 1. 基层类型：砖墙面 2. 6 厚 1∶0.3∶2.5 水泥石灰砂浆抹面，压实赶光 3. 10 厚 1∶1∶6 水泥石灰砂浆打底、扫毛	m^2	84.97
31	020201001005	墙面一般抹灰　女儿墙内侧 1. 基层类型：混凝土墙面 2. 8 mm 厚水泥砂浆　1∶2.5 3. 12 mm 厚水泥砂浆　1∶3	m^2	1.27
32	020201001006	墙面一般抹灰(女儿墙内侧) 1. 基层类型：砖墙面 2. 8 mm 厚水泥砂浆　1∶2.5 3. 12 mm 厚水泥砂浆　1∶3	m^2	11.77
33	020109004001	水泥砂浆零星项目 1. 部位：室外台阶侧面 2. 基层类型：混凝土面 3. 6 mm 厚水泥砂浆 1∶2.5 4. 14 mm 厚水泥砂浆 1∶3	m^2	0.6

续表(六)

序号	项目编码	项目名称	计量单位	工程数量
34	020204003001	块料墙面(外墙面) [项目特征] 1. 基层类型：抹灰面 2. 面砖规格：240 × 60 3. 水泥砂浆粘贴 [工程内容] 1. 基层清理 2. 砂浆制作、运输 3. 面层铺贴 4. 嵌缝	m^2	103.93
	B.3	天棚工程		
35	020301001001	天棚抹灰 1. 基层类型：现浇混凝土板 2. 5 厚 1∶0.3∶2.5 水泥石灰膏砂浆抹面找平 3. 5 厚 1∶0.3∶3 水泥石灰膏砂浆打底扫毛 4. 刷素水泥浆一道(内掺建筑胶)	m^2	53.56
36	020605001001	型钢玻璃雨棚 [项目特征] 1. H 型钢骨架 2. 不锈钢驳接爪连接件 3. 夹胶玻璃面层	m^2	1.08
	B.4	门窗工程		
37	020401003001	木门 [项目特征] 1. 门类型：成品木门 2. 洞口尺寸：1000 × 100 [工程内容] 1. 运输，安装 2. 五金安装	樘	1
38	020402006001	防盗门 [项目特征] 1. 门类型：钢制防盗门 2. 洞口尺寸：1000 × 2100 [工程制作] 1. 运输，安装 2. 五金安装	樘	1

续表(七)

序号	项目编码	项目名称	计量单位	工程数量
39	020406007001	塑钢窗 [项目特征] 1. 窗类型：中空玻璃塑钢推拉窗 2. 洞口尺寸：1500×800 [工程内容] 1. 运输，安装 2. 五金安装	樘	5
	B.5	油漆、涂料、裱糊工程		
40	020506001001	内墙面刷乳胶漆 [项目特征] 1. 基层类型：灰面 2. 腻子种类：大白粉胶腻子 3. 刮腻子要求：满刮 4. 乳胶漆三遍，立邦牌乳胶漆 [工程内容] 1. 基层清理 2. 刮腻子 3. 刷乳胶漆	m^2	93.91
41	020506001002	天棚刷乳胶漆 [项目特征] 1. 基层类型：抹灰面 2. 腻子种类：大白粉胶腻子 3. 刮腻子要求：满刮 4. 乳胶漆三遍，立邦牌乳胶漆 [工程内容] 1. 基层清理 2. 刮腻子 3. 刷乳胶漆	m2	53.56
42	020506001003	女儿墙内侧刷乳胶漆 [项目特征] 1. 基层类型：灰面 2. 腻子种类：白水泥腻子 3. 刮腻子要求：满刮 4. 乳胶漆三遍，立邦牌外墙乳胶漆 [工程内容] 1. 基层清理 2. 刮腻子 3. 刷乳胶漆	m^2	13.04

3. 措施项目清单计价表

工程名称：阅览室　　　　　　　　　　　　　　专业：土建工程

序号	项目名称	计量单位	工程数量
一	通用项目		
1	安全文明施工(含环境保护、文明施工、安全施工、临时设施)	项	1
1.1	安全文明施工费	项	1
1.2	环境保护(含工程排污费)	项	1
1.3	临时设施	项	1
2	冬雨季、夜间施工措施费	项	1
2.1	人工土石方	项	1
2.4	一般土建	项	1
2.5	装饰装修	项	1
3	二次搬运	项	1
3.1	人工土石方	项	1
3.4	一般土建	项	1
3.5	装饰装修	项	1
4	测量放线、定位复测、检测试验	项	1
4.1	人工土石方	项	1
4.4	一般土建	项	1
4.5	装饰装修	项	1
二	建筑工程		
1	混凝土、钢筋混凝土模板及支架	项	1
2	脚手架	项	1

安全文明施工措施费为不可竞争费用，应按规定在规费、税金项目清单计价表计算。

4. 其他项目清单

工程名称：阅览室　　　　　　　　　　　　　　专业：土建工程

序号	项目名称	计量单位	工程数量
1	暂列金额	项	1
2	专业工程暂估价	项	1
3	计日工	项	1
4	总承包服务费	项	1

5. 规费、税金项目清单计价表

工程名称：阅览室　　　　　　　　　　专业：土建工程

序号	项目名称	计量单位	工程数量	金额（元）	
				综合单价	合　价
一	规费:	项	1	3669.72	3669.72
1	社会保障费	项	1	3378.97	3378.97
1.1	养老保险	项	1	2789.62	2789.62
1.2	失业保险	项	1	117.87	117.87
1.3	医疗保险	项	1	353.61	353.61
1.4	工伤保险	项	1	55.01	55.01
1.5	残疾人就业保险	项	1	31.43	31.43
1.6	女工生育保险	项	1	31.43	31.43
2	住房公积金	项	1	235.74	235.74
3	危险作业意外伤害保险	项	1	55.01	55.01
	规费合计				3669.72
二	安全文明施工措施费	项	1	2876.76	2876.76
	安全文明施工措施费合计				2876.76
三	税金	项	1	2804.75	2804.75
	税金合计				2804.75

6. 材料价格表

工程名称：阅览室

序号	材料名称	单位/元	市场价
1	标准砖	千块	320
2	丙烯酸无光外墙乳胶漆	kg	25
3	窗纱	m^2	15
4	改性沥青卷材	m^2	25
5	净砂	m^3	60
6	砾石(20 mm～40 mm)	m^3	76
7	螺纹钢筋(综合)	t	4300
8	面砖(240 × 60)	m^2	65
9	乳胶漆	kg	18
10	三防门	m^2	600
11	水泥 32.5	kg	0.33
12	塑钢窗	m^2	260
13	塑料窗纱	m^2	3
14	塑料排水管 DN100	m	30
15	塑料水落斗	个	15
16	陶瓷地面砖踢 i 脚线	m^2	120
17	陶瓷地面砖(600 × 600)	m^2	120
18	圆钢筋(综合)	t	4300
19	中砂	m^3	55

7．2009年建筑装饰册部分子目价目表

一、人工土方

定额号	项目名称	单位	基价/元	其　中		
				人工费	材料费	机械费
1-5	人工挖沟槽，挖深(2 m)以内	100 m³	1695.96	1695.96		
1-19	平整场地	100 m³	267.54	267.54		
1-26	回填夯实素土	100 m³	1825.86	1690.5	27.64	107.72
1-28	回填夯实3∶7灰土	100 m³	7569.96	2950.08	4512.16	107.72
1-32	单(双)轮车运土50 m	100 m³	690.48	690.48		

二、砌砖

定额号	项目名称	单位	基价元	其　中		
				人工费	材料费	机械费
3-1	砖基础	10 m³	2036.5	495.18	1513.46	27.86
3-4	浑水砖墙一砖	10 m³	2328.59	675.36	1626.65	26.58
3-37	承重黏土多孔砖墙一砖	10 m³	2661.1	524.58	2114.19	22.33

三、混凝土及钢筋、埋件

定额号	项目名称	单位	基价/元	其　中		
				人工费	材料费	机械费
4-1	C20砾石混凝土(普通)	m³	268.43	76.44	174.26	17.73
4-6	圆钢Φ10以内	t	4438.29	728.28	3667.82	42.19
4-8	螺纹钢Φ10以上(含Φ10)	t	4385.98	329.28	3942.38	114.32

四、现浇构件模版

定额号	项目名称	单位	基价/元	其　中		
				人工费	材料费	机械费
4-29	砼基础垫层	m³	38.37	7.14	30.82	0.41
4-35	构造柱	m³	182.06	111.3	62.98	7.78
4-39	圈过梁	m³	299.08	159.18	130.92	8.98
4-49	有梁板板厚10 cm以外	m³	309.58	165.48	123.33	20.77
4-52	平板板厚10 cm以外	m³	248.47	126.42	105.21	16.84
4-63	扶手压顶	m³	837.38	380.94	431.61	24.83
4-65	台阶	10 m³	225.1	108.36	112.05	4.69

五、预制构件模版

定额号	项目名称	单位	基价/元	其　中		
				人工费	材料费	机械费
4-84	过梁	m³	288.17	92.4	103.69	92.08

续表(一)

定额号	项目名称	单位	基价/元	其中		
六、预制构件座浆灌缝						
定额号	项 目 名 称	单位	基价/元	人工费	材料费	机械费
4-164	过梁	10 m^3	252.49	111.3	134.1	7.09
七、构件运输						
定额号	项 目 名 称	单位	基价/元	人工费	材料费	机械费
6-19	预制钢筋混凝土，四类构件运输 1 km 以内	10 m^3	1161.67	152.88	91.03	917.76
八、预制钢筋混凝土构件安装						
定额号	项目名称	单位	基价/元	人工费	材料费	机械费
6-64	预制过梁安装，0.4 m^3/根	10 m^3	1911.07	703.08	147.81	1060.18
九、防潮层及找平层						
定额号	项 目 名 称	单位	基价/元	人工费	材料费	机械费
8-21	找平层，水泥砂浆找平在填充材料上	100 m^2	885	351.12	504.11	29.77
8-22	找平层，水泥砂浆找平每增减 5 mm	100 m^2	153.53	59.22	87.93	6.38
8-27	砼散水面层一次抹光	100 m^2	2624.49	1171.8	1370.6	82.09
十、屋面						
定额号	项 目 名 称	单位	基价/元	人工费	材料费	机械费
卷材屋面防水层						
9-27	改性沥青卷材热熔法	100 m^2	2394.01	191.52	2202.49	
屋面保温、隔热层、保温层						
9-56	水泥炉渣找坡层(1∶6)	10 m^3	1468.98	301.98	1167	
其他						
9-68	塑料制品水落管	10 个	247.82	26.88	220.94	
9-69	塑料制品水落斗	10 个	137.88	117.6	20.28	
9-73	铸铁制品水落口(横式)	10 套	686.93	188.58	498.35	
十一、楼地面						
定额号	项 目 名 称	单位	基价/元	人工费	材料费	机械费
整体面层						
10-2	水泥砂浆台阶	100 m^2	2289.37	1473.5	780.42	35.45
陶瓷地砖						
10-70	楼地面周长在 2000 mm 以外	100 m^2	11685.17	1700.5	9901.83	82.84
10-73	踢脚线	100 m^2	9202.37	2140	7002.5	59.87

续表(二)

十二、墙柱面						
定额号	项目名称	单位	基价/元	其中		
				人工费	材料费	机械费
水泥砂浆						
10-244	外砖墙面 20 mm 厚	100 m^2	1249.18	789.5	432.74	26.94
10-245	外砼墙面 20 mm 厚	100 m^2	1579.29	904	646.93	28.36
10-256	零星项目 20 mm 厚	100 m^2	3785.21	3281	477.98	26.33
水泥石灰砂浆						
10-262	内砖墙 16 mm 厚	100 m^2	1133.87	678.5	433.39	21.98
10-263	混凝土墙 16 mm 厚	100 m^2	1367.12	834	510.44	22.68
釉面砖						
10-514	水泥砂浆粘贴墙面，无缝周长 800 mm 以内	100 m^2	6703.62	2129.9	4519.84	53.88

十三、天棚工程						
定额号	项目名称	单位	基价/元	其中		
				人工费	材料费	机械费
水泥石灰砂浆						
10-663	现浇混凝土天棚面抹灰	100 m^2	1089.51	695.5	379.12	14.89

十四、门窗工程						
定额号	项目名称	单位	基价/元	其中		
				人工费	材料费	机械费
塑钢门窗安装						
10-965	塑钢窗	100 m^2	23136.68	1250	21860.28	26.4
10-968	纱窗伏在彩板塑料塑钢推拉窗上	100 m^2	235.03	125	110.03	
防盗装饰门窗安装						
10-969	三防门	100 m^2	56938.26	1900	55000	38.26
装饰门扇制作安装						
10-983	高级装饰木门安装	扇	589.24	15	574.24	

十五、油漆、涂料、裱糊工程						
定额号	项目名称	单位	基价/元	其中		
				人工费	材料费	机械费
抹灰面油漆						
10-1331	乳胶漆抹灰面 2 遍	100 m^2	1002.08	560.66	442.08	
10-1332	乳胶漆抹灰面每增加一遍	100 m^2	224.91	50	174.91	
涂料、裱糊						
10-1419	外墙喷丙烯酸，无光外用乳胶漆，抹灰面	100 m^2	2528.62	200	2065.84	262.78

十六、脚手架工程						
定额号	项目名称	单位	基价/元	其中		
				人工费	材料费	机械费
外脚手架						
13-1	钢管架，15 m 以内	100 m^2	941.01	301.98	579.99	59.04
里脚手架						
13-8	钢管架，基本层 3.6 m	100 m^2	552.96	428.78	104.04	20.14

8. 2004 年消耗量定额部分定额项目表

1) 人工土方

工作内容：挖土、倒土、抛土；装土，100 m 以内运土、卸土，平整道路；修整底边。

单位：100 m^3

定额编号			1-1	1-2	1-3	1-4
项目			人工挖土方			
			挖深(m 以内)			挖深 6 m 以上每增 1 m
			2	4	6	
名称		单位	数量			
人工	综合工日	工日	32.180	41.590	50.710	1.780

工作内容：挖土、抛土；倒土，保持槽边 1 m 以内无弃土；装土，100 m 以内运土、卸土；道路平整维护；修整底边。

单位：100 m^3

定额编号			1-5	1-6	1-7	1-8
项目			人工挖沟槽			
			挖深(m 以内)			挖深 6 m 以上每增 1 m
			2	4	6	
名称		单位	数量			
人工	综合工日	工日	40.380	51.910	59.700	2.170

工作内容：挖淤泥流沙包括挖、装淤泥、流沙，修整边坡；山坡切土包括挖土、装土。

单位：100 m^3

定额编号			1-17	1-18
项目			挖淤泥流砂	山坡切土
名称		单位	数量	
人工	综合工日	工日	110.000	10.550

工作内容：场平包括标高在±30 cm 以内的土方挖、填、运、找平；清理杂物。

单位：100 m^3

定额编号			1-19
项目			平整场地
名称		单位	数量
人工	综合工日	工日	6.370

工作内容：挖土方、凿枕石、积岩地基处理、井外排水；修正底、边、壁，100 m 以内运土、石；孔内照明及安全设施搭拆。

单位：10 m^3

定额编号			1-22	1-23	1-24	1-25
项目			人工挖桩孔			
			深度(m 以内)			
			6	8	10	12
名称		单位	数量			
人工	综合工日	工日	13.380	16.040	18.070	20.070

注：设计要求增设的安全防护措施所用的人工占人工费的 12%，材料、设备另行计算。

工作内容：坑、槽边 5m 以内取土、筛土、倒(运)土；碎土、铺(平)土、洒水、回填、夯实等全部过程。

单位：100 m^3

定额编号			1-26
项目			同填夯实素土
名称		单位	数量
人工	综合工日	工日	40.250
材料	水	m^3	7.180
	黏土	m^3	143.500
机械	夯实机(电动)20～62 N·m	台班	4.870

工作内容：坑、槽边 5 m 以内取土、运土、运灰；筛灰、焖灰、筛土、过斗、洒水、拌合、铺平、回填夯实(包括拍底夯)。

单位：100 m^3

定额编号			1-27	1-28
项　目			回填夯实 2∶8 灰土	回填夯实 3∶7 灰土
名　称		单位	数　量	
人工	综合工日	工日	70.240	70.240
材料	生石灰	1	16.450	24.670
	水	m^3	7.180	7.180
	黏土	m^3	131.200	114.800
机械	夯实机(电动)20～62 N・m	台班	4.870	4.870

工作内容：5 m 以内取土；碎土、铺(平)土。

单位：100 m^3

定额编号			1-31
项　目			回填土松填(不打夯)
名　称		单位	数　量
人工	综合工日	工日	8.570

工作内容：装土、运土、卸土；清理道路；小车上油、清理。

单位：100 m^3

定额编号			1-32	1-33
项　目			单(双)轮车运土	
			50 m	每增 50 m
名　称		单位	数　量	
人工	综合工日	工日	16.440	2.640

2) *砌砖*

工作内容：

砖基础：调运砂浆、铺砂浆、运砖(含浇水、浸水)、砌砖，清理地槽、坑等。

混水砖墙：调运、铺砂浆、运砖(含浇水、浸水)、砌砖，包括窗台虎头砖、腰线、门窗套，安放木砖、铁件，清理墙面及落地灰等。

单位：10 m^3

定 额 编 号			3-1	3-2	3-3
项　目			砖基础	混水砖墙	
				1/2 砖	3/4 砖
名 称		单位	数　量		
人工	综合工日	工日	11.790	20.140	19.640
材料	水泥砂浆 M5	m^3	—	1.950	2.130
	水泥砂浆 M10	m^3	2.360	—	—
	标准砖	千块	5.236	5.641	5.510
	水	m^3	2.500	2.500	2.500
机械	灰浆搅拌机 200 L	台班	0.393	0.325	0.355

工作内容：调运、铺砂浆、运砖(含浇水、浸水)、砌砖，包括窗台虎头砖、腰线、门窗套，安放木砖、铁件，清理墙面及落地灰等。

单位：10 m^3

定 额 编 号			3-4	3-5	3-6
项　目			混水砖墙		
			1 砖	$1\frac{1}{2}$ 砖	2 砖及 2 砖以上
名 称		单位	数　量		
人工	综合工日	工日	16.080	15.630	15.640
材料	水泥混合砂浆 M5	m^3	2.250	2.400	2.450
	标准砖	千块	5.314	5.350	5.309
	水	m^3	2.500	2.500	2.500
机械	灰浆搅拌机 200 L	台班	0.375	0.400	0.480

工作内容：调运、铺砂浆、运砖(含浇水、浸水)、砌砖，包括窗台虎头砖、腰线、门窗套，安放木砖、铁件、清理墙面及落地灰等。

单位：10 m^3

定额编号			3-35	3-36	3-37	3-38
项目			承重黏土多孔砖墙			
			1/2 砖	190 厚	1 砖	$1\frac{1}{2}$ 砖
名称		单位	数量			
人工	综合工日	工日	14.800	12.490	12.490	11.270
材料	水泥混合砂浆 M7.5	m^3	1.500	1.500	1.890	2.010
	承重黏土多孔砖 240×115×90	千块	3.548	—	3.400	3.354
	承重黏土多孔砖 240×190×90	千块	—	2.147	—	—
	水	m^3	2.600	2.600	2.740	2.740
机械	灰浆搅拌机 200 L	台班	0.250	0.250	0.315	0.335

注：砖的规格不同时其数量允许换算，砖的损耗率为2%，其余不得调整。

工作内容："钢筋"包括除浮锈、调直、切断、焊接成型、绑扎、运输、安装，以及钢筋检查等全部操作过程。埋件包括铁件安装埋设、焊接固定等工序。

单位：t

定额编号			4-5	4-6	4-7	4-8	4-9
项目			冷拔丝 Φ5 以内	圆钢 Φ10		螺纹钢 Φ10 以上(含 Φ10)	预埋铁件
				以内	以上		
名称		单位	数量				
人工	综合工日	工日	33.890	17.340	10.080	7.840	24.500
材料	圆钢筋(综合)	t	—	1.020	1.045	—	—
	螺纹钢筋(综合)	t	—	—	—	1.045	—
	冷拔丝 Φ5 以内	t	1.020	—	—	—	—
	铁件	t	—	—	—	—	1.010
	石棉垫	kg	—	—	—	0.300	—
	电焊条(普通)	kg	—	—	5.770	8.670	36.000
	焊剂	kg	—	—	—	2.890	—
	镀锌铁丝 22"	kg	4.850	9.920	4.430	1.950	—
	水	m^3	4.220	—	0.120	0.110	—
机械	电动卷扬机(单筒慢速)50 kN	台班	—	0.320	0.270	0.110	—
	钢筋调直机 Φ14 mm	台班	0.730	—	—	—	—
	钢筋切断机 Φ40 mm	台班	0.440	0.120	0.090	0.090	—
	钢筋弯曲机 Φ40 mm	台班	—	0.320	0.330	0.200	—
	对焊机 75 kV·A	台班	—	—	0.070	0.070	—
	电渣焊机 1000A	台班	—	—	—	0.150	—
	点焊机(长臂)75 kV·A	台班	1.740	—	—	—	—
	直流电焊机 30 kW	台班	—	—	0.360	0.410	4.390

工作内容：同前。

定额编号			4-27	4-28	4-29	4-30
项目			设备基础块体砼		砼基础	设备基础
			5 m³ 以内	5 m³ 以外	垫层	螺栓套
			m³			10 个
名称		单位	数量			
人工	综合工日	工日	1.250	0.640	0.170	2.450
材料	铁件	kg	—	0.170	—	—
	支撑钢管及扣件	kg	0.920	0.540	—	—
	组合钢模板	kg	2.250	1.180	—	—
	规格料(模板用)	m³	0.008	0.006	0.019	0.310
	卡具插销	kg	1.410	0.570	—	—
	隔离剂	kg	0.330	0.170	0.130	—
	镀锌铁丝 8"	kg	0.310	0.200	—	—
	镀锌铁丝 22"	kg	—	—	0.002	—
	铁钉	kg	0.220	0.150	0.260	0.790
	草板纸 80"	张	0.980	0.520	—	—
	钢模维修费(占钢模、扣件、卡具)	%	8.000	8.000	—	—
机械	汽车式起重机 5 t	台班	0.005	0.002	—	—
	载重汽车 6 t	台班	0.009	0.003	0.001	0.040
	水工圆锯机 Φ600 mm	台班	0.001	0.001	0.002	0.310

工作内容：同前。

单位：m³

定额编号			4-33	4-34	4-35	4-36
项目			异形柱	圆形柱	构造柱	基础梁
名称		单位	数量			
人工	综合工日	工日	5.800	5.360	2.650	2.710
材料	支撑钢管及扣件	kg	2.770	—	—	—
	组合钢模板	kg	2.190	—	4.070	6.130
	规格料(模板用)	m³	0.035	0.204	0.004	0.025
	卡具插销	kg	2.600	—	2.920	3.910
	隔离剂	kg	0.930	0.880	0.560	0.800
	镀锌铁丝 8"	kg	1.090	0.420	2.250	0.690

续表

材料	镀锌铁丝 22"	kg	—	—	—	0.010
	螺栓	kg	—	—	1.170	—
	铁钉	kg	1.520	4.260	—	1.750
	草板纸 80"	张	2.800	—	1.670	2.400
	嵌缝料	kg	—	0.880	—	—
	钢模维修费(占钢模、扣件、卡具)	%	8.000	—	8.000	8.000
机械	汽车式起重机 5 t	台班	0.013	—	0.008	0.009
	载重汽车 6 t	台班	0.027	0.031	0.013	0.018
	水工圆锯机 Φ600 mm	台班	0.006	0.163	0.001	0.003
	木工压刨床(单面)600 mm	台班	—	0.163	—	—

工作内容：同前。

单位：m^3

定额编号			4-39	4-40	4-41	4-42
项目			圆过梁	拱形梁	弧形梁	弧形圈过梁
名称		单位	数量			
人工	综合工日	工日	3.790	5.500	4.730	4.560
材料	组合钢模板	kg	6.320	—	—	—
	规格料(模板用)	m^3	0.041	0.233	0.198	0.164
	卡具插销	kg	0.410	—	—	—
	隔离剂	kg	0.870	0.840	0.870	0.750
	镀锌铁丝 8"	kg	1.820	1.120	1.450	—
	镀锌铁丝 22"	kg	0.020	—	—	—
	铁钉	kg	3.780	3.870	6.440	4.240
	草板纸 80"	张	2.510	—	—	—
	嵌缝料	kg	—	0.840	0.870	0.750
	钢模维修费(占钢模、扣件、卡具)	%	8.000	—	—	—
机械	汽车式起重机 5 t	台班	0.006	—	—	—
	载重汽车 6 t	台班	0.017	0.034	0.027	0.016
	水工圆锯机 Φ600 mm	台班	0.022	0.135	0.101	0.115
	木工压刨床(单面)600 mm	台班	—	0.135	0.101	0.115

工作内容：同前。 单位：m^3

定额编号			4-48	4-49	4-50
项目			有梁板 板厚(cm)		无梁板
			10 以内	10 以外	
名称		单位	数量		
人工	综合工日	工日	4.200	3.940	1.940
材料	支撑钢管及扣件	kg	5.840	5.260	1.710
	组合钢模板	kg	8.080	5.880	2.800
	规格料(模板用)	m^3	0.024	0.025	0.024
	卡具插销	kg	4.940	3.040	1.290
	隔离剂	kg	1.110	0.820	0.490
	镀锌铁丝 8"	kg	—	0.910	—
	镀锌铁丝 22"	kg	0.020	0.020	0.010
	铁钉	kg	0.200	0.130	0.450
	草板纸 80"	张	3.330	2.470	1.450
	钢模维修费(占钢模、扣件、卡具)	%	8.000	8.000	8.000
机械	汽车式起重机 5 t	台班	0.026	0.021	0.007
	载重汽车 6 t	台班	0.043	0.035	0.015
	木工圆锯机 Φ600 mm	台班	0.004	0.004	0.012

工作内容：同前。 单位：m^3

定额编号			4-51	4-52	4-53	4-54
项目			平板板厚(cm)		拱形板	天沟、挑沿、悬挑构件
			10 以内	10 以外		
名称		单位	数量			
人工	综合工日	工日	4.450	3.010	5.370	7.720
材料	铁件	kg	—	—	0.630	—
	支撑钢管及扣件	kg	5.900	4.000	—	—
	组合钢模板	kg	8.390	5.690	—	—
	规格料(模板用)	m^2	0.034	0.023	0.155	0.177
	卡具插销	kg	3.400	2.300	0.200	—
	隔离剂	kg	1.230	0.830	0.790	1.440
	镀锌铁丝 8"	kg	—	—	0.340	—
	镀锌铁丝 22"	kg	0.020	0.020	—	—
	铁钉	kg	0.220	0.150	2.170	6.060
	草板纸 80"	张	3.690	2.500	—	—
	嵌缝料	kg	—	—	0.790	1.440
	钢模维修费(占钢模、扣件、卡具)	%	8.000	8.000	8.000	—
机械	汽车式起重机 5 t	台班	0.025	0.017	—	—
	载重汽车 6 t	台班	0.042	0.028	0.021	0.029
	木工圆锯机 Φ600 mm	台班	0.011	0.008	0.196	0.297
	木工压刨床(单面)600 mm	台班	—	—	0.196	0.297

工作内容：同前。

定额编号			4-62	4-63	4-64	4-65
项　目			栏板	扶手压顶	地沟	台阶
			10 m^2	m^3		10 m^2
名　称		单位	数　量			
人工	综合工日	工日	5.640	9.070	2.570	2.580
材料	铁件	kg	—	—	0.740	—
	规格料(模板用)	m^3	0.269	0.248	0.161	0.066
	卡具插销	kg	—	—	0.140	—
	隔离剂	kg	1.860	1.570	0.930	0.500
	镀锌铁丝 8"	kg	—	—	1.140	—
	铁钉	kg	4.500	8.120	1.680	1.480
	嵌缝料	kg	1.860	1.570	0.930	0.500
	钢模维修费(占钢模、扣件、卡具)	%	—	—	8.000	—
机械	载重汽车 6 t	台班	0.035	0.033	0.016	0.010
	木工圆锯机 Φ600 mm	台班	0.173	0.219	0.031	0.020
	木工压刨床(单面)600 mm	台班	0.173	0.219	0.031	0.020

工作内容：同前。　　单位：m^3

定额编号			4-80	4-81	4-82	4-83	4-84
项　目			基础梁	矩形梁		异形梁	过梁
				每根体积(m^3)			
				0.5 以内	0.5 以上		
名　称		单位	数　量				
人工	综合工日	工日	1.140	1.860	1.550	1.960	2.200
材料	组合钢模板	kg	1.400	1.960	2.040	2.810	—
	钢支架	kg	—	—	—	—	0.060
	规格料(模板用)	m^2	0.002	0.012	0.003	0.030	0.049
	卡具插销	kg	1.200	4.170	3.110	1.340	—
	隔离剂	kg	0.800	1.140	1.010	0.960	1.760
	镀锌铁丝 8"	kg	0.310	0.310	0.310	0.310	0.530
	镀锌铁丝 22"	kg	0.030	0.030	0.030	0.020	0.040
	铁钉	kg	0.060	0.230	0.060	0.530	0.720
	草板纸 80″	张	1.820	2.520	2.420	2.390	—
	砖地膜	kg	0.690	0.960	0.610	0.480	0.710
	钢模维修费(占钢模、扣件、卡具)	%	8.000	8.000	8.000	8.000	—
机械	汽车式起重机 5 t	台班	0.057	0.062	0.061	0.069	0.091
	载重汽车 6 t	台班	0.085	0.091	0.090	0.102	—
	载重汽车 8 t	台班	—	—	—	—	0.137
	木工圆锯机 Φ600 mm	台班	0.001	0.010	0.010	0.004	0.005
	木工压刨床(单面)600 mm	台班	—	—	—	—	0.005

3) 补充定额

工作内容：混凝土震捣、人工养护等全过程。　单位：m³

编号			B4-1
项目			C20 混凝土
			非现场搅拌
名称		单位	数量
人工	综合工日	工日	0.530
材料	C20 泵送混凝土	m^3	1.005
	水	m^3	1.260
	草袋子	m^2	0.710
机械	混凝土震捣器(平板式)	台班	0.014
	混凝土震岛器(插入式)	台班	0.099

工作内容：同前。　单位：m³

定额编号			6-19	6-20	6-21
项目			预制钢筋混凝土四类构件运输		
			1 km 以内	5 km 以内	10 km 以内
名称		单位	数量		
人工	综合工日	工日	3.64	4.920	5.840
材料	加固钢丝绳	kg	0.530	0.530	0.530
	方垫木	m^3	0.050	0.050	0.050
	镀锌铁丝 8"	kg	5.250	5.250	5.250
机械	汽车式起重机 5 t	台班	0.910	1.230	1.460
	载重汽车 8 t	台班	1.370	1.850	2.190

工作内容：同前。　单位：10 m³

定额编号			6-64	6-65	6-66
项目			过梁安装		折线形
			0.4 m^3/根	0.8 m^3/根	量架安装
名称		单位	数量		
人工	综合工日	工日	16.740	5.870	9.610
材料	垫铁	kg	18.490	11.190	11.850
	方垫木	m^3	0.023	0.014	—
	电焊条(普通)	kg	4.680	2.840	14.170
	镀锌铁丝 8"	kg	—	—	14.750
	麻袋	条	—	—	2.200
	麻绳	kg	0.050	0.050	—
机械	履带式起重机 15 t	台班	0.640	0.230	—
	履带式起重机 25 t	台班	—	—	0.620
	轮胎式起重机 20 t	台班	0.760	0.270	—
	交流弧焊机 32 kV · A	台班	—	—	1.860

工作内容：

水泥砂浆找平(在砼或硬基层上)：清理基层、调运砂浆、抹平、压实、刷素水泥浆。

水泥砂浆找平(在填充材料上)：清理基层、调运砂浆、抹平、压实。

水泥砂浆找平(每增减 5 mm)：调运砂浆、抹平、压实。 单位：100 m^2

定额编号			8-20	8-21	8-22
项 目			水泥砂浆找平		
			在砼或硬基层上	在填充材料上	每增减 5 mm
名 称		单位	数 量		
人工	综合工日	工日	8.150	8.360	1.410
材料	素水泥浆(掺建筑胶)一道	m^3	0.100	—	—
	20 厚水泥砂浆 1∶2.5	m^3	—	2.530	—
	20 厚水泥砂浆 1∶3	m^3	2.020	—	0.510
	水	m^3	0.600	0.600	—
机械	灰浆搅拌机 200 L	台班	0.340	0.420	0.090

工作内容：水泥砂浆礓礤坡道：清理基层、浇捣砼、面层抹灰压实。

砼散水面层一次抹光：清理基层、浇捣砼、面层抹灰压实。

钢筋细石砼整体面层 4 cm 厚：清理基层、砼搅拌、捣平、压实。 单位：100 m^2

定额编号			8-26	8-27	8-28
			水泥砂浆礓礤坡道	砼散水面层一次抹光	钢筋细石砼整体面层 4 cm 厚
名 称		单位	数 量		
人工	综合工日	工日	37.100	27.900	16.080
材料	混凝土 C15	m^3	—	6.600	—
	细石混凝土 C20	m^3	—	—	4.040
	水泥砂浆 1∶1	m^3	—	0.510	—
	水泥砂浆 1∶2	m^3	2.810	—	—
	建筑胶粉素水泥浆一道(掺量按设计要求)	m^3	0.100	—	—
	沥青砂浆	m^3	—	0.120	
	圆钢筋(综合)	t	—	—	0.270
	规格料(模板料)	m^3	—	0.044	—
	锯木屑	m^3	—	0.600	—
	水	m^3	3.880	3.800	3.800
	草袋子	m^2	22.440	22.000	22.000
机械	双锥反转出料混凝土搅拌机 350 L	台班	—	0.710	0.278
	灰浆搅拌机 200 L	台班	0.350	0.090	—
	钢筋调直机 Φ14 mm	台班	—	—	0.090
	钢筋切断机 Φ40 mm	台班	—	—	0.090
	钢筋弯曲机 Φ40 mm	台班	—	—	0.090
	混凝土震捣器(平板式)	台班	—	—	0.481

工作内容：涂刷基层处理剂、铺贴卷材附加层，铺贴改性沥青卷材防水层并收头。

单位：100 m^3

定额编号			9-26	9-27
项　目			改性沥青卷材	
			冷粘法	热熔法
名　称		单位	数　量	
人工	综合工日	工日	3.940	4.560
材料	改性沥青卷材	m^2	123.410	123.410
	氟丁胶乳沥青	kg	67.550	18.180
	二甲苯	kg	16.200	16.200
	乙酸乙酯	kg	5.050	5.050
	液化气	kg	—	26.470
	素合物水泥砂浆	m^3	0.026	0.026
	镀锌铁皮 0.55 mm	m^2	0.400	0.400
	水泥钢钉	kg	0.320	0.320

注：此处改性沥青卷材专指石油沥青经高聚合物改性后涂盖于不同基胎上形成的塑性体或弹性体卷材，通常有 APP 改性沥青卷材、SBS 改性沥青卷材等。

工作内容：清扫基层、调制保温浆料、找坡浇铺、拍实养护。　单位：10 m^3

定额编号			9-54	9-55	9-56
项　目			现浇水泥		水泥炉渣
			膨胀蛭石	膨胀珍珠岩	找坡层(1∶6)
名　称		单位	数　量		
人工	综合工日	工日	7.190	7.19-	7.190
材料	水泥膨胀蛭石料	m^3	10.400	—	—
	水泥膨胀珍珠岩料	m^3	—	10.400	—
	水泥炉渣料	m^3	—	—	10.400
	水	m^3	7.000	7.000	7.000

工作内容：镀锌铁皮制作安装，塑料制品安装。

定额编号			9-66	9-67	9-68	9-69
项　目			镀锌铁皮		塑料制品	
			水落管、水落斗、檐沟	天沟、泛水	水落管	水落斗
			10 m^2		10 m	10 个
名　称		单位	数　量			
人工	综合工日	工日	2.880	1.040	0.640	2.800
材料	镀锌铁皮 26"	m^2	10.580	10.440	—	—
	塑料排水管 DM100	m	—	—	10.350	—
	塑料水落斗	个	—	—	—	10.100

续表

材料	塑料管固定卡	个	—	—	9.350	21.000
	铁件	kg	4.910	—	—	—
	焊锡	kg	0.180	0.210	—	—
	盐酸	kg	0.040	0.040	—	—
	铁钉	kg	0.040	0.300	—	—
	木炭	kg	0.770	0.920	—	—
	木柴	kg	—	—	0.250	—
	焦碳	kg	—	—	1.500	—

注：除镀锌铁皮水落斗每个可按 0.4 m^2 计算外，其他配件均按图示尺寸计算。

工作内容：铸铁制品安装。　　　　单位：10 套

定额编号			9-70	9-71	9-72	9-73
项　目			铸铁制品			
			水落管	水落斗	水落口	
			10 m		直式	横式
名　称		单位	数　量			
人工	综合工日	工日	3.640	3.500	4.170	4.490
材料	铸铁排水管 DN100	m	10.700	—	—	—
	铸铁水落斗	个	—	10.100	—	—
	铸铁水落口(直式)	套	—	—	10.100	—
	铸铁水落口(横式)	套	—	—	—	10.100
	铁件	kg	5.670	10.830	—	2.420

4) 整体面层

工作内容：清理基层、调运砂浆、刷素水泥浆、抹面、压光。

定额编号			10-1	10-2	10-3	10-4	10-5
项　目			水泥砂浆				
			楼地面	台阶	楼梯	加浆一次抹光，随打随抹	踢脚线
名　称		单位	数　量				
人工	综合工日	工日	10.740	29.470	44.420	7.980	5.260
材料	素水泥浆(掺建筑胶)一道	m^3	0.101	0.150	0.138	—	—
	5 mm 厚水泥砂浆 1∶1	m^3	—	—	—	0.510	—
	8 mm 厚水泥砂浆 1∶2.5	m^3	—	—	—	—	0.121
	10 mm 厚水泥砂浆 1∶3	m^3	—	—	—	—	0.152
	20 mm 厚水泥砂浆 1∶2.5	m^3	2.020	2.990	2.761	—	—
	水	m^3	3.800	5.620	5.650	3.800	0.620
	草袋子	片	22.000	32.560	30.070	22.000	—
机械	灰浆搅拌机 200 L	台班	0.340	0.500	0.460	0.090	0.050

注：踢脚线加在砼墙上，增加素水泥浆(掺建筑胶)一道；如在轻质墙上，增加界面处理剂一道。

5) 陶瓷地砖

工作内容：清理基层、拭排弹线、锯板修边、铺贴饰面。 单位：100 m²

定额编号			10-68	10-69	10-70
项　目			楼地面周长(mm 以内)		
			1200	2000	2000 以外
名　称		单位	数　量		
人工	综合工日	工日	30.440	25.910	34.010
材料	素水泥浆(掺建筑胶)一道	m^3	0.101	0.101	0.101
	5 mm 厚水泥砂浆(掺建筑胶)1∶2.5	m^3	0.510	0.510	0.510
	20 mm 厚水泥砂浆(掺建筑胶)1∶3	m^3	2.020	2.020	2.020
	锯木屑	m^3	0.600	0.600	0.600
	白水泥	kg	10.300	10.300	10.300
	棉纱头	kg	1.000	1.000	1.000
	陶瓷地面砖　周长 1200 mm 以内	m^2	102.500	—	—
	陶瓷地面砖　周长 2000 mm 以内	m^2	—	103.000	—
	陶瓷地面砖　周长 2000 mm 以外	m^2	—	—	103.500
	石料切割锯片	片	0.320	0.320	0.320
	水	m^3	2.600	2.600	2.600
机械	灰浆搅拌机 200 L	台班	0.420	0.420	0.420
	石料切割机	台班	1.510	1.510	1.510

工作内容：清理基层、试排弹线、锯板修边、铺贴饰面、清理净面。 单位：100 m²

定额编号			10-71	10-72	10-73	10-74
项　目			楼梯	台阶	踢脚线	零星项目
名　称		单位	数　量			
人工	综合工日(装饰)	工日	59.500	46.200	42.800	83.900
材料	素水泥浆(掺建筑胶)一道	m^3	0.140	0.149	0.101	0.110
	5 mm 厚水泥砂浆(掺建筑胶)1∶1	m^3	—	0.750	—	—
	5 mm 厚水泥砂浆(掺建筑胶)1∶2.5	m^3	0.690	—	0.505	0.560
	8 mm 厚水泥砂浆(掺建筑胶)1∶3	m^3	—	—	0.808	—
	20 mm 厚水泥砂浆(掺建筑胶)1∶3	m^3	2.760	2.990	—	2.240
	锯木屑	m^3	0.800	0.900	0.600	0.670
	白水泥	kg	14.100	15.500	14.000	11.000
	棉纱头	kg	1.400	1.480	1.000	2.000
	陶瓷地面砖　周长 1200 mm 以内	m^2	144.700	156.900	102.000	106.000
	石料切割锯片	片	1.430	1.400	0.320	1.600
	水	m^2	3.600	3.850	3.000	2.890
机械	灰浆搅拌机 200 L	台班	0.580	0.620	0.220	0.470
	石料切割机	台班	1.700	1.900	1.260	0.760

注：踢脚线如在加气混凝土墙或轻质墙上时，取消素水泥浆一道，增加界面处理剂一道。

6) 水泥砂浆

工作内容：清理、修补、湿润基层表面，堵墙眼、调运砂浆、清扫落地灰；分层抹灰找平、刷浆、洒水湿润、罩面压光(包括门窗洞口侧壁及护角线抹灰)。

单位：100 m^2

定额编号			10-244	10-245	10-246
项　目			水泥砂浆		
			外砖墙面	外砼墙面	外加气砼或硅酸盐墙面
			20 mm 厚		
名　称		单位	数　量		
人工	综合工日(装饰)	工日	15.790	18.090	16.940
材料	6 mm 厚水泥砂浆 1∶2.5	m^3	—	—	0.693
	8 mm 厚水泥砂浆 1∶2.5	m^3	0.924	0.924	—
	12 mm 厚水泥砂浆 1∶3	m^3	1.385	1.385	—
	6 mm 厚水泥石灰砂浆 1∶0.5∶2.5	m^3	—	—	0.693
	8 mm 厚水泥石灰砂浆 1∶1∶6	m^3	—	—	0.920
	松厚板	m^3	0.005	0.005	0.005
	界面处理剂一道(2 mm)	m^3	—	0.202	0.202
	水	m^3	0.780	0.800	0.780
机械	灰浆搅拌机 200 L	台班	0.380	0.400	0.380

工作内容：同前。

单位：100 m^3

定 额 编 号			10-254	10-255	10-256
项目			砖面抹水泥砂浆		水泥砂浆零星项目 20 mm 厚
			矩形柱	多边形、圆形柱面	
名　称		单位	数　量		
人工	综合工日(装饰)	工日	19.090	28.360	65.620
材料	素水泥浆(掺建筑胶)一道	m^3	—	—	0.101
	6 mm 厚水泥砂浆 1∶2.5	m^3	0.670	0.670	0.670
	14 mm 厚水泥砂浆 1∶3	m^3	1.550	1.550	1.554
	松厚板	m^3	0.005	0.005	—
	水	m^3	0.790	0.790	0.790
机械	灰浆搅拌机 200 L	台班	0.370	0.370	0.370

7) 水泥石灰砂浆

工作内容：清理、修补、湿润基层表面、堵墙眼、调理砂浆、清扫落地灰；分层抹灰找平、刷浆、洒水湿润、罩面压光。(包括门窗洞口侧壁抹灰)。　单位：100 m^2

定 额 编 号			10-262	10-263	10-264
项　目			水泥石灰砂浆		
			内砖墙	内混凝土墙	内加气砼或硅酸盐墙
			16 mm 厚		
名　称		单位	数　量		
人工	综合工日(装饰)	工日	13.570	16.680	17.960
材料	素水泥浆(掺建筑胶)一道	m^3	—	0.105	—
	6 mm 厚水泥石灰砂浆 1∶0.3∶2.5	m^3	0.693	0.693	0.693
	10 mm 厚水泥石灰砂浆 1∶1∶6	m^3	1.154	1.154	1.154
	松厚板	m^3	0.005	0.005	0.005
	界面处理剂一道(2 mm)	m^3	—	—	0.202
	水	m^3	0.710	0.710	0.710
机械	灰浆搅拌机 200 L	台班	0.310	0.370	0.310

8) 釉面砖

工作内容：清理、修补基层表面，选料、抹结合层砂浆、贴面砖、擦缝、清洁表面。

单位：100 m^2

定 额 编 号			10-511	10-512	10-513	10-514
项　目			釉面砖(水泥砂浆粘贴)墙面			
			灰缝	无缝	灰缝	无缝
			周长 500 mm 以内		周长 800 mm 以内	
名　称		单位	数　量			
人工	综合工日(装饰)	工日	56.410	50.224	47.864	42.598
材料	素水泥浆(掺建筑胶)一道	m^3	0.101	0.101	0.101	0.101
	6 mm 厚水泥砂浆 1∶2	m^3	0.666	0.666	0.666	0.666
	聚合物水泥砂浆 1∶1	m^3	0.216	—	0.175	—
	4 mm 厚聚合物水泥砂浆	m^3	0.444	0.444	0.444	0.444
	白水泥	kg	—	20.600	—	20.600
	棉纱头	kg	1.000	1.000	1.000	1.000
	面砖周长 500 mm 以内	m^2	88.327	103.500	—	—
	面砖周长 800 mm 以内	m^2	—	—	91.504	103.500
	石料切割锯片	片	0.750	0.750	0.750	0.750
	水	m^3	0.730	0.700	0.720	0.700
机械	灰浆搅拌机 200 L	台班	0.227	0.185	0.214	0.185
	石料切割机	台班	1.160	1.160	1.160	1.160

9) 水泥石灰砂浆

工作内容：清理、修补基层表面，堵眼，调运砂浆，清扫落地灰；分层抹灰找平、罩面压光，包括小圆角抹光。

单位：100 m^2

定额编号			10-663	10-664	10-665
项目			水泥石灰砂浆 现浇混凝土	水泥石灰砂浆 预制混凝土	混凝土面天棚预制板底勾缝混合砂浆
			天棚面抹灰		
名称		单位	数量		
人工	综合工日(装饰)	工日	13.910	16.340	3.580
材料	素水泥(掺建筑胶)一道	m^3	0.101	0.101	—
	水泥砂浆 1∶2	m^3	—	—	0.080
	5 mm 厚水泥石灰砂浆 1∶0.3∶2.5	m^3	0.580	0.580	—
	5 mm 厚水泥石灰砂浆 1∶0.3∶3	m^3	0.580	0.580	—
	松厚板	m^3	0.016	0.016	0.016
	火碱	kg	—	56.000	—
	水	m^3	0.560	0.560	0.010
机械	灰浆搅拌机 200 L	台班	0.210	0.210	0.010

10) 塑钢门窗安装

工作内容：校正框扇、装配五金、焊接接件、周边塞口、清扫等全部操作过程。

单位：100 m^2

定额编号			10-964	10-965	10-966
项目			塑钢门	塑钢窗	塑钢门连窗
名称		单位	数量		
人工	综合工日(装饰)	工日	25.000	25.000	27.500
材料	密封油膏	kg	53.400	47.460	39.140
	塑钢窗	m^2	—	94.800	—
	塑钢门连窗	m^2	—	—	97.200
	塑钢门	m^2	96.200	—	—
	地脚	个	657.000	1001.000	408.100
	膨胀螺栓(Ⅰ型)M12×130	套	657.000	1001.000	408.100
	自攻螺丝	千只	0.657	1.001	0.408
	软填料	kg	50.030	52.530	36.670
机械	电钻	台班	5.000	5.000	5.500

工作内容：同前。 单位：100 m^3

定额编号			10-967	10-968
项目			纱窗、附在彩板、塑料、塑钢	
			平开窗上	推拉窗上
名称		单位	数量	
人工	综合工日(装饰)	工日	3.960	2.500
材料	纱窗	m^2	57.250	36.080
	塑料窗纱	m^2	61.200	38.560

11) 防盗装饰门窗安装

工作内容：校正门框窗、凿洞、安装门窗、塞缝等。

单位：100 m^2

定额编号			10-969	10-970	10-971
项目			三防门	不锈钢	
				防盗窗	格栅门
名称		单位	数量		
人工	综合工日(装饰)	工日	38.000	42.000	67.000
材料	软件	kg	—	—	31.000
	不锈钢防盗窗	m^2	—	100.000	—
	三防门	m^2	100.000	—	—
	不锈钢格橱门	m^2	—	—	100.000
	不锈钢焊丝	kg	—	—	6.000
	软填料	kg	—	72.000	—
机械	电锤(小功率)520 W	台班	4.110	14.630	7.130

工作内容：同前。

定额编号			10-982	10-983
项目			装饰门扇安装玻璃	高级装饰木门安装
			100 m^2	扇
名称		单位	数量	
人工	综合工日(装饰)	工日	12.770	0.300
材料	平板玻璃 3 mm	m^2	125.000	—
	实木装饰门扇(成品)	扇	—	1.000
	清油	kg	2.550	—
	油灰	kg	127.500	—
	铁钉	kg	0.980	—
	水锈钢合页	副	—	2.020

工作内容：清扫、配浆、刮腻子、磨砂纸、刷乳胶漆等。

单位：100 m^2

定额编号			10-1331	10-1332	10-1333	10-1334
			乳胶漆抹灰面		乳胶漆两遍	
			两遍	每增加一遍	拉毛面	砖墙面
名称		单位	数量			
人工	综合工日(装饰)	工日	11.200	1.000	5.010	3.000
材料	羧甲基纤维素	kg	1.200	—	—	—
	滑石粉	kg	13.860	—	—	—
	大白粉	kg	52.800	—	—	—
	乳胶漆	kg	28.350	14.910	56.700	36.860
	聚酯酸乙烯乳液	kg	6.000	—	—	—
	石膏粉	kg	2.050	—	—	—
	豆包布(白布)0.9 m 宽	m	0.180	0.030	—	—
	砂纸	张	6.000	2.000	—	—

工作内容：基层清理、补小孔洞、调料、遮盖不应喷处、喷涂料、压平、清理被喷污的位置。

单位：100 m^2

定额编号			10-1416	10-1417	10-1418	10-1419
项目			外墙喷丙烯酸			
			有光外用乳胶漆		无光外用乳胶漆	
			清水墙	抹灰面	清水墙	抹灰面
名称		单位	数量			
人工	综合工日(装饰)	工日	6.800	4.000	6.800	4.000
材料	白水泥	kg	300.000	250.000	300.000	250.000
	丙烯酸无光外墙乳胶漆	kg	—	—	57.000	57.000
	丙烯酸有光外墙乳胶漆	kg	80.000	80.000	—	—
	封闭乳胶底涂料	kg	24.000	20.000	24.000	20.000
	建筑胶	kg	96.000	80.000	96.000	80.000
	其他材料费(占材料费%)	%	1.210	1.060	1.230	1.100
机械	电动空气压缩机 6 m^3/min	台班	1.200	1.100	1.200	1.100
	采用喷枪	台班	1.200	1.100	1.200	1.100

12) 外脚手架

工作内容：平土、选料、安底座、打揽桩、拉揽风绳、场内外材料运输、搭拆脚手架、上料平台、挡脚板、护身栏杆，上下翻板子和拆除后的材料堆放整理等。

单位：100 m^2

定额编号			13-1	13-2	13-3
项目			钢管架		
			15 m以内	24 m以内	30 m以内
名称		单位	数量		
人工	综合工日(装饰)	工日	7.190	8.610	10.490
材料	钢管 $\Phi48\times3.5$	kg	64.920	70.510	83.900
	钢丝绳8	kg	0.250	0.260	0.460
	直角扣件	个	12.930	12.880	13.890
	对接扣件	个	1.820	2.390	3.230
	回转扣件	个	0.520	0.740	3.050
	方垫木	m^3	0.093	0.123	0.160
	垫木 60×60×60	块	2.130	2.420	1.390
	缆风桩木	m^3	0.003	0.002	0.004
	防腐漆	kg	5.600	6.100	7.250
	油漆溶剂油	kg	0.630	0.700	0.820
	镀锌铁丝8″	kg	4.750	5.320	6.150
	铁钉	kg	0.550	0.660	0.770
	底座	个	0.370	0.260	0.260
机械	载重汽车6 t	台班	0.170	0.130	0.170

13) 里脚手架

工作内容：脚手架搭设，安全防护措施绑扎；施工使用期间的维修、加固等；拆架、清场、分类归堆及场内外运输。

单位：100 m^2

定额编号			13-8	13-9
项目			钢管架	
			基本层3.6 m	每增加1.2 m
名称		单位	数量	
人工	综合工日(装饰)	工日	10.209	4.354
材料	钢管 $\Phi48\times3.5$	kg	4.455	1.679
	直角扣件	个	0.705	0.269
	对接扣件	个	0.034	0.017
	方垫木	m^3	0.033	0.013
	防锈漆	kg	0.293	0.109
	油漆溶剂油	kg	0.092	0.034
	镀锌铁丝8"	kg	1.768	0.661
	铁钉	kg	6.016	2.255
机械	载重汽车6 t	台班	0.058	0.024

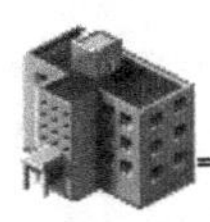

9. 计价费率

1) 不可竞争费率

(1) 规费(不分专业)(%)。

计费基础	养老保险《劳保统筹基金》	失业保险	医疗保险	工伤保险	残疾就业保险	生育保险	住房公积金	意外伤害保险
分部分项工程费＋措施费＋其他项目费	3.55	0.15	0.45	0.07	0.04	0.04	0.30	0.07

(2) 安全文明施工措施费。

① 建筑、安装、装饰工程(%)。

计费基础	安全文明施工费	环境保护费(含排污)	临时设施费
分部分项工程费＋措施费＋其他项目费	2.60	0.40	0.80

② 市政、园林绿化工程(%)。

计费基础	安全文明施工费	环境保护费(含排污)	临时设施费
分部分项工程费＋措施费＋其他项目费	1.80	0.40	0.80

(3) 税金(不分专业)。

计费基础	适　　用	税率/%
分部分项工程费＋措施项目费＋其他项目费＋规费	纳税地点在市区	3.41
	纳税地点在县城、镇	3.35
	纳税地点在市区、县城、镇以外	3.22

2) 企业管理费、利润、措施费费率

(1) 建筑工程。

① 企业管理。

适　　用	计费基础	费率/%
一般土建工程	分项直接工程费	5.11
机械土石方	分项直接工程费	1.70
桩基础	分项直接工程费	1.72
人工土石方	人工费	3.58

② 利润。

适　　用	计费基础	费率/%
一般土建工程	分项直接工程费+企业管理费	3.11
机械土石方	分项直接工程费+企业管理费	1.48
桩基础	分项直接工程费+企业管理费	1.07
人工土石方	人工费	2.88

③ 措施费(费率计取部分)(%)。

适　　用	计费基础	冬雨季、夜间施工措施费	二次搬运费	测量放线、定位复测检验试验费
一般土建工程	分部分项工程费减可能发生的差价	0.76	0.34	0.42
机械土石方	分部分项工程费减可能发生的差价	0.10	0.06	0.04
桩基础工程	分部分项工程费减可能发生的差价	0.28	0.28	0.06
人工土石方	人工费	0.86	0.76	0.36

(2) 装饰工程。

① 企业管理费。

计费基础	费率/%
分项直接工程费	3.83

② 利润。

计费基础	费率/%
分项直接工程费+管理费	3.37

③ 措施费(以费率计取部分)(%)。

计费基础	冬雨季、夜间施工措施费	二次搬运费	测量放线、定位复测检验试验费
分部分项工程费减可有发生的差价费	0.30	0.08	0.15

(3) 安装工程。

① 企业管理费。

计费基础	费率/%
人工费	20.54

② 利润。

计费基础	费率/%
人工费	22.11

③ 措施费(以费率计取部分)(%)。

计费基础	冬雨季、夜间施工措施费	二次搬运费	测量放线、定位复测检验试验费
人工费	3.28	1.64	1.45

(4) 市政工程。

① 企业管理费。

适　　用	计费基础	费率/%
市政工程(土建)	人工费+机械费	11.60
市政工程(安装)	人工费	20.67

② 利润。

适　　用	计费基础	费率/%
市政工程(土建)	人工费+机械费	10.45
市政工程(安装)	人工费	22.85

③ 措施费(以费率计取部分)(%)。

适　　用	计费基础	冬雨季、夜间施工措施费	二次搬运费	测量放线、定位复测检验试验费
市政工程(土建)	人工费+机械费	2.61	1.83	1.09
市政工程(安装)	人工费	5.31	3.71	3.12

(5) 园林绿化工程。

① 企业管理费。

计费基础	费率/%
人工费	21.89

② 利润。

计费基础	费率/%
人工费	24.19

④ 措施费(以费率计取部分)(%)。

计费基础	冬雨季、夜间施工措施费	二次搬运费	测量放线、定位复测检验试验费
人工费	5.61	3.92	1.74

10. 分部分项工程量清单计价表

工程名称：阅览室　　　　专业：土建工程

序号	项目编码	项目名称	计量单位	工程数量	金额(元)	
					综合单价	合价
	A.1	土(石)方工程				
1	010101001001	平整场地 [项目特征] 1. 土壤类别：二类土 2. 弃土运距：50 m 以内 3. 取土运距：50 m 以内 [工程内容] 1. 土方挖填 2. 场地找平 3. 运输	m^2	57.19	3.94	225.33
2	010101003001	挖基础土方 [项目特征] 1. 基础类型：条形基础 2. 挖土深度：1.5 m 3. 弃土运距：50 m [工程内容] 1. 排地表水 2. 土方开挖 3. 运输	m^3	52.12	26.39	1375.45
3	010103001001	房心回填 [项目特征] 1. 土质要求：素土回填 2. 密实度要求：0.94 3. 夯填(碾压)：夯填 4. 运输距离：50 m [工程内容] 1. 装卸、运输 2. 回填 3. 分层碾压、夯实	m^3	2.92	26.7	77.96

续表(一)

序号	项目编码	项目名称	计量单位	工程数量	金额(元)	
					综合单价	合价
4	010103001002	基础回填 [项目特征] 1. 土质要求：素土回填 2. 达式密实度要求：0.94 3. 夯填(碾压)：夯填 4. 运输距离：50 m 1. 装卸、运输 2. 回填 3. 分层碾压、夯实	m^3	50.75	26.71	1355.53
		分部小计				2892.29
	A.3	砌 筑 工 程				
5	010301001001	砖基础 [项目特征] 1. MU10 承重黏土实心砖，240 × 115 × 53 2. 条形基础 3. M7.5 水泥砂浆砌筑 [工程内容] 1. 砂浆制作、运输 2. 砌砖 3. 材料运输	m^3	12.4	274.62	3405.29
6	010302001001	实心砖墙 [项目特征] 1. MU7.5 黏土实心砖，240 × 115 × 53 2. 女儿墙 3. 240 mm 厚 4. M7.5 混合砂浆砌筑 [工程内容] 1. 砂浆制作、运输 2. 砌砖 3. 勾缝 4. 材料运输	m^3	3.03	308.68	935.3

续表(二)

序号	项目编码	项目名称	计量单位	工程数量	金额(元)	
					综合单价	合价
7	010304001001	空心砖墙　外墙 [项目特征] 1. 墙体厚度：240 2. MU7.5KP1 承重多孔砖，240 × 115 × 90 3. M7.5 混合砂浆砌筑 [工程内容] 1. 砂浆制作、运输 2. 砌砖、砌块 3. 勾缝 4. 材料运输	m^3	18.84	292.63	4342.63
8	010304001001	空心砖墙　内墙 [项目特征] 1. 墙体厚度：240 2. MU7.5KP1 承重多孔砖，240 × 115 × 90 3. M5 混合砂浆砌筑 [工程内容] 1. 砂浆制作、运输 2. 砌砖、砌块 3. 勾缝 4. 材料运输	m^3	2.85	293	835.02
		分部小计				10232.42
	A.4	混凝土及钢筋混凝土工程				
9	010401006001	条形基础混凝土垫层 [项目特征] 1. 混凝土强度等级：C15 2. 混凝土拌和料要求：商品混凝土 [工程内容] 混凝土浇筑、振捣、养护	m^3	8.02	373.09	2992.18
10	010402001001	构造柱 [项目特征] 1. 混凝土强度等级：C25 2. 混凝土拌和料要求：商品混凝土 [工程内容] 混凝土运输、浇筑、振捣、养护	m^3	1.72	401.42	690.44

续表(三)

序号	项目编码	项目名称	计量单位	工程数量	金额(元)	
					综合单价	合价
11	010403004001	基础圈梁 [项目特征] 1. 梁截面：240 × 240 2. 混凝土强度等级：C25 3. 混凝土拌和料要求：商品混凝土 [工程内容] 混凝土运输、浇筑、振捣、养护	m^3	1.95	401.42	782.77
12	010403004002	圈梁 [项目特征] 1. 梁截面：240 × 300 2. 混凝土强度等级：C25 3. 混凝土拌和料要求：商品混凝土 [工程内容] 混凝土运输、浇筑、振捣、养护	m^3	2.44	401.42	979.46
13	010410003001	预制过梁 [项目特征] 1. 单件体积：0.0432 m^3 2. 安装高度：2.1 m 3. 混凝土强度等级：C25 4. 砂浆强度等级：1∶2 水泥砂浆座浆灌缝 [工程内容] 构件制作、运输、安装	m^3	0.09	698.22	62.84
14	010405003001	平板 [项目特征] 1. 板厚度：120 mm 1. 混凝土强度等级：C25 2. 混凝土拌和料要求：商品混凝土 [工程内容] 混凝土运输、浇筑、振捣、养护	m^3	1.96	401.42	786.78
15	010405001001	有梁板(有梁板中的梁) [项目特征] 1. 板厚度：120 mm 2. 混凝土强度等级：C25 3. 混凝土拌和料要求：商品混凝土 [工程内容] 混凝土运输、浇筑、振捣、养护	m^3	0.77	401.43	309.1

续表(四)

序号	项目编码	项目名称	计量单位	工程数量	金额(元)	
					综合单价	合价
16	010405001002	有梁板(有梁板中的板) [项目特征] 1. 板厚度：120 mm 2. 混凝土强度等级：C25 3. 混凝土拌和料要求：商品混凝土 [工程内容] 混凝土运输、浇筑、振捣、养护	m^3	3.78	401.42	1517.37
17	010407001001	女儿墙压顶 [项目特征] 1. 混凝土强度等级：C25 2. 混凝土拌和料要求：商品混凝土 [工程内容] 混凝土运输、浇筑、振捣、养护	m^3	0.5	401.44	200.72
18	010407001002	其他构件 [项目特征] 1. 构件的类型：混凝土室外台阶 2. 20 mm 厚 1∶2.5 水泥砂浆抹面压实赶光 3. 水泥浆一道(内参建筑胶) 4. 踏步三角部分混凝土：C25 商品混凝土 5. 60 mm 厚 C15 混凝土(厚度不包括踏步三角部分)，台阶面向外坡 1% 6. 300 mm 厚 3∶7 灰土垫层分两层夯实 7. 素土夯实	m^2	0.96	137.67	132.16
19	010407002001	散水 [项目特征] 1. 60 mm 厚 C15 混凝土撒 1∶1 水泥沙子，压实赶光 2. 150 mm 厚 3∶7 灰土垫层，宽出面层 300 3. 素土夯实　向外坡 4%	m^2	33.96	47.07	1598.5

续表(五)

序号	项目编码	项目名称	计量单位	工程数量	金额(元)	
					综合单价	合价
19	010407002001	[工程内容] 1. 地基夯实 2. 铺设垫层 3. 混凝土制作、运输、浇筑、振捣、养护 4. 变形缝填塞	m^2	33.96	47.07	1598.5
20	010416001001	现浇混凝土钢筋 [项目特征] 1. 钢筋种类、规格：圆钢 10以内(Ⅰ级) [工程内容] 1. 钢筋 制作、运输 2. 钢筋 安装	t	0.182	5639.28	1026.35
21	010416001002	现浇混凝土钢筋 [项目特征] 1. 钢筋种类、规格：螺纹钢 10以上(Ⅱ级) [工程内容] 1. 钢筋 制作、运输 2. 钢筋 安装	t	1.001	5433	5438.44
		分部小计				17 574.18
	A.7	屋面及防水工程				
22	010702001001	屋面卷材防水 1. 20 mm厚1∶2.5水泥砂浆保护层，每1 m见方半缝分格 2. 4 mm厚SBS防水卷材一道 3. 25 mm厚1∶3水泥砂浆找平层 4. 1∶6水泥焦渣找坡最薄处30 mm厚，平均厚度50 mm	m^2	58.74	58.42	3431.59
23	010702004001	屋面排水管 [项目特征] 1. 直径100UPVC排水管 2. 横式铸铁落水口：1个 3. 水落斗：1个 [工程内容] 排水管及配件安装、固定	m	3.3	68.27	225.29
		分部小计				3656.88

续表(六)

序号	项目编码	项目名称	计量单位	工程数量	金额(元)	
					综合单价	合价
	B.1	楼地面工程				
24	020101001001	水泥砂地面(室外台阶平面) 1. 20 mm 厚 1∶2.5 水泥砂浆抹面压实赶光 2. 水泥砂浆结合层一道(内掺建筑胶) 3. 60 mm 厚 C15 混凝土 4. 300 mm 厚 3∶7 灰土垫层分两层夯实 5. 素土夯实	m^2	1.92	54.1	103.87
25	020102002001	600×600 防滑地砖地面 1. 素土夯实 2. 150 mm 厚 3∶7 灰土垫层 3. 60 mm 厚 C10 砾石混凝土垫层 4. 素水泥浆一道(内掺建筑胶) 5. 20 mm 厚 1∶3 水泥砂浆(掺建筑胶)面贴 10 mm 厚 600×600 防滑地砖	m^2	48.61	190.26	9248.54
26	020105003001	地砖踢脚线 [项目特征] 1. 踢脚线高度：120 mm 2. 水泥砂浆铺贴 [工程内容] 1. 基层清理 2. 面层铺贴 3. 材料运输	m^2	4.38	159.33	697.87
		分部小计				9999.11
	B.2	墙、柱面工程				
27	020201001001	墙面一般抹灰(外墙面) 1. 基层类型：混凝土墙面 2. 8 mm 厚 1∶2.5 水泥砂浆 3. 12 mm 厚 1∶3 水泥砂浆	m^2	21.57	17.56	378.73
28	020201001002	墙面一般抹灰(外墙面) 1. 基层类型：砖墙面 2. 8 mm 厚 1∶2.5 水泥砂浆 3. 12 mm 厚 1∶3 水泥砂浆	m^2	80.38	14.02	1126.93

续表(七)

序号	项目编码	项目名称	计量单位	工程数量	金额(元)	
					综合单价	合价
29	020201001003	墙面一般抹灰(内墙面) 1. 基层类型：混凝土墙面 1. 6 mm 厚 1∶0.3∶2.5 水泥石灰砂浆抹面，压实赶光 2. 10 mm 厚 1∶1∶6 水泥石灰砂浆打底、扫毛	m^2	8.94	15.13	135.26
30	020201001004	墙面一般抹灰(内墙面) 1. 基层类型：砖墙面 1. 6 mm 厚 1∶0.3∶2.5 水泥石灰砂浆抹面，压实赶光 2. 10 mm 厚 1∶1∶6 水泥石灰砂浆打底、扫毛	m^2	84.97	12.61	1071.47
31	020201001005	墙面一般抹灰(女儿墙内侧) 1. 基层类型：混凝土墙面 2. 8 mm 厚 1∶2.5(水泥砂浆) 3. 12 mm 厚 1∶3(水泥砂浆)	m^2	1.27	17.56	22.3
32	020201001006	墙面一般抹灰(女儿墙内侧) 1. 基层类型：砖墙面 2. 8 mm 厚 1∶2.5 水泥砂浆 3. 12 mm 厚 1∶3 水泥砂浆	m^2	11.77	14.02	165.02
33	020109004001	水泥砂浆零星项目 1. 部位：室外台阶侧面 2. 基层类型：混凝土面 3. 6 mm 厚 1∶2.5 水泥砂浆 4. 14 mm 厚 1∶3 水泥砂浆	m^2	0.6	41.26	24.76
34	020204003001	块料墙面外墙面 [项目特征] 1. 基层类型：抹灰面 2. 面砖规格：240 × 60 3. 水泥砂浆粘贴	m^2	107.73	100.02	10 775.15

续表(八)

序号	项目编码	项目名称	计量单位	工程数量	金额(元)	
					综合单价	合价
34	020204003001	[工程内容] 1. 基层清理 2. 砂浆制作、运输 3. 面层铺贴 4. 嵌缝	m^2	103.93	100.02	10395.08
		分部小计				13 716.78
	B.3	天棚工程				
35	020301001001	天棚抹灰 1. 基层类型：现浇混凝土板 2. 5 mm 厚 1∶0.3∶2.5 水泥石灰膏砂浆抹面找平 3. 5 mm 厚 1∶0.3∶3 水泥石灰膏砂浆打底扫毛 4. 刷素水泥浆一道(内掺建筑胶)	m^2	53.56	12	642.72
36	020605001001	型钢玻璃雨棚 [项目特征] 1. H 型钢骨架 2. 不锈钢驳接爪连接件 3. 夹胶玻璃面层	m^2	1.08	796.59	860.32
		分部小计				1461.28
	B.4	门窗工程				
37	020401003001	木门 [项目特征] 1. 门类型：成品木门 2. 洞口尺寸：1000×2100 [工程内容] 1. 运输，安装 2. 五金安装	樘	1	777.32	777.32
38	020402006001	防盗门 [项目特征] 1. 门类型：钢制防盗门 2. 洞口尺寸：1000×2100	樘	1	1396.03	1396.03

续表(九)

序号	项目编码	项目名称	计量单位	工程数量	金额(元)	
					综合单价	合价
38	020402006001	[工程制作] 1. 运输，安装 2. 五金安装	樘	1	1396.03	1396.03
39	020406007001	塑钢窗 [项目特征] 1. 窗类型：中空玻璃塑钢推拉窗 2. 洞口尺寸：1500×1800 [工程内容] 1. 运输，安装 2. 五金安装	樘	5	863.46	4317.3
		分部小计				6490.65
	B.5	油漆、涂料、裱糊工程				
40	020506001001	内墙面刷乳胶漆 [项目特征] 1. 基层类型：抹灰面 2. 腻子种类：大白粉胶腻子 3. 刮腻子要求：满刮 4. 乳胶漆三遍，立邦牌乳胶漆 [工程内容] 1. 基层清理 2. 刮腻子 3. 刷乳胶漆	m^2	93.91	16.11	1512.89
41	020506001002	天棚刷乳胶漆 [项目特征] 1. 基层类型：抹灰面 2. 腻子种类：大白粉胶腻子 3. 刮腻子要求：满刮 4. 乳胶漆三遍，立邦牌乳胶漆 [工程内容] 1. 基层清理 2. 刮腻子 3. 刷乳胶漆	m^2	53.56	16.11	862.85

续表(十)

序号	项目编码	项目名称	计量单位	工程数量	金额(元)	
					综合单价	合价
42	020506001003	女儿墙内侧刷乳胶漆 [项目特征] 1. 基层类型：抹灰面 2. 腻子种类：白水泥腻子 3. 刮腻子要求：满刮 4. 乳胶漆三遍，立邦牌外墙乳胶漆 [工程内容] 1. 基层清理 2. 刮腻子 3. 刷乳胶漆	m^2	13.04	31.61	412.19
		分部小计				2731.87
总合计						68 755.46

11. 措施项目清单计价表

工程名称：阅览室　　　　专业：土建工程

序号	项　目　名　称	计量单位	工程数量	金额（元）	
				综合单价	合　价
一	通用项目				701.77
2	冬雨季、夜间施工措施费	项	1	357.81	357.81
2.1	人工土石方	项	1	27.82	27.82
2.4	一般土建	项	1	234.67	234.67
2.5	装饰装修	项	1	95.32	95.32
3	二次搬运	项	1	154.96	154.96
3.1	人工土石方	项	1	24.58	24.58
3.4	一般土建	项	1	104.98	104.98
3.5	装饰装修	项	1	25.42	25.42
4	测量放线、定位复测、检测试验	项	1	188.98	188.98
4.1	人工土石方	项	1	11.64	11.64
4.4	一般土建	项	1	129.68	129.68
4.5	装饰装修	项	1	47.66	47.66
二	建筑工程				6221.41
1	混凝土、钢筋混凝土模板及支架	项	1	4655.56	4655.56
2	脚手架	项	1	1565.85	1565.85
	合　计				6923.18

12. 其他项目清单

工程名称：阅览室　　专业：土建工程

序号	项目名称	计量单位	工程数量
1	暂列金额	项	1
2	专业工程暂估价	项	1
3	计日工	项	1
4	总承包服务费	项	1
	合　计		

13. 规费、税金项目清单计价表

工程名称：阅览室　　专业：土建工程

序号	项目名称	计量单位	工程数量	金　额 / 元	
				综合单价	合　价
一	规费	项	1	3577.48	3577.48
1	社会保障费	项	1	3294.04	3294.04
1.1	养老保险	项	1	2719.5	2719.5
1.2	失业保险	项	1	114.91	114.91
1.3	医疗保险	项	1	344.73	344.73
1.4	工伤保险	项	1	53.62	53.62
1.5	残疾人就业保险	项	1	30.64	30.64
1.6	女工生育保险	项	1	30.64	30.64
2	住房公积金	项	1	229.82	229.82
3	危险作业意外伤害保险	项	1	53.62	53.62
规费合计					3577.48
二	安全文明施工措施费	项	1	2804.44	2804.44
安全文明施工措施费合计					2804.44
三	税金	项	1	2734.24	2734.24
税金合计					2734.24

14. 分部分项工程量清单综合单价分析表

工程名称：阅览室　　　　专业：土建工程

序号	编　码	名　　称	单位	工程量	其中：						综合单价
					人工费	材料费	机械费	风险	管理费	利润	
	A.1	土(石)方工程									
1	010101001001	平整场地 [项目特征] 1. 土壤类别：二类土 2. 弃土运距：50 m 以内 3. 取土运距：50 m 以内 [工程内容] 1. 土方挖填 2. 场地找平 3. 运输	m^2	57.19	3.7				0.13	0.11	3.94
	1-19	平整场地	100 m^2	0.7912	3.7				0.13	0.11	
2	010101003001	挖基础土方 [项目特征] 1. 基础类型：条形基础 2. 挖土深度：1.5 m 3. 弃土运距：50 m [工程内容] 1. 排地表水 2. 土方开挖 3. 运输	m^3	52.12	24.79				0.89	0.71	26.39
	1-5	人工挖沟槽，挖深(2 m)以内	100 m^3	0.7617	24.79				0.89	0.71	

续表(一)

序号	编码	名称	单位	工程量	其中：人工费	材料费	机械费	风险	管理费	利润	综合单价
3	010103001001	房心回填 [项目特征] 1. 土质要求：素土回填 2. 密实度要求：0.94 3. 夯填(碾压)：夯填 4. 运输距离： 50 m [工程内容] 1. 装卸、运输 2. 回填 3. 分层碾压、夯实	m^3	2.92	23.81	0.28	1.08		0.85	0.68	26.71
	1-26	回填夯实素土	100 m^3	0.0292	16.91	0.28	1.08		0.61	0.49	
	1-32	单(双)轮车运土 50 m	100 m^3	0.0292	6.9				0.25	0.2	
4	010103001002	基础回填 [项目特征] 1. 土质要求：素土回填 2. 密实度要求：0.94 3. 夯填(碾压)：夯填 4. 运输距离：50 m 1. 装卸、运输 2. 回填 3. 分层碾压、夯实	m^3	50.75	23.81	0.28	1.08		0.85	0.69	26.71
	1-26	回填夯实素土	100 m^3	0.5075	16.91	0.28	1.08		0.61	0.49	
	1-32	单(双)轮车运土 50 m	100 m^3	0.5075	6.9				0.25	0.2	
	A.3	砌筑工程									

续表(二)

序号	编　码	名　　称	单位	工程量	其中：						综合单价
					人工费	材料费	机械费	风险	管理费	利润	
5	010301001001	砖基础 [项目特征] 1. MU10 承重黏土实心砖，240 × 115 × 53 2. 条形基础 3. M7.5 水泥砂浆砌筑 [工程内容] 1. 砂浆制作、运输 2. 砌砖 3. 材料运输	m^3	12.4	49.52	201.08	2.79		12.95	8.28	274.62
	3-1 换	砖基础　换为水泥砂浆 M7.5　水泥 32.5	10 m^3	1.24	49.52	201.08	2.79		12.95	8.28	
6	010302001001	实心砖墙 [项目特征] 1. MU7.5 黏土实心砖，240 × 115 × 53 2. 女儿墙 3. 240 mm 厚 4. M7.5 混合砂浆砌筑 [工程内容] 1. 砂浆制作、运输 2. 砌砖 3. 勾缝 4. 材料运输	m^3	3.03	67.53	214.63	2.66		14.55	9.31	308.68
	3-4 换	混水砖墙一砖　换为混合砂浆 M7.5　水泥 32.5	10 m^3	0.303	67.54	214.63	2.66		14.56	9.31	

续表(三)

序号	编码	名称	单位	工程量	其中：						综合单价
					人工费	材料费	机械费	风险	管理费	利润	
7	010304001001	空心砖墙 外墙 [项目特征] 1. 墙体厚度：240 2. MU7.5KP1 承重多孔砖，240×115×90 3. M7.5 混合砂浆砌筑 [工程内容] 1. 砂浆制作、运输 2. 砌砖、砌块 3. 勾缝 4. 材料运输	m^3	14.84	52.46	215.31	2.23		13.8	8.83	292.63
	3-37	承重黏土多孔砖墙一砖	10 m^3	1.484	52.46	215.31	2.23		13.8	8.83	
8	010304001001	空心砖墙 内墙 [项目特征] 1. 墙体厚度：240 2. MU7.5KP1 承重多孔砖，240×115×90 3. M5 混合砂浆砌筑 [工程内容] 1. 砂浆制作、运输 2. 砌砖、砌块 3. 勾缝 4. 材料运输	m^3	2.85	52.46	215.66	2.23		13.81	8.84	293
	3-37 换	承重黏土多孔砖墙一砖 换为混合砂浆 M5 水泥 32.5	10 m^3	0.285	52.46	215.65	2.23		13.82	8.84	

续表(四)

序号	编码	名称	单位	工程量	其中：人工费	材料费	机械费	风险	管理费	利润	综合单价
	A.4	混凝土及钢筋混凝土工程									
9	010401006001	条形基础混凝土垫层 [项目特征] 1. 混凝土强度等级：C15 2. 混凝土拌和料要求：商品混凝土 [工程内容] 混凝土浇筑、振捣、养护	m^3	8.02	22.26	320.63	1.36		17.59	11.25	373.09
	B4-1 换	C20 混凝土，非现场搅拌换为商品砼 C15 32.5R	m^3	8.02	22.26	320.63	1.36		17.59	11.25	
10	010402001001	构造柱 [项目特征] 1. 混凝土强度等级：C25 2. 混凝土拌和料要求：商品混凝土 [工程内容] 混凝土运输、浇筑、振捣、养护	m^3	1.72	22.26	346.76	1.36		18.93	12.11	401.42
	B4-1 换	C20 混凝土，非现场搅拌换为商品砼 C25 32.5R	m^3	1.72	22.26	346.76	1.36		18.93	12.11	
11	010403004001	基础圈梁 [项目特征] 1. 梁截面：240 × 240 2. 混凝土强度等级：C25 3. 混凝土拌和料要求：商品混凝土 [工程内容] 混凝土运输、浇筑、振捣、养护	m^3	1.95	22.26	346.76	1.36		18.93	12.11	401.42
	B4-1 换	C20 混凝土，非现场搅拌换为商品砼 C25 32.5R	m^3	1.95	22.26	346.76	1.36		18.93	12.11	

续表(五)

序号	编码	名称	单位	工程量	其中：						综合单价
					人工费	材料费	机械费	风险	管理费	利润	
12	010403004002	圈梁 [项目特征] 1. 梁截面：240 × 300 2. 混凝土强度等级：C25 3. 混凝土拌和料要求：商品混凝土 [工程内容] 混凝土运输、浇筑、振捣、养护	m^3	2.44	22.26	346.76	1.36		18.93	12.11	401.42
	B4-1 换	C20 混凝土，非现场搅拌换为商品砼 C25 32.5R	m^3	2.44	22.26	346.76	1.36		18.93	12.11	
13	010410003001	预制过梁 [项目特征] 1. 单件体积：$0.0432\ m^3$ 2. 安装高度：2.1 m 3. 混凝土强度等级：C25 4. 砂浆强度等级：1∶2 水泥砂浆座浆灌缝	m^3	0.09	174.56	252.22	217.44		32.89	21.11	698.22
		[工程内容] 构件制作、运输、安装									
	4-1 换	C20 砾石混凝土(普通)换为混凝土 C25	m^3	0.0914	77.63	213.37	18.01		15.79	10.1	
	6-19	预制钢筋混凝土，四类构件运输 1 km 以内	$10\ m^3$	0.0091	15.46	9.2	92.8		6	3.84	
	6-64	预制过梁安装，$0.4\ m^3$/根	$10\ m^3$	0.009	70.31	14.78	106.02		9.77	6.25	
	4-164	预制构件座浆灌缝 过梁	$10\ m^3$	0.009	11.13	14.9	0.71		1.37	0.87	

续表(六)

序号	编码	名称	单位	工程量	其中：人工费	材料费	机械费	风险	管理费	利润	综合单价
14	010405003001	平板 [项目特征] 1. 板厚度：120 mm 2. 混凝土强度等级：C25 3. 混凝土拌和料要求：商品混凝土 [工程内容] 混凝土运输、浇筑、振捣、养护	m^3	1.96	22.26	346.76	1.36		18.93	12.11	401.42
	B4-1 换	C20 混凝土，非现场搅拌换为商品砼 C25 32.5R	m^3	1.96	22.26	346.76	1.36		18.93	12.11	
15	010405001001	有梁板(有梁板中的梁) [项目特征] 1. 板厚度：120 mm 2. 混凝土强度等级：C25 3. 混凝土拌和料要求：商品混凝土 [工程内容] 混凝土运输、浇筑、振捣、养护	m^3	0.77	22.26	346.77	1.36		18.94	12.1	401.43
	B4-1 换	C20 混凝土，非现场搅拌换为商品砼 C25 32.5R	m^3	0.77	22.26	346.76	1.36		18.93	12.11	
16		1. 板厚度：120 mm 2. 混凝土强度等级：C25 3. 混凝土拌和料要求：商品混凝土 [工程内容] 混凝土运输、浇筑、振捣、养护									401.42
	B4-1 换	C20 混凝土，非现场搅拌换为商品砼 C25 32.5R	m^3	3.78	22.26	346.76	1.36		18.93	12.11	

续表(七)

序号	编码	名称	单位	工程量	其中：人工费	材料费	机械费	风险	管理费	利润	综合单价
17	010407001001	女儿墙压顶 [项目特征] 1. 混凝土强度等级：C25 2. 混凝土拌和料要求：商品混凝土 [工程内容] 混凝土运输、浇筑、振捣、养护	m^3	0.5	22.26	346.76	1.36		18.94	12.12	401.44
	B4-1 换	C20 混凝土，非现场搅拌换为商品砼 C25 32.5R	m^3	0.5	22.26	346.76	1.36		18.93	12.11	
18	010407001002	其他构件 [项目特征] 1. 构件的类型：混凝土室外台阶 2. 20 mm 厚 1∶2.5 水泥砂浆抹面压实赶光 3. 水泥浆一道(内掺建筑胶) 4. 踏步三角部分混凝土：C25 商品混凝土 5. 60 mm 厚 C15 混凝土(厚度不包括踏步三角部分)，台阶面向外坡 1% 6. 300 mm 厚 3∶7 灰土垫层分两层夯实 7. 素土夯实	m^2	0.96	33.34	93.16	2.11		5.33	3.73	137.67
	1-28	回填夯实 3∶7 灰土	100 m^3	0.0032	9.83	15.04	0.36		0.35	0.28	
	4-1 换	C20 砾石混凝土(普通)换为混凝土 C15	m^3	0.0644	5.13	12.67	1.19		0.97	0.62	
	B4-1 换	C20 混凝土，非现场搅拌换为商品砼 C25 32.5R	m^3	0.1574	3.65	56.85	0.22		3.1	1.99	
	10-2	水泥砂浆台阶	100 m^2	0.0096	14.74	8.58	0.35		0.91	0.83	

续表(八)

序号	编码	名称	单位	工程量	其中：人工费	材料费	机械费	风险	管理费	利润	综合单价
19	010407002001	散水 [项目特征] 1. 60 mm 厚 C15 混凝土撒 1∶1 水泥沙子，压实赶光 2. 150 mm 厚 3∶7 灰土垫层，宽出面层 300 3. 素土夯实　向外坡 4% [工程内容] 1. 地基夯实 2. 铺设垫层 3. 混凝土制作、运输、浇筑、振捣、养护 4. 变形缝填塞	m^2	33.96	17.95	25.3	1.05		1.67	1.1	47.07
	1-28	回填夯实 3∶7 灰土	100 m^3	0.0717	6.23	9.53	0.23		0.22	0.18	
	8-27	砼散水面层一次抹光	100 m^2	0.3396	11.72	15.77	0.82		1.45	0.93	
20	010416001001	现浇混凝土钢筋 [项目特征] 钢筋种类、规格：圆钢 10 以内(Ⅰ级) [工程内容] 1. 钢筋 制作、运输 2. 钢筋 安装	t	0.182	728.28	4432.83	42.19		265.89	170.09	5639.28
	4-6	圆钢 Φ10 以内	t	0.75	728.28	4432.82	42.19		265.89	170.09	
21	010416001002	现浇混凝土钢筋 [项目特征] 钢筋种类、规格：螺纹钢 10 以上(Ⅱ级) [工程内容] 1. 钢筋 制作、运输 2. 钢筋 安装	t	1.001	329.27	4569.37	114.32		256.16	163.88	5433
	4-8	螺纹钢 Φ10 以上(含 Φ10)	t	1.001	329.28	4569.38	114.32		256.16	163.87	

续表(九)

序号	编 码	名 称	单位	工程量	其中:						综合单价
					人工费	材料费	机械费	风险	管理费	利润	
	A.7	屋面及防水工程									
22	010702001001	屋面卷材防水 1. 20 mm 厚 1∶2.5 水泥砂浆保护层，每 1 m 见方半缝分格 2. 4 mm 厚 SBS 防水卷材一道 3. 25 mm 厚 1∶3 水泥砂浆找平层 4. 1∶6 水泥焦渣找坡最薄处 30 mm，平均厚度 50 mm	m^2	58.74	7.3	46.25	0.36		2.75	1.76	58.42
	9-56	水泥炉渣找坡层(1∶6)	10 m^3	0.249	1.28	4.95			0.32	0.2	
	8-21	找平层，水泥砂浆找平在填充材料上	100 m^2	0.5874	3.51	5.68	0.3		0.48	0.31	
	8-22	找平层，水泥砂浆找平每增减 5 mm	100 m^2	0.5874	0.59	1	0.06		0.08	0.05	
	9-27 换	改性沥青卷材热熔法换为 20 mm 厚水泥砂浆 1∶2.5	100 m^2	0.5874	1.92	34.61			1.87	1.19	
23	010702004001	屋面排水管 [项目特征] 1. 直径 100UPVC 排水管 2. 横式铸铁落水口：1 个 3. 水落斗：1 个 [工程内容] 排水管及配件安装、固定	m	3.3	11.97	51.02			3.22	2.06	68.27
	9-68	塑料制品水落管	10 m	0.33	2.69	31.26			1.74	1.11	
	9-73	铸铁制品水落口(横式)	10 套	0.1	5.71	15.1			1.06	0.68	
	9-69	塑料制品水落斗	10 个	0.1	3.56	4.65			0.42	0.27	

续表(十)

序号	编码	名称	单位	工程量	其中:						综合单价
					人工费	材料费	机械费	风险	管理费	利润	
	B.1	楼地面工程									
24	020101001001	水泥砂地面(室外台阶平面) 1. 20 mm 厚 1∶2.5 水泥砂浆抹面压实赶光 2. 水泥砂浆结合层一道(内掺建筑胶) 3. 60 mm 厚 C15 混凝土 4. 300 mm 厚 3∶7 灰土垫层分两层夯实 5. 素土夯实	m^2	1.92	18.87	30.76	1.63		1.63	1.21	54.1
	1-28	回填夯实 3∶7 灰土	100 m^3	0.0058	8.91	13.63	0.33		0.32	0.26	
	4-1 换	C20 砾石混凝土(普通)换为混凝土 C15	m^3	0.1152	4.59	11.34	1.06		0.87	0.56	
	10-1	水泥砂浆楼地面	100 m^2	0.0192	5.37	5.8	0.24		0.44	0.4	
25	020102002001	600×600 防滑地砖地面 1. 素土夯实 2. 150 mm 厚 3∶7 灰土垫层 3. 60 mm 厚 C10 砾石混凝土垫层 4. 素水泥浆一道(内掺建筑胶) 5. 20 mm 厚 1∶3 水泥砂浆(掺建筑胶)面贴 10 mm 厚 600×600 防滑地砖	M^2	48.61	26.1	149.45	2.06		6.74	5.91	190.26
	1-28	回填夯实 3∶7 灰土	100 m^3	0.0729	4.42	6.77	0.16		0.16	0.13	
	4-1 换	C20 砾石混凝土(普通)换为混凝土 C15	m^3	2.9166	4.59	11.34	1.06		0.87	0.56	
	10-70	陶瓷地砖 600×600	100 m^2	0.4885	17.09	131.34	0.83		5.72	5.22	

续表(十一)

序号	编码	名称	单位	工程量	其中：						综合单价
					人工费	材料费	机械费	风险	管理费	利润	
26	020105003001	地砖踢脚线 [项目特征] 1. 踢脚线高度：120 mm 2. 水泥砂浆铺贴 [工程内容] 1. 基层清理 2. 面层铺贴 3. 材料运输	m^2	4.38	21.4	126.46	0.6		5.68	5.19	159.33
	10-73	陶瓷地砖 踢脚线	100 m^2	0.0438	21.4	126.46	0.6		5.69	5.19	
	B.2	墙、柱面工程									
27	020201001001	墙面一般抹灰(外墙面) 1. 基层类型：混凝土墙面 2. 8 mm 厚水泥砂浆 1∶2.5 3. 12 mm 厚水泥砂浆 1∶3	m^2	21.57	9.04	7.04	0.28		0.63	0.57	17.56
	10-245	外砼墙面 20 mm 厚	100 m^2	0.2157	9.04	7.04	0.28		0.63	0.57	
28	020201001002	墙面一般抹灰(外墙面) 1. 基层类型：砖墙面 2. 8 mm 厚水泥砂浆 1∶2.5 3. 12 mm 厚水泥砂浆 1∶3	m^2	80.38	7.89	4.9	0.27		0.5	0.46	14.02
	10-244	外砖墙面 20 mm 厚	100 m^2	0.8038	7.9	4.9	0.27		0.5	0.46	

续表(十二)

序号	编码	名称	单位	工程量	其中：人工费	材料费	机械费	风险	管理费	利润	综合单价
29	020201001003	墙面一般抹灰(内墙面) 1. 基层类型：混凝土墙面 2. 6 mm 厚 1∶0.3∶2.5 水泥石灰砂浆抹面，压实赶光 3. 10 mm 厚 1∶1∶6 水泥石灰砂浆打底、扫毛	m^2	8.94	8.34	5.53	0.23		0.54	0.49	15.13
	10-263	内混凝土墙 16 mm 厚	100 m^2	0.0894	8.34	5.53	0.23		0.54	0.49	
30	020201001004	墙面一般抹灰(内墙面) 1. 基层类型：砖墙面 2. 6 mm 厚 1∶0.3∶2.5 水泥石灰砂浆抹面，压实赶光 3. 10 mm 厚 1∶1∶6 水泥石灰砂浆打底、扫毛	m^2	84.97	6.78	4.75	0.22		0.45	0.41	12.61
	10-262	内砖墙 16 mm 厚	100 m^2	0.8497	6.79	4.75	0.22		0.45	0.41	
31	020201001005	墙面一般抹灰(女儿墙内侧) 1. 基层类型：混凝土墙面 2. 8 mm 厚水泥砂浆 1∶2.5 3. 12 mm 厚水泥砂浆 1∶3	m^2	1.27	9.04	7.04	0.28		0.63	0.57	17.56
	10-245	外砼墙面 20 mm 厚	100 m^2	0.0127	9.04	7.04	0.28		0.63	0.57	
32	020201001006	墙面一般抹灰(女儿墙内侧) 1. 基层类型：砖墙面 2. 8 mm 厚水泥砂浆 1∶2.5 3. 12 mm 厚水泥砂浆 1∶3	m^2	11.77	7.89	4.9	0.27		0.5	0.46	14.02
	10-244	外砖墙面 20 mm 厚	100 m^2	0.1177	7.9	4.9	0.27		0.5	0.46	

续表(十三)

序号	编 码	名 称	单位	工程量	其中：						综合单价
					人工费	材料费	机械费	风险	管理费	利润	
33	020109004001	水泥砂浆零星项目 1. 部位：室外台阶侧面 2. 基层类型：混凝土面 3. 6 mm 厚水泥砂浆 1∶2.5 4. 14 mm 厚水泥砂浆 1∶3	m^2	0.6	32.81	5.35	0.27		1.48	1.35	41.26
	10-256	零星项目 20 mm 厚	100 m^2	0.006	32.81	5.34	0.26		1.47	1.34	
34	020204003001	块料墙面(外墙面) [项目特征] 1. 基层类型：抹灰面 2. 面砖规格：240×60 3. 水泥砂浆粘贴 [工程内容] 1. 基层清理 2. 砂浆制作、运输 3. 面层铺贴 4. 嵌缝	m^2	103.93	21.3	71.35	0.54		3.57	3.26	100.02
	10-514	水泥砂浆粘贴墙面,无缝周长 800 mm 以内	100 m^2	1.0393	21.3	71.35	0.54		3.57	3.26	
	B.3	天棚工程									
35	020301001001	天棚抹灰 1. 基层类型：现浇混凝土板 2. 5 mm 厚 1：0.3∶2.5 水泥石灰膏砂浆抹面找平 3. 5 mm 厚 1∶0.3∶3 水泥石灰膏砂浆打底扫毛 4. 刷素水泥浆一道(内掺建筑胶)	m^2	53.56	6.96	4.07	0.15		0.43	0.39	12
	10-663	现浇混凝土天棚面抹灰	100 m^2	0.5356	6.96	4.07	0.15		0.43	0.39	

续表(十四)

序号	编码	名称	单位	工程量	其中:						综合单价
					人工费	材料费	机械费	风险	管理费	利润	
36	020605001001	型钢玻璃雨棚 [项目特征] 1. H 型钢骨架 2. 不锈钢驳接爪连接件 3. 夹胶玻璃面层	m^2	1.08	120	600	15		37.56	24.03	796.59
	01	H 型钢骨架玻璃雨棚	m^2	1.08	120	600	15		37.56	24.03	
	B.4	门窗工程									
37	020401003001	木门 [项目特征] 1. 门类型：成品木门 2. 洞口尺寸：1000×2100 [工程内容] 1. 运输，安装 2. 五金安装	樘	1	150	574.24			27.74	25.34	777.32
	10-983 换	装饰、门扇制作安装 高级装饰木门安装	扇	1	150	574.24			27.74	25.34	
38	020402006001	防盗门 [项目特征] 1. 门类型：钢制防盗门 2. 洞口尺寸：1000×2100 [工程制作] 1. 运输，安装 2. 五金安装	樘	1	39.9	1260	0.8		49.82	45.51	1396.03
	10-969	防盗装饰门窗安装 三防门	100 m^2	0.021	39.9	1260	0.8		49.82	45.51	

续表(十五)

序号	编码	名称	单位	工程量	其中:						综合单价
					人工费	材料费	机械费	风险	管理费	利润	
39	020406007001	塑钢窗 [项目特征] 1. 窗类型：中空玻璃塑钢推拉窗 2. 洞口尺寸：1500×1800 [工程内容] 1. 运输，安装 2. 五金安装	樘	5	37.13	766.66	0.71		30.81	28.15	863.46
	10-965	塑钢门窗安装 塑钢窗	100 m^2	0.135	33.75	748.92	0.71		30	27.41	
	10-968	纱窗附在塑钢推拉窗上	100 m^2	0.135	3.38	17.74			0.81	0.74	
	B.5	油漆、涂料、裱糊工程									
40	020506001001	内墙面刷乳胶漆 [项目特征] 1. 基层类型：抹灰面 2. 腻子种类：大白粉胶腻子 3. 刮腻子要求：满刮 4. 乳胶漆三遍，立邦牌乳胶漆 [工程内容] 1. 基层清理 2. 刮腻子 3. 刷乳胶漆	m^2	93.91	6.1	8.91			0.57	0.53	16.11
	10-1331	抹灰面油漆 乳胶漆抹灰面二遍	100 m^2	0.9391	5.6	6.22			0.45	0.41	
	10-1332	抹灰面油漆 乳胶漆抹灰面每增加一遍	100 m^2	0.9391	0.5	2.69			0.12	0.11	

续表(十六)

序号	编码	名称	单位	工程量	其中:						综合单价
					人工费	材料费	机械费	风险	管理费	利润	
41	020506001002	天棚刷乳胶漆 [项目特征] 1. 基层类型：抹灰面 2. 腻子种类：大白粉胶腻子 3. 刮腻子要求：满刮 4. 乳胶漆三遍，立邦牌乳胶漆 [工程内容] 1. 基层清理 2. 刮腻子 3. 刷乳胶漆	m^2	53.56	6.1	8.91			0.57	0.53	16.11
	10-1331	抹灰面油漆 乳胶漆抹灰面二遍	100 m^2	0.5356	5.6	6.22			0.45	0.41	
	10-1332	抹灰面油漆 乳胶漆抹灰面每增加一遍	100 m^2	0.5356	0.5	2.69			0.12	0.11	
42	020506001003	女儿墙内侧刷乳胶漆 [项目特征] 1. 基层类型：抹灰面 2. 腻子种类：白水泥腻子 3. 刮腻子要求：满刮 4. 乳胶漆三遍，立邦牌外墙乳胶漆 [工程内容] 1. 基层清理 2. 刮腻子 3. 刷乳胶漆	m^2	13.04	2	24.82	2.63		1.13	1.03	31.61
	10-1419	涂料 外墙喷丙烯酸，无光外用乳胶漆，抹灰面	100 m^2	0.1304	2	24.82	2.63		1.13	1.03	

15. 措施项目费用计算表

工程名称：阅览室　　　　专业：土建工程

序号	定额编码	名称	单位	数量	其中(元)						
					人工费	材料费	机械费	管理费	风险	利润	小计
	一	混凝土、钢筋混凝土模板及支架									
1	4-29	现浇构件模板 砼基础垫层	m^3	8.02	57.26	247.18	3.29	15.72		10.03	333.47
2	4-35	现浇构件模板 构造柱	m^3	1.72	191.44	108.33	13.38	16		10.23	339.37
3	4-39	现浇构件模板 圈梁(基础)	m^3	1.95	310.4	255.29	17.51	29.8		19.07	632.07
4	4-39	现浇构件模板 圈梁(墙)	m^3	2.44	388.4	319.44	21.91	37.28		23.86	790.9
5	4-84	预制构件模板 过梁	m^3	0.09	8.32	9.33	8.29	1.33		0.85	28.11
6	4-52	现浇构件模板 平板板厚 10 cm 以外	m^3	1.96	247.78	206.21	33.01	24.89		15.92	527.81
7	4-49	现浇构件模板 有梁板板厚 10 cm 以外(梁)	m^3	0.77	127.42	94.96	15.99	12.18		7.79	258.35
8	4-49	现浇构件模板 有梁板板厚 10 cm 以外(板)	m^3	3.78	625.51	466.19	78.51	59.8		38.25	1268.27
9	4-63	现浇构件模板 扶手压顶	m^3	0.5	190.47	215.81	12.42	21.4		13.69	453.77
10	4-65	现浇构件模板 台阶	$10m^2$	0.096	10.4	10.76	0.45	1.1		0.71	23.42
		分部小计(混凝土、钢筋混凝土模板及支架)			2157.4	1933.5	204.76	219.5		140.4	4655.54
	二	脚手架									
1	13-1	外脚手架 钢管架，15 m 以内	$100\ m^2$	1.1993	362.16	695.58	70.81	57.67		36.89	1223.12
2	13-8	里脚手架 里钢管架，基本层 3.6 m	$100\ m^2$	0.5719	245.22	59.5	11.52	16.16		10.34	342.74
		分部小计(脚手架)			607.38	755.08	82.33	73.83		47.23	1565.86
合计					2764.78	2688.58	287.09	293.33		187.63	6221.41

16. 单位工程造价汇总表

工程名称：阅览室　　　　专业：土建工程

序号	项 目 名 称	造价/元
1	分部分项工程费	66877.99
2	措施项目费	9227.62
2.1	其中：安全文明施工措施费	2804.44
3	其他项目费	
4	规费	3577.48
5	不含税单位工程造价	80183.09
6	税金	2734.24
7	含税单位工程造价	82917.33
8	扣除养老保险后含税单位工程造价	80197.83
合 计		80197.83

附录二 分部分项工程量清单

工程名称：例题工程量清单 专业：土建工程

序号	项目编码	项 目 名 称	计量单位	工程数量
1	010201001001	预制钢筋混凝土桩 [项目特征] 1. 土壤级别：一级 2. 单桩长度：8 m 3. 桩截面：400 × 400 4. 混凝土强度等级：C30 [工程内容] 1. 桩制作、运输 2. 打桩、试验桩、斜桩 3. 送桩	根	102
2	010201002001	接桩 [项目特征] 1. 桩截面：400×400 2. 接桩材料：角钢 3. 角钢焊接接桩 [工程内容] 接桩、材料运输	个	60
3	010201003001	混凝土灌注桩 [项目特征] 1. 土壤级别：三级 2. 单桩长度、根数：13 m，120 根 3. 桩截面：桩径 500 mm 4. 成孔方法：锅锥成孔 5. 混凝土强度等级：C30 [工程内容] 1. 成孔、固壁 2. 混凝土制作、运输、灌注、振捣、养护 3. 泥浆池及沟槽砌筑、拆除 4. 泥浆制作、运输	m	1560

续表(一)

序号	项目编码	项 目 名 称	计量单位	工程数量
4	010202001001	砂石灌注桩 [项目特征] 1. 土壤级别：二类 2. 桩长：15 m 3. 桩截面：直径 300 4. 成孔方法：机械成孔 5. 砂石级配：净砂：3～7 砾石＝4∶6 [工程内容] 1. 成孔 2. 砂石运输 3. 填充 4. 振实	m	4500
5	010202002001	灰土挤密桩 [项目特征] 1. 土壤级别：二级 2. 桩长：9.5 m 3. 桩截面：直径 500 mm 4. 成孔方法：人工成孔 5. 灰土级配：3∶7 灰土 [工程内容] 1. 成孔 2. 灰土拌和、运输 3. 填充 4. 夯实	m	4000
6	010203001001	地下连续墙 [项目特征] 1. 墙体厚度：900 mm 2. 成槽深度：9.7 m 3. 混凝土强度等级：C35 [工程内容] 1. 挖土成槽、余土运输 2. 导墙制作、安装 3. 锁口管吊拔 4. 浇注混凝土连续墙 5. 材料运输	m^3	3622.95

续表(二)

序号	项目编码	项 目 名 称	计量单位	工程数量
7	010203003001	地基强夯 [项目特征] 1. 夯击能量：夯击能为 400 t·m 2. 夯击遍数：三遍 3. 夯填材料种类：素土 [工程内容] 1. 铺夯填材料 2. 强夯 3. 夯填材料运输	m2	510.76
8	010401002001	独立基础 [项目特征] J-1 1. 混凝土强度等级：C30 2. 混凝土拌和料要求：现场搅拌 [工程内容] 混凝土制作、运输、浇筑、振捣、养护	m^3	4.52
9	010401002002	独立基础 J-2 [项目特征] 1. 混凝土强度等级：C30 2. 混凝土拌和料要求：现场搅拌 [工程内容] 混凝土制作、运输、浇筑、振捣、养护	m^3	3.82
10	010401001001	带形基础 [项目特征] 1. 混凝土强度等级：C30 2. 混凝土拌和料要求：现场搅拌 [工程内容] 混凝土制作、运输、浇筑、振捣、养护	m^3	2.91
11	010416001001	现浇混凝土钢筋 [项目特征] 钢筋种类、规格：圆钢，直径 10 mm [工程内容] 1. 制作、运输 2. 钢筋安装	t	0.204
12	010416001002	现浇混凝土钢筋 [项目特征] 钢筋种类、规格：圆钢，直径 8 mm [工程内容] 1. 制作、运输 2. 钢筋安装	t	0.01

附　图

一、阅览室施工图设计说明

(一) 建筑设计总说明

1．墙体工程

(1) ±0.00 以下为 MU10 承重粘土实心砖，M7.5 水泥砂浆砌筑。

(2) ±0.00 以上除女儿墙以外，均为 MU7.5KP1 承重多孔砖，外墙用 M7.5 混合砂浆砌筑，内墙用 M5 混合砂浆砌筑。

(3) 女儿墙为 MU7.5 粘土实心砖、M7.5 混合砂浆砌筑。

(4) M-1、M-2、门洞口上方有过梁，截面尺寸为 240 mm × 120 mm，配筋为 2 Φ12，箍筋为 Φ6@200，单肢箍。过梁为现场预制，混凝土为 C25。

2．屋面及屋面防水

根据《屋面工程技术规范》，屋面防水等级为Ⅱ级，防水层的合理使用年限为 10 年。按一道防水设防采用 4 mm 厚 SBS 改性沥青防水卷材一道。

屋面具体做法：

(1) 1∶6 水泥焦渣找坡最薄处厚 30 mm，平均厚度为 50 mm。

(2) 25 mm 厚 1∶3 水泥砂浆找平层。

(3) 4 mm 厚 SBS 改性沥青防水卷材一道。

(4) 20 mm 厚 1∶2.5 水泥砂浆保护层，每 1 m 见方半缝分格。

3．楼地面工程

(1) 阅览室室内地面为 600 mm × 600 mm 地砖地面，120 mm 高地砖踢脚线，具体做法如下：

① 地砖地面：素土夯实；150 mm 厚 3∶7 灰土垫层；60 mm 厚 C10 砾石混凝土垫层；素水泥浆一道(内掺建筑胶)；20 mm 厚 1∶3 水泥砂浆(掺建筑胶)面贴 10 mm 厚 600 mm × 600 mm 防滑地砖。

② 120 mm 高地砖踢脚线：水泥砂浆粘贴地砖踢脚线。

(2) 室外台阶面层为水泥砂浆，具体做法如下：

① 素土夯实。

② 300 mm 3∶7 灰土垫层，分两层夯实。

③ 60 mm 厚 C15 混凝土(厚度不包括踏步三角部分)，台阶面向外坡 1%。

④ 踏步三角部分混凝土为 C25 商品混凝土。

⑤ 水泥浆一道(内掺建筑胶)。

⑥ 20 mm 厚 1∶2.5 水泥砂浆抹面，压实赶光。

(3) 室外散水为混凝土散水，具体做法如下：

① 素土夯实，向外坡 4%。

② 150 mm 厚 3∶7 灰土垫层，宽出屋面 300。

③ 60 mm 厚 C15 混凝土撒 1∶1 水泥沙子，压实赶光。

4．室内装修

1) 内墙面

内墙面面层为立邦乳胶漆，具体做法如下：

(1) 1.10 mm 厚 1∶1∶6 水泥石灰砂浆打底、扫毛。

(2) 2.6 mm 厚 1∶0.3∶2.5 水泥石灰砂浆抹面，压实赶光。

(3) 满刮大白粉胶腻子，面刷立邦牌乳胶漆三遍。

2) 室内天棚

室内天棚面层为立邦乳胶漆，具体做法如下：

(1) 刷素水泥浆一道(内掺建筑胶)。

(2) 5 mm 厚 1∶0.3∶3 水泥石灰膏砂浆打底、扫毛。

(3) 5 mm 厚 1∶0.2.5 水泥石灰膏砂浆抹面。

(4) 满刮大白粉胶腻子，面刷立邦牌乳胶漆三遍。

5．室外装修

外墙面装修为：外墙面铺贴 240 mm × 60 mm 面砖，女儿墙内侧刷外墙乳胶漆。具体做法如下：

(1) 外墙面铺贴 240 × 60 面砖

① 12 mm 1∶3 水泥砂浆打底、扫毛。

② 8 mm 1∶2.5 水泥砂浆刮平、扫毛。

③ 水泥砂浆粘贴面砖，1∶1 聚合物水泥砂浆勾缝。

(2) 女儿墙内侧刷乳胶漆：

① 12 mm 厚 1∶3 水泥砂浆打底。

② 8 mm 厚 1∶2.5 水泥砂浆刮平。

③ 满刮白水泥腻子，面刷立邦外墙乳胶漆三遍。

(二) 结构设计总说明

(1) 材料。

① 本工程环境类别为二类。

② 基础部分混凝土强度等级：基础垫层为 C15；室内地平以下基础、构造柱、圈梁为 C25，室内地坪以上构造柱、梁、板等均为 C25。

③ 钢筋：Φ为 HPB235 级钢筋，为 HRB335 级钢筋。

(2) 钢筋混凝土结构。

① 受力钢筋的混凝土保护层厚度：板为 15 mm；梁为 25 mm；柱为 30 mm。

② 钢筋的搭接和锚固长度均按规范 11G101-1 执行。

(3) 本工程的抗震等级为三级，抗震烈度为 8 度。

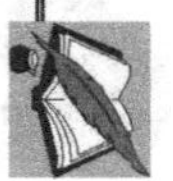

二、附 图

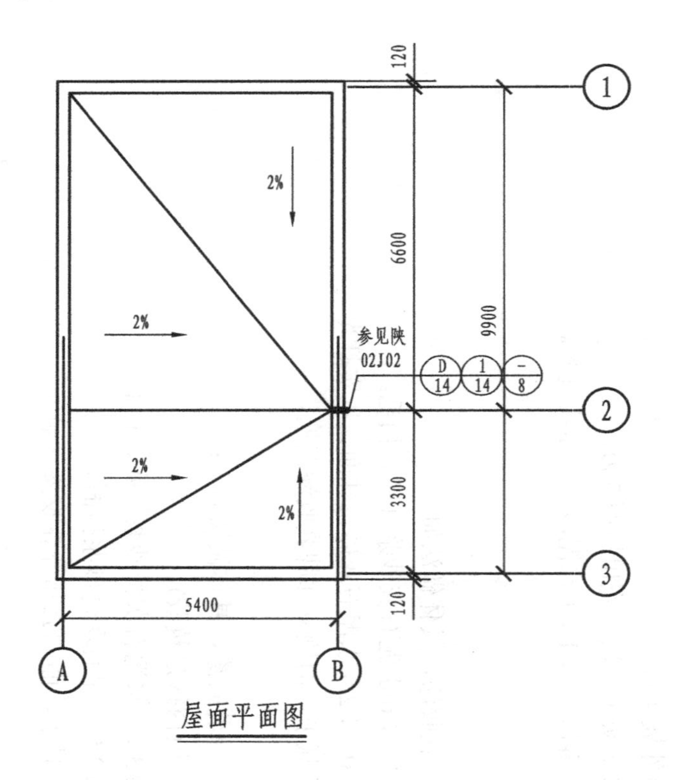

门窗表

类型	设计编号	洞口尺寸/mm	数量
防盗门	M-1	1000×2100	1
普通门	M-2	1000×2100	1
普通窗	C-1	1500×1800	5

附图1 房建筑平面图

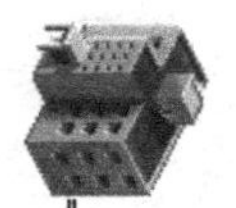

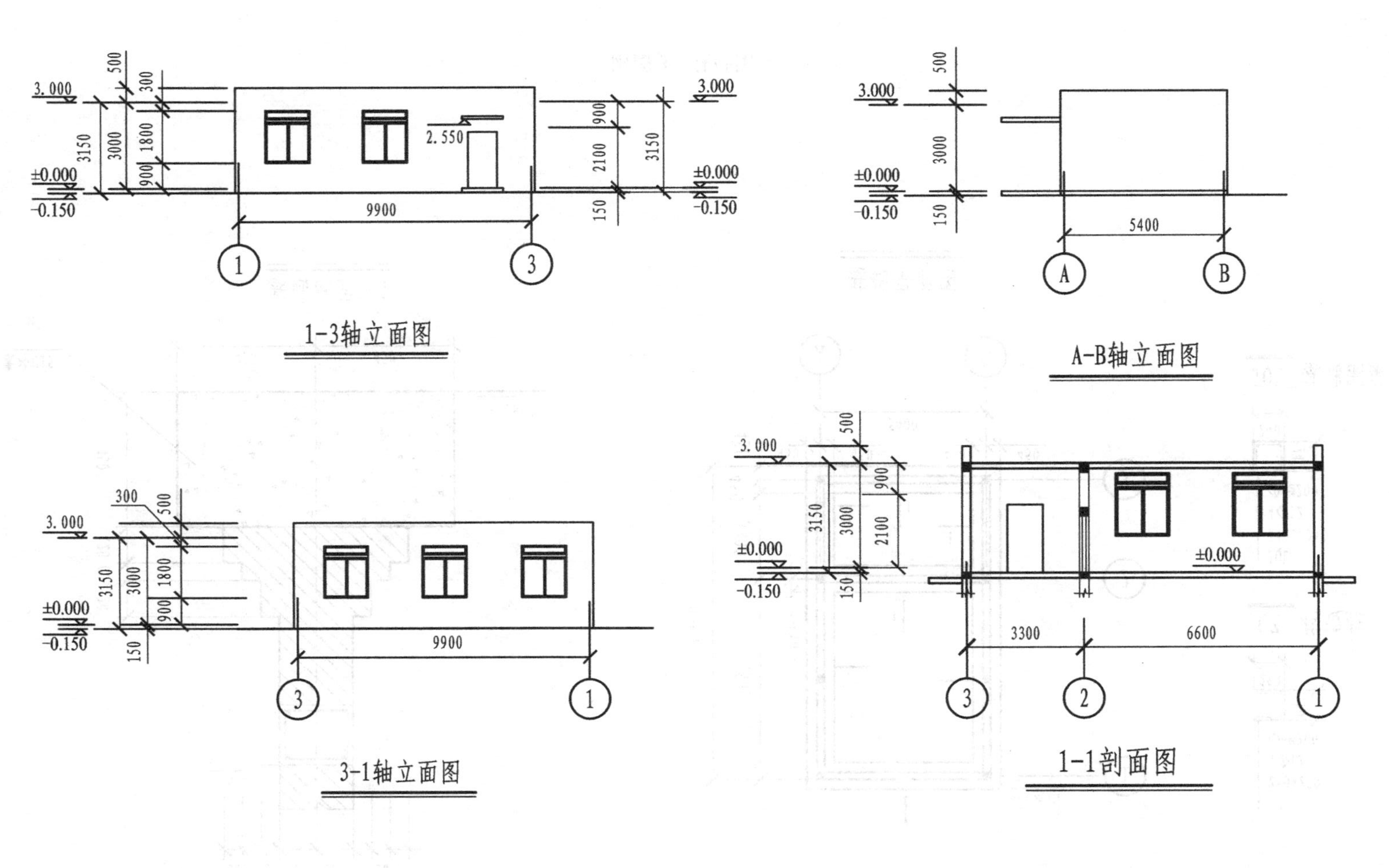
1-3轴立面图
3.000
±0.000
-0.150
2.550
500
300
1800
900
3000
3150
150
2100
9900
A-B轴立面图
5400
3-1轴立面图
1-1剖面图
3300
6600

附图2 立面图

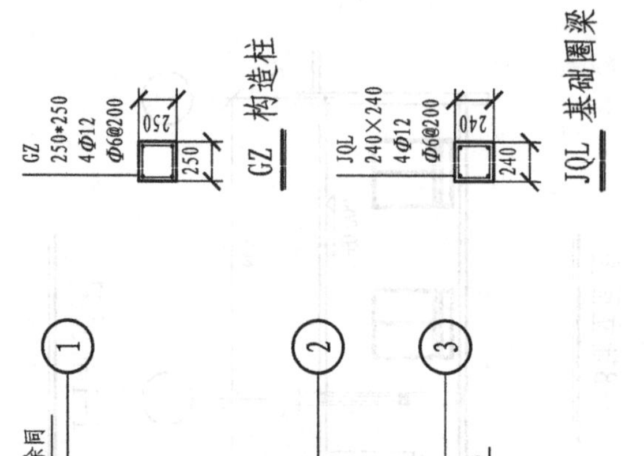

GZ,余同

1

2

3

A

B

450

5400

6600

3300

9900

基础平面图

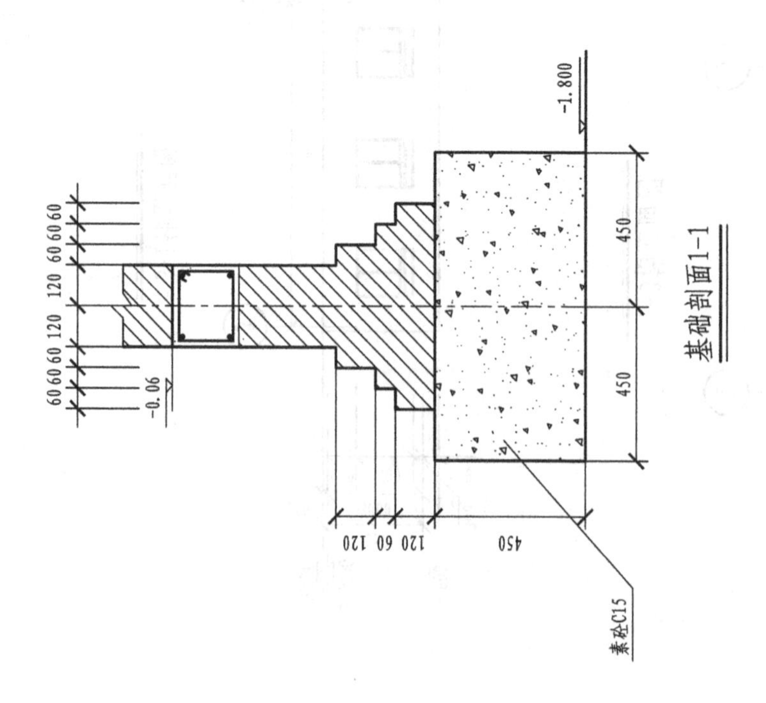

附图 3　基础图

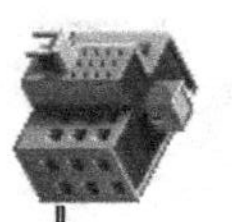

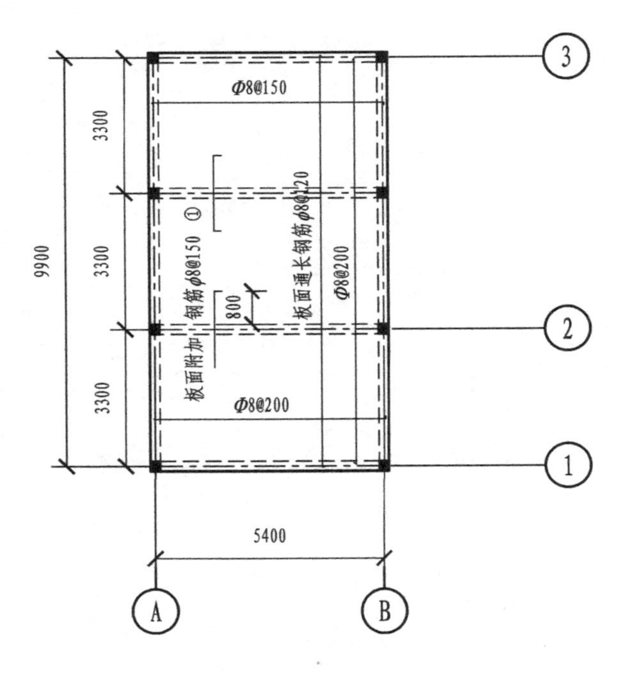

屋面板配筋图

注：
1、板面标高均为H，H=3.00 m；
2、本图楼板未注明板厚 120 mm；
3、通长钢筋遇洞或板面标高不同时自动断开，并弯锚入梁内；
4、板中钢筋均按受拉筋搭接和锚固。

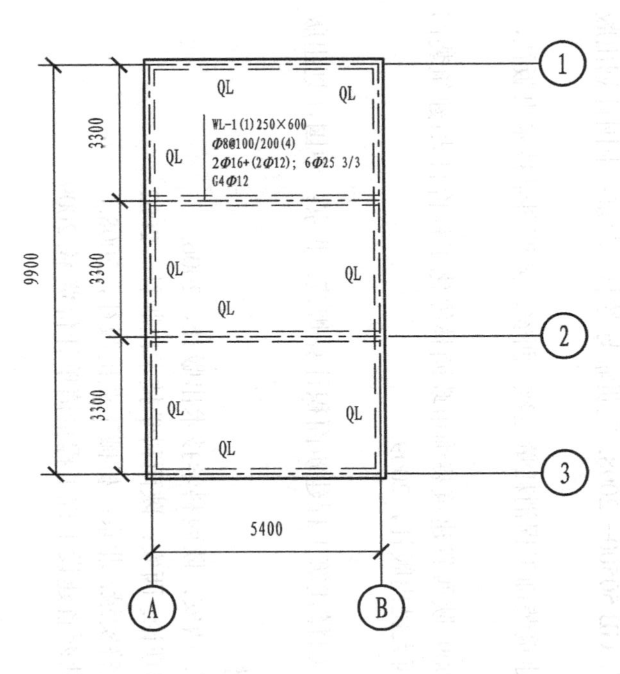

屋面梁配筋图

注：
1、未标注梁中与轴线重合或与柱边齐，标注为梁中定位尺寸；
2、梁配筋图例详见《03G101-1》；
3、梁顶标高高差指相对于结构板面标高H，H=3.00 m。

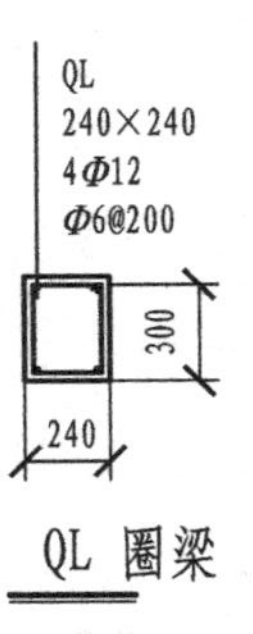

附图 4　梁板图

参 考 文 献

[1] 建设工程工程量清单计价规范. GB 50500—2008. 北京：中国计划出版社，2008.

[2] 建设工程工程量清单计价规范. GB 50500—2008. 宣贯辅导教材，北京：中国计划出版社，2008.

[3] 陕西省建设厅. 2004 陕西省建筑装饰工程消耗量定额. 西安：陕西科学技术出版社，2004.

[4] 陕西省住房和城乡建设厅. 2009 陕西省建筑装饰市政园林绿化工程价目表(建筑装饰册). 西安：陕西出版集团陕西人民出版社，2009.

[5] 费率表

[6] 中国建设工程造价管理协会. 图释建筑工程建筑面积计算规范. 北京：中国计划出版社，2007.

[6] 广联达钢筋算量软件培训教材

[7] 李建峰. 建筑工程定额与预算. 西安：陕西科学技术出版社，2006.

[8] 阎文周、李芊. 工程造价基础理论. 西安：陕西科学技术出版社，2002.

[9] 绒贤. 建筑工程计价与计量问答实录. 北京：机械工业出版社，2008.

[10] 陕西省住房和城乡建设厅. 陕西省建设工程工程量清单计价费率. 2009.

[11] 百度百科网